博碩文化

博碩文化

WordPress
網站架設實務

活用網站客製化、佈景主題與
ChatGPT外掛開發的16堂課

何敏煌 著

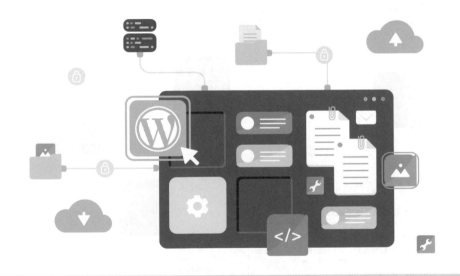

以專業站長會用到的技能為主軸，
由淺入深地藉由實作瞭解 **WordPress** 網站架設技術，
並善用 **AI** 的協助，創造出客製化的專業網站

你將學會
- 各種作業環境的網站安裝技巧
- 全新的區塊編輯器與視覺化網頁編輯工具的使用
- 在網站中自由地使用 HTML/CSS 技巧
- WordPress 的架構與核心作業流程，並進階熟悉好用的工具類外掛
- 使用簡短的 PHP 程式碼增加網站功能
- 利用 ChatGPT、Copilot 等 AI 工具，建立獨特的佈景主題和外掛設計

博碩文化

作　　者：何敏煌
責任編輯：Cathy

董 事 長：曾梓翔
總 編 輯：陳錦輝

出　　版：博碩文化股份有限公司
地　　址：221 新北市汐止區新台五路一段 112 號 10 樓 A 棟
　　　　　電話 (02) 2696-2869　傳真 (02) 2696-2867

發　　行：博碩文化股份有限公司
郵撥帳號：17484299　戶名：博碩文化股份有限公司
博碩網站：http://www.drmaster.com.tw
讀者服務信箱：dr26962869@gmail.com
訂購服務專線：(02) 2696-2869 分機 238、519
（週一至週五 09:30 ～ 12:00；13:30 ～ 17:00）

版　　次：2024 年 4 月初版

建議零售價：新台幣 780 元
I S B N：978-626-333-825-8
律師顧問：鳴權法律事務所 陳曉鳴律師

本書如有破損或裝訂錯誤，請寄回本公司更換

國家圖書館出版品預行編目資料

WordPress 網站架設實務：活用網站客製化、
佈景主題與 ChatGPT 外掛開發的 16 堂課 /
何敏煌作 . -- 初版 . -- 新北市：博碩文化股
份有限公司，2024.04

　面；　公分

ISBN 978-626-333-825-8(平裝)

1.CST: 網站 2.CST: 網際網路 3.CST: 網頁設計

312.1695　　　　　　　　　　　113004594

Printed in Taiwan

博碩粉絲團

歡迎團體訂購，另有優惠，請洽服務專線
(02) 2696-2869 分機 238、519

很開心在多年後的今天，我們一起見證了 WordPress 的高速成長，透過 WordPress 建立商家或個人網站，也不再是工程師的專屬業務，而是所有人只要有興趣，都可以花時間輕鬆完成的工作。

2023 年由 ChatGPT 所帶起的 AI 風潮，讓人們對於網站設計、程式設計、甚至是文案設計等等工作，有更進一步的認識，如何與 AI 機器人一起工作，也成為大幅提升生產力的最重要關鍵。

在 AI 風潮的引領下，WordPress 的技術也從本質上發生了許多的變化，因此，我們在這次的改版中，除了秉持由淺入深，以實例為主的教學方式之外，也適當地加入了對於 AI 相關外掛工具的介紹，以及如何把 AI 工具應用於網站調整與開發的教學，讓本書的讀者透過作者的介紹，瞭解 AI 工具的功能與使用，讓你的 WordPress 網站功能更加豐富，也讓你的架站技能得到更多的提升。

最後，雖然作者盡了最大的努力讓本書的內容資訊最新最齊全，不過，軟體的改版升級總是快過於書籍的印刷速度，最新的資訊以及相關技術的討論，作者將會在 https://104. es 中持續不斷地更新，也希望讀者能在練習之餘，利用時間到網站中與作者交流。你的寶貴意見，將是與作者之間教學相長的最佳橋梁。

何敏煌

　　不管是付費或是免費的虛擬主機空間，在這些主機空間上架設出一個 WordPress 網站已經不是困難的事了，在主機的主控台支援下，甚至可以在不到一分鐘的時間內完成一個自帶網址的 WordPress 網站。

　　在動手客製化網站的過程中，可以調整的細節取決於佈景主題所提供的功能，以及自己是否能夠找到符合要求的外掛，還要考量中文字的特性，實在是一件不太容易的事，自己動手來改一下程式碼，也許是最終要成為專業站長的必經之路，而這也是本書要提供給你的內容。

　　本書的目的在於讓讀者可以透過簡單的 HTML、CSS、PHP 程式語言的設計技巧，找出一些可以在網站中修改以及新增功能的地方，以按部就班的方式讓不具有程式設計經驗又不知從何開始的站長們有一個適當的切入點，一步一步地從運用現有的可編輯環境客製化網站、建立子佈景主題、建立全新的佈景主題到設計一個自己的外掛程式，讓讀完此書的站長們可以對於 WordPress 網站有更熟悉的瞭解，並能夠知道所有關於如何修改以及編輯網站的細節。

　　跟著本書的閱讀進度，讀者可以選擇在自己的電腦中架設測試用的網站，所以在練習的過程中基本上並不需要額外租用網址以及網路空間，由於只要安裝了本地端的 WordPress 練習環境之後，PHP 的執行是沒有區分必需在哪一個作業系統中，因此不論是 Windows 或是 macOS，甚至使用虛擬機的 Linux 都可以順利地操作本書中所有的內容。

　　在程式設計的部份，現在已經是 AI 的時代了，有許多的工作其實交給 ChatGPT 來幫我們就好了。因此，作者也在書中帶領讀者利用 Copilot、Bing 以及 ChatGPT 等工具，協助我們建立及編輯程式碼，省去許多複雜的工作。同時，為了方便讀者的練習，本書也準備了所有的範例程式碼，放在 https://github.com/skynettw/book-mP22350 中，節省了大家的寶貴時間，提升大家的學習效率。

　　歡迎加入專業站長的行列 ~~

1 WordPress 的安裝與結構剖析

2 HTML/CSS/Javascript 基礎

③ jQuery/AJAX 基礎

④ WordPress 佈景主題基礎

(5) PHP 程式語言快速導覽

6 手工打造佈景主題

WordPress 所需的 PHP 程式設計技巧

WordPress 佈景主題製作實例（上）

(9) WordPress 佈景主題製作實例（下）

(10) 佈景主題進階開發工具

⑪ WordPress 外掛開發基礎

14 Custom Post Type 的應用

15 實用商品列表外掛

進階主題與活用 AI

第 1 堂

WordPress 的安裝與結構剖析

◀ 前　　言 ▶

要練習如何進階客製化 WordPress 網站，甚至設計自己的佈景
主題以及外掛，在自己的個人電腦中安裝一個本地端的網站是
最重要的第一步。在本堂課中，我們將從在本地端建立一個屬於自己
練習用的 WordPress 開始，然後逐一分析 WordPress 的網站架構，
為本書接下來的各堂課內容打好基礎。作者會介紹幾種不同的安裝方
法，讀者們只要選擇其中一種適合自己的就可以了。

◀ 學習大綱 ▶

❯ WordPress 網站的基礎知識
❯ 在本地端建立 WordPress 網站
❯ WordPress 網站結構分析

1.1 WordPress 網站的基礎知識

正在閱讀本書的朋友相信都已經至少擁有一個以上的 WordPress 網站了，然而建立 WordPress 網站的方法有很多，使用自動化建立 WordPress 網站的朋友，不一定可以完全瞭解網站究竟是如何建立起來，以及後端運作的流程到底是怎麼回事，這一節的內容就讓所有不太清楚的站長們可以更加深入地瞭解你的網站。

1.1.1 WordPress 簡介

被命名為 WordPress 使得很多入門的讀者都把它和 Microsoft Office 中的 Word 搞混了，其實這兩者一點關係也沒有。WordPress 的前身是 B2/Cafelog，一個使用 PHP 和 MySQL 建立的部落格工具，在 2003 年的時候，其中的一位作者以此為基礎開發了 WordPress，在 2003 年 5 月公開了第一個版本 0.7 版，開啟了它受歡迎的旅程，一直到作者編寫本書時版本已經來到了 6.4，而據信全世界也有超過 40% 的網站使用 WordPress，可以說是世界上最受歡迎，也是最多人使用的 CMS（Content Management System）網站（在 CMS 的佔有率超過 64%：https://www.zippia.com/advice/wordpress-market-share-statistics/），根據參考文章中的說法，全世界在當時（2023 年）統計時，已有超過八億個網站使用 WordPress，每天會有超過 500 個新的 WordPress 網站誕生。

傳統的網站製作主要就是透過一些，如 DreamWeaver 或是 FrontPage 等應用程式，製作好各個網頁檔案，以及準備好各式各樣所需的媒體檔案，在製作完成之後把這些檔案上傳到網站主機的磁碟空間，在正確設定完畢之後，當網友前來瀏覽網站的時候，網頁伺服器會把這些檔案，依照瀏覽器的請求傳到客戶端成為瀏覽器中的網頁。當網站設計者（站長）需要修改網站的內容時，需要再重新於相同的工具中修改或新增網頁檔案，再一次上傳到指定的磁碟空間，一般來說，編修網頁的地方和實際存放網頁的地方是兩個不同的地方，至少在邏輯上是不同的。

現在有許多是直接在線上編輯網頁的服務（例如 Wix、Webnode、Weebly 等等），你可以在網頁以所視即所得的方式編輯你的網頁，在編輯完成之後，再按下發佈按鈕，讓你的結果可以更新到網站上。不過，除非套用了一些多功能的元件，不然編輯的網頁的內容是固定的，想要把資料和排版的工作分開來，並不是一件容易的事。

CMS 系統則用另外一個觀念來建立網站。它們以後端的網頁程式語言（大部份為 PHP，但是也有使用 Python、Ruby、Perl、Java 等程式語言的系統），根據瀏覽器的請求執行相對應的程式，並前往資料庫中（大部份為 MySQL）取出所需要的資料，然後即時建立出因應使用者需求的網頁供瀏覽器顯示之用。把這些流程全部加以規範，並據此寫出可以讓程式設計者在自己的網站介面中，以管理者的身份修改網站要顯示的網頁內容、在管理介面中上傳以及編修所需要使用到的媒體檔案，甚至可以在介面中改變網頁的外觀、架構、或是擴充其功能等等的整組程式，當使用者以管理者的身份登入網站之後，就可以透過提供的功能對於網站的內容進行編輯。

由上可知，CMS 系統的好處就是當你安裝好了這套系統之後，立即擁有了基本的網站架構以及外觀，接下來所有的網站內容以及要顯示的樣子，全部可以在瀏覽器環境中（不需要執行另外的程式），以管理員的身份登入即可操作，網站設計人員（站長）完全不需要有任何的程式基礎，甚至也不需要電腦基礎，只要會使用滑鼠選擇功能，會輸入文字內容就可以建立自己的網站了。WordPress 就是這樣的一套工具。

早期 WordPress 推出時功能有限，主要的目標就是提供使用者建立自己的部落格網站，以貼文為主。但是隨著版本的演進，愈來愈豐富的佈景主題以及外掛功能，WordPress 已經能夠建立非常多種類的網站，在這個網站 https://www.wpbeginner.com/showcase/40-most-notable-big-name-brands-that-are-using-wordpress/ 中列出了40 個歐美地區使用 WordPress 的大型網站，包括 ESPN, BBC America 等等，讀者們也可以自行去找找使用中文的有名網站，有哪些是使用 WordPress 架設的（用這個網站：https://www.wpthemedetector.com/ 就可以做分析檢測了）。

1.1.2　WordPress 的主要組成

前面提到 CMS 內容管理系統網站使用程式語言和資料庫來執行特定的程式，並即時顯示出網頁的內容，也就是説，在 WordPress 網站的任一個網頁，並不會原原本本的儲存成網站主機的某一資料夾中的一個檔案，而是分別依其內容中的文章、媒體以及相關資料（瀏覽人次、標籤、分類等等），存放在資料庫不同的資料表，以及資料夾的結構化目錄中，這些資料平時分開儲存，只有在使用者瀏覽了某一特定的文章或頁面時，才分別從這些地方取出合成，再傳到使用者的瀏覽器中。

也就是説，一個 WordPress 網站，分別包含了以下的幾個組成部份：

- 網站主機的磁碟空間。
- 在網站主機中執行的，具有執行 PHP 程式語言能力的網頁伺服器。

- 在網站主機中執行的資料庫伺服器（不一定要和網站主機是同一台）。

- 一組從 https://wordpress.org 下載的 WordPress 程式套件。

以上的各個部份在經過正確地安裝設定之後，彼此相互合作，在使用者瀏覽時顯示出使用者想要的內容，而管理者也可以經由登入驗證的流程之後，以管理員的身份透過 WordPress 提供的管理介面，輸入文章、頁面、管理網站所需要的媒體檔案、以及新增、修改、設定不同的網站外觀（佈景主題），甚至使用安裝外掛的方式擴增網站的功能。

1.1.3 安裝 WordPress 的環境需求

所以，從上一小節的說明就可以瞭解，只要有以上所要求的能力，任何一台電腦都可以安裝 WordPress，不一定要是網站主機，就算是本地端的電腦（自己的桌機或是筆電，甚至是一些物聯網開發板，如樹莓派等）也可以。在 https://wordpress.org 中直接設定了以下的安裝條件：

- 網頁伺服器（Apache 或 Nginx）。

- PHP 7.4 或更新的版本。

- MySQL 5.7 或更新的版本（或 MariaDB 10.4 或更新的版本）。

在市面上販售或是免費的網路主機都已具備這些條件，而想要在自己的個人電腦中安裝這樣的系統也越來越方便，包括 Windows 作業系統下的 EasyPHP（https://www.easyphp.org/）、WampServer（https://www.wampserver.com/en/）、以 及 在 macOS 之下的 MAMP（https://www.mamp.info/en/downloads/）等等，都提供了單一的安裝程式包，只要在下載之後再執行安裝，即可具備可以執行 WordPress，甚至是其他各式各樣以 PHP+MySQL 為基礎的 CMS 系統。現在更進一步地，Bitnami（https://bitnami.com/）更是直接提供以 WordPress 和 WAMP（或 MAMP）打包成為一個安裝檔案的服務，下載之後執行安裝，然後連同執行環境和 WordPress 一併安裝完成，馬上可以使用。

此外，如果你真的不想要因為安裝這些環境而影響到系統應用程式環境的設置，還有一個非常好用的 Docker 容器服務，你只要安裝 Docker Desktop 在你的電腦中，接著執行書上附給你的設定檔，只要一行指令就可以直接在你的電腦系統中啟動 WordPress，這也是目前筆者最推薦的方法，我們也將有一節的內容專門介紹，如何透過 Docker 安裝 WordPress。

1.2 在本地端安裝 WordPress 網站

在這一節中我們將介紹各種安裝 WordPress 網站的方法，讀者們只要選擇其中一個適合自己的方法就可以了。我們將先從在虛擬主機的 cPanel 主控台，以 Softaculous 自動化安裝的方式開始，然後再說明利用 Docker 容器技術，適用於各種平台的安裝方式，最後再回到自己的電腦中，學習如何以手動的方式完成 WordPress 系統的安裝。

1.2.1 在虛擬主機的 cPanel 主控台上安裝 WordPress

雖然在本機上安裝 WordPress 已經有非常多方便的方法，但最終 WordPress 系統還是要在虛擬主機上執行，因此我們還在先以在最多人使用的 cPanel 上的 Softaculous 環境的安裝方法來作為說明。我們這裡將以 https://imaxnow.net 上的虛擬主機主控台來作為示範。大部份只要是使用 cPanel 作為主控台的主機，其介面以及操作方法其實都是類似的。

首先，請登入 cPanel 主控台，登入之後，就會看到如圖 1-1 所示的畫面。

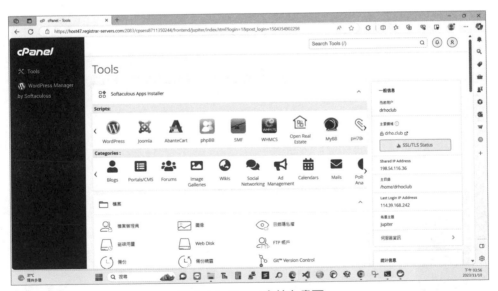

圖 1-1：cPanel 主控台畫面

由於 WordPress 是最受歡迎的架站 CMS，所以通常大部份的 cPanel 主控台都會把它的安裝及管理連結放在最顯眼的地方。以這個例子來看，WordPress 的圖示就被放在左上角的第一個位置，如果找不到的話，也可以把畫面往下捲動，找到「軟體」或是「Softaculous Apps Installer」的段落就可以看到了。

使用滑鼠雙擊 WordPress 圖示，即可進入 WordPress 的安裝介面，如圖 1-2 所示。

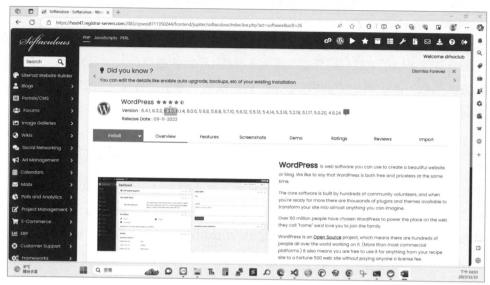

圖 1-2：WordPress 安裝畫面

請把畫面往下捲動，選擇「Install Now」這個按鈕，隨即出現安裝頁面，如圖 1-3 所示。

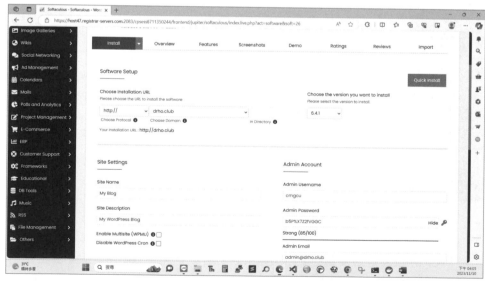

圖 1-3：WordPress 的安裝資料填寫畫面

在這個頁面中，只要把相關的資訊填寫進入，再移到畫面的最底下，再一次按下「Install」按鈕即可完成安裝。圖 1-4 所示即為安裝完成的畫面。

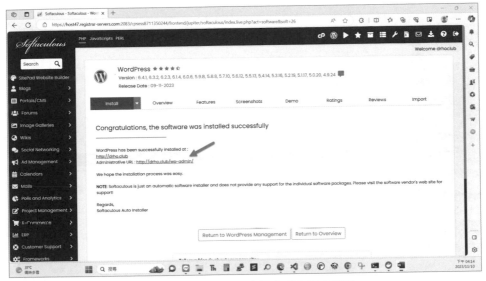

圖 1-4：WordPress 安裝完成之摘要畫面

在圖 1-4 中箭頭所指的地方，就是 WordPress 登入後台的網址。在這個例子中，我們使用的網址是 http://drho.club，那麼 WordPress 後台預設的登入網址就是 http://drho.club/wp-admin/。很重要的是在填寫的資料中有後台的帳號以及登入的密碼，如果你這時候不記得的話，可以回到 cPanel 的主控台，再進去 Softaculous Apps Installer，如圖 1-5所示。

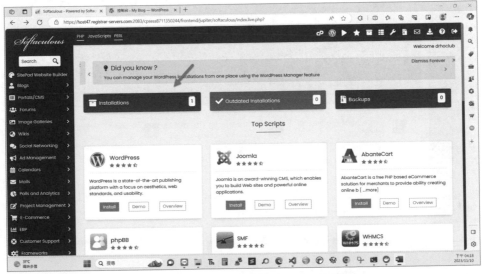

圖 1-5：Softaculout Apps Installer 主畫面

　　按下箭頭所指的「Installations」按鈕，就可以前往所有已安裝的應用程式之列表畫面，如圖 1-6 所示。

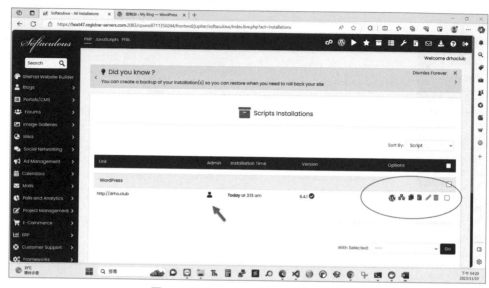

圖 1-6：WordPress 系統的管理介面

　　在箭頭所指的地方即可以直接登入 WordPress 後台，而在紅色線框起來的地方，則可以執行網站的備份、還原、編輯以及移除的作業。圖 1-7 所示即為完成安裝之 WordPress 網站後台。

圖 1-7：WordPress 後台畫面

1.2.2　使用 Docker 安裝 WordPress

Docker 是目前非常流行實用的容器技術，透過這個技術，可以實現服務應用程式跨平台的理念，也就是，只要你的作業系統有安裝好了 Docker 環境，當你需要臨時在你的電腦中執行一個來自於別台電腦的應用程式或服務時，你可以不需要更動目前的作業系統環境，透過應用程式的映像檔，Docker 會準備一個隔離的執行環境，讓這個應用程式在該環境中執行並提供服務，在啟動以及執行應用程式的過程，並不會動到原本在這台電腦中的所有系統設定。

例如，假設你的電腦只有安裝 Python 3.8 版本的程式碼，但是你想要以 Python 3.10 這個版本來執行程式，你可以不用在自己的電腦上安裝 Python 3.10，而是利用 Docker 去網路上下載一個 Python 3.10 的映像檔，啟用成容器之後，在該容器中執行，執行之後的結果再顯示在畫面上就可以了。

我們也可以運用這種方式，在自己的電腦中執行 WordPress 網站，而不需要在自己的電腦中安裝任何的 PHP 以及 MySQL 的執行環境。為了讓這樣的想法可以實現，請先在你的電腦中安裝 Docker Desktop，視你的作業系統，看是 Windows 還是 Mac，甚至是 Linux 也都是可以的。Docker Desktop 的下載畫面如圖 1-8 所示。

圖 1-8：Docker Desktop 的下載頁面

　　請依照你的作業系統下載適合版本的程式之後並執行安裝，因為它使用了虛擬機技術，所以你的 Windows 作業系統需要啟用 WSL2 的功能才可以完成安裝。安裝完畢之後，會在螢幕上看到如圖 1-9 所示的執行畫面。建議先在 Docker 的網站上註冊一個帳號。

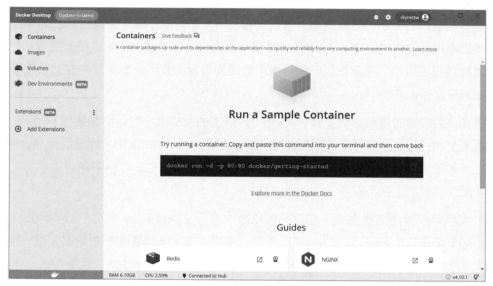

圖 1-9：Docker Desktop for Windows 畫面

　　畫面中間的說明提醒你，可以利用該指令測試 Docker 系統是否已在你的電腦中完成安裝。我們可以選擇在畫面上操作映像檔的下載以及容器的執行，但是最方便的方法還是進入命令提示字元（如果是 Windows 10 之後可以選擇 PowerShell，如果是 Mac 或是 Linux 則是執行終端機 Terminal）執行我們的命令。

　　由於 Docker 的指令操作不在本書的範圍，我們僅列出必要的執行步驟提供讀者參考。以 Windows 為例，請先在任一磁碟機建立一個名為 wordpress 的資料夾，在進入 Windows 的 PowerShell 之後，請使用 cd 指令切換至該資料夾。指令「c:」或「d:」可以切換工作磁碟機，「cd\wordpress」則可以把工作目錄切換到該磁碟機底下叫做 wordpress 的資料夾中。

　　接著，請在 wordpress 資料夾底下，建立一個名為 docker-compose.yml 的標準文字檔案，其內容如下：

```
version: '3.9'

services:
  db:
```

```
    image: mysql:latest
    volumes:
      - ./mysql:/var/lib/mysql
    restart: always
    environment:
      MYSQL_ROOT_PASSWORD: 12345678
      MYSQL_DATABASE: wpdb
      MYSQL_USER: wpadmin
      MYSQL_PASSWORD: 12345678

  wordpress:
    depends_on:
      - db
    image: wordpress:latest
    ports:
      - "8080:80"
    volumes:
      - ./wp:/var/www/html
    restart: always
    environment:
      WORDPRESS_DB_HOST: db:3306
      WORDPRESS_DB_USER: wpadmin
      WORDPRESS_DB_PASSWORD: 12345678
      WORDPRESS_DB_NAME: wpdb

  phpmyadmin:
    depends_on:
      - db
    image: phpmyadmin/phpmyadmin:latest
    ports:
      - "8081:80"
    environment:
      PMA_HOST: db
      MYSQL_ROOT_PASSWORD: 12345678
```

　　這是一個同時啟用 3 個不同服務的描述檔案，只要你的環境可以執行 Docker，而且安裝了 docker-compose 指令，就可以自動到網路上下載 MySQL、WordPress、以及 phpMyAdmin，並自動完成服務的安裝，由於我們開啟了 8080 這個連接埠作為 WordPress 的對外連接埠，8081 作為 phpMyAdmin 的對外連接埠，因此，當我們啟用了所有的服務之後，就可以開始安裝 WordPress 系統了。首先，請先進入命令提示字元，切換到 d:\wordpress 資料夾底下，然後執行以下的指令：

```
docker-compose up -d
```

　　大約過了幾分鐘之後，在 wordpress 資料夾下就會產生兩個目錄，分別是 mysql 以及 wp，它們分別放置了 MySQL 和 WordPress 的資料檔案以及系統檔案，執行過程如圖 1-10 所示。

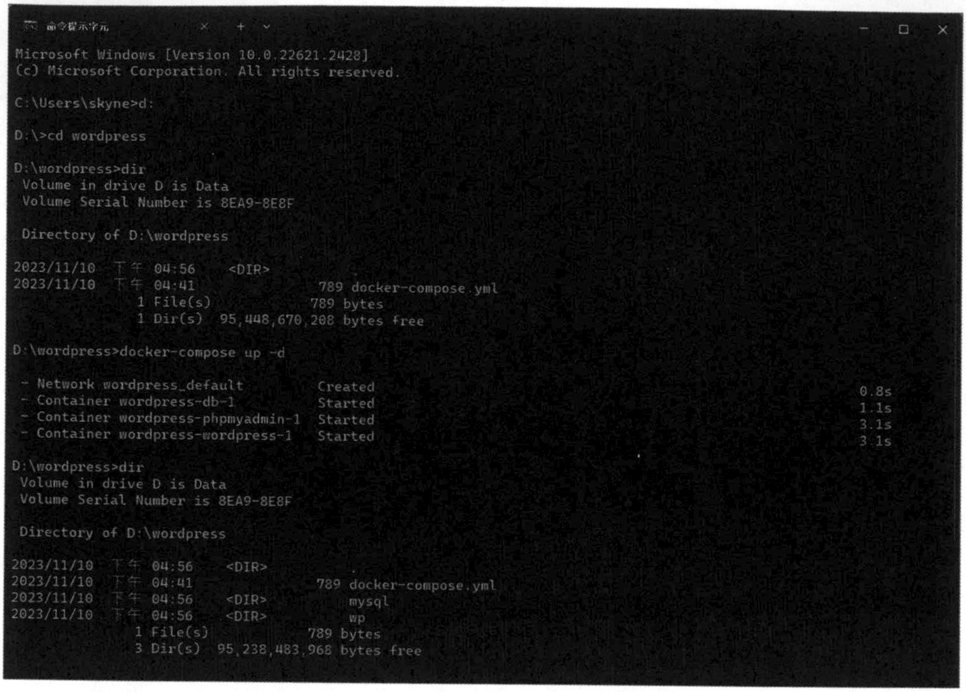

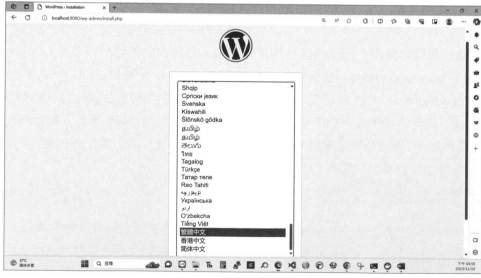

圖 1-10：docker-compose 的執行過程

等到所有的服務都順利啟動之後，就可以開啟瀏覽器檢視「localhost:8080」，隨即會被引導到 WordPress 的安裝畫面，如圖 1-11 所示。

圖 1-11：WordPress 的手動安裝畫面

在選擇了語言之後，隨即進入資料填寫畫面，如圖 1-12 所示。

圖 1-12：WordPress 簡易安裝資料畫面

在這個畫面中，請填寫所需要的資料，並記住你的 WordPress 後台使用者名稱以及密碼，再按下安裝 WordPress 按鈕，過一會兒即可完成網站的安裝作業。

使用 Docker 安裝 WordPress 的好處是，之後如果你想要把網站搬移到任何一台機器上，只要目標機器上有 Docker 的執行環境，你只要帶著 wordpress 資料夾下的所有內容（含 mysql 和 wp 這兩個子資料夾裡面所有的內容）過去，再執行一次 docker-compose up -d 就可以了。

1.2.3 在本地端電腦安裝 WordPress 執行環境

如果不使用 Docker，但是要在自己的電腦中安裝 WordPress 的話，那麼就需要在自己的電腦上安裝 WAMP 或 MAMP 的環境，以 Windows 作業系統為例，WAMP 就是 Windows + Apache + MySQL + PHP，有許多免費的應用程式可以幫我們做到這件事，在這裡我們以 Wampserver 為例進行示範。

首先前往 WampServer 的官網：https://www.wampserver.com/en/，如圖 1-13 圖示。

圖 1-13：WampServer 官網畫面

請依你的作業環境選擇下載的版本，下載時會出現一個資料填寫畫面，可以選擇不用填寫內容，按下「you can download it directly」的那個連結就可以直接下載。下載並點擊程式開始安裝之後，會詢問安裝的目錄，請留意安裝的磁碟位置，因為到時候我們的 WordPress 系統檔案會需要放在那個資料夾底下。

在依照所有的步驟順利安裝完畢並執行 Wampserver Manager 程式之後，可以在右下角的地方找到它的小圖示，在該圖示的上方按下滑鼠右鍵即可看到如圖 1-14 所示的管理面板。

一般而言如果出現了這個面板，那麼表示系統有順利安裝完成，此時使用瀏覽器透過 localhost 這個網址，就可以直接看到 Wampserver 的管理頁面，但是如果我們在電腦中已經有安裝了其他的類似系統（例如 APPServ 的話），預設的網頁連接埠可能已被佔用，會造成 Wampserver 的頁面無法使用。以筆者的例子，在筆者的電腦中已經有安裝了 APPServ，原有網頁的 80 連接埠和資料庫的 3306 連接埠已被佔用，所以就需要透過面板中的「Tools」選擇另外的連接埠，如圖 1-15 所示，分別修改為 81 和 3308。

圖 1-14：Wampserver 管理面板

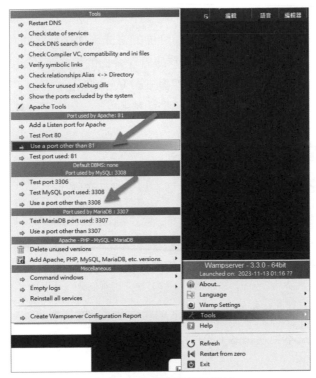

圖 1-15：修改預設的連接埠

在此例中，我們就可以使用瀏覽器開啟網址「localhost:81」，隨即可以看到 Wampserver 的主頁面，如圖 1-16 所示。

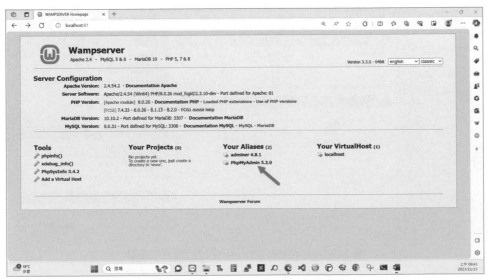

圖 1-16：Wampserver 的本地端主頁面

　　有了這個環境我們就可以開始在自己的電腦中，以手動的方式安裝 WordPress 了。一開始，我們都會以 PhpMyAdmin 透過網頁介面的方式來操作資料庫和資料表，在圖 1-16下方箭頭所指向的按鈕，就是開啟本機資料庫管理介面的地方，預設的資料庫管理者名稱是 root，密碼留空不用填。一般而言，要手動安裝 WordPress 網站，我們都會先從建立資料庫以及資料庫的使用者開始，請看下一小節的說明。

1.2.4　手動安裝 WordPress

　　要手動安裝 WordPress 非常簡單，主要有以下幾個步驟：

STEP 1　建立 PHP 以及 MySQL 的執行環境，這一點在前面的小節已經完成。

STEP 2　在 MySQL 中建立網站所需要使用的資料庫檔案。

STEP 3　建立網站要用來操作資料庫的使用者，並為這個使用者開啟所有的資料庫存取權限。

STEP 4　下載 WordPress 的最新版檔案，並解壓縮至適當的資料夾。

STEP 5　以瀏覽器連結本地端網站，執行安裝步驟，設定正確的存取資料以及管理員的帳號及密碼。

　　在此小節就從第 2 個步驟開始。理論上是要先從建立資料庫開始，然而在 phpMyAdmin中可以使用建立使用者的方式，順便新建此使用者要管理的資料庫，因此我們先從新增使用者開始。請在如圖 1-16 的畫面中開啟 phpMyAdmin，如圖 1-17 所示。

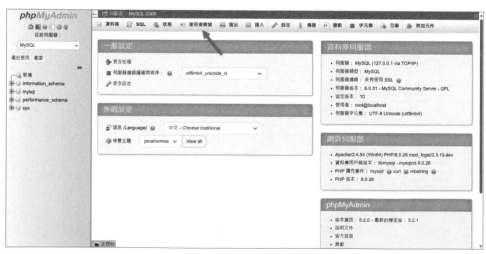

圖 1-17：在 phpMyAdmin 中建立使用者帳號

在圖 1-17 所示的畫面中，點選「使用者帳號」的頁籤，會出現如圖 1-18 所示的管理介面網頁。

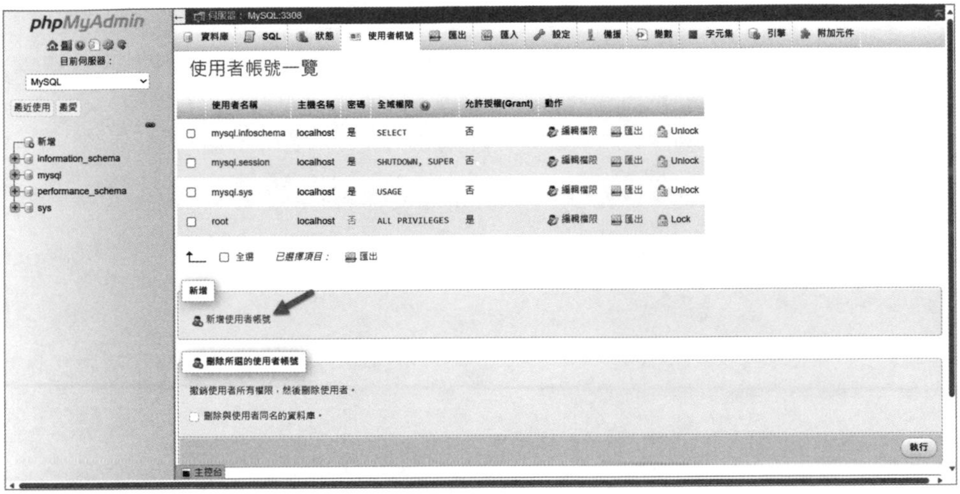

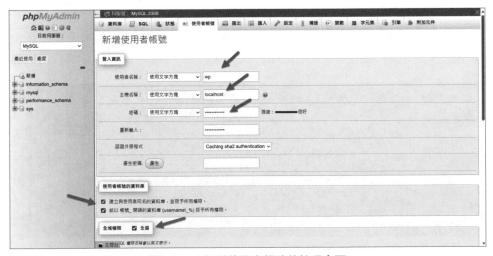

圖 1-18：使用者帳號管理介面

請依圖 1-18 箭頭所指的地方點選「新增使用者帳號」的連結，接著會進入如圖 1-19 所示的畫面。

圖 1-19：新增使用者帳號的管理介面

在圖 1-19 的頁面中，當然第一個帳號設定很重要，在此例我們設定為「wp」，然後如箭頭所指的地方要輸入主機名稱為「localhost」，下方的密碼（當然兩次輸入的密碼要一樣才行），然後把下方的兩個選項都做勾選，並在設定全域權限的地方使用全選。這樣子設定之後，才會新建一個和使用者帳號名稱一樣的資料庫（在此例亦為 wp），並授予足夠的存取權限。在建立完成之後，會出現如圖 1-20 所示的摘要畫面。

圖 1-20：建立資料庫及使用者之後的摘要畫面

如圖 1-20 所示，可以看到建立了 wp 這個資料庫，同時也授予 wp@localhost 這個帳號足夠的資料庫操作權限了。

以上的步驟完成之後，隨即可以到 https://tw.wordpress.org/ 網站下載最新版本的 WordPress 系統程式，如圖 1-21 所示。

圖 1-21：WordPress 最新版下載頁面

　　下載之後的檔案可以放在任意的資料夾，它是一個 .zip 的檔案，還需要做過解壓縮之後才能夠得到出我們要的資料夾內容。以此例，我們在下載資料夾中解壓縮之後如圖 1-22 所示。

圖 1-22：解壓縮之後的資料夾內容

　　在此可以看到內含有一個 wordpress 的資料夾，請直接把 wordpress 整個資料夾複製到 Wampserver 安裝目錄的 www 子資料夾之下，如圖 1-23 所示。之後瀏覽此網站的時候只要把 wordpress 這個資料夾名稱加在 URL 後面就可以了，像是這個樣子：「localhost:81/wordpress」，如果需要的話，wordpress 可以改成任何你想要使用的名稱。

> 本機 > Data (D:) > wamp64 > www		〜 C	搜尋 www	
名稱 ^	修改日期	類型	大小	
📁 wamplangues	2023/11/12 上午 09:48	檔案資料夾		
📁 wampthemes	2023/11/12 上午 09:48	檔案資料夾		
📁 wordpress	2023/11/13 上午 10:08	檔案資料夾		
📄 add_vhost.php	2022/10/26 上午 11:47	PHP 檔案	47 KB	
📄 favicon.ico	2010/12/31 上午 08:40	ICO 檔案	198 KB	
📄 index.php	2022/10/16 下午 12:35	PHP 檔案	29 KB	
📄 test_sockets.php	2015/9/21 下午 05:30	PHP 檔案	1 KB	
📄 testmysql.php	2021/6/17 下午 03:48	PHP 檔案	1 KB	

圖 1-23：把 wordpress 資料夾複製到 www 的位置

　　如圖 1-23 所示，我們把 wordpress 資料夾複製到 d:\wamp64\www，請留意不同的電腦安裝 Wampserver 的路徑，以及電腦名稱的不同會有不一樣的資料夾位置，這要改成你自己的環境才行。複製完畢之後，就可以進行 WordPress 的安裝流程了，而這個流程也非常地簡單，只要開啟瀏覽器，然後在網址列的地方輸入 localhost:81/wordpress，就會

出現如圖 1-24 所示的安裝畫面。(請留意，在筆者的環境因為網頁伺服器的連接埠是 81，
如果讀者沒有修改連接埠的話，可以不要輸入「:81」)。

圖 1-24：WordPress 的標準安裝畫面

在圖 1-24 中按下「開始安裝吧！」按鈕，即會出現如圖 1-25 所示的畫面。

圖 1-25：安裝 WordPress 輸入資料畫面

如圖 1-25 所示,在此需要填入我們之前設定的資料庫名稱、以及資料庫使用者的名稱。這兩個部份我們之前都設定為 wp,接下來是資料庫使用者的密碼,以及資料庫主機的位址,只要依之前的設定填寫,再按下「傳送」按鈕即可。特別要留意的地方是,資料庫預設的埠號是 3306,如果你的電腦環境像筆者一樣修改了資料庫的連接埠(以此為例是3308),就要在 localhost 後面加上冒號以及修改後的連接埠號碼,才能順利連接到正確的資料庫伺服器。如果你都是使用預設值安裝的話,那麼資料庫主機位址的地方就只要輸入localhost 就好了。

圖 1-26:資料庫驗證成功的畫面

如果資料庫的設定資料都正確的話,則會出現如圖 1-26 所示的畫面,如果出現錯誤的話,一定是資料的填寫內容有問題,請再回去前面的章節中確認一下。在圖 1-26 中要按下「執行安裝程式」按鈕進入下一步,會出現如圖 1-27 所示的資料設定畫面。

圖 1-27:設定 WordPress 網站的基本資料

在圖 1-27 中需要填入網站的標題、使用者（其實就是管理者）名稱、要使用的密碼、你的電子郵件等等，這些內容到時候都可以到 WordPress 後台中修改，因此不用想太多，簡單地設定一下就好了，倒是密碼設定之後要記起來，不然本機端一開始並沒法寄送電子郵件，如果密碼忘記了就很麻煩了。

接著，按下「安裝 WordPress」按鈕，不到一分鐘的時間就安裝完成了。接下來我們就可以透過 http://localhost:81/wordpress/wp-admin 網址，看到如圖 1-28 所示的登入頁面。

圖 1-28：WordPress 控制台的登入畫面

試著使用剛剛設定的密碼登入看看，順利的話就可以看到如圖 1-29 所示的 WordPress 控制台的頁面。

圖 1-29：WordPress 控制台頁面

如此就大功告成囉。圖 1-30 是安裝之後的資料夾內容。

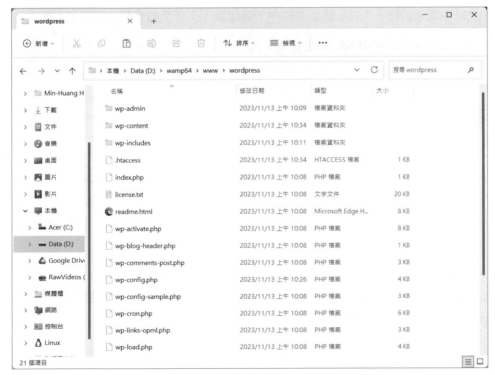

圖 1-30：WordPress 安裝完成之後的資料夾內容

到目前為止我們學會了幾種 WordPress 的安裝方式，讀者們可以任選其中一種進行安裝。我們將在下一節中探討 WordPress 網站的組成結構，以及其相關的細節。

1.3　WordPress 網站結構分析

要修改 WordPress 的網站外觀或是內容，修改或新增外掛或是佈景主題，尤其是在網站掛掉之後的搶救作業，最重要的步驟就是充份瞭解 WordPress 是如何組裝這些檔案以及資料的，我們分別就系統檔案以及資料庫兩個部份做說明。

1.3.1　WordPress 系統檔案

當我們從 https://tw.wordpress.org 下載了安裝檔案之後，WordPress 所有需要的系統檔案就全部在下載之後的那個壓縮檔案中，就算是使用虛擬主機的自動安裝方式，也可以在系統資料夾中看到所有這些系統用的檔案。以前面的例子來看，我們把 WordPress 安裝在 D:\wamp64\www\wordpress 資料夾中，這些檔案的目錄結構和檔案名稱等等，正如圖 1-30 中所示的樣子。在這個資料夾中，有如表 1-1 所示的幾個主要的資料夾。

▼ 表 1-1：WordPress 網站的第一層目錄結構

資料夾名稱	用途說明
根目錄	系統進入檔案以及設定檔。
wp-admin	管理用的系統檔案。
wp-content	網站的內容檔案。
wp-includes	引入程式用的檔案。

在各版本的演進之後，基於模組化的設計，有很多檔案的內容其實就只是型式上存在而已，但是因為都是 PHP 程式檔案，所以只要你熟悉 PHP 語言，仍舊可以找到你想要修改的地方直接加入程式碼，大部分的情況下也都會生效，不過，這當然不是我們建議的方法。

同樣的，WordPress 版本的系統檔案在根目錄（除了 wp-config.php 之外）以及和 wp-admin、wp-includes 的內容都不會被變更，會變動的內容，主要都是放在 wp-content 之下，在此目錄底下，還至少包含了如表 1-2 所示的幾個目錄。

▼ 表 1-2：wp-content 下的目錄結構

資料夾名稱	用途說明
根目錄	預設只有一個 index.php 檔案。
languages	用來放置各種語言包檔案。
plugins	外掛專用的目錄。
themes	佈景主題專用的目錄。
upgrade	用來放置要升級用的檔案包。
uploads	用來放置上傳的媒體檔案。

　　如表 1-2 所示，這些是基本的目錄內容，隨著安裝的外掛程式的操作，也有可能會新增加一些外掛自用的目錄。其中 plugins 的內容如圖 1-31 所示，而 themes 的內容則如圖 1-32 所示。它們的內容會隨著安裝的外掛、或佈景主題的數量，以及種類的不同而有所改變。

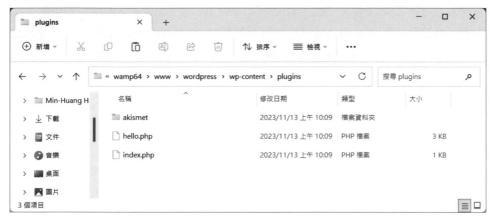

圖 1-31：plugins 的目錄結構

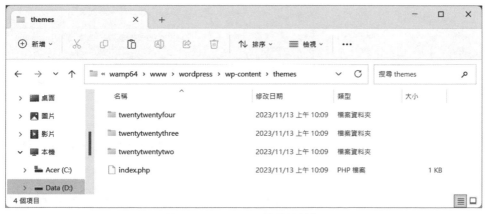

圖 1-32：themes 的目錄結構

　　由圖 1-31 以及圖 1-32 的內容，讀者可以再回去對照 WordPress 網站的控制台就會發現，原來每一個外掛或是佈景主題剛好都對應了一個其中的目錄（少數非常簡單的外掛，如 Hello Dolly，只有一個叫做 hello.php 的檔案），只要把目錄刪除，該外掛或是佈景主題也會跟著消失在控制台中，反之亦然。有了這個觀念，如果想要編輯外掛以及佈景主題的話，讀者應該就已經會知道要從哪裡下手了才對。至於 uploads 之下則是以時間（年和月）分門別類組織了網站管理者上傳的媒體檔案，通常這個資料夾之下就是整個網站最佔用磁碟空間的地方。

1.3.2　WordPress 資料庫

　　除了系統檔案之外，WordPress 網站最重要的資產，當屬儲存在資料庫系統中的資料庫以及資料表了。如果讀者是使用手動的方式安裝 WordPress 網站的話，相信對於到哪裡去找到網站使用的資料庫會相當地熟悉，我們只要到 phpMyAdmin 的網頁中，登入之後就可看到如圖 1-33 所示的所有資料庫的頁面。

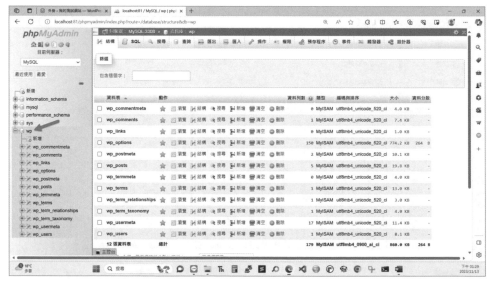

圖 1-33：phpMyAdmin 的管理介面

　　如圖 1-33 所示的箭頭處就是此 WordPress 網站所使用的資料庫（wp），點擊開啟之後即可看到 WordPress 網站所有使用到的資料表。

　　在正常的情況之下我們並不會使用 phpMyAdmin 來人工操作這些資料表的內容，因為只要一個不小心，就會造成無法挽回的後果，除非網站故障或是忘記管理者密碼而且也沒有辦法透過忘記密碼取得（例如網站沒有寄信功能或是連電子郵件帳號都忘記了），才會藉由修改其中的資料內容，以修復網站或重新取得對於網站的管理權。有時候在網站搬家換網址時，也會來這裡修改一下網站使用的網址。

1.3.3　客製化 WordPress 網站的觀念

由上面 2 個小節即可以瞭解，系統檔案主要是以 PHP、CSS 以及 JavaScript 的檔案所組成，它們負責用來提供網站的功能以及外觀，網站的內容資料包含兩個部份，媒體檔案的部份是放在 wp-content 之下的 upload 目錄中，文字內容則是放在資料庫中。

當網站被瀏覽之時，系統檔案會去 themes 之下，找到目錄正在啟用中的佈景主題檔案設定，來決定如何顯示網站的外觀以及和瀏覽者互動的介面，在顯示每一個網頁的時候，則依照 plugins 中所有啟用中的外掛，分別把外掛的程式碼加到它們指定的地方，執行之後再把結果傳回給瀏覽器。

因此，所謂的 WordPress 網站客製化包含了幾個層面，最簡單的方式就是透過切換佈景主題，以及修改此佈景主題所提供的自訂化參數（例如首頁要顯示的文章篇數，要不要顯示特色圖片以及上傳自訂的 Logo 等等），來讓網站有自己的特色，在此種情形之下，此佈景主題本身提供的設定功能之多寡，就決定了網站可以客製化的程度，好消息是，現代大部份付費的高級主題都已經有非常強大的客製化功能了。

第二個層面的客製化則是透過新增外掛來增加網站的功能。使用佈景主題只能改變網站的外觀，若是要增加功能，例如為網站增加購物車的功能，或是統計文章字數，提供文章被閱讀的次數等等，這些非得透過外掛的方式才能夠達到目的。主要的原因在於，在佈景主題中，主要設定的內容都是 .css 檔案，而外掛則是讓我們可以提供 PHP 的程式碼，讓系統可以把這些程式碼加到主網頁中，讓外掛的程式有被執行到的機會。同時，只要遵循 WordPress 提供的設計規範，外掛內的程式也可以輕易地存取 WordPress 的資料庫以及讀寫系統的資料夾內容，在使用上非常具有彈性。

在前面兩個方法都沒有辦法符合需求時，反正所有的檔案都在你的管理與控制之下，當然我們也是可以修改系統中的任何一個檔案的內容，不管它是 .css, .php 還是 .js，只是這一個方法在未來升級新的版本時所有的努力可能會被覆蓋，失去了系統的相容性，所以強烈不建議這種客製化的方式。

本 章 習 題

1. 請在自己的電腦中,使用 Docker 或是 Wampserver 安裝一個 WordPress 網站。

2. 在自己安裝的網站中新增任一外掛,觀察 plugins 資料夾之下的變化,在停用該外掛之後,資料夾中的變化有何不同?如果把該外掛的資料夾刪除之後,在 WordPress 的控制台中又有何不同?

3. 同第 2 題的操作,但這次的對象是佈景主題,並觀察 themes 資料夾內容的變化。

4. 如果我們在 themes 之下,建立一個名為 mytheme 的空的資料夾,在 WordPress 控制台的佈景主題介面中會有什麼樣的改變?

5. 把 themes 資料夾下的任一佈景主題目錄複製一份,然後改一個名字,請問在 WordPress 控制台的佈景主題介面中又會有什麼樣的變化?

第 **2** 堂

HTML/CSS/Javascript 基礎

◀ 前　　言 ▶

如第一堂課所說明的，要客製化 WordPress 網站就是去新增或編輯 .css, .php, .js 檔案的內容，而這些修改後的內容隨即可以把結果展現在自己的網頁上，因此，熟悉這些語法的內容，對於客製化網站有絕對重要的幫助。在這一堂課中，將會分別就 HTML、CSS 以及 Javascript 提供一個非常簡要的基礎教學，協助站長們可以快速地入門。

◀ 學習大綱 ▶

> HTML 基礎
> CSS 基礎
> Javascript 基礎

2.1　HTML 基礎

HTML 是 Hyper Text Markup Language 的縮寫，最初設計這個語言的目的，是為了要讓網頁文件在瀏覽器顯示時，可以讓文件的準備者透過一些標記式的語法，來指示瀏覽器每一個文件中的資料要以何種方式排版在頁面上，同時也讓連結以及圖形可以被適當地呈現出來，瞭解 HTML 的相關架構以及編寫方法，對於要進一步客製化網站或是打算設計自己的佈景主題的站長來說是非常重要的。

2.1.1　線上練習網站 Codepen

初學者練習 HTML/CSS/Javascript 不得不提到 https://codepen.io/ 這個網站，它提供一個免費的環境讓我們可以直接在網頁上輸入程式碼，並立即獲得輸出的樣式。剛進入網頁的時候，如圖 2-1 所示。

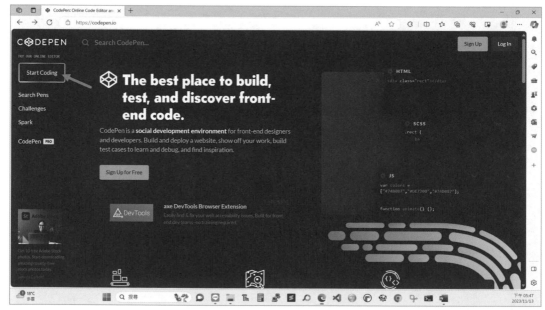

圖 2-1：CodePen 的首頁畫面

他們提供許多方案可以選用，使用付費的專案可以在此網站上建立私人的文件內容，並可以獲得網頁空間放置自己設計出來的網站，當然也可以不用註冊直接使用其環境當作是練習之用。如圖 2-1 中箭頭所指的地方，點擊進入之後即會出現如圖 2-2 所示的畫面。

圖 2-2：CodePen 的免費練習頁面

　　在圖 2-2 中畫面被分為 4 個部份，最下方是顯示出來的頁面結果，而上方的左側是輸入 HTML 的地方，中間是設定 CSS 的地方，右側則是設計 Javascript 的地方。如圖 2-2 所示，我們在 HTML 框中輸入 HTML 網頁碼，然後在 CSS 框中重設 <p> 這個標記要輸出的格式，在下方即可以馬上看到輸出的內容，非常方便。

2.1.2　HTML 基本架構

　　HTML 是一個非常不嚴謹的語言，事實上它也不是一個正規的程式語言，嚴格來說，更像是一組用來排版用的標記描述指令，所以它並沒有像是一般程式語言一樣具有變數儲存的功能，當然也就不能操作記憶體，也沒有辦法可以在程式前面記得一些內容放在後面的程式碼中使用，更不用說是決策與迴圈的指令了。

　　所有的標記（tag，也有人翻譯為標籤）大都是以成對的「<tag name>」和「</tag name>」來做為其設定的有效範圍，少部份則是只有一個標記（例如建立一個分隔線 <hr>）來完成。最初，用 <html> 起始，而以 </html> 結束，當做是用來標記識別 HTML 文件檔案，使用純文字的方式來儲存檔案的，後來更統一了以 <!DOCTYPE html> 來當做 HTML 文件的識別標記。最基本的 HTML 檔案架構如下：

```
<!DOCTYPE html>
<html>
<head>
<!-- 在這裡面可以放置網頁的整體設定 --!>
  <meta charset='utf-8'>
  <title>
  這是網頁左上角的標題文字
  </title>
</head>
<body>
  這裡面可以放置網頁的內容
</body>
</html>
```

在 \<html\> 和 \</html\> 中主要分成兩個部份，分別是用來做網頁整體設定的 \<head\>
\</head\>，以及真正呈現網頁內容的 \<body\>\</body\>。在 \<head\>\</head\> 中最常用
的是 \<meta\> 設定以及 \<title\>\</title\>，和用來設定連入外部檔案的 \<link\>，其中常見的
\<meta\> 設定值如表 2-1 所示。

▼ 表 2-1：HTML 檔案常見的 \<meta\> 設定

meta 設定	子設定	用途說明
charset		用來設定本網頁所使用的字元集。
name	author description keywords	用來設定把其內容關聯到一個名稱，此設定可以讓搜尋引擎在檢視此頁面時可以有所參考。但是由於很多網站會透過這些設定進行 SEO 的作弊，因此這些設定的內容已不太重要。
http-equiv	content-type expires refresh set-cookies	設定要傳送到 HTTP 標頭的內容，透過這些設定可以設定網頁重導向或是重新整理的時間，以及設定初始螢幕參數或是 cookies。

因為這些設定在 WordPress 網站中基本上我們不會去用到，所以在這裡就不再多做
說明。另外，\<title\>\</title\> 中間的文字則是用來設定瀏覽器在瀏覽本網頁時左上角的文字
內容。在 \<head\>\</head\> 中除了 \<meta\> 和 \<title\>\</title\> 之外，大部份對於 CSS 以及
Javascript 的設定也會放在這裡面，這些設定在後面的小節中會再加以說明。

2.1.3　重要且常用的 HTML 標記

真正放置網頁內容的部份都是放在 \<body\>\</body\> 中間。一些歷史最悠久，幾乎在
所有版本中都可以使用的 HTML 標記如表 2-2 所示。

▼ 表 2-2：常用的標準 HTML 標記

標記名稱	說明	詳細說明
\<h1\>~\<h6\>	標題格式設定	用來設定標記內文字的預設標題格式，一般來說，如果沒有特別另行設定，\<h1\> 最大，\<h6\> 最小。
\<p\>	段落設定	在文件中的段落格式，會自動把 \<p\>\</p\> 中的文字另成一個段落，並自動換行。
\<br/\>	換列	強制在此標記點進行換列。
\<table\> 系列	表格	以 \<table\>\</table\> 設定表格，包括以 \<tr\>\</tr\> 設定每一列，而以 \<td\>\</td\> 設定每一例中的儲存格，並以 \<th\>\</th\> 設定每一欄位的標題名稱。
\<div\>	區塊段落	在文件中另外獨立出一個區塊，通常是用來針對某一大段落的文字做同一個格式設定，此標記經常被拿來和 CSS 配合使用，作為網頁排版的重要元素。
\<span\>	行內段落	和 \<div\> 類似，但是主要用來做小區域文字格式設定，\<span\>\</span\> 的內容大多在一行以內。
\<img/\>	圖形檔	用來連結圖形檔用的標記，要在 \<img\> 中指定 src 來設定圖形檔所在的位置，除了可以是位於同一台主機的圖形檔之外，圖形檔的來源亦可以來自於網際網路上的任一個位置。
\<a\>	連結	用來使用者點擊之後要前往的指定超連結網址。
\<hr/\>	分隔線	
\<center\>	把文字置中	
\<b\>	把文字加粗	格式上的粗體。
\<i\>	把文字加上斜體	格式上的斜體。
\<u\>	把文字加上底線	格式上的底線。
\<sub\>	把文字改為下標	
\<sup\>	把文字改為上標	
\<em\>	強調文字	
\<big\>	放大字體	
\<small\>	縮小字體	
\<pre\>	把文字的內容原本地呈現出來，不加任何其他的格式	
\<strong\>	加強文字	在外觀上和 \<b\> 類似，但是在意義上其權重比 \<b\> 還要高，可以說是更強調一些其文字的重要性。和 \<em\> 相比，\<strong\> 的等級是屬於一整個頁面的重要性，而 \<em\> 則只在於一個文句中的強調。
\<ul\>	沒有順序性的項目清單	
\<ol\>	具有順序性的項目編號清單	
\<li\>	項目符號的單一項目	

標記名稱	說明	詳細說明
\<dl>\<dt>\<dd>	具縮排功能的項目符號	
\<iframe>	在網頁中嵌入別的網頁	把別人的網頁嵌入到自己的網頁中,最常見的例子是在 YouTube 影片的「分享 / 嵌入選項」,即可看到嵌入影片用的範例碼。

在表 2-2 的各標記之中,各有其可以放在標記中做參數設定的屬性,例如在 \<h1> 中,加上 align 即可設定在 \<h1> 中的文字的排列方式,可以是 left、right、或是 center,例如:「\<h1 align=center> 網頁標題 \</h1>」等,即可把「網頁標題」這 4 個字除了做 \<h1> 預設的設定之外,額外地再指定其必須水平置中。此外,center 這個字的外圍是否加上雙引號並不會影響到指令的格式,雙引號、單引號、或是不加引號都可以正確地執行。

除了像是 \<p>\</p>,\<hr/>,\
 等簡單的標記之外,許多標記會以其特定的結構組合來顯示出想要呈現的樣子,以 \<ul>\</ul> 清單列表為例,可以如圖 2-3 所示,製作出旅行打包清單。

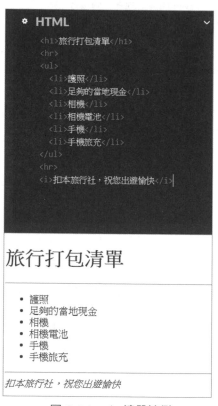

圖 2-3:\<ul> 清單範例

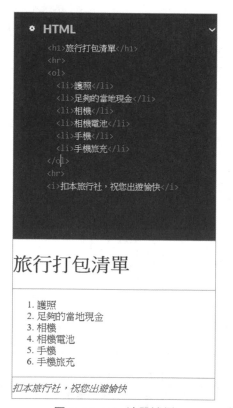

圖 2-4:\<ol> 清單範例

　　同樣都是清單，把圖 2-3 中的標記 <ul> 改為 <ol>，則會成為如圖 2-4 所示的樣子。
那麼如果清單中需要有階層的縮排樣式的話，就要改為如圖 2-5 所示的樣子。

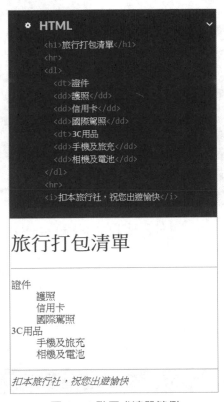

圖 2-5：階層式清單範例

　　此外，在網頁中也可以透過 <table></table> 指令製作出更複雜的表格，如圖 2-6 所
示。

圖 2-6：使用 <table> 標記建立網頁中的表格

　　由圖 2-6 即可以看得出表格標記 <th>、<tr> 和 <td> 之間的關係以及設定的方式，同時在每一個標記之內也可以使用其他的標記，組合成更複雜的排版效果。此外，在標記之內也可以利用屬性的設定來達到細部調整排版內容的目的，例如圖 2-6 的表格例子，在 <table> 中我們使用了 width 屬性設定表格的寬度為 600 像素，而利用 border 指定此表格的框線為 1 個像素寬；至於 <td> 則也是利用 width 設定該儲存格的寬度，由此也可以發現，有許多屬性的名稱和用途可以通用在不同的標記中。

2.1.4　常用的屬性標記

　　再以 <img> 為例，要設定一個要顯示在網頁中的圖形檔案，除了圖形檔的來源之外，圖形寬、高以及在滑鼠經過此圖形之時所顯示出來的文字說明也是非常重要的，圖 2-7 即為 <img> 標記的應用實例。

圖 2-7：在 HTML 中使用 <img> 連結外部圖形檔範例

如圖 2-7 所示，在 <img> 中我們使用了 src 屬性來指出此圖形檔案所在的位置，此位置可以是同一個網站中的某一資料夾中的檔案，也可以是 URL 格式以指向網際網路上其他網站上的資源。width 指定此圖形檔的寬度，高度則使用 height 來設定，如果只設定其中之一，則瀏覽器會以等比例的方式來調整另外一個數值，所以在大部份的情況下我們都只設定其中一個值即可。

此外，title 用來設定這個圖形檔的標題，此內容會在滑鼠指標經過此圖形檔時顯示在圖形的上方，就如圖 2-7 所示的樣子，至於 alt 的內容則是在瀏覽器找不到這個圖形檔時，或是在網路連線發生錯誤，導致瀏覽器無法取得此圖形檔時會顯示出來的替代文字。

除了在網頁中顯示圖形需要許多的屬性搭配之外，連結標記也需要一些屬性的配合，圖 2-8 是結合了圖形檔案和外部連結的範例。

圖 2-8：圖形檔結合外部連結的例子

如圖 2-8 中的程式碼所示，我們直接取自博客來網路書店的內容，然後把圖形檔的網址放在 <a> 和 </a> 之間，並把連結的網址放在 <a> 標記中的 href 屬性中，如此，當使用者使用滑鼠點擊了此圖之後，隨即會前往該頁面。因為我們直接使用別人網站中的內容，所以連結網址以及圖形檔連結的部份就會比較長一些，假設圖形檔案 logo.png 是放在自己的網站中的話，那麼內容就可以會像是以下的這個樣子：

```
<a href="/"><img src='/images/logo.png' width=150></a>
```

如此，瀏覽器就會在同一台網站的位置中去尋找相對應的圖形檔和連結。此外在上面這個例子中，我們故意使用 3 種不同的參數值的設定方式，分別是雙引號（"/"），單引號（'/image/logo.png'）以及沒有任何符號（150），這些在瀏覽器中都是被接受的，不過為了閱讀方便，還是建議讀者統一使用其中一種符號會比較好。

由上面這兩個例子可以發現，除了每一個標記中都還有支援許多的屬性設定，以 <table> 為例，常用的設定屬性如表 2-3 所示。

▼ 表 2-3：<table> 常用的屬性說明

屬性名稱	說明	可使用的值
align	設定整張表格在網頁中的對齊方式	left center right
bgcolor	設定表格的背景顏色	以 #rrggbb 為格式，以 16 進位 2 個數碼的大小來設定每一個原色的強度，從 00 為沒有任何顏色，FF 為該色最強值，也可以直接使用 3 個字元代替。
border	設定表格的邊框寬度	以像素為單位。
cellpadding	設定表格邊框和內容之間的空白	以像素為單位。
cellspacing	設定儲存格之間的空白	以像素為單位，cellpadding 和 cellspacing 互相搭配，可以讓表格的排版看起來更加地舒適。
width	設定表格的寬度	以像素為單位。

表 2-3 設定的是針對整張表格的屬性，而對於 <tr> 一整列以及 <td> 單一儲存格的格式，也有相對應的屬性格式設定，如表 2-4 所示。

▼ 表 2-4：<td> 常用的屬性

屬性名稱	說明	可使用的值
align	對齊儲存格內容	left right center justify char
bgcolor	設定儲存格的背景顏色	使用方法同 <table> 的 bgcolor 屬性。
colspan	合併橫向的儲存格	以儲存格格數為單位。
height	設定儲存格的高度	以像素為單位。
nowrap	指定此儲存格內容文字不能自行換列	主要的目的在維持表格的美觀，但可能會犧牲部分的文字內容。
rowspan	合併垂直的儲存格	以儲存格格數為單位。
valign	垂直對齊儲存格內容	top middle bottom baseline
width	設定儲存格的寬度	以像素為單位。

由表 2-3 和表 2-4 相信讀者應該可以發現，有許多的屬性是重複的，事實上，絕大多數的屬性都可以應用在一個以上的標記中，隨著標記的不同也許會有些微不同的表現方式和設定內容。

2.1.5　HTML 5 新增的標記

在筆者編寫本書的時候，HTML 5 是 HTML 的最新標準，因應技術的進步和時代的發展，HTML 5 在觀念上做了許多的革新，在本小節中就將為讀者做個精簡的摘要說明。

HTML 5 最重要的改進筆者認為是語義化的標記。原本在設計 HTML 時，最基本的想法只是想要讓許多分散於網際網路上的資源，可以透過一些標記式的語法把它們串連在一個網頁中，在網頁的顯示過程中為了讓排版更加地美觀，所以加上了一些文字、表格以及圖形的排版元素，對於網頁內容各部份所代表的意義並沒有多加著墨。

然而隨著 HTML 檔案的資料內容日趨重要，為了方便編寫者整理、機器收集以及學習，網頁中哪些是標題、哪些是摘要、哪些是文章的內容愈顯重要，因此 HTML 5 就多加入許多的標記，用來讓編寫者在編輯時即加以指明網頁文章的結構，這些和語義結構有關的標籤如表 2-5 所示。

▼ 表 2-5：HTML5 常用的語義結構標記

標記名稱	說明
<section>	用來定義一個大的段落之用。
<article>	用來定義段落裡的一篇文章。
<aside>	網頁主要內容之外的資訊，大部份代表的是側邊欄目。
<header>	用來定義某一個段落中的標題部份，請勿與 <head> 搞混。
<footer>	用來定義頁尾的資訊。
<nav>	定義導覽列的內容。
<figure>	用來定義媒體內容的主要區塊。
<figcaption>	定義媒體內容區塊的標題文字。

典型的 HTML 5 網頁語義標記的階層，如圖 2-9 所示。

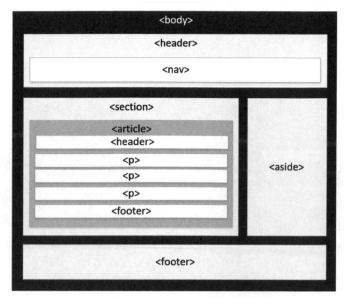

圖 2-9：典型的 HTML5 網頁語義結構用途

圖 2-9 是一個典型的 HTML 5 語義階層結構的運用範例，其中 <header> 以及 <footer> 等等標記均可以混合使用，以表達出網頁編輯者所想要的語義階層樣式，有了這些標記，任何人或是機器程式在讀取到此檔案的時候，也能夠更快地瞭解編輯者對於內容的想法。然而要留意的是，這些標記代表的是編輯者對於網頁內容結構的安排，並不必然代表其特定格式，所有的格式主要都還是由我們設定的 CSS 內容來決定。

在所有新增的標記中，HTML5 的多媒體功能也很受到關注，它簡化了在 HTML 網頁中處理多媒體資料的步驟，也讓網頁編審者在為網頁加上多媒體播放功能時變得更加地直覺。以在網頁上播放 MP4 影片為例，傳統的作法是把影片上傳到 YouTube、VideoMotion 等第三方的影音平台，然後透過嵌入的方式來播放影片，外觀上是在自己的網站做這些事，但實際上播放的過程是在第三方的網站上進行的。但是使用 HTML5 的 <video> 標記，則可以在自己的網站上完成所有的動作，典型的 <video> 標記格式如下：

```
<video width="320" height="200" autoplay controls>
    <source src="my/video/path" type="video/mp4">
    你的瀏覽器不支援 HTML5 播放功能
</video>
```

在 <source> 標記中指定了要播放的影片位置，它可以是在自己網站中的一個目錄下的檔案，也可以是放在任一個 URL 位置上。在 <video> 標記中則可以透過 autoplay 屬性指定其自動播放，也可以加上 controls，讓影片播放的時候多出了可以控制影片播放的控制按鈕。圖 2-10 即為在 Codepen 中使用 <video> 標記的範例。

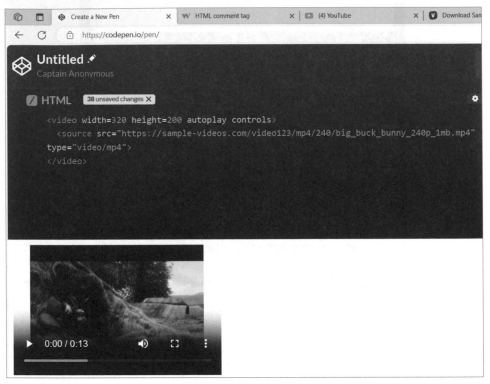

圖 2-10：HTML5 <video> 標記應用實例

在圖 2-10 範例中的影片檔案，我們直接套用在 Sample Videos（https://sample-videos.com/index.php#sample-mp4-video）儲存的範例檔案，有興趣的讀者也可以自行前往測試看看各種格式的影片之播放效果。除了 <video> 提供影片播放之外，<audio> 的設定也類似，但是它提供的是音訊檔案的播放。

HTML5 的 <canvas> 畫布標記也值得一提，因為它可以讓我們在網頁上設定一個區域讓我們透過 Javascript 程式在上面做圖，增加網頁自由繪圖的能力。典型設定畫布的指令和結果如圖 2-11 所示。

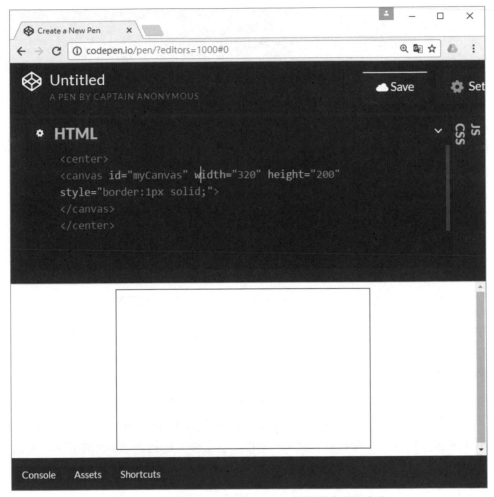

圖 2-11：使用 HTML5 <canvas> 標記設定空白畫布

在圖 2-11 中我們設定了一個 1 個像素的邊框，大小為 320x200 的空白畫布，並將之命名為 myCanvas，之後在 Javascript 語言中只要透過函式取得這個 id 的名稱，即可以自由地透過 Javascript 的指令把圖形畫在這個區域中，如圖 2-12 所示即為使用 Javascript 繪製一個圓心在 (160, 100) 座標處，半徑為 80 的空心圓的例子。

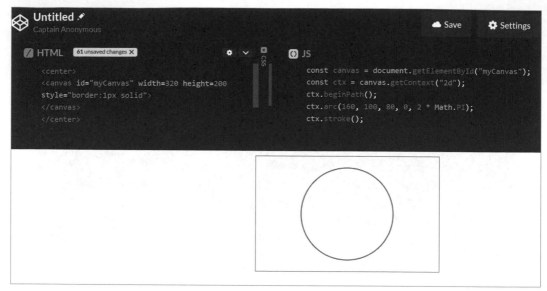

圖 2-12：使用 Canvas 和 Javascript 繪製一個圓形

在圖 2-11 中我們使用了一個叫做 id 的屬性來設定標記的名稱，這個名稱主要是用來辨識每一個標記用的，一定要避免在同一個文件中設定了相同的 id 名稱。和 id 類似的，讀者們後來也會常常看到另外一個屬性叫做 class，同樣都是為某一個標記定義一個名稱，但是 class 可以看做是類別名稱，大部份的目的都是用來定義某些標記是屬於哪一個種類的型式，也就是共同為一個類別設定好格式之後，日後任何的標記只要指定了這個 class 的名稱，就會被設定同一種輸出的樣式，所以，在文件中的標記 class 的名稱是可以重複的，事實上也鼓勵同一個類型的標記就使用同一個 class 名稱。這兩個屬性在介紹 CSS 時會被大量地使用。

當然，標記和屬性不會只有本節所介紹的這麼精簡，但是我們在網頁顯示中最常用到的大概也就是這些，如果讀者有興趣也可以自行參閱相關的書籍，或是網路上的資訊（https://www.w3schools.com/），HTML 的資訊非常地豐富，在本節中沒有介紹到的部份，我們也會在用到時再加以詳細地說明。

2.2　CSS 基礎

CSS 無疑是設定網頁格式最重要的格式化語言，透過一些格式的設定，除了讓網頁的編排更加地美觀之外，新版的 CSS 也加入了一些動態的功能，透過適當的運用，還可以在網頁上做出動畫的效果，這些效果不僅僅可以應用在整體的網站設定上，就算是在 WordPress 的單篇文章中也可以使用，非常地方便。而且，對於 WordPress 的佈景主題來說，其最重要的樣式檔 style.css，使用的就全部是 CSS 的語法。

2.2.1　如何在網頁中使用 CSS

WordPress 之前的版本可以在控制台選單中找到「自訂 CSS」的功能，用於設定整體網站的一些相關樣式設定，但是在新版的區塊編輯器中已大幅增加文章內容，以及網站整體設定對於排版樣式調整的彈性。除了在個別文章及頁面中以區塊編輯的方式來設定版面之外，對於網站整體的設定，如圖 2-13 所示，可以前往外觀的「編輯器」，以互動式介面的方式調整網站的排版及外觀。

圖 2-13：網站編輯器的位置

在進入編輯器之後即可以所視即所得的方式調整網頁的排版及外觀，如圖 2-14 所示。

圖 2-14：WordPress 編輯器的介面

此時可以如圖 2-14 中箭頭所指的地方，點選「樣式」選項，會出現如圖 2-15 所示的畫面。

圖 2-15：編輯器的「樣式」互動介面

此時，請再次點擊左上角箭頭所指的「編輯」圖示，進入全螢幕編輯畫面，如圖 2-16 所示。

圖 2-16：樣式的全螢幕編輯模式

這時候，在圖 2-16 畫面的右上角就可以看到一個三點的圖示，點擊之後即出現一個選單，該選單有「附加的 CSS」選項，開始之後，即出現如圖 2-17 所示的輸入框，在該輸入框中所輸入的 CSS 語法就可以影響到網站上所有的元素了。

圖 2-17：新版 WordPress 輸入 CSS 指令的地方

所有在圖 2-17 中新增加的 CSS 設定均享有最高的優先權設定，幾乎是一定會被實現的格式設定。

以上是搭配 WordPress 網站調整 CSS 的方法，那麼在一般正常的 HTML 檔案中，CSS 是如何被引入來使用的呢？還有用 CSS 設定格式的觀念大概是如何的呢？其實我們可以把 CSS 語言想成是一個標記的外觀化妝師，除非你做的是整體網頁的設定，不然的話，每一個 CSS 片段一定要依附在一個標記、id 或 class 之下，此點我們在圖 2-2 中有一個簡單的介紹。標準的 CSS 語法格式如下：

```
tag1, tag2, ..., tagn {
    attribute 1: value;
    attribute 2: value;
    ...
    attribute n: value;
}
```

在最前方是以要設定的標記名稱為起始，如果有超過一個以上的標記則使用逗號間隔依序列出，接著再以大括號來包含所有要做的設定，每一個設定列（其實所有的設定也可以放在同一列中）以要設定的屬性開始，用冒號間隔，最後再以分號做結尾。

值得注意的是，上述的設定方式會對 tag1, tag2 等等標記設定同一組屬性值，tag1 和 tag2 之間並沒有相互依存的關係。可是如果我們把中間的逗號移除，像是下面這個樣子：

```
tag1 tag2 {
    attribute 1: value;
    attribute 2: value;
    ...
    attribute n: value;
}
```

表示 tag2 是 tag1 裡面的標記（或是選擇器 selector），也就是我們要設定的屬性值是在 tag1 裡面的 tag2 所屬的內容之格式設定，而不是同時把 tag1 以及 tag2 設定成同樣一組屬性值。

前面這些 CSS 設定碼要讓它生效有幾種方法，其一是以外部檔案的方式存檔，先把上述的內容以 .css 的檔案名稱存在網站主機上（在此例為 my.css），然後在 HTML 檔案中使用 <link> 標記引入，如下所示：

```
<link rel=stylesheet type="text/css" href="my.css">
```

此種方式一定要確定檔案 my.css 可以在網站中存取得到才行，這是適合於要設定很多 CSS 內容的時候使用，在 WordPress 網站中，標準上都是以 style.css 來當做是網站的整體 CSS 設定。

第二種方式則是使用 <style> 標記，把上述的 CSS 碼直接放在 HTML 檔案中，一般而言都是放在檔案的最前面，也就是 <head></head> 之間，如下所示：

```
<style type="text/css">
  h1, h2, h3, h4, h5, h6, p {
    font-family: 微軟正黑體 ;
  }
</style>
```

這是作者最常用來設定網頁的中文字型的方法，把 h1~h6 以及 p 的標記的第一優先字型都設定為微軟正黑體，只要瀏覽器的電腦中有此字型就會採用，讓畫面更加地美觀一些。上述的方式會在 HTML 檔案中自此段程式碼內容以下的任何指定標記加以採用。

第三種方法則是在 HTML 的同一行中設定專門屬於單一特定 HTML 標記的格式設定（行內設定），如下所示：

```
<p style="font-family: 微軟正黑體 ;font-size:12pt;line-height:200%;"></p>
```

上面這一段格式的設定只有針對此設定的標記（以此例為 <p>）有效，離開了 </p> 之後就沒有效果了。但是，因為它是屬於最內層的設定，因此享有較高的優先權，也就是說，如果同時有上述三種方式針對同一個標記的同一個屬性值進行設定，則以最接近（也就是行內設定）所設定的值為準。

以上的三種方式和在 WordPress 網站中的設定可以自由搭配使用，但是如果有對於同一個屬性設定不同值的情形發生，最終還是以最後一個設定的值為準，如果沒有把握最後一個設定的是落在哪一個地方，到瀏覽器中檢視原始碼則是最主要的依據。

2.2.2　CSS 屬性摘要

在上一小節，我們瞭解了如何透過各式各樣的方法，讓某一個標記或是選擇器所屬的內容在格式上有所變化，那麼除了改變字型、字體大小等等，還有哪些是可以為網頁內容的格式做各式各樣的調整的呢？先來看看最基本的，和字型有關的設定。請參考表 2-6，此外，在 CSS 中，「//」是註解符號。

▼ 表 2-6：常用與字型相關的格式設定

屬性名稱	說明	設定範例
font-family	指定使用的字體，可以設定多個讓瀏覽器依序選用。	font-family: 微軟正黑體, "Times New Roman";
font-size	指定字型大小，有各種單位可以使用，包括 pt, px, cm, %, small 以及 large，也可以使用 em 及 rem。	font-size:12pt; font-size:16px;
font-weight	指定字型的厚度，數值愈大字體愈粗，也可以直接指定 bold。	font-weight:200; font-weight:bold;
font-style	指定字型的樣式，主要是用來設定斜體。	font-style:italic;

除了字體字型之外，當然還有針對一整段文字的排列方式以及字元間距等等的設定，請參考表 2-7。

▼ 表 2-7：常用和文字的排列有關的格式設定

屬性名稱	說明	設定範例
letter-spacing	用來設定每一個字母之間距，可以增加文字的可讀性。	letter-spacing:2pt;
line-height	設定每一行的行高，也是為了增加文字的可讀性。	line-height:20px; line-height:200%;
text-align	設定文字的對齊方式，包括 left, right, center, justify。	text-align:justify;
text-decoration	幫文字加上一些修飾線，包括 underline（底線），overline（上線），line-through（刪除線），blink（讓文字閃爍），none（什麼都沒有）。	text-decoration:none; text-decoration:underline;
text-indent	設定每一個段落的第一行要留多少縮排。	text-ident:20px;

屬性名稱	說明	設定範例
text-transform	控制是否要把文字內容全部改為第一個字母大寫 capitalize，全部大寫 uppercase，全部小寫 lowercase 以及不做改變 none。	text-transform:capitalize;
word-spacing	以字為單位來設定字間距，適用於英文字段落。	word-spacing:2px;

其實除了文字之外，在對於網頁的各個元素進行 CSS 格式設定時，它有一個叫做 box model 的觀念，也就是所有要被設定的元素都會被視為一個盒子，除了內容之外，在內容和內容框之間有所謂的留白 padding，而內容框 border 本身可以指定其粗細，不同元素之間的還有一個邊界 margin 可以用來設定元素和元素之間的距離為何。先來看看運用 <div> 和 <span> 設定文字框格式的應用範例，請參考圖 2-18。

圖 2-18：運用 1 個 <div> 以及 2 個 <span> 設定 2 個文字框

如圖 2-18 所示，兩個 <span> 的名稱分別是 box1 以及 box2，其內容則分別是 BOX 1 以及 BOX 2，這兩個 <span> 被包含在 <div> 中，所以當我們在 <div> 中設定了 style，把字體的大小設定為 20pt，則此兩個 <span> 內的文字同步被變更，也使用 align 把文字置中。我們在第一個 <span> 中使用了 border 屬性來設定框線的大小是 1pt，線條樣式是實心線 solid，並設定為 red 紅色。第 2 個 <span> 也是實心線，但是線條粗一些，而且顏色為藍色。因此，讀者可以看到出現了 2 個帶框的文字。border 的格式如下：

```
border: 線條粗細 線條樣式 外框顏色；
```

這是比較簡單的設定外框的方法，而實際上外框有更多的設定值可以使用，請參考表 2-8 的內容。

▼ 表 2-8：常用的外框設定屬性

屬性名稱	說明	設定範例
border-style	設定邊框的線條樣式，包括 solid, dashed, double, dotted, groove, ridge, inset, outset 等等，請自行驗證顯示效果。	border-style:dotted;
border-width	設定邊框線條粗細。	border-width:5px;
border-color	設定邊框線條的顏色。	border-color:red; border-color:#aaaaff; border-color:#aaf;
border-top border-left border-bottom border-right	使用和 border 一樣的設定方式，但是分別就邊框的上、左、下、右做單獨的調整。	border-left:2px solid #ff0000; border-right:3px solid #00ff00;

在前面的例子中，我們主要是以 <div> 和 <span> 來做為設定邊框格式的範例，那麼如果我們把 <div> 視為是在網頁上的一個區塊，那麼還有更多具有彈性的設定，例如可以直接透過 width 以及 height 設定 <div> 區塊的大小，再加上顏色以及背景的設定，可以在網頁上直接建立出凸顯的區塊文字設定。可以應用在區塊格式的設定屬性如表 2-9 所示。

▼ 表 2-9：常用的 <div> 區塊屬性設定

屬性名稱	說明	設定範例
width	寬度。	width:300px;
height	高度。	height:200px;
margin	邊界距離設定，在冒號後面的數值分別是上、右、下、左的邊界距離設定值。	margin: 50px 20px 50px 20px;
border-radius	設定方框四個角落的圓角程度，也可以四個數值分別設定，也是上、右、下、左的順序。	border-radius: 50px 10px 50px 10px;
background-color	設定在此區塊內的背景顏色。	background-color: yellow;

屬性名稱	說明	設定範例
background-image	設定在此區塊內的背景圖片。	background-image:url('url/to/image');
background-repeat	指定背景圖片的重複對齊方式，分別有 no-repeat, repeat, repeat-x, repeat-y。	background-repeat:no-repeat;
background-position	指定背景圖片要放置的位置，可以是 top, center, bottom 等描述的文字，也可以是百分比或是數值。	background-position: center right;

　　圖 2-19 是一個設定 <div> 區塊的綜合範例。一定要特別留意的是，如果屬性後面是可以加上 4 個數值的，則其順序就是由上方開始的順時針方向，只要後面是一個以上的值，每一個值之間只要使用空白隔開即可，不能夠有任何其他的符號。

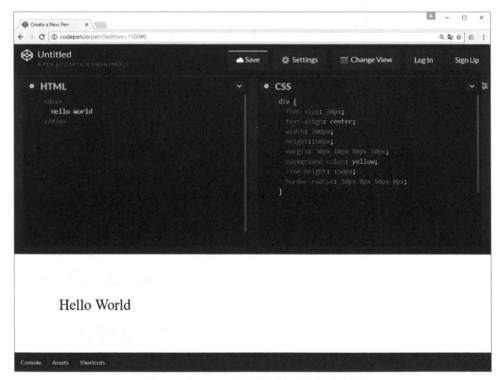

圖 2-19：<div> 區塊的綜合格式設定實例

　　圖 2-19 綜合運用上述的屬性，把 Hello World 當做是一個區塊中的文字，然後加上背景顏色，把文字置中而且在左上角和右下角處建立一個圓角。在更進階的設定中，甚至可以讓這個區塊出現在網頁中的任何一個地方，或是在網頁上浮動，也可以使用 CSS3 設計各式各樣的動態效果。不過，這些功能並不是本書的重點，有興趣的朋友可以自行參考相關的書籍或網頁資訊。

2.2.3　CSS 的 class 與 id

在前面小節的例子中，我們直接針對標記本身（例如 <p>、<span>、<div>）進行設定，在設定之後，所有使用這些標記的文字段落內容，除非另行使用 inline 的方式設定，否則全部都會統一改變成我們設定的樣子。在網頁排版的設計實務中這樣並不常見，主要是因為網頁的內容豐富且多變，不同的段落也許使用同樣的標記，但是我們也會希望它們可以呈現出不同的樣子，因此就需要使用 class 以分類的方式進行樣式調整。

class 在 CSS 的設定中是以英文的句點開頭，就像是一般變數的方式來命名即可（儘量只使用英文字母和減號即可，尤其是不能有空格），在命名完成之後，可以在之後的任何一處標記中，透過 class 關鍵字屬性來設定，圖 2-20 是一個應用上的例子。

圖 2-20：使用 class 設定不同標記格式的例子

如圖 2-20 所示，在 HTML 檔案中有我們兩個不同的標記，分別是 <p> 和 <h1>，如果不另行設定 CSS 碼的話，它們有各自原先預設的顯示格式。當我們在 CSS 中設定了一個叫做 .t 的 class，並把這個 class 以如下的格式套用到不同的標記中：

```
<p class='t'>
  Hello World
</p>
<h1 class='t'>
  H1 TAG
</h1>
```

　　從顯示出來的結果就可以看出來，我們做了許多的設定，但是對於沒有設定到的部份，該標記還是會把原有的呈現出來，以至於雖然都使用了 .t 這個 class，但是在顯示時還是會有一些不一樣的地方（<h1> 有粗體的設定，而 < p> 則沒有）。

　　在圖 2-20 的例子中我們使用了同一個 class .t 來設定所有想要的格式，但是在實務運用上，由於為了讓每一個 class 比較模組化，可以讓設定碼更精簡一些，也可以把 CSS 碼分開成為不同的 class，然後在應用時，可以在同一個標記中使用一個以上的 class，只要在 class 中間加一個空格隔開即可，請參考圖 2-21 的應用例。

圖 2-21：應用多個 class 在同一個標記上的例子

　　如圖 2-21 所示，我們把原有的 .t 拆開，分成 .box、.round、.shadow 三個 class，如下所示：

```
.box {
  width: 300px;
  height: 100px;
  line-height: 100px;
  font-size: 24pt;
  text-align: center;
  color: blue;
  border: 1px solid #888888;
}
.round {
  border-radius: 20px;
}
.shadow {
  box-shadow: 10px 10px 5px #555555;
}
```

　　然後在 HTML 中分別引用不同的組合，即可以得到不同的結果，非常地方便。

```
<p class='box shadow'>
  Hello World
</p>
<h1 class='box round shadow'>
  H1 TAG
</h1>
```

　　除了 class 之外，還有一個很多讀者會被搞混的 id。因為除了在設定時 id 前面要以「#」來取代 class 之前的「.」之外，其他的部份基本上都是相同的，然而，在實用上，id 是每一個標記的識別名稱，雖然它也可以像 class 一樣被設定任意的格式，但是對於同一份 HTML 文件來說，不宜重複使用在不同的標記上。例如在上述的程式碼中，如果我們加入了 id，則會像是下面這個樣子：

```
<p id='block1' class='box shadow'>
  Hello World
</p>
<h1 id='block2' class='box round shadow'>
  H1 TAG
</h1>
```

　　這樣讓每一個標記有它自己獨一無二的識別名，日後運用在 Javascript 程式時就可以順利地找到這些標記加以操作。

2.2.4　Bootstrap 框架的運用

至此筆者還是要再強調一次，HTML 以及 CSS 的內容遠遠不只有前面幾個小節內容介紹的這些，為了要把網頁的排版發揮到淋漓盡致，有非常多的指令和技巧可以使用，我們在這裡只是介紹非常基本的內容而已。

雖然善用 CSS 可以把網頁的排版打造成任何想要的樣子，但是許多的開發人員還是傾向於利用現有別人開發好的框架，套用別人已經做好的設定。市面上有非常多的框架可以運用，最常用的當屬 Bootstrap。它的網站網址為：https://getbootstrap.com/，想要在自己的網站上使用這個框架，必須下載它們的相關程式檔案放在自己的網站中，並建立好連結，但也可以加入如下的 CDN 連結，直接讓網站到它們提供的連結來使用，速度也不會太差：

```
<link rel="stylesheet" href="https://cdn.jsdelivr.net/npm/bootstrap@5.2.3/dist/css/
bootstrap.min.css" integrity="sha384-rbsA2VBKQhggwzxH7pPCaAqO46MgnOM80zW1RWuH61DGLwZ
JEdK2Kadq2F9CUG65" crossorigin="anonymous">
<script src="https://cdn.jsdelivr.net/npm/bootstrap@5.2.3/dist/js/bootstrap.min.js"
integrity="sha384-cuYeSxntonz0PPNlHhBs68uyIAVpIIOZZ5JqeqvYYIcEL727kskC66kF92t6Xl2V"
crossorigin="anonymous"></script>
<script src="https://cdn.jsdelivr.net/npm/bootstrap@5.2.3/dist/js/bootstrap.bundle.
min.js" integrity="sha384-kenU1KFdBIe4zVF0s0G1M5b4hcpxyD9F7jL+jjXkk+Q2h455rYXK/7HAuo
Jl+0I4" crossorigin="anonymous"></script>
```

這一段連結只要放在我們的網站中即可，而所有的內容也可以在 Bootstrap 中直接複製使用，有許多免費以及付費的 WordPress 佈景主題本身就是使用此套框架來製作的，這些特性當然也就可以在自己設計的外掛中使用，有些外掛也提供讓網站管理員快速使用 Bootstrap 特性的短代碼，增加排版上的便利性。

先不管 WordPress 如何設定，如果我們一開始的空白網頁在前面加上了 Bootstrap 的 CDN 連結之後，再加上以下的程式設定：

```
  <body>
<div class='container'>
    <div class='row'>
      <div class='col-4'>
        <div class='card card'>
          <div class='card-header'>
            Card ONE
          </div>
          <div class='card-body'>
            <div style="height:100px;background-color:lightgray;">這裡是內容 </div>
          </div>
          <div class='card-footer'>
            這裡是頁腳
          </div>
        </div>
```

```
      </div>
      <div class='col-4'>
        <div class='card card-primary'>
          <div class='card-header'>
            Card TWO
          </div>
          <div class='card-body'>
            <div style="height:100px;background-color:aliceblue;">這裡是內容</div>
          </div>
          <div class='card-footer'>
            這裡是頁腳
          </div>
        </div>
      </div>
      <div class='col-4'>
        <div class='card card-primary'>
          <div class='card-header'>
            Card THREE
          </div>
          <div class='card-body'>
            <div style="height:100px;background-color:lightgreen;">這裡是內容</div>
          </div>
          <div class='card-footer'>
            這裡是頁腳
          </div>
        </div>
      </div>
    </div>
  </div>
</body>
```

即可呈現出如圖 2-22 所示的 3 個卡片式的圖形輸出。

圖 2-22：運用 Bootstrap 快速建立網頁元素

如程式碼中所示，不需要另外的 CSS 設定，只要充份地運用 Bootstrap 提供的 class 元素放在適當的標記中即可，在大部份的情形下，使用 Bootstrap 的網頁主要是使用 <div> 這個區塊標記來完成版面的設定與調整，這些特性我們在後續的章節中會陸續地加以使用。

2.3 Javascript 基礎

雖然本書的主要內容是以 PHP 程式設計為主，但是為了讓網站和使用者的互動性更高，適當地編寫一些 Javascript 程式碼也是必須的。然而 Javascript 和 PHP 最主要的不同當然除了是不同的程式語言之外，最主要是執行的地方也是完全不一樣的，PHP 是在網站主機上執行，而 Javascript 則是在使用者的瀏覽器中執行，所以在程式的執行過程可以存取到的資源，以及操作的對象是不同的，這一點在編寫程式的過程中一定要分得非常清楚才行。

2.3.1 Javascript 的用途

Javascript 的主要目的是什麼呢？最初在網頁剛被發明時只有靜態的 HTML 標記，想要讓網頁的內容動起來是沒有辦法的，因為它被視為靜態文件處理。這樣的限制當然不會長久，很快地一些聰明的程式設計師們就想出了許許多多解決的方式，最終 Javascript 幾乎成了業界共同的標準，讓你只要學好這一套語言就可以吃遍網站的前端與後端。

就如同一般的程式語言，Javascript 提供了大部份程式語言應有的功能，可以自訂變數、進行計算，也可以建立函式（function）以及使用物件導向（Object-Oriented）功能，當然更不用說也會有決策和迴圈這些控制執行的流程。因為它是在使用者的瀏覽器端執行，所以為了安全上的考量，像是對於 I/O 以及網站的存取就會有極大的限制，因此除非用在特殊的場合，不然的話，它主要的定位就是用來做網頁上所需的簡單運算、提供和使用者之間的互動、操作 HTML 內部的標記內容，不過儘管是如此，也夠我們讓網頁畫面變得多采多姿了。在這個網站：https://www.javascript.com/ 中有許多的示範和介紹，有興趣的讀者可以前往閱覽。

2.3.2 在 HTML 中使用 Javascript

那麼，如何在 HTML 檔案中使用 Javascript 程式呢？最簡單的方式就是使用 <script> 標記，如下所示：

```
<script language='javascript'>
</script>
```

由於大部份的瀏覽器幾乎都在沒有指定語言的情況下預設為 Javascript，也因此大部份我們只是使用 <script></script> 就可以開始在其中編寫 Javascript 程式。由於它是一個非常具有彈性的語言，所以有許多的函式以及程式庫可以直接使用，但是要留意大小寫是不同的，而且每一行指令的後面一定要加上分號「;」。例如下面這個程式，就可以讓此 HTML 被載入的時候要求使用者輸入姓名，然後再以對話盒的方式顯示出打招呼的訊息（如果你是在 Codepen 的 JS 視窗環境下輸入這段程式碼，請不要加上 <script> 以及 </script>）：

```
<script>
  var visitor_name = prompt("請輸入你的姓名");
  if (visitor_name != null){
    alert("你好，"+visitor_name);
  } else {
    alert("你好，陌生人");
  }
</script>
```

當這個網頁被瀏覽器載入時，即可看到如圖 2-23 所示的提示對話盒（筆者是在 Codepen 中輸入此程式）：

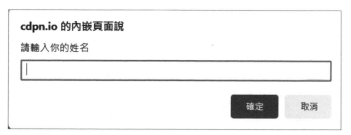

圖 2-23：在 Javascript 中使用 prompt 函式取得瀏覽者姓名

如果瀏覽者輸入姓名並按下確定按鈕，即可以看到如圖 2-24 所示的打招呼訊息。

圖 2-24：使用 Javascript 的 alert 函式顯示訊息

又如果輸入的姓名結果想要放在網頁中也可以，程式修改如下：

```
<h1>
  您好，<span id='visitor'>陌生人 </span>
</h1>
<script>
  var visitor_name = prompt(" 請輸入你的姓名 ");
  if (visitor_name != null){
    document.getElementById("visitor").innerHTML = visitor_name;
  }
</script>
```

在這個程式中，我們把 HTML 和 Javascript 合併在一起使用，其中在 <h1> 標記中，我們主要目的是設定一個打招呼的訊息，而在「陌生人」這個字串的前面加上了一個 <span> 標記，這個標記的目的是為了使用 id 這個屬性，把它設定一個可以被找得到的名字，以此例命名為 visitor，有了這個訊息之後，在 Javascript 的程式中，利用變數 visitor_name 取得來自於 prompt 函式所輸入的文字內容（名字），再以 if 敘述來判斷其內容是否有值（不是 null），如果有，就使用 document.getElementById 函式找出叫做 visitor 的標記，透過對於 innerHTML 的設定達成修改 <span> 內文字的目的。

在 Javascript 中，document 預設就是這個 HTML 檔案的這份分析過的文件，它有許多的成員函式可以讓我們對於網頁中的文件內容進行操作，這些內容非常地繁多，還是得請有興趣的讀者去參考相關的書籍。

既然可以透過 prompt 函式取得文字內容再修改 HTML 的內容，那麼如果我們在網頁上使用表單輸入的資料，當然也可以透過 Javascript 的運算把結果呈現出來。以下的程式就是一個用來計算匯率的片段：

```
<script>
  function go() {
    var usd = document.getElementById("USD").value;
    var twd = Number(usd / 31).toFixed(2);
    alert(usd+" 台幣等於 "+twd+" 美元 ");
  }
```

```
</script>
台幣:<input type='text' id='USD' size=5 value=1000>
<button onClick='go()'>
    換算成美元
</button>
```

在上述的程式碼中，我們在 HTML 的部份建立了一個簡單的表單，輸入元素 <input>，並設定其型式為文字，指定 id 的名稱和相關的屬性，如此就會在網頁中呈現出一個常見的輸入文字框。此外，還利用 <button> 標記建立了一個按鈕，設定此按鈕的 onclick 事件，指出如果此按鈕被按下去之後，要去呼叫 Javascript 中的那個叫做 go() 的函式，設計出來的頁面如圖 2-25 所示。

圖 2-25：HTML 表單元素結合 Javascript 的例子

透過這個介面，瀏覽這個網頁的使用者可以在文字框中輸入一個數字，然後按下「換算成美元」按鈕，接著就前往我們在 <script> 中編寫的 function go() 函式中，在此函式中還是一樣使用 document.getElement.ById("USD").value，取得剛剛在 HTML 中建立的文字輸入元素中的值，在圖 2-25 中的例子是 5000，把 5000 放在變數 usd 中。

接著把 usd 除以 31 之後取得美金的數值，由於直接除以數值會得到非常多的小數位數，在這裡則使用 Number 這個類別中的 toFixed 成員函式去除多出來的小數位數，只留下 2 位即可，最後再以 alert 輸出計算的結果，就如同圖 2-25 中所示的那樣。

對於 Javascript 有了正確的概念之後，在後續的章節中，如果需要使用到 Javascript 的地方，相信讀者就能夠輕易地運用上了。

2.3.3　Javascript 語言重點摘要

在前面的幾個小節中很快地做了幾個實用的片段程式，讓讀者能夠很快地瞭解如何在 HTML 檔案中建立 Javascript 程式，以及如何和網頁內容還有使用者建立簡單的互動，在這一小節中，就直接為 Javascript 做一個最基本的重點摘要，方便讀者對於 Javascript 有一個更明確的概念。

首先，Javascript 除了可以直接放在 <script></script> 標記中之外，還可以使用外部檔案的方式，讓 HTML 檔案將之連結進來。通常 Javascript 檔案會被以 .js 的副檔名儲存起來，既然是在網路上應用，因此儲存的地方只要能夠在網際網路上以 URL 格式存取得到就可以使用。在前面我們引入 Bootstrap 框架的時候，其中最後一段就是使用 <script src="..."> 把 .js 檔案引入到網頁中，如下所示：

```
<script src="https://cdn.jsdelivr.net/npm/bootstrap@5.2.3/dist/js/bootstrap.min.js"
integrity="sha384-cuYeSxntonz0PPNlHhBs68uyIAVpIIOZZ5JqeqvYYIcEL727kskC66kF92t6Xl2V"
crossorigin="anonymous"></script>
```

上方這是使用 CDN 的語法，也就是到另外一個網站上去存取 bootstrap.min.js 這個程式。對我們來說，如果引入的檔案是放在自己的網站中，其實只要使用如下所示的方法就可以了：

```
<script src="/js/myown.js"></script>
```

在自己網站的 js 目錄底下引入 myown.js，就只要這一行就好了。通常，只要程式碼的內容較長，編寫者都會以額外的 .js 檔案來儲存，就算是 CSS 設定也一樣，設定碼一多了，都是放在另外的 .css 檔案中，這樣也方便管理。

至於 Javascript 檔案內的程式碼會在什麼時候被執行呢？如果沒有特別的設定就是依照檔案的載入順序逐列執行，所有被載入的 Javascript 程式碼，如果沒有被包在函式中就會讀到一列執行一列（函式的內容一定要有人去呼叫它才會被執行），也因為如此，有可能會發生想要操作的文件內容（例如某個標記或是 class）還沒有被載入，自然就沒有辦法正確地執行，這點在設計程式的時候要特別地留意。

簡單的 Javascript 程式如下所示：

```
<script>
  function myfunc(a, b) {
  // this is a comment
  var c = a + b;
  if ( c >= 0) {
    alert("加起來是正數");
  } else {
    alert("加起來是負數");
  }
}
</script>
<button onclick='myfunc(10,-20)'>
  Click me
</button>
```

為了方便讀者在 Codepen 中執行起見，我們還是把這個程式片段放在 HTML 檔案中，然後透過 <button> 的 onclick 事件（被滑鼠點擊）去呼叫這個程式。在此程式中有幾個重點，整理如下：

- 程式的內容以及變數有大小寫之分，所以如果沒有特殊原因，儘量都以小寫為主。
- 每一個合法的敘述後面都要加上分號做為結尾。
- 每一個區塊，不論是函式用的或是 if 指令用的，都是以大括號來包含。
- 使用「//」來做為單列的註解。
- 變數在使用之前可以不必宣告，但實用上還是會利用 var 做宣告。
- 變數沒有預設型別，會自動依照目前的情況調整。
- 變數的內容可以進行運算，而在使用 for 以及 if 等迴圈敘述在做變數比較時，則可以運用比較運算式和邏輯運算式。

一個程式語言最重要的部份就是輸入以及輸出，在瀏覽器的世界中，便是一些和瀏覽器溝通用的物件。這些物件包括 window、navigator、screen、history、location 等等，這些物件的主要用途摘要如表 2-10 所示。

▼ 表 2-10：Javascript 中和瀏覽器相關的重要物件

物件名稱	說明
window	表示目前開啟中的瀏覽器視窗。
navigator	放置一些和瀏覽器相關的資訊。
screen	放置一些和瀏覽者的螢幕相關的資訊。
history	存放瀏覽者曾經瀏覽過的 URL 內容。
location	目前正在瀏覽中的網址的相關資訊。

由於這些物件都是全域的物件，因此在 Javascript 的程式碼中可以直接使用。以最單純的 location 物件來說，它的幾個常用的屬性如表 2-11 所示。

▼ 表 2-11：location 物件的常用屬性摘要

屬性名稱	說明
hash	在 URL 中的「#」部份的內容。
host	URL 中的主機名稱和埠號。
hostname	URL 中的主機名稱。
href	完整的 URL。
origin	傳回協定、主機名稱和埠號。
pathname	URL 的路徑名稱部份。
port	URL 的埠號。
protocol	URL 的協定。
search	URL 中屬於查詢字串的部份。

上述的屬性可以直接使用以取得目前的資訊，也可以使用設定的方式設定成為新的值。不過，如果要設定新的 URL，其實有 3 個方法可以直接使用，包括透過 assign() 可以載入一個新的文件，或是使用 reload() 重新載入原有的文件，亦或是使用 replace() 用新的文件來取代目前的這份。圖 2-26 即為 assign 的使用例。

圖 2-26：HTML 中 location.assign() 的應用例

在圖 2-26 中，我們直接使用 location.assign('https://104.es'); 指定了網站 https://104.es 的部落格，結果此部落格的內容即刻被放置在 Codepen 的執行結果中。至於更簡單的 history 則只有一個叫做 length 的屬性，用來記錄目前的歷史瀏覽記錄究竟有多少筆，而可以用的方法也是 3 個，分別是 back()、forward() 以及 go()，其中 back() 即為回上一個瀏覽的地方，forward() 則是到下一瀏覽的地方（如果你曾經瀏覽過某處又回來的話），在 go() 中則可以加上數值做為參數，更快速地前進到想要去的之前的歷史記錄。window 這個物件的功能就非常多了，常見的屬性如表 2-12 所示。

▼ 表 2-12：window 物件常見的屬性

屬性名稱	說明
closed	布林值用來表示 window 是否在關閉的狀態。
document	指向目前 window 對應到的 document 物件。
frameElement	如果目前的 window 有設定 <iframe>，則指向此 <iframe> 元素。
frames	目前 window 物件中所有的 <iframe>。
innerHeight	window 內容的高度。
innerWidth	window 內容的寬度。
length	目前 window 中 <iframe> 的數量。
localStorage	指向本地端儲存空間。
location	傳回此 window 的 location 物件。
name	此 window 的名稱。
navigator	傳回此 window 的 navigator 物件。
outerHeight	此 window 包含狀態列及捲軸之後的高度。
outerWidth	此 window 包含狀態列及捲軸之後的寬度。
screen	傳回此 window 的 screen 物件。
screenLeft	此 window 相對於螢幕的水平座標。
screenTop	此 window 相對於螢幕的垂直座標。
sessionStorage	本地端儲存空間，但不同於 localStorage，在此儲存的資料只會存續在同一個 session 的操作中。
status	此 window 的狀態列文字內容。

透過此述的這些物件，可以讓 Javascript 自由地操作使用者的瀏覽器，增加和瀏覽者的互動。至於其他的部份，在後續的章節使用到時會再加以說明，讀者也可以自己參閱相關的書籍。

2.3.4 簡易的網頁程式碼錯誤排除技巧

有程式設計經驗的朋友就會知道，編寫程式容易，但是一旦程式的執行不如預期需要找出錯誤時，有時候小小的錯誤可以會花上非常多的時間和精力。除了在編寫程式時要以電腦為主體的角度來設想，並小心地先行分析要解決的問題，把問題模組化分解成較小的單元再逐一完成設計以避免錯誤之外，當錯誤發生時要在哪裡看得到呢？答案是要善加利用瀏覽器提供的工具。

以 Google Chrome 瀏覽器為例，任何的網頁檔案在顯示之後都還可以透過檢視原始碼的方式，看到該網頁最終被瀏覽器取得的內容，就算是我們編寫的 PHP 程式，在伺服器執行完畢之後，還是會以 HTML 的型式傳送到瀏覽器中，所以瀏覽器讀取並執行解譯的對象，就是我們使用檢視原始碼看到的樣子，其流程如圖 2-27。

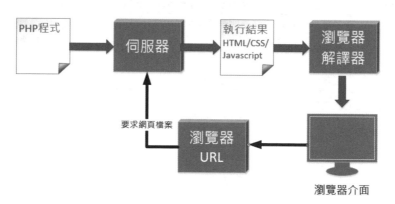

圖 2-27：網頁的傳送流程示意圖

由圖 2-27 可以看出，WordPress 的網站主要以 PHP 程式為主，瀏覽器在取得網址之後前往網站伺服器取要檔案，相對應的 PHP 程式執行之後產生 HTML 的檔案交給瀏覽器，而瀏覽器得到的內容就是包含了之前我們介紹的 HTML、CSS、以及 Javascript 程式碼和附在加一起的資料和媒體檔案連結，在解譯了這些內容之後把網頁呈現在使用者面前。由此可知，如果發現網頁的結果和預期的樣子不同，第一件事就是看看在瀏覽器中取得的原始檔案是否和自己料想的一樣。

除了透過 Codepen 練習之外，HTML、CSS 和 Javascript 由於可以在本地端執行，所以作者也經常利用程式碼編輯器（作者常用的是 Visual Studio Code 加上 Live Server 的擴充功能），以及瀏覽器去檢視本地端的網頁檔案，初步驗證自己的程式編寫想法，如圖 2-28 所示。

圖 2-28：運用 Visual Studio Code 在本地端編寫 HTML、CSS、Javascript

以圖 2-28 為例，作者把 index.html 放在 D:\wordpress\jstest 資料夾之下，利用 Visual Studio Code 開啟資料夾的功能把這個目錄打開，並啟用 Live Server 擴充功能，然後把瀏覽器和編輯器兩個並排在同一個畫面中，每次在編輯完程式之後只要儲存檔案，Live Server 就會自動重新整理網頁以顯示程式碼變更之後的結果。現在，假設我們要使用 Javascript 編寫一個可以顯示逐列縮小文字尺寸的程式，程式碼如下：

```
<!DOCTYPE html>
<html lang="zh-TW">
<head>
    <meta charset="UTF-8">
    <meta name="viewport" content="width=device-width, initial-scale=1.0">
    <title>用來測試 Javascript 的網頁 </title>
</head>
<body>
    <script>
        for(i=1; i<=6; i++) {
            document.write("<h" + i + ">");
            document.write(" 這是第 " + i + " 行 ");
            document.write("</h" + i + ">");
        }
    </script>
</body>
</html>
```

執行結果如圖 2-29 所示。

圖 2-29：使用 Javascript 動態調整輸出文字的大小

在這個程式例中，我們運用了 Javascript 可以自由地把不同文字和數值內容以「+」號串接的特性，在迴圈中巧妙地製作出 <h1> 到 <h6> 的標記，然後使用 document.write() 方法函式把串接好的字串輸出到網頁畫面中，此技巧也會出現在後續章節中的 PHP 程式碼中。

如果此時我們程式輸入有誤，例如不小心把 for 迴圈指令中的「i<=6;」中的分號打成冒號，當再重新整理後會發現網頁上並不會出現任何的內容，此時，就是 Chrome 瀏覽器的開發者工具派上用場的時候了。開啟 Chrome 的功能表單，找到「更多工具／開發人員工具」，如圖 2-30 所示。

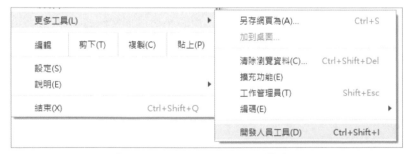

圖 2-30：開發人員工具選項的位置

開啟之後，會有一個可以看到所有網頁程式碼對應內容的頁面，如圖 2-31 所示。

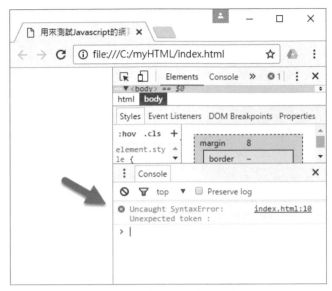

圖 2-31：開發人員工具介面

如圖 2-31 箭頭所指的地方，Chrome 在執行發生錯誤時，會指出錯誤發生的檔案以及行數（在此例為 index.html:10），還有可能發生錯誤的原因（在此例為 Unexpected token:），依據這些資訊，就可以更容易地找出程式問題所在並加以修正了。

另外，有時候在程式偵錯的過程中，如果不是這種簡單的語法錯誤，而是邏輯上的錯誤，那麼把變數內容印出來看看是否和自己的理解一樣也是很重要的除錯方法之一。除了透過 document.write 直接在網頁上把變數內容顯示出來之外（其實這種方法並不推薦），還可以使用之前教過的 window.alert() 變成一個視窗顯示出來，或是直接運用 console.log()，把這些資訊顯示在開發人員工具介面中的 Console 中，這是最常見也是最不干擾網頁內容的方法。以上述的程式為例，我們把所有的 document.write() 全部改為 console.log()，如下所示：

```
<!DOCTYPE html>
<html>
<head>
<title>
    用來測試 Javascript 的網頁
</title>
</head>
<body>
    <script>
```

```
        for(i=1; i<=6; i++) {
            console.log("<h" + i + ">");
            console.log("這是第 " + i + " 行 ");
            console.log("</h" + i + ">");
        }
    </script>
</body>
</html>
```

把此網頁重新載入之後，網頁的內容是完全空白的，因為資料並沒有被輸出到網頁中，所有的內容全部被寫在開發人員工具的 Console 了，如圖 2-32 所示。

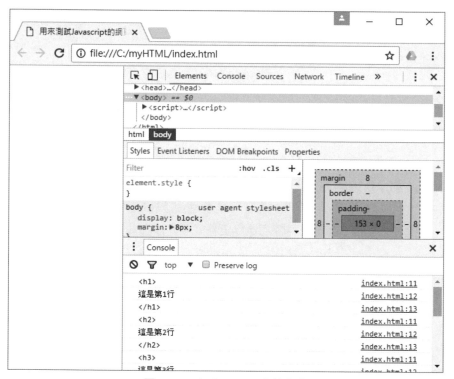

圖 2-32：在 Console 中的內容

在圖 2-32 的 Console 中不僅顯示輸出的內容，同時也指出這個內容是由哪一個檔案（在此例為 index.html）以及第幾行所產生的，此特性非常便於程式除錯，讀者們可以善加運用。

本 章 習 題

1. 請説明 HTML 最新版本為何？列出其和前一個版本你認為最主要的改進。

2. 如何利用 CSS 的 class 在 WordPress 建立客製化的文件段落樣式？

3. 利用 Javascript 語言撰寫英吋和公分的轉換程式。

4. 請簡要説明 <div> 和 <span> 的異同。

5. 利用 <button> 和 Javascript 在頁面上提供可以回上一頁和到下一頁的功能。

第 **3** 堂

jQuery/AJAX 基礎

◀ 前　　言 ▶

在前一堂課的內容中，我們直接使用 Javascript 存取網頁上的元素，讀者們一定有發現要寫的文字敘述非常長，而且不容易理解。為了讓程式設計師可以更容易地存取網頁，就出現 jQuery 這樣的程式庫，讓我們以更直覺的方式操作網頁上的各個元素。此外，如果網頁和使用者互動的過程中，有需要回網站去取得檔案資料的話，則 AJAX 是最好用的程式庫之一。在這一堂課中我們將簡要地介紹這兩個歷史非常悠久且相當受歡迎的 Javascript 程式庫。

◀ 學習大綱 ▶

➤ jQuery 基礎
➤ AJAX 基礎

3.1 jQuery 基礎

jQuery 是一個在 Javascript 中歷史非常悠久且非常受歡迎的程式庫，雖然目前能夠取代它的程式庫已非常多，但還是有許多專案支援它。從上一堂課的內容，讀者應該可以體會到，要使用 Javascript 來存取 HTML 的內容是一件比較麻煩的事情，不僅程式碼要寫得比較長，而且不小心還很容易出錯，為了讓存取網頁文件變得容易，於是有了 jQuery 的誕生，在這一節就讓讀者先來熱身一下。

3.1.1 jQuery 簡介

jQuery 是一套 Javascript 之下的函式庫，因為功能豐富，非常受到網頁設計人員的喜愛與使用。也因為它是一個外加的函式庫，因此在使用之前，還是要透過 <script src> 載入到目前的 HTML 檔案中來，確定需要的檔案有被載入，所有的 jQuery 的功能才能夠被順利地執行。

依據維基百科上的説明，此套函式庫一開始是在 2006 年 1 月的時候，由 John Resig 在 BarCamp NYC 釋出第一個版本，截至作者編寫本書的時候，版本已經來到 3.7.1 版，所有的程式以及最新消息均在專屬的網站：https://jquery.com/ 中維護，其中還包括所有的教學文件以及參考資料，讀者可以前往查詢。

讀者如果對於前一堂課的 HTML 還有些印象會發現，大部份的 HTML 標記都是成對的出現，而且層層套疊，例如最外面的是 <html></html>，而在其中則是 <head></head><body></body>，之後在 <head> 之內還可以有 <title></title> 以及一些 <meta> 的相關設定，至於其他的內文用的標記（幾乎是大部份的標記）則是放在 <body></body> 之間。這樣的關係最終可以使用一個樹狀的結構來表示，也因此每一個標記視做一個節點，這些節點之間就有所謂的父子親屬關係和分枝功能。

在這裡我們想要使用 Bootstrap 程式庫來進行示範。一開始我們要建立一個叫做 3-1.html 的檔案，並在檔案中準備一個符合 HTML 架構的程式骨架，你可以選擇自行輸入，或是到 Bootstrap 網站中去複製，但是如果你有在 Visual Studio Code 中安裝 Copilot 的話，也可以像是圖 3-1 所示的樣子，以文字的方式讓 Copilot 產生一個程式碼骨架給你進行修改，當然你也可以在 ChatGPT 上讓 AI 去產生之後再複製過來。

圖 3-1：使用 Copilot 產生程式碼框架

　　如圖 3-1 所示，在具備 Copilot 的 Visual Studio Code 環境之下，只要按下 Ctrl + I 按鈕，然後在對話框內輸入想要讓它產生的程式碼，中文及英文都可以，它就會產生或修改現有的程式，然後詢問我們是否要接受它所產生的結果，在我們按下「接受」按鈕之後，程式碼就完成了。以前一堂課所介紹過的 Bootstrap 框架來做示範，在產生之後的框架中，我們再加上一些用來測試的內容，如程式 3-1 所示的樣子，這是我們 jQuery 示範程式的 HTML 程式碼部份。

↺ **程式 3-1：3-1.html**

```html
<!DOCTYPE html>
<html lang="zh-tw">
<head>
  <meta charset="UTF-8">
  <meta name="viewport" content="width=device-width, initial-scale=1.0">
  <title>用來測試 jQuery 的網頁 </title>
  <link rel="stylesheet" href="https://maxcdn.bootstrapcdn.com/bootstrap/4.5.2/css/
bootstrap.min.css">
</head>
```

```html
<body>
  <div class="container">
    <div class="row">
      <div class="col-md-6 mx-auto mt-5">
        <div class="card">
          <div class="card-header">
            <h1>jQuery 練習 </h1>
          </div>
          <div class="card-body">
            <p> 用不同的語言打招呼：
                <span id='msg'>
                    你好
                </span>
            </p>
          </div>
          <div class='card-footer'>
                <button id='btn1'> 英文 </button>
                <button id='btn2'> 法文 </button>
                <button id='btn3'> 西班牙文 </button>
                <button id='btn4'> 中文 </button>
          </div>
        </div>
      </div>
    </div>
  </div>
  <script src="https://ajax.googleapis.com/ajax/libs/jquery/3.5.1/jquery.min.js">
</script>
  <script src="https://cdnjs.cloudflare.com/ajax/libs/popper.js/1.16.0/umd/popper.
min.js"></script>
  <script src="https://maxcdn.bootstrapcdn.com/bootstrap/4.5.2/js/bootstrap.min.
js"></script>
</body>
</html>
```

程式 3-1 的執行結果如圖 3-2 所示。

圖 3-2：程式 3-1 執行之後的網頁外觀

我們使用 d3.domVisualizer 網站（https://bioub.github.io/dom-visualizer/）分析程式 3-1，可以得到如圖 3-3 所示的結果，分析之後的 HTML 程式碼會放在瀏覽器的記憶體中，成為一個稱為 DOM 的內部結構。

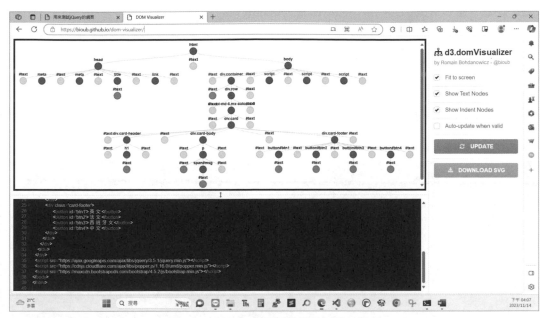

圖 3-3：HTML 文件繪成樹狀結構的樣子

DOM 是英文 Document Object Model 的縮寫，這是 W3C 組織推薦用來處理 XML 的標準，由於 HTML 在廣義上也可以視為是 XML 的一個子集合，因此現在瀏覽器內部也都是使用 DOM 的結構來儲存網頁的資料，而其結構就是樹狀結構的一種。

為了順利找到在此樹狀結構中的特定節點，並在找到某節點之後往上、往下、甚至到其左鄰右舍去找出相同屬性（例如同一層的相鄰節點等），就有了在這些節點間巡行（Traversal）的需求，而 jQuery 就提供了許多在節點間巡行的功能。

此外，在找到的某個或某些特定節點之後，想要把這個節點以下的內容全部移除，或是在某節點之下再新增一些新的節點，甚至是一個小的樹狀結構，或是把某些內容做些編輯修改，這也是 jQuery 的強項。而且，每次在對這些內容進行修改之後，網頁的畫面就會馬上依據修改後的內容即時呈現出最新的樣子，這也就表示使用了 jQuery 之後，有許多網頁的內容，不管是內容要更新還是換一個不同的顯示樣式，就不需要勞動伺服器去執行 PHP 程式碼，直接在瀏覽器上修改之後不需要重新整理整個頁面即可顯示出結果，在使用者介面上就會變得更加地優質，也不會因為網路的速度而影響到畫面呈現的快慢。

綜上所述，要學會如何運用 jQuery，第一步需先連結到 jQuery 的 .js 檔案（推薦直接使用 CDN 連結即可），然後學會如何在適當的地方放置 jQuery 程式碼，以及如何選擇到想要處理的標記，接著就可以利用 jQuery 提供的方法函式操作網頁內的 document 資料或 CSS 設定，讓這些操作過的資料可以即時呈現在網頁上。

3.1.2　開始使用 jQuery

連結 jQuery 程式庫的方法很簡單，只要在 </head> 之前加上以下的 CDN 連結即可，也可以在 Copilot 中直接用文字說明的方式，請 Copilot 在編輯器中直接加入，如圖 3-4 所示。

圖 3-4：使用 Copilot 要求建立具備 4 個按鈕的 jQuery 程式框架

在圖 3-4 中，按下「接受」按鈕之後，就可以得到一個可以運作的程式，如下所示：

```
<!DOCTYPE html>
<html lang="zh-TW">
<head>
  <meta charset="UTF-8">
  <title>用來測試 jQuery 的網頁 </title>
  <script src="https://code.jquery.com/jquery-3.6.0.min.js"></script>
</head>
<body>
  <button id="btn1"> 按鈕 1</button>
```

```
  <button id="btn2"> 按鈕 2</button>
  <button id="btn3"> 按鈕 3</button>
  <button id="btn4"> 按鈕 4</button>

  <script>
    $(document).ready(function() {
      $("#btn1").click(function() {
        alert(" 按鈕 1 被點擊了 ");
      });

      $("#btn2").click(function() {
        alert(" 按鈕 2 被點擊了 ");
      });

      $("#btn3").click(function() {
        alert(" 按鈕 3 被點擊了 ");
      });

      $("#btn4").click(function() {
        alert(" 按鈕 4 被點擊了 ");
      });
    });
  </script>
</body>
</html>
```

　　這時候我們只要對於這個程式稍做修改就可以完成我們的功能了。上述這段程式碼我們命名為 3-2.html，因為 jQuery 本身的內容也是在瀏覽器中執行，所以在本地端即可練習，不一定需要使用到網路主機。同上一堂課的例子，在本地端的 d:\wordpress\jstest 資料夾儲存 3-2.html 這個檔案，最後把內容修正如程式 3-2 所示。

↺ 程式 3-2：jQuery 示範程式

```
<!DOCTYPE html>
<html lang="zh-TW">
<head>
  <meta charset="UTF-8">
  <title> 用來測試 jQuery 的網頁 </title>
  <script src="https://code.jquery.com/jquery-3.6.0.min.js"></script>
</hcad>
<body>
    <h1>jQuery 練習 </h1>
    <p> 用不同的語言打招呼：
        <span id='msg'>
            你好
        </span>
    </p>
  <button id="btn1"> 英文 </button>
  <button id="btn2"> 法文 </button>
  <button id="btn3"> 西班牙文 </button>
  <button id="btn4"> 中文 </button>
```

```
<script>
  $(document).ready(function() {
    $("#btn1").click(function() {
      $('#msg').html("Hello");
    });

    $("#btn2").click(function() {
      $('#msg').html("Bonjour");
    });

    $("#btn3").click(function() {
      $('#msg').html("Hola");
    });

    $("#btn4").click(function() {
      $('#msg').html(" 你好 ");
    });
  });
</script>
</body>
</html>
```

這個程式的執行畫面如圖 3-5 所示。

圖 3-5：用不同語言打招呼的 jQuery 練習程式

　　如圖 3-5 所示，使用者在此頁瀏覽的時候可以點選任一個按鈕，打招呼的內容會根據我們按下的按鈕所代表的語言加以替換，而且替換的時候網頁並不會被重新整理，只有打招呼用語被改變而已。

　　要開始設計 jQuery 程式，最重要的是瞭解它的特性，一般我們都是以 $(selector) 或是 jQuery(selector) 來開始一個 jQuery 的程式片段，「$」是簡化的符號，使用 $ 或是 jQuery 都可以。它的用途就是讓 jQuery 程式庫，透過中間的 selector（選擇器），找出符合這個選擇器指定的樣式中所有的標記內容傳回，讓後續的函式或程式可以對這個找到的物件進行進一步地操作。

　　因此，當我們設定了 $("p")，那麼就會傳回文件中所有的 <p> 標記，不管它們都在文件中的哪裡，如果使用 $("p a") 則表示要找的是在 <p> 標記內的所有 <a> 標記，當然，如果要找的是 id 就在 id 名稱前面加上「#」，像是 $("#msg")，如果要找的是 class，就在 class 之前加上「.」，像是 $(".row") 就可以了，幾乎是所有在 CSS 中我們對於 id 和 class，以及標記的設定方式，在 jQuery 中都可以直接套用。要更進一步瞭解 selector 在 jQuery 中是如何作用的，可以前往練習網站：https://www.w3schools.com/jquery/trysel.asp，它有一個練習介面可以讓讀者學習各式各樣的 selector 組合和實際選擇到的內容。

　　程式 3-2 是一個很典型的 jQuery 應用程式，首先建立一個 HTML 網頁的模板，然後把想要被觸發的標記（在此例為 4 個 <button> 的標記）以及需要被改變資料內容的標記（在此例為 <span>）分別設定它該有的 id 名稱，如每一個 <button> 分別命名為 btn1~btn4，而 <span> 則命名為 msg，如此就可以利用 jQuery 來確認是哪一個元素被點按，以及要改變哪一個標記的內容了。

　　如程式所列出來的樣子，jQuery 程式的進入點是以下的這行指令：

```
$(document).ready();
```

　　這個是用來表示，當 document（就是網頁的資料）全部被載入完成之後（ready）才開始執行。接下來的所有程式碼都必須放在 ready() 的括號中。習慣上我們會以一個沒有名字的函式（anonymous function）做為整個程式的執行起始點，也因此就成了像是下面這個樣子：

```
$(document).ready(function() {
// 這裡面就是我們要編寫的 jQuery 程式所在處
});
```

　　所有的程式只要寫在這個 function 的大括號之間就可以了。jQuery 程式的主要目的都是用來做為對使用者操作所衍生的事件進行回應，所以大部份的情況下都會以事件來當做是開始執行程式的依據，也就是事件觸發式的程式寫法。以上述的程式例，在網頁中我們準備了 4 個 <button> 按鈕，我們有興趣的是當此按鈕被按下時要做什麼事，所以就可以運用 .click 這個事件觸發函式，如下所示：

```
$("#btn1").click(function(){
    $('#msg').html("Hello");
});
```

　　有了上面的經驗，相信讀者就能夠很容易地看懂這段程式片段的語法了。「$("#btn1")」的目的是用來鎖定所有 id 叫做 btn1 的這個標記，加上「#」指的就是 id，而如果什麼都不加則指的就是預設的標記本身。

　　在 .click 的括號中，需再建立一個函式用來執行當按鈕被按下的事件發生時要做的事，在程式 3-2 的例子中就是找出 msg 這個 id，然後把它的內容用 html() 這個函式取代掉，全部就是這麼簡單。

　　有一些程式設計經驗的讀者朋友可能會想說這樣的寫法如果有 10 種語言，那不就要把 id 從 btn1 一直設定到 btn10，然後每一個語言都使用一個事件設定，這樣程式碼看起來很冗長也很容易出錯？這個想法沒錯，但事實上，在 WordPress 網站的應用上，我們並不會直接手寫這些所有的 jQuery 程式碼，而是使用 PHP 程式動態產生的，所以不管會有幾種語言，或是有多少同樣類型的 id，其實在 PHP 程式碼中只是一個迴圈，以及搭配此迴圈用來產生正確對應資料的陣列，我們面對的程式並不會這麼冗長繁雜。

　　除了可以置換某一個標記的文字內容之外，善用 <div> 標記的設定，再搭配 jQuery 對於 DOM 的操作函式，在程式中也可以很容易地加上一些原本沒有的 HTML 內容（使用 insertAfter 函式），也可以把原本在 HTML 中的一些標記內容移除掉（使用 remove 函式），請參考程式 3-3 的例子（為了節省篇幅，和程式 3-2 的 HTML 是相同的部份就不在此列出，只列出程式有被修改的部份，完整的程式請參考本書範例中的內容），請直接複製程式 3-2 再進行修改即可。

↻ 程式 3-3：加上國旗圖案的 jQuery 程式範例

```
<script>
var flags = [
    "http://www.flags.net/images/largeflags/UNST0001.GIF",
    "http://www.flags.net/images/largeflags/FRAN0001.GIF",
    "http://www.flags.net/images/largeflags/SPAN0001.GIF",
    "http://www.flags.net/images/largeflags/TAIW0001.GIF"
];
$(document).ready(function(){
    function change_flag(n) {
        var flagimage = "<div id='flag'><img src='" + flags[n] + "' width=100></div>";
        $("#flag").remove();
        $(flagimage).insertAfter("#msg");
    }
    $("#btn1").click(function(){
        $('#msg').html("Hello");
        change_flag(0);
    });
    $("#btn2").click(function(){
        $('#msg').html("Bonjour");
        change_flag(1);
```

```
        });
        $("#btn3").click(function(){
            $('#msg').html("Hola");
            change_flag(2);
        });
        $("#btn4").click(function(){
            $('#msg').html("你好");
            change_flag(3);
        });
});
</script>
```

程式 3-3 中我們使用了一些小技巧，首先是建立一個陣列，用來儲存在程式中會使用到的國旗圖形檔連結，全世界幾乎所有國家的國旗都可以在 http://www.flags.net 中找到。然後我們設計了一個用來置換國旗連結的 Javascript 函式 change_flag(n)，它接受一個參數用來指定要置換的是哪一個國家的國旗（其實就是放在陣列中的一個圖形檔連結而已）。

在 chage_flag 函式中，先宣告一個變數名為 flagimage，裡面放的就是我們在製作的一個 <div> 的標記，它的內容看起來會像是這個樣子：

```
<div id='flag'>
    <img src='http://www.flags.net/images/largeflags/UNST0001.GIF' width=100>
</div>
```

其中那串網址就是從陣列中取出來的，而由於這個 <div> 被賦予了一個 id 名稱為 flag，為了避免每一次按下按鈕之後會把國旗的圖形重複地串接到 HTML 中，所以透過這個 flag，可以在串接此段 HTML 程式碼之前先使用 $("#flag").remove() 把此段移除，再重新加上新設定的國旗影像連結即可。至於加上 HTML 的程式碼部份則為：$(flagimage).insertAfter("#msg");。

最後，每次在某一個按鈕被 click 時，除了會針對 #msg 這個 <span> 的內容進行置換文字之外，我們會先以 remove 移除 #flag 這個 <div>，再使用 insertAfter 重新把新設定的 #flag<div> 加到 #msg 後面。完成的新網頁如圖 3-6 所示。

圖 3-6：新增置換國旗功能的 jQuery 程式執行畫面

　　除了操作 DOM 的內容之外，jQuery 最令人稱道的功能之一就是對於 CSS 的操作，使用 jQuery 也可以輕易地對某些標記的 CSS 設定做新增、移除以及修改，也有許多現成的動態效果以及動畫函式可以應用。再以程式 3-3 為基礎進行修改，這次我們希望在置換國旗時能夠有一些動態的轉換效果，為了單純起見，我們只設定 2 個事件，在使用者讓國旗的圖案顯示出來的時候，當滑鼠游標進入國旗時即把國旗的寬度變更為 200 個像素，而在滑鼠游標離開時則恢復為原有的 100 像素，修改後的程式如程式 3-4 所示（請儲存成 3-4.html，在此僅顯示 jQuery 部份）。

↻ 程式 3-4：增加動態效果的 jQuery 程式

```
function change_flag(n) {
    var flagimage = "<div id='flag'>" +
        "<img id='flagimg' src='" + flags[n] + "' width=100></div>";
    $("#flag").remove();
    $(flagimage).insertAfter("#msg");
    $("#flag").mouseenter(function() {
        $("#flagimg").animate({
            width: '100px'
        })
    }).mouseleave(function() {
        $("#flagimg").animate({
        width: '200px'
        });
    });
}
```

　　程式 3-4 和程式 3-3 不一樣的地方在於，針對 $("#flag") 這個 id 新增了兩個事件，分別是 mouseenter 以及 mouseleave，亦即滑鼠進入圖形之後以及滑鼠移出圖形之後會觸發的事件，此外，因為我們直接要讓圖形檔案的寬度以動畫的方式改變，因此也在新增 <img> 標記的時候，再讓 <img> 標記有一個自己的 id，在此例為 flagimg，之後的動畫設定只要針對此 id 進行設定即可。由於 jQuery 允許我們可以把不同的事件函式串接在一起，因此請讀者留意 mouseleave 是直接使用「.」句號，直接和前面的事件設定連接在一起。讀者可以輸入此程式檢視程式的執行效果，在顯示出國旗圖案之後，把滑鼠在圖案上移進移出即可看到國旗忽大忽小，而且是平順地改變。

3.1.3　jQuery 在 WordPress 中的應用

　　自行架設的 WordPress 可以在網站的文章中，以及小工具裡加上 HTML/CSS/Javascript 的程式碼使之執行，只要在文章編輯器中先瀏覽全部的區塊，如圖 3-7 所示。

圖 3-7：在區塊編輯器中瀏覽全部可用的區塊

　　接著所有可用的區塊就會被顯示在畫面左側供編輯者瀏覽，我們只要如圖 3-8 所示，選用自訂 HTML 這個區塊就可以了。

圖 3-8：所有區塊中選取自訂 HTML

選取之後，它就會在游標處建立一個可以讓我們輸入 HTML/CSS/Javascript 程式碼的區塊，接著我們就可以把 jQuery 的程式碼輸入到此區塊中，如圖 3-9 所示。

圖 3-9：在自訂 HTML 區塊中輸入 jQuery 程式碼

在圖 3-9 中，我們把程式 3-3 的程式內容，移除 <html> 以及 <head> 標記，但是把 <script src> 這一行指令保留下來，程式的最後面亦移除 </html>，然後再把文章儲存下來，之後在檢視這篇文章的時候，就可以直接看到我們原本單獨執行程式時一樣的結果了。

此文章發表之後，發佈的文章樣式如圖 3-10 所示，請留意，使用不同的佈景主題對於按鈕的定義不一樣，所以也會有不一樣的按鈕外觀。除了文章之外，頁面的編輯也可以使用同樣的方法。

圖 3-10：包含自訂 HTML 程式碼的文章外觀

在安裝外掛的搜尋介面輸入 jQuery 之後，也可以看到非常多以 jQuery 寫成的外掛，讓網站管理員可以輕易地為自己的網站增加更多好用，且具有良好操作介面的功能模組，例如 SlideShow SE 就是其中一個佼佼者，如圖 3-11 所示。

圖 3-11：Slideshow SE 外掛

在安裝完畢並啟用之後，可以在選單中看到 Slideshows 的選項，如圖 3-12 所示。

圖 3-12：進入 Slideshows 的選項

點選 Slideshows 選項，可以看到如圖 3-13 所示的操作介面。

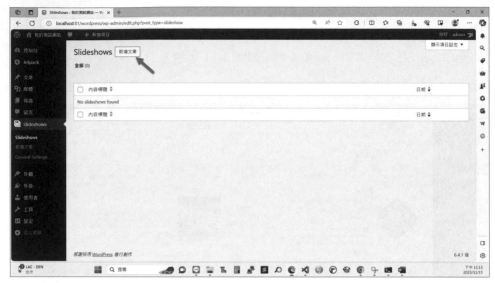

圖 3-13：Slideshows 操作介面

在 Slideshows 的操作介面中，每一個 Slide 都被視為是一篇文章（沒辦法，誰叫這個是 WordPress 的網站），因此我們第一步，要先使用「新增文章」去建立一篇其實是用來設定投影片（Slide）內容以及效果的文章。新增 Slideshow 的介面如圖 3-14 所示。

圖 3-14：新增 Slideshow 的介面

在新增 Slideshow（Add New Slideshow）的介面中，如圖 3-14 的箭頭所示的幾個地方，分別是要設定此 Slideshow 的名稱，以及實際放在文章中所要使用的短代碼

（shortcode）內容（在此例為 [slideshow_deploy id='19']），以及右側是新增投影片內容
（可以是影像檔案、文字內容甚至是影片也可以）的地方。操作過程如圖 3-15 所示。

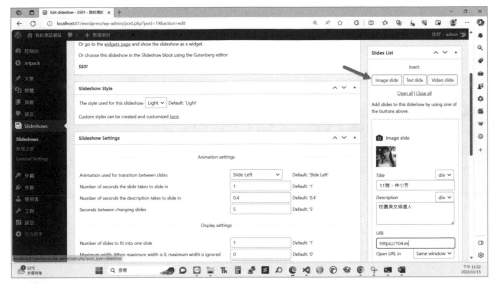

圖 3-15：新增了一張圖片當做是 Slide

在選取了圖片之後可以加上 Title（預設會從圖片中找出圖片的製作者或圖形檔名稱）、
Description（描述說明）、以及輸入此圖片被按下去之後要前往的 URL 網址。除了圖形檔
案外，也可以輸入文字當做是 Slide 的內容，如圖 3-16 所示。

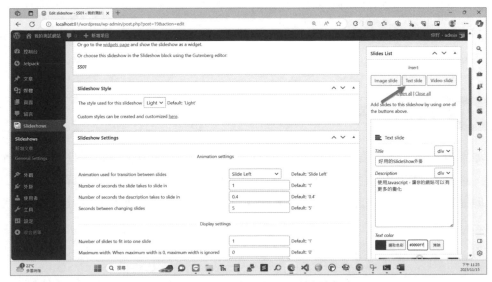

圖 3-16：以文字作為 Slide 的內容

　　當然在文字中也可以加上 Title、Description 以及 URL，也可以改變文字的顏色，就如同圖 3-16 的樣子。全部完成之後按下發表，我們就有一個可以運用的 Slideshow 幻燈片展示了。不過，這還沒有被套用在網站上，要使用短代碼區塊，把它放到文章中你想要顯示這個幻燈片效果的地方（也可以到小工具看到可以放在側邊欄的地方），如圖 3-17 所示的樣子。

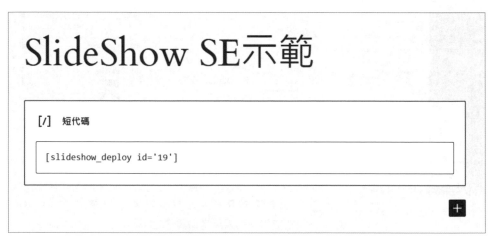

圖 3-17：使用短代碼把 SlideShow的效果加到文章中

　　在圖 3-17 中我們新增一篇文章，然後瀏覽所有的區塊，找出短代碼這個區塊，再輸入這段短代碼，最後再把此篇文章發表在網站上，回到網站首頁瀏覽這篇文章，就可以看到圖片以及文字內容在文章中自動捲動的效果了。

　　寫到這邊，相信讀者對於 jQuery 以及外掛和佈景主題的配合方式，應該已經有了非常清楚的觀念了。

3.2　AJAX 基礎

　　如果說 jQuery 是網頁設計時 Javascript 的寶劍，那麼 AJAX 可以說是 Javascript 的翅膀，讓原本豐富的網頁排版再加上無縫到伺服器取得資料的能力，兩者同時使用可以說大大地提升了網站的前端應用能力，也因此 AJAX 也成為了 WordPress 外掛和佈景主題的開發主流之一。

3.2.1　AJAX 簡介

AJAX，看起來很難發音的名詞，它是 Asynchronous JavaScript and XML 的縮寫。大部份我們對於網頁資料的觀念，就是當瀏覽器有需要到網站上去取得資料時，會送去一個 URL 到網頁伺服器，然後網頁伺服器根據這個 URL 內的請求，執行相關的後端程式語言（例如 PHP）之後，把 HTML 的資料傳回給瀏覽器，再由瀏覽器負責去解讀資料以及顯示在頁面上。而在瀏覽器顯示頁面資料之前，會先重新整理一次頁面。在前幾個小節使用 jQuery 的執行過程沒有重新整理頁面的原因是，jQuery 並沒有回到伺服器重新取得資料，只是根據目前本地端在瀏覽器中的資料加以處理再即時顯示，算是在瀏覽器部份頁面的單獨重繪作業。

如果我們想要回到伺服器取得資料，然後顯示在畫面中的某一個區塊中，而且不想要整個頁面被重新整理以致於影響使用者的使用體驗，那麼 AJAX 搭配 jQuery 是很多人採用的方法，它以異步的方式去伺服器拿取資料，只有在資料準備好或是連線逾時錯誤時才會回過頭來在背景中處理，瀏覽器並不用為了取得這些資料而把所有的工作暫停以等待伺服器的回應，讓網頁可以一邊執行原有的功能一邊等待資料，一旦資料取得之後才會立即去處理這些資料，並依網頁設計者所規劃的方式顯示在頁面上。

同樣的，在 WordPress 中也有非常多的外掛使用了 AJAX 的功能，這個部份我們留待 3.2.3 節再來說明，在下一小節中先來看看如何在網站使用 AJAX。

3.2.2　開始使用 AJAX

使用 AJAX 並不需要安裝額外的程式庫，只要可以使用 jQuery 就可以使用 AJAX（其實就算是沒有 jQuery 時也可以使用 AJAX，只是在 jQuery 中用起來比較方便）。此外，因為 AJAX 主要使用的場合，是在網頁的部份內容需要回網站去讀取的情境，因此我們也要準備一些東西放在伺服器的目錄上給我們的網頁程式碼拿取。

在這個小節中，我們打算使用最簡單的方式，就是在網站伺服器中準備好兩個標準文字格式的檔案，當使用者點選第一個按鈕的時候，就讀取第 1 個 .txt 檔案並顯示出來，點選第二個按鈕的時候，則是讀取第 2 個 .txt 檔案然後顯示出來，在讀取以及顯示的過程中都不會重新整理整個網頁。以下是我們的兩個檔案，test1.txt 的內容如下所示：

君不見黃河之水天上來，奔流到海不復迴。
君不見高堂明鏡悲白髮，朝如青絲暮成雪。
人生得意須盡歡，莫使金樽空對月。
天生我材必有用，千金散盡還復來。
烹羊宰牛且為樂，會須一飲三百杯。
岑夫子，丹丘生。
將進酒，君莫停。
與君歌一曲，請君為我側耳聽。
鐘鼓饌玉不足貴，但願長醉不願醒。
古來聖賢皆寂寞，惟有飲者留其名。
陳王昔時宴平樂，斗酒十千恣讙謔。
主人何為言少錢，徑須沽取對君酌。
五花馬，千金裘。
呼兒將出換美酒，與爾同銷萬古愁。

test2.txt 的內容則為：

趙客縵胡纓、吳鉤霜雪明。
銀鞍照白馬、颯沓如流星。
十步殺一人、千里不留行。
事了拂衣去、深藏身與名。
閒過信陵飲、脫劍膝前橫。
將炙啖朱亥、持觴勸侯嬴。
三盃吐然諾、五嶽倒為輕。
眼花耳熱後、意氣素霓生。
救趙揮金槌、邯鄲先震驚。
千秋二壯士、喧赫大梁城。
縱死俠骨香、不慚世上英。
誰能書閣下、白首太玄經。

請把上述的兩個文字檔案和接下來的程式放在同一個資料夾中，在我們的例子是放在 d:\wordpress\jstest 底下。接著，準備程式 3-5，並把它命名為 3-5.html。

↻ 程式 3-5：AJAX 練習程式

```html
<!DOCTYPE html>
<html>
<head>
<title>
    用來測試 AJAX 的網頁
</title>
<script src="https://code.jquery.com/jquery-3.6.0.js"></script>
<script>
$(document).ready(function(){

    $("#btn1").click(function(){
        $.ajax({
```

```
            url: "test1.txt",
            success: function(data) {
                $("#poem").html(data);
            }
        });
    });
    $("#btn2").click(function(){
        $.ajax({
            url: "test2.txt",
            success: function(data) {
                $("#poem").html("<pre>" + data + "</pre>");
            }
        });
    });
});
</script>
</head>
<body>
    <h1>AJAX 練習 </h1>
    <p> 來看看李白的詩：<br>
        <span id='poem'>
            請按以下的按鈕顯示全文！
        </span>
    </p>
    <button id='btn1'>將進酒 </button>
    <button id='btn2'>俠客行 </button>
</body>
</html>
```

　　要測試此程式的時候請留意，由於 AJAX 會以網址的型式請求資料，因此並不能放在磁碟機的目錄下，然後使用瀏覽器直接開啟檔案的方式來執行，這樣會拿不到資料。在此範例中，你可以使用在第一堂課中介紹的 WampServer 這個 WAMP 應用環境，把 3-5.html 以及 test1.txt 和 test2.txt 都放在 Wampserver 的 www 主目錄中，再使用 http://localhost:81/3-5.html 開啟此網頁才會正常的運作。localhost 之後的埠號，依照讀者在安裝自己的 Wampserver 時設定的網頁埠號來指定，作者的電腦中因為使用過 APPServ 安裝了 WordPress，埠號 80 被佔用了，所以才把 Wampserver 的埠號設定為 81。

　　另外一種簡單的方式是，使用 Visual Studio Code 開啟檔案所在的資料夾，然後啟用 Visual Studio Code 的 Live Server 擴充功能，透過 Go Live 開啟預設的瀏覽器就可以順利測試程式的執行效果了。Visual Studio Code 的執行環境如圖 3-18 所示。

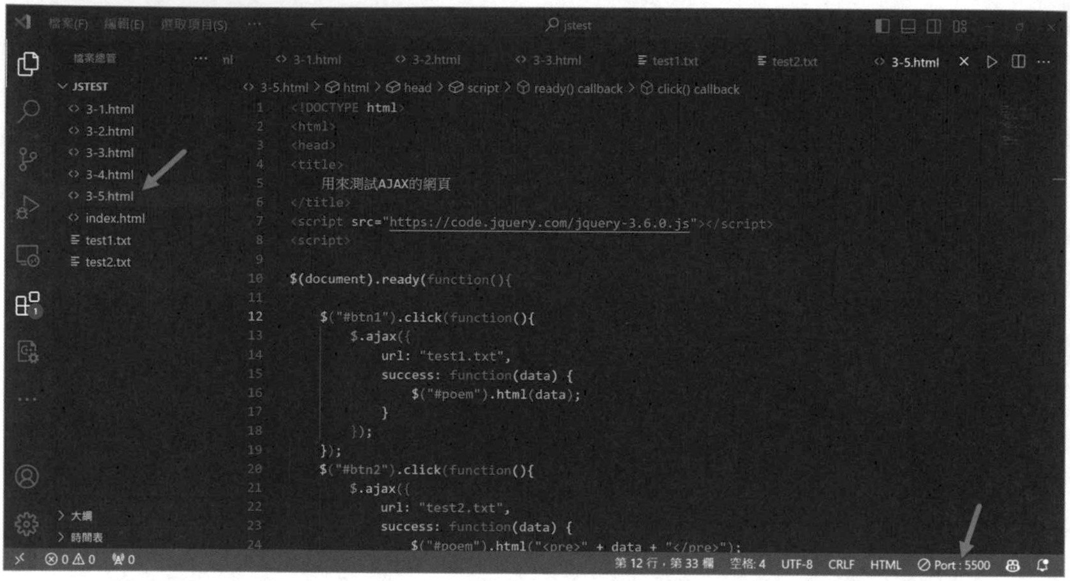

圖 3-18：在 Visual Studio Code 中使用 Live Server 測試 AJAX 網頁

3-5.html 程式的執行結果如圖 3-19 所示，其中 Live Server 所使用的預設連接埠是 5500。

圖 3-19：還沒有載入任何文字資料時的網頁

在圖 3-19 中還沒有按下任何按鈕，因此沒有任何的文字內容，此時讀者也可以檢視網頁原始碼，你也不會看到任何的詩句被載入在瀏覽器中。但是當按下「將進酒」按鈕之後，就會呈現如圖 3-20 所示的內容。

圖 3-20：載入並顯示「將進酒」詩句

這些詩句是在按下按鈕之後才從網頁伺服器中載入的。當按下「俠客行」按鈕時，則會出現如圖 3-21 所示的內容。

圖 3-21：載入並顯示「俠客行」詩句

此時讀者可能會發現明明文字檔的格式是相同的，通通是標準文字檔，但為什麼兩首詩的呈現格式會不同？原因是俠客行我們有加上 <pre></pre> 標記，這個標記讓文字檔依照完全沒有格式的設定以及原有的換行顯示在網頁上，但是將進酒這首詩的前後並沒有被加上這樣的標記，所以會依照原來預設的 <p></p> 標記格式來顯示，而且會忽略所有的空白和換列符號。

至此，可以再來看一下我們使用的 AJAX 程式碼的內容：

```
$("#btn1").click(function(){
    $.ajax({
        url: "test1.txt",
        success: function(data) {
            $("#poem").html(data);
        }
    });
});
```

使用 $.ajax 函式做為進入點，然後在其中用一個建立 JSON 格式的大括號做為主要的參數內容，在此 JSON 格式中有許多可以指定的關鍵字，因為我們只要讀取純文字檔，而且並不考慮讀取失敗的情形，所以只使用了其中的 2 個設定，分別是檔案所在的網址 url，以及如果成功取得之後 success，要使用一個函式來接受傳回來的資料（在此例會放在 data 變數中），然後在函式中把這個傳回來的資料，利用 jQuery 放在指定的標記中（在此例為 poem 那個 id）。

就如同上一小節的例子，由於這段程式碼是包含在 btn1 這個按鈕被 click 下去的事件中，所以就只有在 btn1 這個按鈕被按下去時，才會啟動這段 AJAX 程式碼，讓瀏覽器即刻從背景中到我們的網頁伺服器去取出資料，然後把拿到的資料放在網頁中。

AJAX 中的 url 可以指定一個檔案，當然也可以是一個網址，回應此網址的處理流程當然也不會每次都像此範例一樣是一個單純的文字檔，它也可以是一個 PHP 的後端檔案，或是其他任何後端的程式語言，透過這些後端的程式就可以執行像是資料庫存取、網頁資料擷取，或是大量的數學統計學計算等等工作，也有人把它拿來呼叫 Restful API，應用包羅萬象，沒有任何的限制。也就是說，如果讀者能夠善用此 AJAX 和 jQuery 的能力，那麼在 WordPress 建立出來的佈景主題和外掛，也就可以加入非常多有趣的功能了。

在瞭解了如何使用獨立的程式操作 AJAX，那麼這個範例如何放在 WordPress 中呢？方法和前一節中介紹的，如何在文章中加入 Javascript 程式碼的方法是一樣的。

首先是新增一篇文章，然後選取「自訂 HTML」區塊放在文章中。為了避免和上一個 jQuery 的例子相互影響，在此篇文章中我們把原本的 btn1 以及 btn2 改為 btn5 以及 btn6，如圖 3-22 所示。

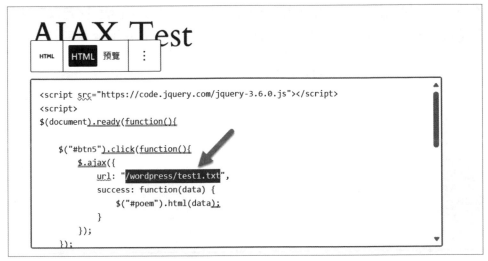

圖 3-22：把 AJAX 程式碼使用自訂 HTML 放在 WordPress 文章中

另外，如圖 3-22 的畫面中所示，程式 3-5 要放在文章中有幾個地方需要修改，其中一個是把前後的 <html><head><body> 以及 </head></body></html> 等屬於整篇文章的標記移除，但 jQuery 的外部連結要保留下來。此外，test1.txt 以及 test2.txt 要加上如圖中箭頭所示的，屬於這個網站的資料夾位置。在這個例子中，由於我們的網站是放在 WAMPServ 底下的 wordpress 資料夾中，所以就要加上「/wordpress/」這個前置資料夾名稱，如此才能順利找到這兩個文字檔案。檔案的位置如圖 3-23 所示。

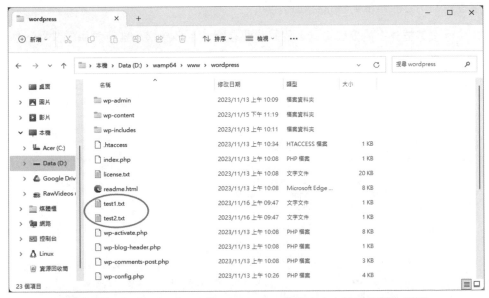

圖 3-23：以 Wampserver 的 WordPress為例，文字檔所放置的位置

　　全部佈置妥當之後，再開啟這個我們修改過後的 WordPress 網站，就可以看到這個文章透過按鈕的方式，隨時從網站中把文字檔讀取到文章中了，如圖 3-24 所示。

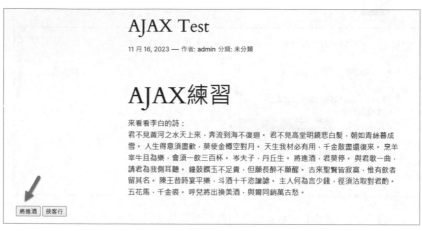

圖 3-24：在 WordPress 文章中使用 AJAX 的範例

3.2.3　AJAX 在 WordPress 的應用

　　同樣地，在 WordPress 中有一大堆的外掛使用了 AJAX 的特色，其提供的功能也非常多采多姿，在此小節中我們以互動式搜尋框為範例，安裝上這個外掛之後，就可以在網站的文章中或是側邊欄裡面以小工具的方式，輸入外掛所提供的短代碼，即可使用一個可以用來搜尋網站內容的非常美觀的互動式介面。

　　在進行搜尋框外掛的安裝之前，我們想要在網站上多新增一些測試用的文章，使用人工的方式一篇一篇輸入要花上非常多的時間並不划算，因此，請先安裝一個可以幫我們自動新增文章的外掛，如圖 3-25 所示。

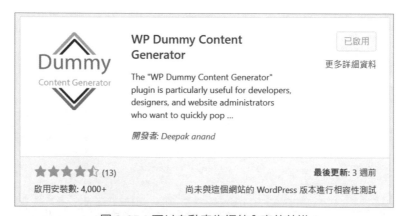

圖 3-25：可以自動產生網站內容的外掛

接著再安裝以 AJAX 技術提供搜尋框的外掛，如圖 3-26 所示。

圖 3-26：Ajax Search Lite

二者皆安裝完畢之後，接下來就是到工具選單中去找到 Dummy Content Generator 外掛的設定介面，如圖 3-27 所示。

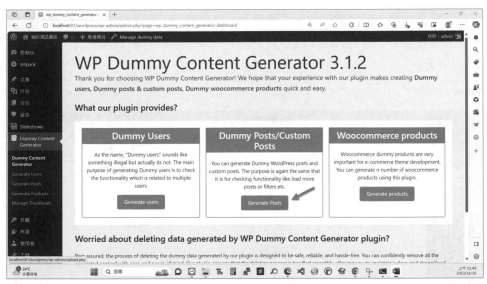

圖 3-27：WP Dummy Content Generator 的首面

在外掛首頁中，我們先選擇中間的 Generate Posts，進入產生文章的操作介面，如圖 3-28 所示。

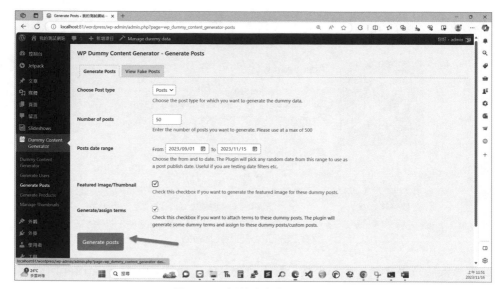

圖 3-28：新增貼文的設定頁面

在設定頁面中可以設定要產生的文章數量、日期範圍，和是否建立精選圖片等等，設定完畢之後請再按下「Generate posts」，過一段時間之後即可看到產生出來的文章列表，如圖 3-29 所示。

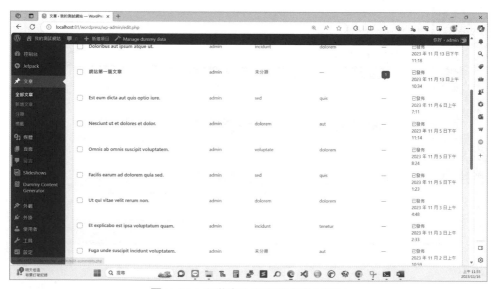

圖 3-29：自動產生出來的文章之列表

有了這麼多的文章之後，接著可以到選單處找到「Ajax Search Lite」選項，點擊之後即可看到如圖 3-30 所示的設定畫面。

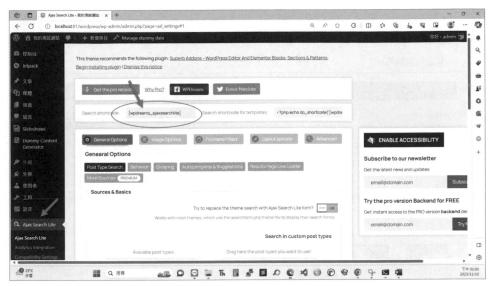

圖 3-30：Ajax Search Lite 外掛的設定畫面

在畫面中使用線條框起來的地方就是這個外掛的短代碼，我們可以把它放到任何想要提供網站搜尋功能的地方，包括文章、頁面或是側邊欄的小工具等等。假設我們放在側邊欄上，如圖 3-31 所示。

圖 3-31：把 Ajax Search Lite 的短代碼加到側邊欄的小工具上

再回到網站的首頁上，就可以看到頁面的右上角多了一個具有良好互動介面的搜尋框了。如圖 3-32 所示。

圖 3-32：網站右上角多了一個具有特色的搜尋框

本章習題

1. 請簡要說明 jQuery 的歷史沿革，以及各個主要版本新增的功能。

2. 請找出至少 3 個使用 jQuery 技術的外掛。

3. 請找出至少 3 個使用 AJAX 技術的外掛。

4. 如果不使用 jQuery 程式庫，可以利用 Javascript 程式直接做出像是程式 3-3 所呈現的功能嗎？

5. 請簡要說明 AJAX 中，除了 success 以及 url 之外，至少 3 個設定參數的格式和功能，並設計可以執行的範例程式。

第 4 堂

WordPress 佈景主題基礎

◀ 前　　言 ▶

免費、多采多姿、豐富多樣且具有修改彈性的佈景主題，無疑是 WordPress 受到站長們歡迎最重要的原因之一。網站管理員除了可以在 WordPress 控制台中自由地選用在線上呈現的佈景主題之外，也可以使用上傳的方式，把一些優秀公司或設計師的作品安裝在網站上，安裝完畢啟用之後，網站的外觀可以完全改頭換面，讓瀏覽者以為是一個完全不同的網站，這就是佈景主題的魅力所在。在這一堂課作者就帶大家更深入地瞭解 WordPress 的佈景主題。

◀ 學習大綱 ▶

❯ WordPress 佈景主題
❯ 佈景主題編輯功能
❯ 動手調整佈景主題

4.1 WordPress 佈景主題

在 WordPress 完成安裝之後，系統就會主動地幫你設定一個預設的佈景主題，不同的安裝程式所使用的預設佈景主題並不相同，而且不同版本也都有各自代表的預設佈景主題，但是我們都可以隨時透過幾個簡單的選項就更換成另外一個。在這一節中我們就先來看看預設的 WordPress 網站中如何安裝以及調整佈景主題。

4.1.1　佈景主題簡介

首先來看看，如何在我們的新建網站中安裝一個新的佈景主題。不同的安裝方式會有不同的預設佈景主題，尤其是有一些自動化的安裝程式，或是主機商的 WordPress 託管專案，有可能會有一些促銷或他們推薦的佈景主題，不過在大部份的情況下，預設的佈景主題還是會以每一個重大版本的 WordPress 預載的佈景主題為主。

以作者使用 Docker 安裝的 WordPress 6.4 版為例，預先載入的佈景主題如圖 4-1 所示。

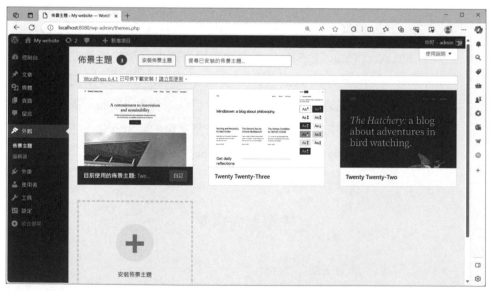

圖 4-1：WordPress 6.4 版預載之佈景主題

在這裡面所有看到的佈景主題只有最左邊的那一個是啟用的，當然一次只能啟用一個佈景主題，而其他的就是已經被放在 /wp-content/themes 目錄之下的子目錄，每一個子目錄都被當做是一個佈景主題。以圖 4-1 所示的情形，其對應的磁碟目錄如圖 4-2 所示。

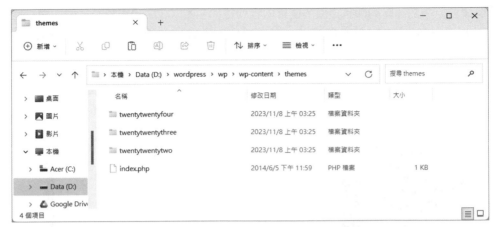

圖 4-2：和圖 4-1 相對應的佈景主題所使用的目錄

在後面的章節中，我們會學習如何直接修改這些資料夾中的每一個檔案，在此之前先來看看，如何在控制台中修改佈景主題的相關設定。以本網站的 Twenty Twenty-Four 為例，新版的 WordPress 現在把佈景主題的設定整合在「編輯器」中，點選之後，會看到如圖 4-3 所示的介面。

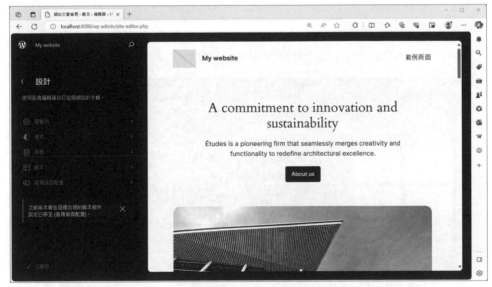

圖 4-3：佈景主題的編輯器介面

在這個新版的介面中是以所視即所得（What You See Is What You Get）的方式，讓網站管理者可以透過比較直覺的方式，直接修改網頁的排版以及外觀的細節。在左側是選單的方式讓管理者可以選取想要編輯的項目，右側則是由各種區塊所組成的頁面或範本的內容。

選單項目中的導覽列即是頁面的選單內容調整，在圖 4-3 中目前只有一個叫做「範例頁面」的項目，如圖 4-4 中箭頭所指的位置，點選之後即可以互動的方式新增及編輯選單內容。

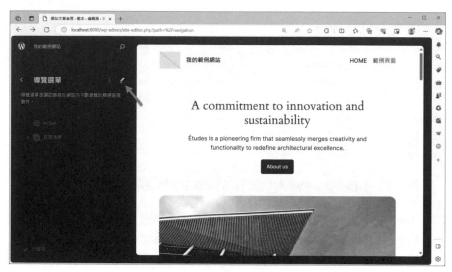

圖 4-4：編輯導覽選單的按鈕

「樣式」的部份則提供管理者可以直接套用事先定義好的字型以及網站配色等，如圖 4-5 所示。

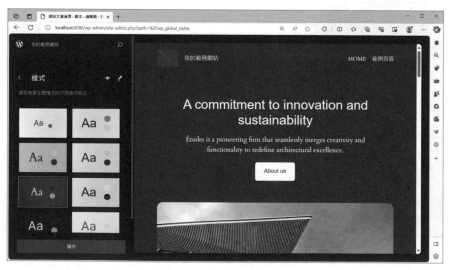

圖 4-5：樣式的選取介面

「頁面」的部份列出了目前網站上的所有頁面，以及其他預設的頁面，讓管理者可以直接選取並加以編輯它的內容。如圖 4-6 所示。

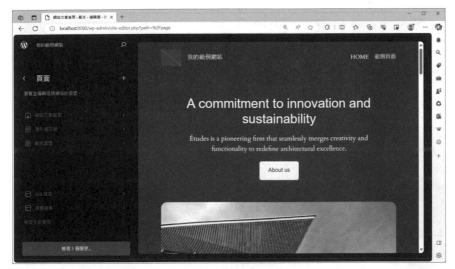

圖 4-6：頁面的編輯選單

　　點選了左側的頁面之後，即可在網頁上直接編輯內容，在編輯完畢之後直接點擊右上角的「儲存」按鈕即可生效，如圖 4-7 所示。

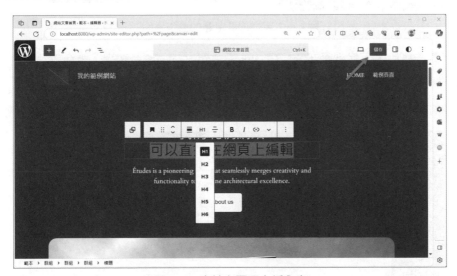

圖 4-7：直接在頁面上編內容

　　從編輯的過程亦可以瞭解，基本上它就是使用和編輯文章和頁面時所使用的同樣的區塊編輯器，如果需要在頁面中的任一個地方使用不同的區塊，只要點選左上角的「＋」記號按鈕即可。其他所有的功能，就留待讀者在操作過程中自行探索了。

4.1.2 安裝與設定新的佈景主題

在 WordPress 的控制台中安裝新的佈景主題非常簡單，只要在如圖 4-1 佈景主題的介面中上方的「新增佈景主題」按鈕，就可以進入新增佈景主題的介面，如圖 4-8 所示。

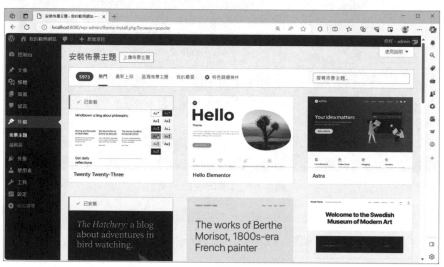

圖 4-8：新增佈景主題的操作介面

可以直接捲動畫面找到看起來順眼的佈景主題試試，或是透過「特色篩選條件」設定想要有的特性，讓 WordPress 幫我們過濾，如圖 4-9 所示。

圖 4-9：特色篩選條件設定畫面

如圖 4-9 所示，我們勾選了幾個想要的特性然後按下「套用篩選條件」按鈕，即會出現如圖 4-10 所示的篩選結果。

圖 4-10：篩選後的結果

在這些列表中隨意選擇自己中意的主題，以此例我們選用了 NGO Organization 這個佈景主題，在圖示上點選之後會進入此佈景主題的介紹頁面，當然也可以直接按下安裝按鈕進行安裝。安裝完成之後該按鈕會變成「啟用」按鈕，只要按下此按鈕即可立即套用此佈景主題，如圖 4-11 所示。

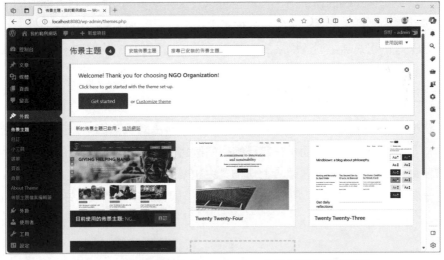

圖 4-11：套用 NGO Organization 佈景主題之後的樣子

被啟用的佈景主題一律放在左上角第一個，之前安裝過的佈景主題不會被刪除，而是放在右側列表備用。和預設的佈景主題不一樣的地方，在於它的左側多出了許多傳統的佈景主題選項，在按下「自訂」按鈕之後即可進入網站調整介面，如圖 4-12 所示。

圖 4-12：傳統佈景主題的自訂介面

網頁的左側有非常多可以設定調整，讀者可以自行試試，當然如果需要更多的功能，它還有一個 Upgrade Pro 的按鈕可以選用，付費之後可以取得它的專業版功能。一個好的佈景主題在不更動程式碼的情況下，其實也可以設定非常多的功能，在大部份的情況下已經能夠滿足站長的需求，另外也有許多的佈景主題提供「附加 CSS」的編輯器，讓我們也可以透過 CSS3 的程式碼，對於網站的整體效果能夠進行更細部的調整。

4.1.3　上傳佈景主題檔案

除了在控制台中安裝佈景主題之外，有許多的佈景主題供應商並沒有在控制台中，陳列他們的付費高級佈景主題，而是在自己的網站販售，並以 .zip 壓縮檔的型式提供購買者下載，這種情形的佈景主題就要以「上傳佈景主題」的方式來進行安裝。如圖 4-8 介面的最上方有一個「上傳佈景主題」按鈕，在按下去之後即會出現如圖 4-13 所示的畫面。

圖 4-13：使用上傳佈景主題的方式安裝

在新安裝的 WordPress 系統中，如果上傳時出現如圖 4-14 所示的訊息，表示在上傳的過程中發生錯誤，大部份的情形都是因為 PHP 本身對於上傳檔案大小的限制所造成的。通常 PHP 剛安裝完成時預設的上傳檔案大小限制是 2MB，這對於大部份要上傳的檔案是遠遠不足的，因此需要透過我們調整這個設定解決這個問題。

圖 4-14：上傳佈景主題或外掛時可能發生的錯誤訊息

PHP 上傳檔案大小的限制以及許多相關的設定是放在 php.ini 中，只要找到這個檔案進行修改，再重新啟動 Apache 網頁伺服器就可以了。以 Wampserver 為例，到安裝目錄下找到 bin\php\php8.2.0\ 這個資料夾下就可以看到了（但是請留意修改的 PHP 版本要跟你目前 WordPress 使用的要一樣才行），如圖 4-15 所示。

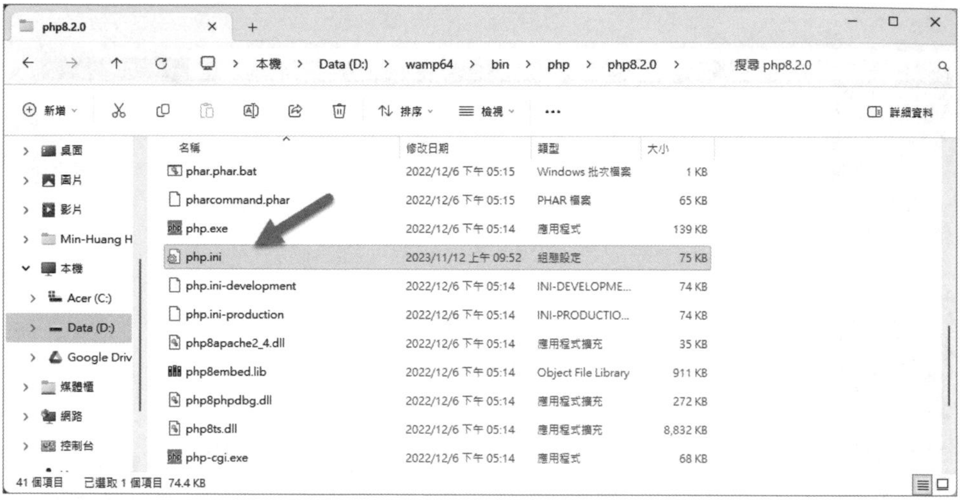

圖 4-15：php.ini 所在的位置

請使用任何標準文字編輯器（Visusal Studio Code 或是記事本）開啟這個檔案，找到 upload_max_filesize 這個參數，然後把它原有的 2M 改為你想要的數字 128M 或是更多，再重新啟動一次 Apache 網頁伺服器就可以了。但是如果你在自己的電腦中使用 Wampserver 作為 WordPress 的工作環境，那麼有更簡單的方法，就是到右下角處找到它的控制台，然後選擇如圖 4-16 所示的 php settings 選項。

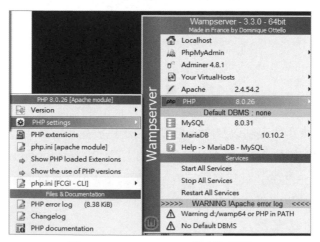

圖 4-16：Wampserver 控制台選單

然後就可以看到如圖 4-17 所示的所有重要的 PHP 設定值，點選所需要的設定值就可以重新設定你想要的數值。我們把可上傳的檔案大小從 2M 改為 128M，如此就可以應付大部份的檔案上傳場合了。修改完畢之後，它會立即自動重新啟動網頁伺服器以讓這個數值可以生效。

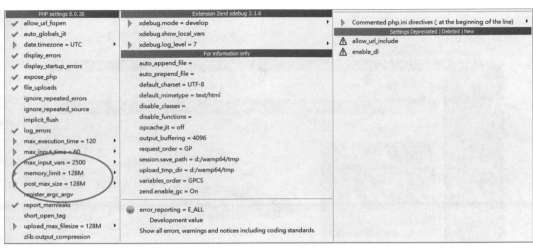

圖 4-17：php setting 的數值設定選單

在此例中，我們使用的是筆者在知名的 WordPress 佈景主題供應商 Elegant Themes（https://gourl.tw/et）所購買的 Divi 佈景，它是以 Divi.zip 的型式下載，然後在此使用上傳的方式進行安裝。在按下「立即安裝」按鈕之後系統即會自動上傳該檔案，並予以解壓縮以及進行安裝的動作，全部完成之後會出現如圖 4-18 所示的畫面。

圖 4-18：上傳佈景主題完成安裝之後的畫面

此時只要按下「啟用」連結即可套用此佈景主題，當然也可以先用即時預覽的方式先看看效果如何再說。以此例按下啟用之後即可看到如圖 4-19 所示的畫面（當然，不同的主題會有不同的樣子）。

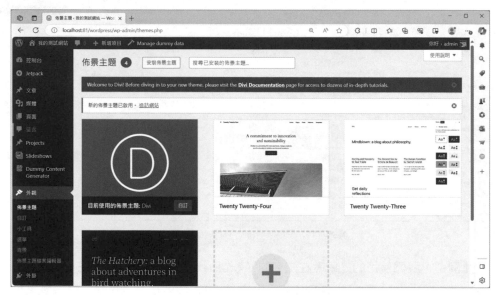

圖 4-19：Divi 佈景主題啟用後的畫面

由於 Divi 是一個多功能的佈景主題，甚至它還有專屬於自己的多功能設定介面，在控制台左側會有一個 Divi 的選項，按下之後如圖 4-20 所示。

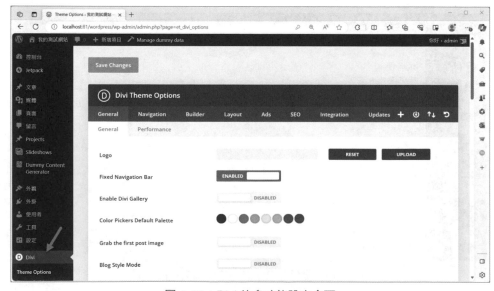

圖 4-20：Divi 的多功能設定介面

要留意的是，如果網站使用的是付費的高階佈景主題，在修改樣式表或程式碼之前，一定要先看看它自己的設定網頁中，有沒有你要的功能可以直接在介面中設定即可，除非萬不得已才要去修改程式碼，因為只要一變更程式碼之後，先不論有沒有智慧財產權上的問題，至少跟未來版本的相容性就已經先失去了。

4.1.4　自行上傳檔案安裝佈景主題

使用上傳的方式可以很簡單地就完成佈景主題的安裝作業，不過對於有些使用免費主機空間的朋友可能會遇到一個難題，就是上傳的檔案大小被限制在 2MB 或是 4MB，而要上傳使用的佈景主題壓縮檔案剛剛好就超出了這個限制，如果沒有辦法在主機後台以修改 php.ini 參數的方式放寬此限制的話，那麼也許使用 FTP，或是在主機後台利用檔案管理員上傳的方式也是一個選擇。

如果你的主機後台支援解壓縮功能的話，那麼只要上傳一個 .zip 檔案即可，如果不支援的話，則要把檔案先在個人電腦端解壓縮成一個目錄之後，再把整個目錄的檔案內容透過 FTP Client 軟體（如 Filezilla 或是 WS_FTP 或是 Cute_FTP）逐一上傳。

同樣以 Elegant Themes 的另外一個佈景主題 Extra.zip 為例，因為我們的範例網站是在本機上使用 Wampserver 安裝的，所以只要把此檔案放在 Wampserver 的主目錄之下的 wordpress\wp-content\themes 資料夾（wordpress 是安裝 WordPress 時使用的目錄）之下，如圖 4-21 所示。

圖 4-21：把要安裝的佈景主題壓縮檔放在 themes 目錄下

然後透過解壓縮軟體把它解壓縮，當解壓縮完畢之後回到 WordPress 的控制台之後，即可看到這個佈景主題被列在畫面上了，如圖 4-22 所示。

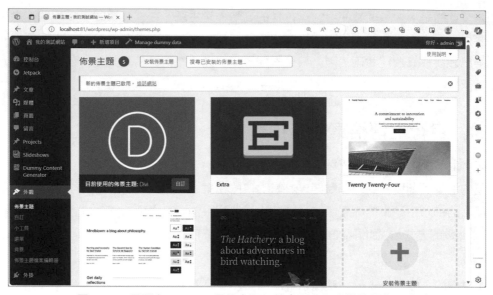

圖 4-22：只要在 themes 目錄之下，就會列在已安裝佈景主題中

在新安裝的佈景主題中按下「啟用」按鈕，就完成了佈景主題的更換了。在此例使用的是在本機電腦操作上傳檔案（其實就是複製檔案）以及解壓縮功能，如果是遠端的主機只要把動作改為上傳或是 FTP 就可以了。同理，如果想要刪除某一個佈景主題，也可以直接到目錄的地方，把該佈景主題之整個資料夾直接刪除即可，會這樣做通常都是因為不小心佈景主題程式碼修改錯誤之後，造成網站無法正常顯示以及進入控制台，那時唯一的方法就只好到主機的後台去做刪除現有的佈景主題資料夾，讓 WordPress 改為使用預設的方式進入再去調整。

4.2　佈景主題編輯功能

在 WordPress 可以自由地使用佈景主題來美化自己的網站，如果找不到理想的佈景主題，也可以透過調整的方式來做客製化的調整，不過，在修改佈景主題之前，其實還有一些視覺化的編輯外掛可以讓你對於單篇的文章或頁面進行編排，製作出有質感的文章及頁面，在這一節中，我們先來瀏覽一下這些編輯器的功能。

4.2.1　WordPress 預設的區塊編輯器

在 WordPress 5.x 之後，WordPress 就引入了一個叫做 Gutenberg（古騰堡）區塊編輯器，一開始它以外掛的方式讓網站管理者可以自由選擇是否安裝成為文章及頁面的編輯介面，更在 5.9 版之後成為 WordPress 的預設全站編輯器。所以，在閱讀本書的讀者，只要你安裝的是最新版本的 WordPress，不用特別的安裝，站上所有的編輯功能均是以區塊概念來進行編輯。我們以預設的佈景主題為例，當選擇新增文章時，在文章編輯區的右側會有一個加號，如圖 4-23 中箭頭所指的位置，在使用滑鼠點選之外，即會出現一個想要使用的區塊種類選擇器。

圖 4-23：在編輯文章時，新增一個區塊的按鈕

如果是以輸入「/」的方式，則會出現快顯選單，把比較常用的區塊顯示出來，讓編輯人員可以選擇要使用哪一種區塊，如圖 4-24 所示。

圖 4-24：使用「/」顯示出區塊快顯選單

　　在區塊編輯器中，文章或頁面中的內容均是由區塊所組成，編輯者需先選擇要在文章中加入哪一個種類的區塊，然後才在區塊中加入想要放在文章中的內容。區塊的種類非常多，而有一些外掛也會提供更多的區塊讓我們在編輯中可以使用。當我們選擇瀏覽全部時，即可看到如圖 4-25 所示，在左側邊欄處列出所有網站中目前可用的區塊。

圖 4-25：瀏覽全部可使用的區塊種類

　　在可用的區塊中，除了媒體內容之外，還包括了許多排版功能，如表格、清單、各種不同的標題等格式，也可以透過區塊版面配置，取得一些預先定義好的版面，提升文章或頁面內容的質感，加速網頁製作的速度，如圖 4-26 所示。

圖 4-26：區塊版面配置的使用

至於加入了區塊之後，除了新增區塊中的文字及媒體內容之外，也可以如圖 4-25 所示右上角箭頭所指的地方，把區塊的個別設定找出來，對於所選取的區塊進行更進一步的設定值調整，如圖 4-27 所示。

圖 4-27：區塊個別設定調整

如果你所安裝的是 WordPress 6.4 版，使用的是預設的 Twenty Twenty-Four 佈景主題，則它會把所有的版面調整功能全部預設以區塊編輯器所取代，在控制台「外觀」就會只剩下「佈景主題」和「編輯器」這兩個選項，點選「編輯器」之後，就會出現如圖 4-28 所示的設定畫面。如果你安裝的是不同的佈景主題則介面也會全然不同，這些部份就留待讀者們自行探索與研究了。

圖 4-28：預設佈景主題編輯器

4.2.2 視覺化編輯器

早在區塊編輯器出現之前，就有許多的廠商及個人開發者致力於視覺化編輯器的開發，讓網頁設計者可以利用接近於所視即所得的方式設計文章及頁面，甚至是網站的整體版面設計。這些視覺化編輯器有些是放在佈景主題中，而有些則是以外掛的方式用來取代 WordPress 預設的編輯器。放在佈景主題中的編輯器，大部份都是屬於佈景主題的付費功能，而且在切換不同的佈景主題之後，它們所編輯的頁面通常就無法套用到其他不同的佈景主題上，但如果是以外掛的方式，則只要安裝並啟用了這個外掛，就算是在不同的佈景主題中也可以使用相同的頁面。

舊版的 WordPress 中這一類的外掛最著名的是 TinyMCE，它提供比較接近於 Word 的方式對於文字內容進行編輯，如果你把 WordPress 的編輯器調整回舊的版本（有一個叫做 Classic Editor 傳統編輯器的外掛可以幫你做這件事），那麼仍然可以選擇使用這個外掛來讓自己更專注於文章的內容，而不是花俏的版面設計。其實，大部份的部落格文章通常還是以簡單的圖文為主，排版只著重在整體的網站設計。

但是，如果你想設計的是公司、個人的形象網站或是電子商店的頁面，精美的頁面是不可或缺的，而且每一頁都很重要，那麼這些新式的視覺化編輯器就非常重要。

雖然說是視覺化編輯器，但現在的這些 WordPress 中的編輯器，骨子裡仍然是以版面中的區塊為主要的建構概念，不管是哪一種編輯器，大體上使用的設計步驟如下：

STEP 1 選用想要使用的編輯器。

STEP 2 選擇是否使用現成的範例進行修改，這些範例通常包含了所有需要用到的圖片以及排版用的假文。

STEP 3 如果不匯入範例，那麼要選擇從空白的版面開始，還是選用一個已經設計好的版型。

STEP 4 在編輯畫面中選擇要新增的列格式中的欄，在欄裡面依據內容選取想要使用的組件格式。

STEP 5 在頁面中直接編輯內容，並在組件設置視窗中調整參數，如顏色、字型大小或是圖片格式等等。

STEP 6 按下發佈儲存此頁面，也可以存成範本成為下次設計的基礎。

在接下來的小節中，我們就分別介紹目前最受歡迎的外掛 Elementor 以及在 Divi 付費佈景主題中 Divi Visual Editor。

4.2.3 Elementor 編輯器

Elementor 是一個相當受歡迎的 WordPress 網頁編輯器，它是一個獨立的外掛，許多的佈景主題也是使用這個編輯器作為該佈景主題的編輯器，由於它是獨立的外掛，因此不管我們切換了哪一種佈景主題，它所編輯的頁面都可以順利地被呈現出應有的效果。要使用這個編輯器，我們需要先在外掛安裝介面中找到它並加以安裝啟用，如圖 4-29 所示。

圖 4-29：Elementor 外掛

安裝及啟用 Elementor 外掛之後，會在畫面上出現如圖 4-30 所示的建立帳號的畫面。可以選擇建立一個帳號，也可以直接回上一頁，在沒有建立帳號的情況下先行試用看看，但是如果你想要下載任何 Elementor 預先提供的版型或範例，還是要建立一個免費的帳號才行，建立帳號可以在操作過程中遇到要求時再建立帳號就好了。

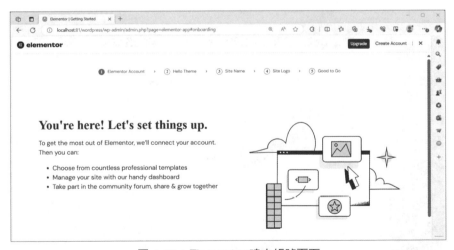

圖 4-30：Elementor 建立帳號頁面

Elementor 的版面結構主要分為 3 個部份，由上至下分別是 section（段）→column（欄）→widget（小工具）。在畫面上以藍色實心線框起來的即為段，使用黑色虛線框起來的則是欄，同樣也是藍色實心線，但是右上角只有一個鉛筆編輯圖示的則是小工具。在每一個組件上都可以透過滑鼠右鍵叫出編輯選單。Elementor 的主編輯畫面如圖 4-31 所示。

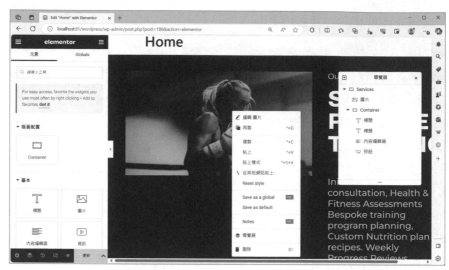

圖 4-31：Elementor 的頁面編輯介面

　　雖然 Elementor 可以和大部份的佈景主題相容，但是一開始練習時，建議使用 Elementor 提供的 Hello Elementor 佈景主題，如圖 4-32 所示。這個佈景主題雖然功能比較簡單，但是也不會干擾到 Elementor 外掛，可以讓這個外掛的功能充份發揮。

圖 4-32：Elementor 所提供的佈景主題

　　這個佈景主題沒有什麼特別的設定功能，進入佈景主題「自訂」時，只會出現如圖 4-33 所示的，少少的幾個可以設定的地方，不過，多了一個「附加的 CSS」，可以讓我們透過這個介面加入在前面幾堂課中學習到的 CSS/Javascript 技巧。

圖 4-33：Hello Elementor 佈景主題的自訂畫面

當我們使用了 Hello Elementor 佈景主題時，對於網頁排版的調整，是在編輯任一頁面時，然後選擇左上角的漢堡圖示（如圖 4-31 左上角的三橫線圖示），就會出現如圖 4-34 所示的幾個和整個網站設定有關的選項。

圖 4-34：和網站整體設定有關的選項

點選「網站設定」時，就會進入色彩設計、字型、排版樣式、按鈕、圖片、頁首及頁尾、背景、版面配置等等，可以對整體網站進行細部調整的操作介面，設定完成之後都可以直接在右側的預覽中馬上看到效果。「主題建構器」則是開放讓你更進階地調整網站中的所有元素，包括頁面、文章、彙整頁、搜尋結果等等頁面的樣式，不過這個功能要升級成付費版本才可以使用。

　　當我們建立一個新的頁面，並直接選擇使用 Elementor 編輯時，會看到如圖 4-35 所示的空白編輯介面，在這個介面中我們已經設定了頁首和頁尾，因此可以在上方看到「我的測試網站」以及下方的版權宣告字樣。

圖 4-35：空白的 Elementor 編輯介面

　　在這個介面中可以看到它會預先幫我們取一個預設的標題「Elementor #207」，這個可以在左下方如箭頭所示位置的齒輪圖示，把如圖 4-36 所示的頁面設置介面找出來再加以修改。

圖 4-36：頁面設置

　　當我們要實際新增頁面的內容時，可以選擇把左側中想要使用的小工具拖進虛線框中，或是按下圖 4-35 中間的資料夾圖示，可以選取想要的區塊或頁面設計，如圖 4-37 所示。

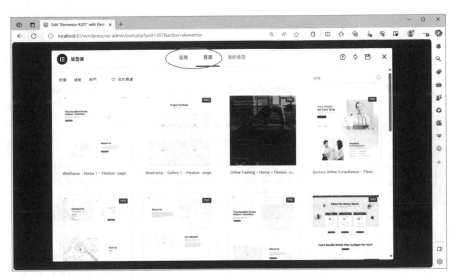

圖 4-37：Elementor 預載的頁面設計

　　一般而言，我們會先選擇一個適合自己目前想要的配置，然後才進入比較細部的編輯。如圖 4-38 所示，當我們選取了其中一個區塊之後，點選任一個小工具，即可在左側編輯其中的文字內容，以及更換不同的圖片。

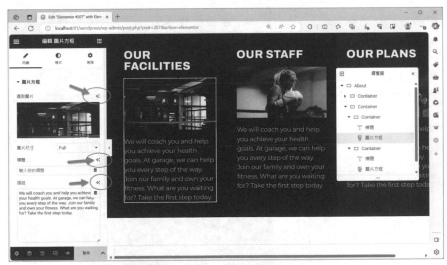

圖 4-38：個別小工具的細部編輯介面

在圖 4-38 的左側我們特別使用框線以及箭頭所指的地方讀者們一定不能錯過，這是 Elementor 最新推出的 AI 工具，上方是目前最流行的文字生圖（Text to Image）工具，下方則是產生文字內容的 AI 工具，在選擇了文字生圖並按下輸入提示功能之後，即可看到如圖 4-39 所示的介面。

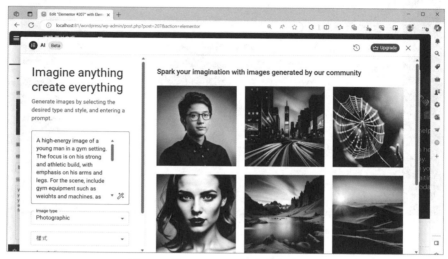

圖 4-39：Elementor 的文字生圖工具

我們可以先輸入一些簡單的英文單字，然後再點選右下角的功能，讓它產生更完整描述的文字，也可以先到諸如 Adobe Stock（https://stock.adobe.com），去取得相似圖片的 Prompt，再放到這裡來產生 AI 圖片。不過免費版本可以產生的次數有限，次數超過還要再用就需要升級取得付費版本了。圖 4-39 是 Elementor 繪圖 AI 的其中一個輸出結果。

圖 4-40：Elementor AI 產出的結果之一

4.2.4 Divi Visual Builder 編輯器

我們再來花一些篇幅介紹，由 elegant themes 所推出的付費佈景主題 Divi 的視覺化編輯器的操作。在安裝並啟用了 Divi 佈景主題之後，控制台左側即會出現 Divi 的專屬選單，點選進去之後，即可看到如圖 4-41 所示的專屬設定畫面。

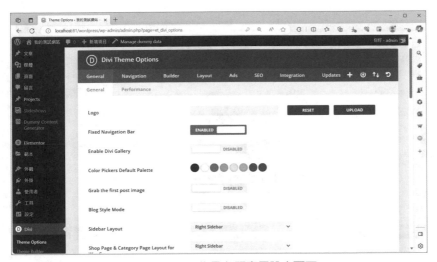

圖 4-41：Divi 佈景主題專屬設定頁面

這個設定頁面中所有調整的項目均是屬於全站的設定，而我們要看的是當你選擇新增頁面或文章時，可以選用的 Divi Builder，第一步要先選擇想要開始編輯的方式，如圖 4-42 所示。

圖 4-42：使用 Divi Builder 的第一步，選擇開始編輯的方式

最左邊是從一個全新的版面開始,中間則是套用 Divi 所提供預設的版面配置,右側則是透過現有的頁面複製後修改。通常初學者都會選擇中間的項目,先去找一個和自己想要設計的頁面比較接近的版面,再來進行修改。從圖 4-43 的內容可以看到,有非常多種類型的版面可以選用。

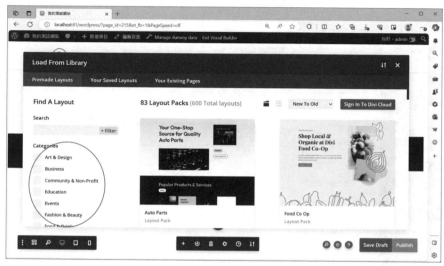

圖 4-43:Divi 提供的預設版面設計

當你選定了其中一的版面之後,即會看到如圖 4-44 所示的介面。

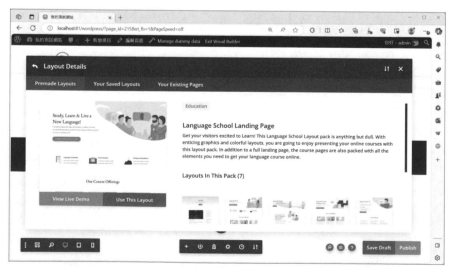

圖 4-44:特定版面的相關介紹訊息

在這個介紹中可以看到整個 Layout 中有多少種頁面，也可以點選「View Live Demo」按鈕去檢視這個頁面實際操作起來的樣子。如果打算使用這個版面配置的話，只要點選「Use This Layout」就可以了。在匯入版面之後，看起來像是圖 4-45 所示的樣子。

圖 4-45：Divi Builder 的編輯介面

在圖 4-45 中可以看到整個頁面也都是由各式各樣不同的元件所組成的，透過每一個設定圖示（齒輪符號）就可以對於該項目進行細部調整。Divi Builder 的結構是由 Page（頁）→Section（段）→Row（列）→Module（模組）所組成，在點選左下角箭頭所指的那個圖示之後，就會把頁面改為 WireFrame 模式，如圖 4-46 所示，可以更清楚頁面的結構。

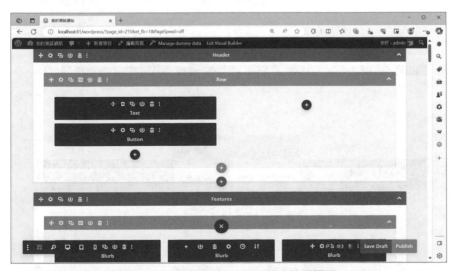

圖 4-46：使用 WireFrame 模式檢視頁面

在畫面中任何一個「＋」都可以新增元件，點選該元件上的垃圾桶符號則可以刪除，如果要修改其內容，則是點選齒輪符號即可。例如當我們選擇如圖 4-47 所示的那個齒輪符號，就可以看到列的設定內容。

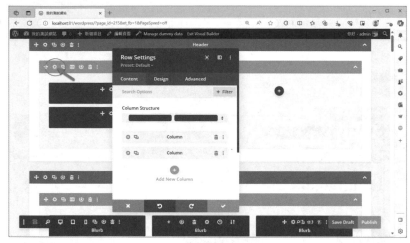

圖 4-47：列的設定內容

從顯示出來設定中可以看到，目前這一列有設定了兩個欄，而這兩個欄的大小是平均分配的。左邊的欄裡面放在 2 個元件分別是文字和按鈕，右側欄裡面則是留空，還沒有加入任何的元件。善用這些介面，任何人都可以編輯出非常優質的頁面。

除了使用設計好的版面之外，從頭開始建立頁面也是學習這個 Divi Builder 邏輯的一個很好的方法。如圖 4-48 所示，一進入空白網頁時，編輯器會先詢問你要加入的列需要有多少欄位。

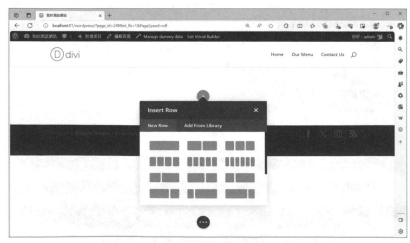

圖 4-48：從空白版面開始設計頁面

假設我們選擇了 4 個欄位的列，接著編輯器還會繼續詢問第一個欄位要加入的是哪一個模組，如圖 4-49 所示。

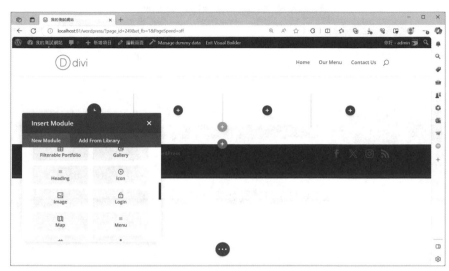

圖 4-49：詢問要加入何種模組

假設我們選擇了 Image 圖片模組之後，則會出現如圖 4-50 所示的圖形檔設定視窗。

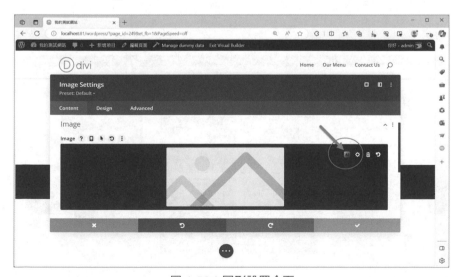

圖 4-50：圖形設置介面

在這個設置中我們可以選擇上傳圖片，也可以如箭頭所示的地方，選擇 AI 的文字生圖的功能，沒錯！ Divi 也提供 AI 工具，可以用來產生圖形及文字的內容，不過，一開始只是試用，試用的次數超過之後，也是要付費升級才行。AI 文生圖的介面如圖 4-51 所示。

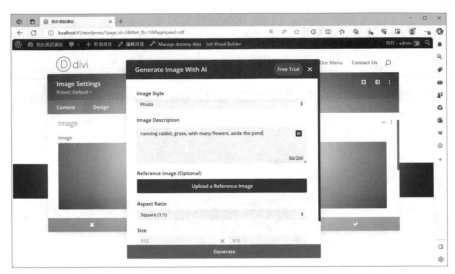

圖 4-51：Divi AI 文生圖介面

除了下達繪圖提示指令之外，也可以上傳參考圖片讓 AI 參考，以產生出更能符合你心中想法的圖形或照片。目前提示指令還是以英文為主，如果是中文字的話，通常會造成誤解，圖不對題。圖 4-52 是由「running rabbit, grass, with many flowers, aside the pond」這些提示詞所產生出來的圖片。

圖 4-52：由 Divi AI 所產出的圖片結果

如果圖片覺得還算滿意，就可以把圖片存到媒體庫中，然後就可以使用在圖形模組以及網站的任何一個地方了。Divi AI 除了產出圖片之外，也可以進行文字的編修、摘要以及創作，有興趣的讀者們可以自行試試。

4.3 動手調整佈景主題

在自行設計佈景主題之前，先看看自己的佈景主題有哪些地方是最快最安全可以變更的方式。現代許多高級的佈景主題本身就擁有非常多可以自訂客製化的功能，如果透過這些設定的介面還是不能夠滿足我們的需求，再自己動手去修改 HTML、CSS 以及 PHP 也不遲，修改的順序是先使用佈景主題的「自訂」功能，然後是高級佈景主題提供的選項設定，再來是編輯 CSS 區塊，最後才是主題編輯器。而且，如果 CSS 能夠解決的問題就使用 CSS，然後是 Javascript（包括 jQuery 以及 AJAX），最後不得已才去更動 HTML 和 PHP。

4.3.1 建立子佈景主題

為了方便說明起見，我們使用另外一個非常受歡迎的免費佈景主題 Blocksy 來進行示範。首先請安裝 Blocksy 佈景主題並啟用，然後為了避免在修改的過程中直接影響到佈景主題的內容，我們選擇使用一個叫做 Theme Editor 的外掛（如圖 4-53 所示），把現有啟用中的佈景主題複製成另外一個子佈景主題，然後在子佈景主題上進行編輯。

圖 4-53：Theme Editor 外掛

Theme Editor 安裝完畢並啟用之後，就可以利用它來直接編輯所有佈景主題中的程式碼，不過在此之前，請先開啟它的 Child Theme 選單，它會出現如圖 4-54 所示的介面。

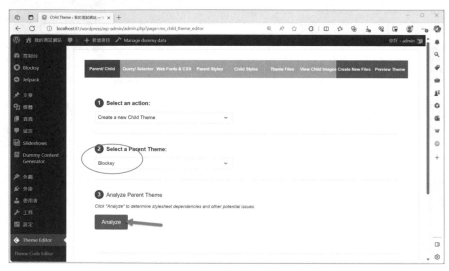

圖 4-54：Theme Editor 的 Child Theme 操作介面

請在這個介面中先選擇我們要使用的 Blocksy 主題，然後按下「Analyze」按鈕，讓它先分析這個佈景主題的可複製性。接著就可以在分析報告的最下方找到「Create New Child Theme」按鈕，按下之後即可產生另外一個佈景主題，預設名稱就是在原有的佈景主題名稱之後加上 child 這個字。建立完成之後，請重新回到佈景主題的控制介面，即可看到如圖 4-55 所示的新的佈景主題，請直接選擇把它啟用即可。

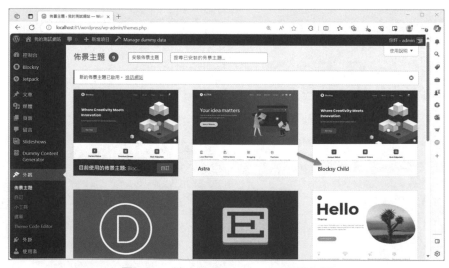

圖 4-55：建立好的 Blocksy 子佈景主題

建立了 Blocksy 子佈景主題之後，別忘了先利用它的 Starter Sites 找出一個想要使用的範例版型直接匯入，如圖 4-56 所示。可以讓你的網站質感瞬間升級。

圖 4-56：在 Blocksy 選單中載入範例版面

4.3.2　佈景主題進階設定

要進一步編輯 WordPress 網站外觀樣式，第一步先要去看看這個佈景主題有哪些設定可以使用，不同的佈景主題可以設定的內容不盡相同，有些甚至沒有可以設定的額外頁面，以 Blocksy 為例，它可以設定及調整的地方就非常多，大部份的情況下，直接使用佈景主題中提供的編輯功能就可以了。

在調整網站外觀及排版之前要留意的地方是，WordPress 的主要內容分為 Post 和 Page，也就是文章和頁面兩種。文章是有時間順序的，也就是每一篇文章被發表的時候，時間是很重要的顯示依據，頁面則是要有人建立它的連結，依此連結被瀏覽時才會出現，每一個頁面除非有設定上層和下層（父和子）的關係，否則都是獨立存在的。

也就是說，一般我們在設計 WordPress 網站的時候，會有一個進入頁面（就是我們常說的首頁 HomePage），平時如果沒有特別指定，部落格的基本型式就是一堆文章的列表，但是在有一些情況下，例如是公司網站，一開始進入的時候希望呈現的是公司的資訊介紹，文章反而不是最主要的重點，此類型的網站就必須把首頁設定成為某一個預先設計好的頁面（Page），也就是靜態的頁面，然後再於此頁面中提供一個前往部落格文章的連結。以此為例,是在 Blocksy 佈景主題(在這裡其實是 Blocksy Child)底下的「自訂」介面,其他的佈景主題會有一些不一樣,但是指定首頁的方式則是相同的。

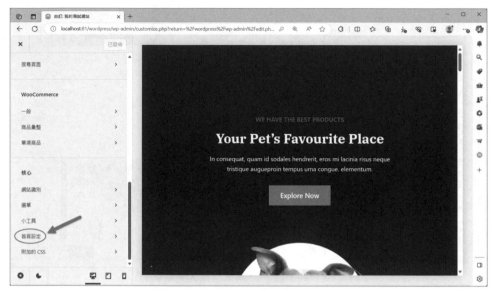

圖 4-57:首頁設定選項

在圖 4-57 的頁面中左下角點選「首頁設定」的選項之後,會出現如圖 4-58 的選擇畫面。

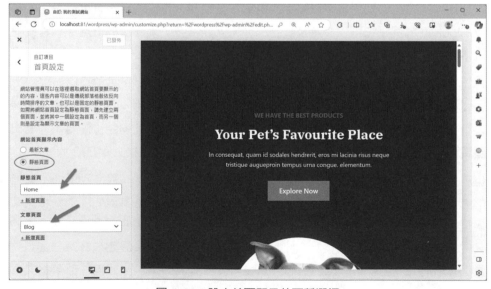

圖 4-58:設定首頁顯示的兩種選擇

以文章索引列表為主的部落格型式選「最新文章」即可，如果是選用靜態頁面的話，則需要指定兩個頁面，其中之一負責顯示首頁的內容，為我們設計好的靜態頁面，而要顯示文章的部份（文章列表頁面）則是指定任一個空白的頁面即可，只要新增一個完全空白的頁面，然後給定一個名字再連結在此（在此例為 Blog），就會成為顯示文章的文章列表頁面。

再以 Blocksy 佈景主題為例，在專屬的功能表中還可以有許多關於網站中各個元件的參數值可以設定，例如圖 4-59 所示的內容。

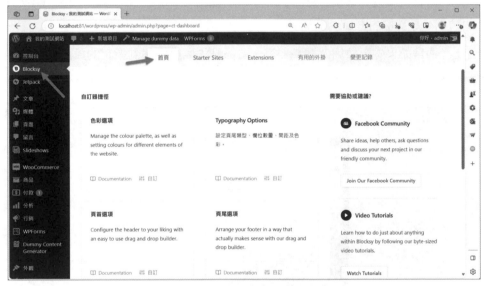

圖 4-59：在 Blocksy 佈景主題專屬的設定介面

在圖 4-59 顯示的頁面中，可以對於網站中網頁的排版參數加以設定，這包括了一些色彩、文字、頁首、頁尾等等，透過這些修改，也可以讓自己的網站更符合自己的想法。由此可知，只要選對了佈景主題，想要調整網站的版面就變得相對容易，而我們只要再修改少少的程式碼，就可以達到完全掌握網站排版格式的目的了。

4.3.3　CSS 檔案設定與修改

經過上述的說明，要設計以及調整版面已知有許多的工具可以使用，如果真的還不滿意的話，沒問題，當然就是開始動手修改程式碼了。就從我們在本節一開始說明的，修改要從更動 CSS 程式碼開始。如果我們使用的是一個現有的佈景主題，在可以透過佈景主題自訂功能中的「附加的 CSS」這個區塊開始更動（或是佈景主題提供的修改 CSS 設定開始）。

一般來說如果只是細部的調整，我們都會先觀察網頁上的目標元素所使用到的標記、CSS 使用的類別或是 id，因為在慣例上 id 必需是獨一無二的，所以針對 id 做 CSS 格式上的修改會變動的通常都是唯一的那一個，在 WordPress 中比較常被拿來使用。至於 CSS 類別則是泛指所有屬於同一個類型的顯示方式，只要修改了某一個 CSS 類別（class）的格式設定內容，之後所有在網站中，只要使用了這個類別的任何標記都會跟著同步改變，所以要修改網站內某些元素呈現出來的樣子，從找出我們要修改的目標所使用的標記以及 CSS 的類別是最直接的方式。

因此，通常如果是要做細部調整，第一步都是先開啟網站到指定的頁面，然後在瀏覽器中使用更多工具的開發人員工具，以 Edge 開啟首頁為例，如圖 4-60 所示。

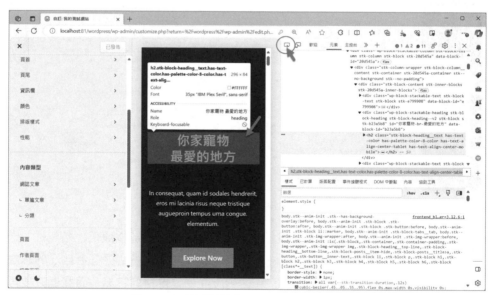

圖 4-60：使用網站人員工具檢視首頁原始碼

以圖 4-60 的例子，我們使用如箭頭所指的「查看」工具去找出要修改的目標對象，在這個例子中是標題「你家寵物最愛的地方」，點選之後就可以在右側視窗中看到反白處該標題相對應的 HTML 程式碼，如果我們只是要修改這個地方的 CSS，那麼就可以在這段標示出來的程式碼按下滑鼠右鍵，找出「複製」選項中的「複製 selector」，如圖 4-61 所示。

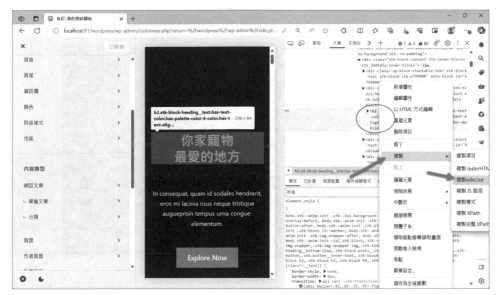

圖 4-61：透過複製 selector，找出特定的對象

以這個例子，我們複製出來的結果如下所示：

```
#post-2 > div.entry-content >
div.wp-block-stackable-columns.alignfull.stk-block-columns.stk-block.stk-5cc302c.
stk-block-background.stk--has-background-overlay > div >
div.wp-block-stackable-column.stk-block-column.stk-column.stk-block.stk-20d545a
> div > div >
div.wp-block-stackable-heading.stk-block-heading.stk-block.stk-b23a5b8 > h2
```

看起來雖然很長，但是如果直接把它拿來用的話，就可以定位到唯一的這一段目標文字。如果只想要找出相類似的設定，那麼就可以從其中的 class 類別中找找看有沒有共通的 class（在標籤 div 句點後面的都是 class）。在這個例子中，我們就直接利用這整段選擇器（selector），具體的修改這個標題的外觀。請把這一段選擇器內容複製下來，再放到「附加的 CSS」編輯器的最後面，然後加上我們想要調整的 CSS 程式碼，如圖 4-62 所示。

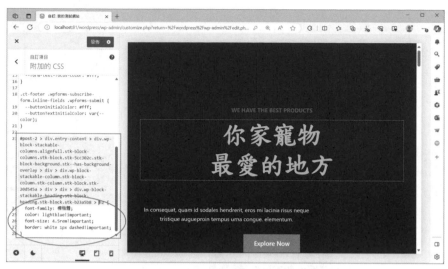

圖 4-62：修改特定的目標項目

　　在這個例子中，我們把標題文字改為標楷體、調整其大小，並加上一個白色的虛線邊框。如果你在設定 CSS 時發現屬性沒有造成效果，也可以在該屬性後面加上「!important」以增強這一列屬性設定的重要性。

　　除了針對個別的格式進行修改之外，也可以直接到主題編輯器找出 style.css，根據其內容做修正，當我們安裝了 Edit Themes 這個外掛之後，就可以在佈景主題的選單中找到 Theme Code Editor 這個選項，如圖 4-63 所示。

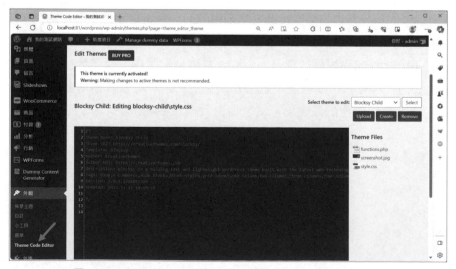

圖 4-63：Edit Themes 外掛所提供的 Theme Code Editor

在這個編輯器中一開始會載入 style.css 這個主要樣式表，此外，所有這個主題中的程式也通通都可以編輯它們的內容。由於我們目前使用的是從 Blocksy 複製過來的子佈景主題，所以 style.css 中基本上是空的，主要的內容都是參考自父佈景主題的，但是我們在這裡的修改可以取代父佈景主題中相同的部份。

4.3.4　PHP 檔案設定與修改

在上一小節中，透過修改 CSS 可以對於網站的各個元素之顯示方式加以調整，但是如果是要多顯示一些元件或是多增加一些功能，那麼還是需要修改 .php 檔案，這些檔案在圖 4-63 的右側都可以找到，如果沒有找到的話可以到父佈景主題去找。它們包括整個網站的基本模板 index.php，負責顯示頁首的 header.php 以及顯示頁尾的 footer.php，還有許許多多其他各司其職的 .php 檔案，這些檔案的內容是以 PHP 語言寫成的，在編輯該檔案的內容中，可以加入任何符合語法的 HTML、PHP、以及 CSS 和 Javascript 等等語言內容，這些程式都是組成整個網站的其中一個片段，必須要瞭解其主要的功能，才能夠知道我們在其中新增或修改的內容，最後會被放在網站中的哪一個位置。這些主要的佈景主題檔案所代表的意思，比較常用的被整理如表 4-1，當然你在自己設計的佈景主題中可以加上任何需要的自訂檔案。

▼ 表 4-1：佈景主題主要檔案用途說明

佈景主題檔案名稱	說明
style.css	整個網站的主要 CSS 樣式表，這是佈景主題最基本且一定要有的檔案，這個網站的一開始，也提供了這個佈景主題包括檔案名稱、主題名稱以及作者資訊等等欄位設定。
rtl.css	世界上有一些語言（例如阿拉伯語和希伯來語等）的文字方向是由右邊排列到左邊的，如果是這種語言，則系統會自動引入這個樣式檔案。
index.php	這是佈景主題的主要檔案，它提供了網站的主要編排設定。
comments.php	和評論有關的樣板檔案。
front-page.php	這是首頁的排版設定檔案。
home.php	這是網站部落格顯示文章列表的樣板檔案。
single.php	用來設定單一篇文章被顯示（閱讀全文時）的樣板檔案。
page.php	和頁面顯示有關的排版樣式檔案。
category.php	分類顯示的排版樣式檔案。
tag.php	和標籤有關的樣式檔案。
author.php	和顯示作者有關的樣式檔案。
search.php	搜尋結果頁面的排版樣式檔案。

佈景主題檔案名稱	說明
attachment.php	單獨顯示附件時所套用的排版樣式檔案。
image.php	單獨顯示圖形檔附件時所套用的排版樣式檔案。
404.php	當網站找不到瀏覽者指定的頁面時所顯示的 404 找不到網頁頁面之排版樣式檔案。

在瞭解這些檔案的用途之後，就可以在主題編輯器中開啟想要編修的檔案，加入自己需要的內容，然後「更新檔案」，再回到指定的頁面檢視修改之後的成果即可，而這其中使用的是 HTML/PHP 的語法，在編輯的時候一定要留意，因為只要有任何語法上的錯誤，都有可能造成此佈景主題無法順利地被套用在網站上，造成網站無法瀏覽的問題。在此，以 heder.php 為例，我們加上以下的這一段 HTML 碼（因為這個檔案是放在父佈景主題中，所以請在右上角處先切換成 Blocksy 佈景主題）：

```
<div>
<h2>
<em> 敬告訪客 </em>：
本站為教學網站，所有商品請勿在本站結帳
：<em> 敬告訪客 </em>
</h2>
</div>
```

此段 HTML 碼加在如圖 4-64 所示的反白區塊位置，也就是在「<body>」那行敘述之後的地方。

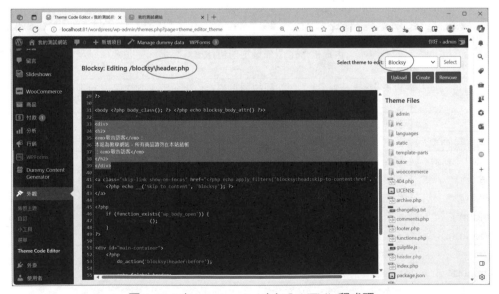

圖 4-64：在 header.php 中加入 HTML 程式碼

　　新增完畢之後再於下方按下「Update File」按鈕即可完成，回到網站首頁的地方就可以看到網站的最上方被加上了這一段文字了，如圖 4-65 所示。

圖 4-65：在 header.php 中新增文字之後的成果

　　此種方式提供了我們所有的網站編輯彈性，但是相對地形成了日後相容性的問題，所以在使用之前，請特別留意對於日後維護佈景主題時所可能造成的影響。為了解決這樣的問題，通常我們都會以子佈景主題的方式來對目前的佈景主題進行修改，而避免掉直接編輯原始佈景主題內容所衍生的問題，這也是接下來要說明的課程內容。

本 章 習 題

1.　請練習自行安裝至少 3 個佈景主題，並比較其功能上的差異。

2.　請安裝 Blocksy 佈景主題，並建立子佈景主題，檢查在子佈景主題中共有多少的檔案。

3.　在佈景主題的所有檔案中，有哪幾個檔案是不可或缺的？它們的功能分別為何？

4.　練習在自己的網站上選定一個元素，透過 CSS 語言設定其顯示的效果。

5.　練習在 footer.php 檔案中加上一段自訂的 HTML 程式碼。

第 **5** 堂

PHP 程式語言快速導覽

◀ 前　　言 ▶

由於接下來不論是在設計佈景主題，或是未來設計外掛程式均需要使用到 PHP 程式語言，所以在本堂課中，將先利用一堂課的時間讓還沒有接觸過 PHP 程式語言的讀者，可以先對 PHP 程式有一個概念上的瞭解，並學習如何把這些語法運用在佈景主題中，至於比較進階的程式設計部份，則放在第七堂課以後再陸續加以介紹。

◀ 學習大綱 ▶

❱ PHP 程式語言簡介
❱ 變數與基本資料結構
❱ 決策指令的應用
❱ 迴圈指令
❱ 函式的運用
❱ GitHub Copliot 的安裝與使用

5.1 PHP 程式語言簡介

PHP 是一個很有趣的程式語言，它一開始設計的目的就是為了讓網站的設計者可以更彈性地處理網站內容，尤其是在處理動態的網頁資料上。在這一節中，我們將很快地為讀者說明 PHP 程式語言的來龍去脈。

5.1.1 什麼是 PHP

PHP 原本簡稱 Personal Home Page，最早是由 Rasmus Lerdorf 在 1995 年所發明的，但是在當時還不是一個成熟的程式語言，只是一個便於用來取代 Perl 處理網頁所需要資料的簡易工具。在 1997 年時由另外 2 位程式高手重寫了 PHP 剖析器，正式命名為 PHP: Hypertext Preprocessor，成為 PHP3 標準，也成為目前 PHP 語言的重要基礎。截至作者編寫本書的時候 PHP 的版本已經來到了第 8 版了。

在 PHP 出現之前，網站伺服器在接收了網頁的表單請求或是特定的 URL 訊息之後，通常都是透過 Perl 語言經由 CGI 協定處理這些事情，但是因為要做的事情相當繁瑣，因此要製作動態網頁是一件非常麻煩的事情。然後，在 PHP 出現之後，它讓網站設計師可以直接把要處理後端資料的程式碼和 HTML 碼編寫在同一個檔案中，然後透過 PHP 解譯器（預處理器），把 PHP 程式碼的部份抽取出來另外執行，並把執行之後的結果和 HTML 完美地混合在一起輸出到瀏覽器，大量降低了製作動態網站的複雜度，使得 CMS（Content Management System，內容管理系統）網站大量地興起，現在市面上包括 WordPress 在內，已有非常多的 CMS 系統使用 PHP 語言作為其開發用程式語言。

一般來說，原本的 HTML 檔案的附檔名均為 .html，當網頁伺服器支援 PHP 時，只要把附檔案改為 .php，然後在檔案中以「<?php」做為開頭，「?>」做為結尾，中間所有的內容即是 PHP 程式語言的編寫格式。支援 PHP 的網頁伺服器（例如 Apache），在收到瀏覽請求的附檔名是 .php 時，就會先啟用 PHP 解譯器去執行所有在 <?php?> 之間的程式碼，然後再依據此程式碼在 .php 檔案中和 HTML 碼相對應的混合輸出的內容，最後再把混合好的內容傳回給瀏覽器。程式 5-1 即為一個非常簡單的 PHP 程式片段。

```
<!-- 5-1.php -->
<!DOCTYPE html>
<html>
<head>
<meta charset='utf-8'>
```

```
</head>
<body>
<h2>以下是使用 PHP 產生的資料 </h2>
<hr>
<?php
  for($i=1; $i<6; $i++) {
     echo "<h" . $i . ">這是第 " . $i . " 行 </h" . ">";
  }
?>
<hr>
<em> 站長的練功秘笈 5-1.php</em>
</body>
</html>
```

　　請把程式 5-1 儲存成 5-1.php，放在可以執行 PHP 的資料夾（如果你使用的是 Wampserver，那麼可以放在 wamp64 資料夾裡面的 www，建議新增一個叫做 p 的資料夾，然後把我們的練習程式都放進去），然後透過瀏覽器去執行它。執行之後的結果如圖 5-1 所示。請留意網址，在這個例子中，我們的瀏覽網址是「localhost:81/p/5-1.php」。

圖 5-1：程式 5-1 的執行結果

　　在 5-1.php 中大部份都是標準的 HTML 程式碼，只有在 <?php?> 之間的內容是 PHP 程式碼，我們下面再列出此段程式碼的內容如下：

```
for($i=1; $i<6; $i++) {
  echo "<h" . $i . ">這是第 " . $i . " 行 </h" . $i . ">";
}
```

這是一個 PHP 的迴圈指令，就像是 C 語言一樣，for 迴圈中有 3 個設定值，分別是變數 $i 的初始值 1，然後是迴圈的執行條件，在此例為當變數 $i 的內容小於 6 的時候就繼續執行，最後一個設定值則是變數 $i 每次增加的值，在此為每執行一次迴圈內的內容就把變數 $i 加 1。

迴圈內要執行的內容是使用大括號來圈定其範圍，在此例中只有一行簡單的複合命令，echo 的功能就是將後面的變數以及常數的內容輸出到瀏覽器中，不管是字串常數或是 $i 這個變數內容，都使用「.」把它們串接成為一個字串，而且由於是瀏覽器要接收的是字串，所以我們使用標準的 HTML 標記方式來輸出。每一行敘述的最後面都要有一個「;」分號做結尾，就像是 Javascript 以及 CSS 語言一樣。

再一次強調，PHP 程式碼是在網站伺服器中執行的（不同於 Javascript，Javascript 是在客戶端的瀏覽器中執行的），所以雖然程式 5-1 是我們編寫的程式內容（5-1.php），在瀏覽器中接收到的內容，則是如下所示的純 HTML 的樣子（可以使用瀏覽器的檢視原始碼功能檢視）：

```
<!-- 5-1.php -->
<!DOCTYPE html>
<html>
<head>
<meta charset='utf-8'>
</head>
<body>
<h2>以下是使用 PHP 產生的資料</h2>
<hr>
<h1>這是第 1 行</h1><h2>這是第 2 行</h2><h3>這是第 3 行</h3><h4>這是第 4 行</h4><h5>這是第 5 行
</h5><hr>
<em>站長的練功秘笈 5-1.php</em>
</body>
</html>
```

從上面的內容讀者應該可以發現，不僅 PHP 的標記不見了，連同程式碼內容也不復存在，取而代之的則是該段 PHP 程式碼的執行結果。這個觀念請讀者一定要牢記在心中。

5.1.2 建立 PHP 語言的執行環境

我們在上一小節中說明了程式 5-1.php 的內容，但是並沒有仔細說明該程式是如何被執行的。因為 PHP 本身是一個結合於網頁伺服器的高度黏著語言，雖然也可以經由設定讓它可以在任何的作業系統中單獨被執行，但是對我們來說，讓網頁伺服器去執行它才是我們目前感興趣的方式。

就如同我們在本書的一開始建立了 WordPress 本機執行環境一樣，環境中能夠執行 WordPress 就表示一定能夠執行 PHP，因此，在我們建立了練習用的 WordPress 網站之後，最簡單執行我們自行練習用的 PHP 程式（例如上一小節的 5-1.php）就是把它放在 Wamp 的 www 目錄之下。在這個例子中，我們放置 5-1.php 的地方是在 d:\wamp64\www 的 p 資料夾，如圖 5-2 所示。

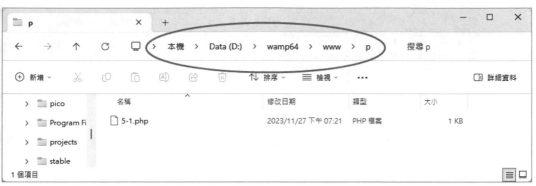

圖 5-2：放在 Wampserver 中 PHP 程式碼的資料夾位置

如此就可以透過網址：localhost:81/p/5-1.php 來執行這個程式了。請注意，是在瀏覽器輸入這個網址，透過網頁伺服器間接去執行 5-1.php，然後把執行的結果輸出到瀏覽器中。此種方式，不管你的程式碼是放在本地端的電腦中，還是放在遠端的網站主機，通通可以使用。

目前環境中使用的 PHP 解譯器版本，以及它所啟用的程式庫等等資訊，可以透過以下這樣簡單的指令來顯示出來：

```php
<?php
  // 5-2.php
phpinfo();
?>
```

在此例中，兩個除號開頭的是單列的註解，在兩個除號後的任何內容都不會被執行，而 phpinfo() 即是用來顯示所有 PHP 執行環境相關資訊的函式。圖 5-3 即為執行結果。

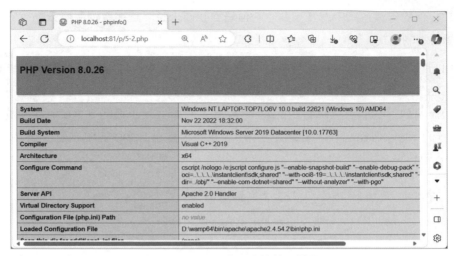

圖 5-3：phpinfo() 函式的執行結果

由圖 5-3 的內容可以看得出來，我們的作業系統目前 Wampserver 所安裝的 PHP 執行環境是最新的 PHP8，而作者的作業系統是 Windows 10，使用的網頁伺服器則是 Apache 2.0。

5.1.3　設定 PHP 語言的執行環境與參數

除了使用上一小節中介紹的 phpinfo() 函式可以得到 PHP 的相關執行環境訊息之外，如果想要修改 PHP 的執行時期參數（例如修改可以上傳的檔案大小，或是每一次 PHP 程式最長允許的執行時間等等），需找到 php.ini 這個檔案編輯其相對應的內容，比較常見的 php.ini 參數如表 5-1 所示。

▼ 表 5-1：php.ini 中常見的設定參數

參數名稱	預設值	說明
short_open_tag	On	是否允許使用簡寫的標籤格式 <? ?>。
asp_tags	Off	是否允許使用 ASP 的標籤格式 <% %>。
safe_mode	Off	使用啟用安全模式。
max_execution_time	30	允許最長的執行時間（ms）。
memory_limit	8M	執行期間可以使用的記憶體限制。
file_uploads	On	是否允許可以上傳檔案。
upload_max_filesize	2M	上傳的檔案大小限制。

不同的環境對於 php.ini 的設定調整也有不同的方式，如果你使用的是 WampServer 或是 EasyPHP，則在它們的管理介面中均有 PHP 的設定可以調整。如果使用的是網

路主機，以 https://imaxnow.net 所提供的 cPanel 主控台為例，然後找到 Select PHP Version，如圖 5-4 所示。

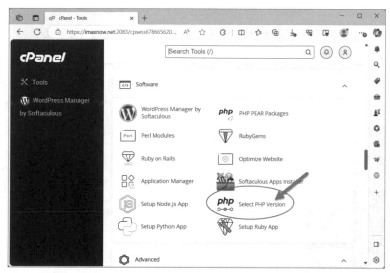

圖 5-4：cPanel 主控台設定 PHP 的地方

　　不同的主機商之控制台對於 PHP 可以操作設定方式並不太相同，不過基本上是大同小異的。以此例在按下 Select PHP Version 之後，進入的是可以選用 PHP 版本的介面，如圖 5-5 所示。

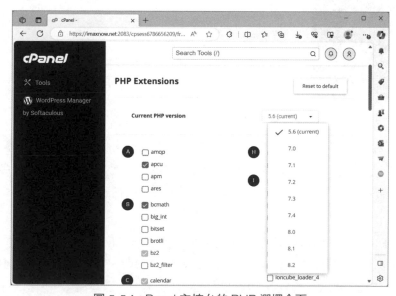

圖 5-5：cPanel 主控台的 PHP 選擇介面

如圖 5-5 的介面所示，在目前版本按下滑鼠按鍵之後，即會出現可以選用的 PHP 各個版本，由於不同的 CMS 系統使用的版本要求不盡相同，大部份的虛擬主機並沒有辦法針對各個不同的 CMS 設定不同的 PHP 執行版本，所以在虛擬主機中使用的 PHP 版本，大都還是以最保守且最具共通性的 PHP 版本為主，在此例中即為 PHP 5.6 版，但是如果你要把 WordPress 升級到 6 以上的話，PHP 7.4 是最低的要求。

在版本下方的內容就是決定哪些 PHP 程式庫是否要啟用的核取方塊。此外，如果需要修改 php.ini 中的參數，則是要如圖 5-6 所示，選用 PHP Options 功能，到底下以修改設定的方式進行調整，其效果和直接修改 php.ini 的內容是一樣的。

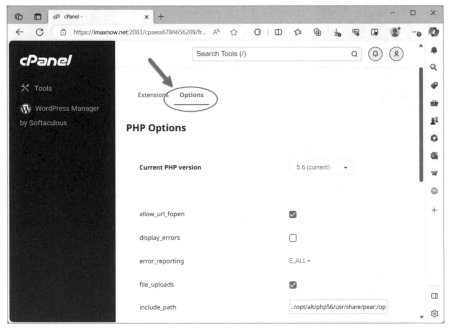

圖 5-6：cPanel 主控台修改 php.ini 的介面

這個介面在設定完每一個參數會即刻生效，但因為不同版本的相容性問題，所以在設定了某些參數或是設定了某些版本之後，在同一個主機帳號之下運行的各個 CMS 可能會出現無法運作的情形，這是不能不小心考量的地方，所以在設定完成之後一定都要全部測試一遍。

由於 PHP 幾乎是所有 CMS 系統最重要的執行環境，所以幾乎所有的虛擬主機空間都會提供 PHP 程式的執行能力，在這些主機空間上要執行 PHP 程式只要以 PHP 語法撰寫，以標準文字檔的型式儲存在此主機空間的網址所指向的資料夾（一般都是 public_html

或是 htdocs 或是 www）之內，並以 .php 做為附檔名，之後再透過本地端的瀏覽器以該
網址瀏覽該目錄即可順利執行了。

5.1.4　線上執行 PHP 程式

　　和大部份的網路程式語言一樣，PHP 也有可以線上直接在瀏覽器中執行測試的服務，
也就是說，只要到 https://onlinephp.io/ 這個網站，就可以在不用安裝任何 PHP 執行環境
的情況下，在此網站中就可以輸入 PHP 程式碼並觀看程式執行的結果。此網站的畫面如圖
5-7 所示。

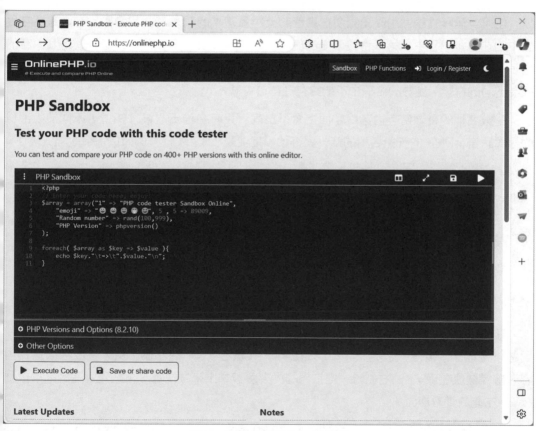

圖 5-7：OnlinePHP.io 的畫面

　　如圖 5-7 所示的樣子，只要在中間的文字編輯區塊中輸入 PHP 程式碼，再按下
「Execute Code」按鈕，就可以看到輸出後的樣子。

5.2 變數與基本資料結構

簡單來說，程式就是資料結構加上演算法，演算法指的是如何處理和操作資料的流程，資料結構則是要被處理的資料如何被放在電腦程式的記憶體中。不同種類的資料有不同的特性，放到程式中之後如何對待以及可以用什麼方法來處理，還有輸出時有什麼注意的事項，都是本節要說明的重點。

5.2.1 變數、常數與字面值

任何一個程式語言用來記錄要被處理的資料最基本的就是常數和變數，常數是寫在程式中，在執行過程中永遠不會被改變的值，例如數字以及字串，看到的樣子就是其內容的樣子。至於變數則是以英文字母和數字以及「_」底線符號組成的識別字串，大寫和小寫被視為不同的符號，變數的名稱中不能夠存在空白符號。

變數名稱的實際儲存內容從字面上看不出來，只有在輸出之後才知道，不同於大部份的程式語言，PHP 的變數名稱的第一個符號一定要是「$」才行。例如以下這段程式碼：

```php
<?php
$a = 10;
$b = 20;
$c = $a + $b;
echo "程式執行結果：$a+$b=$c";
?>
```

執行此程式可以得到如下所示的結果：

```
程式執行結果：10+20=30
```

其中，10、20、以及 " 程式執行結果 " 這些都是字面值，而 $a、$b、$c 則是變數。變數以 $ 開頭，後面接上英文字母或是數字然後放在「=」的左側，用來接收字面值的內容，當變數放在「=」的右側時，則它們的內容會被拿出來做運算，再把運算完的結果放到「=」左側的變數裡面。

以上述的程式碼為例，我們分別把 10 和 20 放到 $a 和 $b 這兩個變數中，然後取出此 2 變數的內容相加之後，再放到變數 $c 中，在最後一行時，利用 echo 這個輸出函式把串 " 程式執行結果：$a+$b=$c" 做輸出的動作，PHP 在輸出字串時如果遇到 $，則會自動試著去把 $ 與串在一起的文字假設是變數輸出其值，因此才會讓輸出的字串包含了這 3 個變數的實際內容。

　　然後，不同於 Javascript 以及 Python 把字串外圍的單引號和雙引號視為相同作用，只要能夠成對運用就行了，雙引號在 PHP 中會解析其中的變數內容加以轉譯輸出，但是如果把前面那段程式的雙引號換成單引號，如下所示：

```
<?php
$a = 10;
$b = 20;
$c = $a + $b;
echo ' 程式執行結果：$a+$b=$c';
?>
```

　　則執行結果是完全不一樣的，如下所示：

```
程式執行結果：$a+$b=$c
```

　　此點要特別留意。至於輸出的部份，由於 PHP 本身預設是支援瀏覽器輸出的，因此雖然 HTTP 的協定背後包含了許多伺服器和瀏覽器之間的溝通過程，但是在 PHP 中只要簡單地使用 echo 就代表是要把後面的內容輸出到瀏覽器，至於協定的相關細節就不需要 PHP 程式設計人員操心了。

5.2.2　變數的型態

　　變數的內容因其值的特性不同分成了數種不同的型態，常用的有以下幾種：

- 布林（boolean）
- 整數（integer）
- 浮點數（double）
- 字串（string）
- 陣列（array）
- 物件（object）

　　字串就是所有的文數字符號內容，以雙引號包含住即是，整數則是沒有小數點的數值，浮點數就是有小數點的數值，布林型態則是用來放置真（TRUE）或假（FALSE）兩種狀態值的特殊型態。至於陣列和物件因為是屬於複合的型態，我們在後面的章節中有遇到再加以說明。

　　每一個變數從名稱上並不需要去區分內存的是哪一種型態的資料，在運算的過程中 PHP 解譯器會依慣例自動轉換型態，但是如果需要明確的指定要被運算的型態，也可以透過強制轉型（Cast）的前置敘述明確標出。如果需要查詢某一個變數或字面值是屬於哪一種型態，可以使用 gettype() 函式加以查詢。請參考下列程式：

```php
<?php
echo "'1234abcde' is " . gettype("1234abce") . " type\n";
echo "123 is ". gettype(123) . " type\n";
echo "123.2 is ". gettype(123.2) . " type\n";
echo "True is " . gettype(True) . " type\n";
?>
```

其輸出結果如下所示：

```
'1234abcde' is string type
123 is integer type
123.2 is double type
True is boolean type
```

在這個程式中我們使用了兩個技巧，首先是在 echo 指令之後以句點「.」來串接不同的資料，這些資料會自動以字串的型式結合在一起，然後被送至瀏覽器中顯示出來。其次，在 echo 輸出的最後以「"\n"」做為結尾，由於在如圖 5-7 的環境中是以文字字串的方式來顯示，因此為了要讓輸出的資料能夠具有換列的功能，我們刻意加上此換列符號。如果輸出的對象是在瀏覽器的話，需把「\n」改為「
」，才會有換列的效果。

有時候如果需要在運算的過程中刻意去改變某一個變數的資料型態，則可以在變數前面加上 Cast（強制轉型）設定，如下所示：

```php
<?php
$a = 123;
$b = (double) $a;
echo '$a\'s type is ' . gettype($a) . "\n";
echo '$b\'s type is ' . gettype($b) . "\n";
?>
```

在這個程式中我們在變數 $a 中指定 123 這個數字，它自動變成整數型態，但是當我們在這個變數之前使用了 (double) 之後再把同樣的資料放入 $b，則 $b 這個變數就變成了浮點數型態了。此外我們使用了「\」跳脫字元讓在單引號內的字串也可以使用單引號，其輸出結果如下所示：

```
$a's type is integer
$b's type is double
```

對於變數的儲存有了一些概念之後，接下來就可以使用這些變數的內容來做各式各樣的運算了。

5.2.3　陣列變數

　　在前一小節介紹的變數可以看做是一個很單純的容器，一個識別的名字就只能儲存一個值，如果想要使用一個識別的變數名稱但是要儲存很多資料，每一個資料都以識別字加上索引值來存取的話，那就是要使用陣列變數。

　　在 PHP 要建立一個陣列主要是使用 array 這個函式，先使用一個變數來接收之後（放在 = 號的左側），然後依序把想要放到陣列中的資料值當做是 array 這個函式的參數放好即可，請看以下的程式片段：

```php
$car_brand = array("Toyota", "Mazda", "Benz", "Nissan", "Ford");
echo "The first car is $car_brand[0]\n";
echo "The second car is $car_brand[1]\n";
echo "I have " . count($car_brand) . " cars.\n";
```

　　上述的程式片段宣告了一個陣列變數叫做 $car_brand，並把此變數的內容分別依序加入 "Toyota"、"Mazda"、"Benz"、"Nissan"、以及 "Ford" 等 5 個汽車廠牌，接著印出第 1 台（索引值是 0）車和第 2 台車（索引值是 1），最後再使用 count() 函式計算出所有在陣列中的元素個數。程式的執行結果如下：

```
The first car is Toyota
The second car is Mazda
I have 5 cars.
```

　　簡單的陣列變數就是以數值的索引值來存取在陣列中的所有資料，在後面的章節使用迴圈指令來存取會讓程式更有效率。

　　在生活的應用中並不全是使用數字來存取陣列中的資料，相反地使用「鍵/值」（「Key/Value」）的方式反而是最常見的用法。例如用 Monday 代表星期一，Tuesday 代表星期二，或是用 Apple 代表蘋果，使用 Cherry 代表櫻桃等，PHP 也支援這種自訂索引名稱的陣列，只要在設定陣列內容時加上「=>」這個符號就可以了，請參考以下的程式片段：

```php
$fruits = array('Apple'=>' 蘋果 ', 'Cherry'=>' 櫻桃 ', 'Banana'=>' 香蕉 ');
echo "I love $fruits[Apple].\n";
echo "I love $fruits[Cherry] too.\n";
```

　　請留意一個地方就是在設定時，用來做索引的鍵（Key）要放在前面，並使用單引號含括起來，但是在字串中使用的時候（在中括號中）則不需要再放單引號。上述程式片段的執行結果如下：

```
I love 蘋果 .
I love 櫻桃 too.
```

在程式的第 2 行和第 3 行我們使用 Apple 和 Cherry 當做是索引，其內容則分別是櫻桃和香蕉，這樣子在程式的設計過程中就會顯得比較容易理解了。

上述的陣列定義方式是屬於一維陣列，就像是班級的座位中的其中一排。然而在班級中的座號編排其實是有行有列的，也就是一個平面的方式，這種就叫做二維陣列。其概念就是在 array 函式中再以 array 函式定義，意思是說，先用一個 array 來定義共有幾列，然後再分別用 array 函式定義每一列中的每一個元素內容。使用二維陣列定義出來的變數，要存取其中的內容就需要有 2 個索引。請看以下的二維陣列的例子：

```
$cars = array(
    'Toyota'=>array('Wish', 'Altis', 'Camry', 'Yaris', '86'),
    'Lexus'=>array('IS', 'ES', 'LS', 'GS'),
    'Mazda'=>array('Mazda 2', 'Mazda 5', 'CX-3', 'CX-5')
    );
echo $cars['Toyota'][4] . "\n";
echo $cars['Lexus'][1] . "\n";
echo $cars['Mazda'][2] . "\n";
```

上述的程式片段是一個結合自訂索引以及二維陣列的例子。第一層使用汽車的品牌來當做是索引，第二層則依序放入該品牌汽車的主要車型，這些車型是使用數字來當做其索引，以下是執行後的結果：

```
86
ES
CX-3
```

讀者仔細算一下每一個品牌放置的車型數目就可以發現，在二維陣列中每一維的陣列個數其實是可以不一樣的。

另外，在 PHP 5.4 之後陣列的設定方式不再限定於使用 array() 這個函式，我們也可以直接利用中括號「[]」來指定其內容，因此簡單的設定陣列可以改為如下所示的樣子：

```
$arr = [1, 2, 3, 4, 5];
foreach($arr as $a) {
    echo $a;
}
```

如果是要自訂索引的話，也可以寫成下面這個樣子：

```
$arr = [
    'A'=>'Apple',
    'B'=>'Banana',
```

```
   'C'=>'Cherry'
  ];
echo "A is " . $arr['A'] . "\n";
echo "B is " . $arr['B'] . "\n";
echo "C is " . $arr['C'] . "\n";
```

執行結果當然就是如預期的樣子：

```
A is Apple
B is Banana
C is Cherry
```

5.2.4　各式各樣的運算式

有了常數和變數，在程式中就有各式各樣的運算可以對變數加以處理。在程式中（其實是在生活中）對於變數的處理主要有三種運算式，分別是算術運算式、關係運算式以及邏輯運算式。這 3 種運算式的優先順序和我們列出的順序是一樣的，算術運算式優先於關係運算式，關係運算式又優先於邏輯運算式。

算術運算式顧名思義就是對於資料的加減乘除，關係運算式主要是比較兩兩變數之間的大小關係，至於邏輯運算式則是用布林值來推論且、或、否等，看看哪些條件成立與否的決策判斷。

算術運算式最常用的，依照運算的優先順序排列如下：

- **（指數）
- ++/--（加一 / 減一）
- *（乘法）
- /（除法）
- %（取餘數）
- +（加法）
- -（減法）

優先順序則是先乘除後加減，指數 ** 的優先順序最高，取餘數的優先權則是在加減法之後，運算優先順序所代表的意義是，當在有這些運算子放在一起的混合運算式中，如果沒有特別用括號去指定，則是依照運算子的優先順序最高的先算，算完之後再算次低的，如果是相同的優先順序，則是先計算左側再計算右側。讀者可以自己算算看下面這個運算式最終變數 $exp 的內容會為何？

```
$exp = 3 + 4 + 5 * 6 ** 3 % 10 + 5 * 10 /2;
```

答案是 32，是否和你想的是一樣的呢？

另外，有一個叫做「?:」的運算子在程式中也很常見，它的基本原則如下：

```
$a = $c ? $y : $n;
```

意思是如果 $c 的內容是成立的，那麼就把 $y 的值設定給 $a，否則就把 $n 的值設定
給 $a，讀者可以練習看看以下的這段程式碼最後會輸出多少？

```
$c = -10;
$a = $c < 10 ? 0 : $c;
echo $a;
```

答案是 0，猜對了嗎？由上面這段程式碼也可以看出在設定運算值的時候我們也經常
比較變數的內容和其他變數之間的大小關係，或是變數和特定的數值之大小關係，來決定
下一步要執行的程式碼片段，或是決定要設定什麼值給特定的變數，用來比較變數和常數
以及變數和變數之間的大小或等不等於的關係，主要的比較關係運算子如表 5-2 所示。

▼ 表 5-2：常見的 PHP 關係運算子

符號	名稱	說明
==	等於	兩邊值相等。
===	全等於	兩邊值相等，而且變數型態也相同。
!=	不等於	兩邊的值不相等。
<>	不等於	同上。
!==	不全等於	兩邊的值不相等，或是值相等但是型態不相同。
<	小於	左側的值小於右側的值。
>	大於	左側的值大於右側的值。
<=	小於或等於	左側的值小於或等於右側的值。
>=	大於或等於	左側的值大於或等於右側的值。

有些時候在程式中可能會比較兩個或兩個以上的條件，並只有在這些條件同時成立或
是其中之一成立而另一邊不成立時才會進入某些程式的片段或是進行某些程式的額外處
理，這時候就需要使用到邏輯運算式了。PHP 的邏輯運算式如表 5-3 所示。

▼ 表 5-3：PHP 的邏輯運算子

符號	名稱	說明
and	且	兩側的條件都必需是 TRUE 才會傳回 TRUE。
or	或	兩側的條件有任何一個是 TRUE 就會傳回 TRUE。

符號	名稱	說明
xor	互斥或	兩側不同則傳回 TRUE，相同時則傳回 FALSE。
!	否	把原本的條件進行反轉。
&&	且	同 and。
||	或	同 or。

上述三種運算式經常被拿來搭配使用，為了避免因為優先權的理解和直譯器不同而造成錯誤，通常我們都會利用小括號來做適當的分組，關係運算式和邏輯運算式主要是運用在程式執行流程的決策判斷上，這個部份在遇到時會再詳細加以說明。

5.2.5　PHP 程式的輸出處理

就如同我們在之前的幾個例子，所有的 PHP 計算結果需要輸出時都是使用 echo 把資料送至瀏覽器，在正式編寫程式之前，作者以程式 5-1 為例繪成圖 5-8，為讀者再一次對於伺服器在處理 HTML 和 PHP 程式碼時的流程做一個概念上的說明，讓讀者能夠充份地明瞭 PHP 在 HTML 中所扮演的角色。

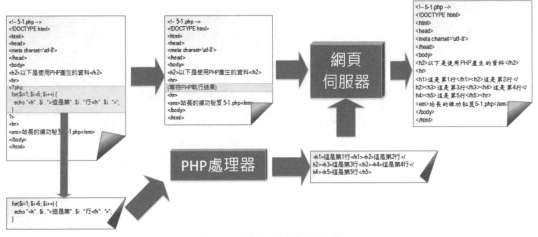

圖 5-8：PHP 程式解析流程

值得注意的地方是，一個 .php 檔案中可以在任一個地方放置任意數量的 PHP 程式碼片段，每一個片段在被執行取得輸出結果之後會放置回原來的地方並取代原本 <?php...?> 之間的內容，所以在瀏覽器看到的永遠都是執行之後的結果，並沒有機會看到 PHP 的原始檔案。

　　PHP 程式碼的輸出除了是簡單的文字內容之外，可以產生任何 HTTP 協定中可以接受的格式，直接輸出圖形檔或是 PDF 檔案也都難不倒 PHP，而且大部份的時候，我們也都會使用 PHP 程式來產生在瀏覽器中要被執行的 Javscript 和 jQuery、AJAX 程式碼，基本上沒有什麼特別的限制。

5.3 決策指令的應用

　　if 指令是控制程式流程最基本的指令，也是最常用的指令之一，本節將針對 PHP 所有可以使用的決策指令做一個簡要的說明，並提出一些實用的範例，能夠充份掌握流程控制，也就可以越加地瞭解 WordPress 佈景主題以及外掛程式的設計邏輯。

5.3.1　if 指令

　　if 指令中文意思就是「如果」，也就是針對某一個變數和常數的內容或是運算式的結果做檢查，在符合某一設定的條件之後就改變程式的執行流程，例如有兩段程式碼分別是 A 和 B，我們的條件判斷式是 C，那麼可以使用以下的指令來達成上述的目的：

```
if (C) {
  A;
} else {
  B;
}
```

　　其中 C 可以是任何複雜的運算式（包含算術運算式、關係運算式以及邏輯運算式等等），A 和 B 的敘述個數並沒有特別的限制。以上是最標準的 if 敘述的寫法，如果 A 和 B 只有一行的話，在 A 和 B 敘述外的大括號則可以去除，如下所示：

```
if (C)
  A;
else
  B;
```

　　或甚至是寫成一行如下：

```
if (C) A else B;
```

　　當然，if 判斷式也可以沒有 else 的部份或是有許多的 else if，只要有需要，就是一直串接上去就可以了。不過，如果需要檢查的各種條件太多了，也可以考慮改用 switch 指令。以下的程式片段即為實際上的使用例：

```
$a = 10;
$b = 20;
if ($a > $b) {
  echo "$a > $b";
} else if ($a == $b) {
  echo "$a == $b";
} else {
  echo "$a < $b";
}
```

因為上述的每一個 echo 指令都只有一行，因此在上面的這個程式片段中的大括號是可以移除而不會有執行上的問題。

5.3.2　switch 指令

switch 是多選指令，適用在針對某一個條件式或運算式的結果有多種可能的情形，它的標準使用方法如下：

```
switch (C) {
  case C1:
    A1;
    break;
  case C2:
    A2;
    break;
  default:
    D;
}
```

其中 C 可以是單一變數或是某一個複雜的運算式，前面的運算結果會得到一個值，再把這個值拿來和大括號中的 case 後面的值相比較，然後去執行相等的那個 case 之後所有的敘述，直到遇到 break 為止，如果在此 case 內的敘述沒有任何 break 關鍵字，那麼就會往下執行到下一個 case 中的敘述內容。請觀察以下的程式例：

```
$score = 68;
switch((int)($score/10)) {
    case 10:
    case 9:
        $grade = 'A';
        break;
    case 8:
        $grade = 'B';
        break;
    case 7:
        $grade = 'C';
        break;
```

```
    case 6:
        $grade = 'D';
        break;
    default:
        $grade = 'F';
}
echo "$score's grade is $grade!";
```

在此程式中我們打算把分數 $score 變數依其級距區分為 A 到 F 等第，首先使用了「(int)($score/10)」把 $score 除 10，再把結果從浮點數強制轉型為整數，再依此整數使用 switch 和 case 去分別比較，其中 case 10 和 case 9 之間因為沒有設定 break，所以不管是 case 10 還是 case 9 都會執行同樣的指令，也就是 $grade='A';，其他的則依照其值各自對應，最後，所有沒有對應到的則都會跑到 default 去，也就是我們設定的預設值。

5.4 迴圈指令

迴圈指令也是程式語言流程控制中非常重要的一個指令，它可以讓我們控制程式重複做事，一直到指定的次數達成或是預先設定的某個條件符合之後再離開正在重複的動作。然而由於它是重複做事的指令，因此如果設定不當，有可能會一次也沒做到，或是一開始執行之後就停不下來（也就是所謂的無窮迴圈），這對於伺服器來說更顯得危險，在設計迴圈時不得不加以提防。

5.4.1 for 迴圈

for 迴圈是迴圈指令中最典型的語法，它可以預先設計好要重複的次數，只要在迴圈中沒有更動到用來計數的變數，則迴圈的重複次數是可以預先知道的。因此，for 指令最適合用在已知要執行次數的程式碼中。for 指令的典型使用格式如下所示：

```
for ($i=0; $i<6; $i++) {
  A;
}
```

在 for 後面的小括號中使用 2 個分號分隔成 3 個部份，第一個部份用來設定計數變數（在此例為 $i）的起始值，中間的部份則是可以繼續執行的條件，最後的一個部份用來操作計數用的變數。

從上述的程式片段來看，我們把 $i 一開始設定為 0，然後只要在迴圈的進行中 $i 是小於 6 的狀態下，迴圈大括號內的部份就一再地重複執行，每執行一次時，就把 $i 變數加

1。所以，上面這個程式片段如果 A 中的敍述沒有去動到變數 $i，而且執行的過程中沒有發生任何錯誤的話，則 A 所代表的所有指令就會被執行 6 次，且 $i 的內容則分別是從 0 變化到 5。我們可以用以下的程式片段來進一步觀察：

```
for($i=0; $i<6; $i++) {
    echo "in the loop, i=$i\n";
}
echo "out of the loop, i is $i";
```

以下則是執行的結果：

```
in the loop, i=0
in the loop, i=1
in the loop, i=2
in the loop, i=3
in the loop, i=4
in the loop, i=5
out of the loop, i is 6
```

從上述的執行結果可以看出來 $i 這個計數用的變數在迴圈中的變化，而且就算是離開了迴圈之後，變數 $i 的值還在，但是已經是符合離開條件的數值了（6）。就像是陣列可以是一維、二維甚至是多維度一樣，迴圈也可以一層套疊一層，形成雙層、三層甚至更多層的迴圈，不過當然迴圈越多層則程式的複雜度越高，越不容易理解，實用上迴圈最多都不會超過 3 層。以下是一個列印出九九乘法表的迴圈應用例：

```
for ($i=1; $i<=9; $i++) {
  for($j=1; $j<=9; $j++)
    echo $i * $j . " ";
  echo "\n";
}
```

上述的程式片段運用了兩個迴圈，內層使用變數 $j 當作是計數變數，外層則是使用變數 $i。每次當 $i（外層迴圈）執行一遍的時候，內層的 $j 迴圈就要執行 9 遍（從 1 到 9），也因此就可以計算出 1*1、1*2、1*3、....、1*9 的結果，當第 2 遍外圈的時候會計算出 2*1、2*2、2*3、...、2*9 的結果，依此類推，最後就可以得出如下所示的結果：

```
1 2 3 4 5 6 7 8 9
2 4 6 8 10 12 14 16 18
3 6 9 12 15 18 21 24 27
4 8 12 16 20 24 28 32 36
5 10 15 20 25 30 35 40 45
6 12 18 24 30 36 42 48 54
7 14 21 28 35 42 49 56 63
8 16 24 32 40 48 56 64 72
9 18 27 36 45 54 63 72 81
```

上述的執行結果排列出來的不太整齊，因為我們要輸出的是在瀏覽器顯示，如果加上適當的 HTML 標記，即可很整齊地在表格排列出九九乘法表的效果。修改後的程式如程式 5-3 所示（加上適當的 HTML 標記）：

```
<!-- 5-3.php -->
<!DCOTYPE html>
<html>
<head>
  <meta charset='utf-8'>
  <title>九九乘法表</title>
</head>
<body>
  <h2>九九乘法表</h2>
  <table>
  <?php
    for ($i=1; $i<=9; $i++) {
      echo "<tr>";
      for($j=1; $j<=9; $j++)
        echo "<td align=right>" . $i * $j . "</td>";
      echo "</tr>";
  }
  ?>
  </table>
</body>
</html>
```

程式 5-3 是一個完整的 PHP 程式，我們把它命名為 5-3.php，然後放在本地端的資料夾下，並以瀏覽器加以執行，執行結果如圖 5-9 所示。

圖 5-9：程式 5-3 的執行結果

　　由圖 5-9 可以看得出來，加上了 <table> 的相關標記之後，整個排版看起來就整齊多了，因為它就是一個排列整齊的表格元素，實際上程式 5-3 的程式產生出來的最終結果 HTML 程式碼如下所示：

```
<!-- 5-3.php -->
<!DCOTYPE html>
<html>
<head>
  <meta charset='utf-8'>
  <title>九九乘法表</title>
</head>
<body>
  <h2>九九乘法表</h2>
  <table>
  <tr><td align=right>1</td><td align=right>2</td><td align=right>3</td><td
align=right>4</td><td align=right>5</td><td align=right>6</td><td
align=right>7</td><td align=right>8</td><td align=right>9</td></tr><tr><td
align=right>2</td><td align=right>4</td><td align=right>6</td><td
align=right>8</td><td align=right>10</td><td align=right>12</td><td
align=right>14</td><td align=right>16</td><td align=right>18</td></tr><tr><td
align=right>3</td><td align=right>6</td><td align=right>9</td><td
align=right>12</td><td align=right>15</td><td align=right>18</td><td
align=right>21</td><td align=right>24</td><td align=right>27</td></tr><tr><td
align=right>4</td><td align=right>8</td><td align=right>12</td><td
align=right>16</td><td align=right>20</td><td align=right>24</td><td
align=right>28</td><td align=right>32</td><td align=right>36</td></tr><tr><td
align=right>5</td><td align=right>10</td><td align=right>15</td><td
align=right>20</td><td align=right>25</td><td align=right>30</td><td
align=right>35</td><td align=right>40</td><td align=right>45</td></tr><tr><td
align=right>6</td><td align=right>12</td><td align=right>18</td><td
align=right>24</td><td align=right>30</td><td align=right>36</td><td
align=right>42</td><td align=right>48</td><td align=right>54</td></tr><tr><td
align=right>7</td><td align=right>14</td><td align=right>21</td><td
align=right>28</td><td align=right>35</td><td align=right>42</td><td
align=right>49</td><td align=right>56</td><td align=right>63</td></tr><tr><td
align=right>8</td><td align=right>16</td><td align=right>24</td><td
align=right>32</td><td align=right>40</td><td align=right>48</td><td
align=right>56</td><td align=right>64</td><td align=right>72</td></tr><tr><td
align=right>9</td><td align=right>18</td><td align=right>27</td><td
align=right>36</td><td align=right>45</td><td align=right>54</td><td
align=right>63</td><td align=right>72</td><td align=right>81</td></tr>  </table>
</body>
</html>
```

　　由上面的結果就可以看得出來，當需要輸出的資料非常多，但是卻是可以使用算的方式產生出來的情況下，使用簡潔的程式碼來產生所需要的 HTML 程式，的確可以節省非常多的時間，而且內容也比較不容易出錯。

5.4.2 foreach 迴圈

在前一小節定義陣列的時候，一開始並沒有特別去宣告陣列的大小，而是直接把想要放在陣列中的資料一個一個地放上去，是多少就多少，而且如上一節二維陣列的例子，每一列的資料個數還有可能不一樣。在每一列資料個數都有可能是不同的情形之下，想要使用 for 迴圈指令把所有的內容都顯示出來似乎不太直覺。所幸，此種情況可以利用 foreach 迴圈指令來處理。延續之前使用的程式範例，我們直接使用以下的程式片段來觀察 foreach 迴圈指令的標準用法：

```
$cars = array(
    'Toyota'=>array('Wish', 'Altis', 'Camry', 'Yaris', '86'),
    'Lexus'=>array('IS', 'ES', 'LS', 'GS'),
    'Mazda'=>array('Mazda 2', 'Mazda 5', 'CX-3', 'CX-5')
    );
echo "Toyota's car model:\n";
foreach($cars['Toyota'] as $model) {
    echo "$model\n";
}
```

透過 $cars['Toyota'] 把屬於 'Toyota' 的這個一維陣列取出之後，然後再以 foreach 指令逐一取出所有屬於 Toyota 的車型，完全不用去管在 $cars['Toyota'] 裡面究竟有多少種車型，全部列出來就對了。以下是上述程式片段的執行結果：

```
Toyota's car model:
Wish
Altis
Camry
Yaris
86
```

如果更進一步地要把所有的二維陣列的內容取出，則透過下列的程式片段即可完成：

```
$cars = array(
    'Toyota'=>array('Wish', 'Altis', 'Camry', 'Yaris', '86'),
    'Lexus'=>array('IS', 'ES', 'LS', 'GS'),
    'Mazda'=>array('Mazda 2', 'Mazda 5', 'CX-3', 'CX-5')
    );
foreach($cars as $brand=>$maker) {
    echo "--------\n";
    echo "$brand\n";
    echo "--------\n";
    foreach($maker as $model)
        echo "$model\n";
}
```

在這個程式中使用了 2 層的迴圈，第一層用來取出每一個一維陣列，而且為了知道它是屬於哪一個自訂索引值，我們還使用了「foreach($cars as $brand=>$maker)」這行指令，把索引值取出放在 $brand 這個變數中，然後再把變數 $maker 當做是內層迴圈要處理的一維陣列內容。以下是上述程式片段的執行結果：

```
--------
Toyota
--------
Wish
Altis
Camry
Yaris
86
--------
Lexus
--------
IS
ES
LS
GS
--------
Mazda
--------
Mazda 2
Mazda 5
CX-3
CX-5
```

還是在此強調一次，上述的執行結果是在 PHP online tester 上的執行結果，所以使用「\n」來當做是換列符號，如果讀者的程式是放在網頁伺服器上執行，並以瀏覽器作為輸出對象的話，要把換行符號改為
 這個標記才行。

5.4.3　while/do while 迴圈

在設計程式的時候常常會有重複次數沒有辦法事先確定，而是要看每一次的執行狀況來決定是否要再一次執行，這種不事先決定重複次數的迴圈指令即為 while 以及 do while，也就是所謂的條件式迴圈指令。

此二者同樣都是依條件來決定是否要重複迴圈，但是 while 是先判斷之後再決定是否進入迴圈執行，一旦進入之後，每一次是否要再執行也是依當時的條件是否成立來判定；do while 則是先進入執行一遍再來判斷是否繼續執行，前者叫做前測迴圈，而後者叫做後測迴圈。前測迴圈有可能會因為一開始的條件式就不成立，以至於一次都沒有被執行到，而後測迴圈內的敘述式則無論如何至少會被執行一次。以下是兩種迴圈標準的寫法：

```
while (C) {
  A;
}

do {
  A;
} while (C);
```

還是使用一個標準的範例程式來做觀察：

```
$x  = 10;
echo "$x!=";
$factorial = $x;
while ($x>1) {
    $factorial = $factorial * (--$x);
}
echo $factorial;
```

這是一個使用 while 迴圈計算階乘的程式，上述程式的執行結果為：

```
10!=3628800
```

在數學的定義上，x 的階乘就是把 x*(x-1)*(x-2)*(x-3)...*1，意思是說如果 x=5 的話，那麼 5! 就等於 5*4*3*2*1，也就是 120。在上述的範例程式中，利用了「--$x」來做到把變數 $x 減 1 的目的，減 1 之後再讓它和 $factorial 這個變數相乘，再放回 $factorial 中。

要把變數減 1 有「--$x」和「$x--」兩種常用的方式，前者是先減完之後再傳回值給運算式，後者則是先傳回值給運算式使用，兩種方式在執行完之後，變數 $x 的內容實際上都被減 1，只是在運用上是減之前先用還是減完之後再用的差異。

上述的程式是先設定要計算階乘的值，然後把初始值放到變數 $factorial 之中。在進入計算的迴圈之前，先檢查目前的 $x 值是否大於 1，如果不是的話就不要進入迴圈，如果是的話，就進去把目前的值減 1 之後再和 $factorial 相乘，等整個迴圈跑完之後就可以得到階乘的結果了。

5.4.4　break/continue 指令

在 PHP 中也有 break 和 continue 指令可以運用在迴圈中，break 在之前 switch 指令中就有用過了，只要在一個區塊中遇到 break 這個指令，執行的流程就會立即離開目前這個區塊中而回到上一層去，同一區塊中在 break 後面的敘述沒有被執行到的機會。請觀察下面這個程式片段：

```
for ($i=0; $i<10; $i++)
{
    if ($i==5) break;
    echo "i=$i\n";
}
```

在這個迴圈中我們原本使用 for 迴圈希望可以執行 10 遍，也就是變數 $i 從 0 一直執行到 9 為止，但是在其中透過「if ($i==5) break;」來檢測如果 $i 等於 5 的時候就執行 break 指令，只要執行到 break 指令就會跳離此迴圈，由此可知上述程式的執行結果會是如下所示的樣子：

```
i=0
i=1
i=2
i=3
i=4
```

除了 break 之外，另外一個也是有跳離目前此次執行流程的指令 continue，它的用法類似，但是作用是跳離目前這一遍，也就是提早返回條件測試處的意思，因此，如果我們把上述的程式之 break 改為 continue，如下所示：

```
for ($i=0; $i<10; $i++)
{
    if ($i==5) continue;
    echo "i=$i\n";
}
```

則會發現，就只有 i=5 沒有顯示出來而已，如下所示：

```
i=0
i=1
i=2
i=3
i=4
i=6
i=7
i=8
i=9
```

這兩個指令都還滿常用的，讀者可以仔細比較看看它們的差別。

5.5 函式的運用

函式真是程式語言中非常重要的發明，它可以讓一些程式片段使用簡單的方式被重複使用，簡化程式碼的複雜度，也讓程式更容易被理解以及更加地模組化，讓日後的維護也變得更加地簡單。在之前的 Javascript 簡介中我們已使用過函式了，在這一節中我們再來看看如何在 PHP 中使用函式。

5.5.1 自訂函式的方法

我們直接以上一小節的階乘函式做例子來說明：

```
function factorial($n) {
    $fac = $n;
    while ($n>1) {
        $fac = $fac * (--$n);
    }
    return $fac;
}
$x = 10;
echo "$x!=" . factorial($x);
```

在 PHP 中要建立函式只要以關鍵字 function 開頭，然後加上函式的識別名稱，以及在識別名稱後面的小括號中加上要傳遞進去的參數，最後再以大括號包圍住所有要在此函式中執行的敘述，如果這個函式需要傳回計算結果，可以加上一行 return，再把要傳回的值放在 return 之後即可。

如上例，我們定義了一個叫做 factorial 的函式，它接受一個輸入值被放在變數 $n 中，中間計算階乘的方法和我們之前使用的方法一樣，只是在最後是以 return $fac 這行指令傳回計算的結果。在主程式中我們就可以輕鬆地把這個函式運用在 echo 敘述後面，如此不管是要計算多少次階乘，就只要直接使用這個函式去計算就可以了，如以下的範例，用一個迴圈來計算 1! 到 20!：

```
function factorial($n) {
    $fac = $n;
    while ($n>1) {
        $fac = $fac * (--$n);
    }
    return $fac;
}
for ($x=1; $x<=20; $x++)
  echo "$x!=" . factorial($x) . "\n";
```

計算結果如下所示：

```
1!=1
2!=2
3!=6
4!=24
5!=120
6!=720
7!=5040
8!=40320
9!=362880
10!=3628800
11!=39916800
12!=479001600
13!=6227020800
14!=87178291200
15!=1307674368000
16!=20922789888000
17!=355687428096000
18!=6402373705728000
19!=121645100408832000
20!=2432902008176640000
```

5.5.2　使用 PHP 的內建函式

專案想要能夠較快完成，站在巨人的肩膀上是最好的方法之一。在程式語言的世界中，有非常多的專案以及程式庫是開放給大家使用的，PHP 也不例外。僅僅就預設沒有外掛任何程式庫或框架的情況下，PHP 就有非常多實用的函式可以直接拿來使用，之前我們使用到的 array() 可以算是其中的一個，phpinfo() 也是其中的一個。

PHP 可以使用的內建函式非常多，最完整的內容可以參考線上的函式參考列表，網址為：https://www.php.net/manual/zh/index.php，這其中有些是直接拿來使用即可，有一些則是必須先做好安裝的流程之後才能夠使用，處理比較複雜的運算或資料結構（例如壓縮、解壓縮以及處理日曆等等）則是以物件導向類別的型式操作，在該網址中均有詳細地介紹。

以下的程式片段是使用內建的一些函式做為範例，示範如何在 PHP 程式碼中建立撲克牌發牌的程式：

```
function card_no($n) {
    switch($n) {
        case 1 : return 'A';
        case 11: return 'J';
        case 12: return 'Q';
```

```
        case 13: return 'K';
        default: return $n;
    }
}
$card_type = array(" 紅心 ", " 黑桃 ", " 方塊 ", " 梅花 ");
$deck = range(0,51,1);
shuffle($deck);
echo "Your cards are:\n";
for($i=0; $i<5; $i++)
    echo $card_type[(int)($deck[$i]/13)] . card_no($deck[$i] % 13 + 1) . "\n";
```

執行結果如下（因為是亂數，所以每一次執行的結果不會一樣）：

```
Your cards are:
紅心 K
黑桃 8
方塊 4
黑桃 J
梅花 J
```

在這個程式例中我們用到了自訂函式 card_no，用來判斷要不要修改撲克牌的 A, J, Q, K 的內容，另外使用了 array 建立陣列，使用 range 建立有序的陣列初始值，從 0 到 51 依序存放到陣列 $deck 中。另外使用 shuffle 函式打亂變數 $deck 中的排列順序，而從此變數的前 5 個元素出來會是亂數，而且不會有重複的情形發生。

其他還有非常多的函式，我們將會在運用到時再詳細地加以說明。

5.5.3　WordPress 函式

如同 PHP 函式一樣，在 WordPress 中亦有大量的內建函式提供我們使用，透過這些內建的函式，我們就可以在佈景主題或是外掛的程式中操作到 WordPress 網站中所有的資訊，因此學習如何使用這些內建函式將是建立自己的佈景主題和外掛非常重要的部份。

同樣的，所有的 WordPress 內建函式在網站上有非常詳細的說明，網址為：https://codex.wordpress.org/Function_Reference，這個網站中分門別類了列出非常多有用的資訊，這些類別包括了：

- 文章、分類、附加檔案、書籤相關函式。
- 分類、標籤、分類法相關函式。
- 使用者與作者相關函式。
- Feed 相關函式。

- 留言、通知與引用相關函式。

- 動作、過濾器、外掛相關函式。

- 佈景主題相關函式。

- 格式化相關函式。

- 雜項函式。

- 類別相關函式。

- 多網站相關函式。

每一個類別中均有許多的函式可供運用，以取得文章內容為例，其函式 get_post 定義如圖 5-10 所示。

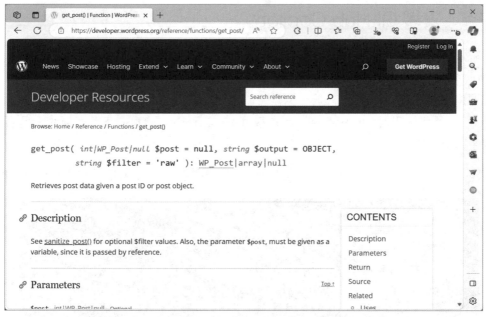

圖 5-10：WordPress 內建函式 get_post 的定義說明畫面

根據這些定義以及接下來的說明內容，就可以瞭解每一個函式的用途以及用法，這對我們在解讀佈景主題以及外掛程式上會很有幫助。當然，這些函式並不適合一一介紹，在後續的章節中如果有遇到，我們會再詳細地加以說明。

5.6　GitHub Copilot 的安裝與使用

在 ChatGPT 開啟了 AI 的新時代之後，也為程式設計帶來了極大的變革，很多程式其實都不需要由程式設計師從頭開始一行一行地編寫程式碼，而且透過 AI 的交談工具，讓 AI 協助我們產生初步的程式，或一些功能的程式碼片段。對於許多利用 Visual Studio Code 作為程式碼開發工具的朋友來說，GitHub 所推出的 Copilot 則是其中的一時之選，把它安裝到 Visual Studio Code 之後，它可以直接整合到程式碼編輯器中，就不用再到 ChatGPT 或是 Bard 去複製貼上了。這一節我們就來看一下，如何在你的 Visual Studio Code 中安裝這樣的工具。

5.6.1　安裝 GitHub Copilot

假設你已經安裝了微軟的 Visual Studio Code（https://code.visualstudio.com/download）了，因為 GitHub Copilot 是 GitHub 的產品，而且是付費的產品，所以一開始你要先到 GitHub 網站上去註冊一個帳號，並購買 GitHub 的服務，這項服務的說明網頁如圖 5-11 所示，個人（Individual）版本每月 10 美元，但是有 30 天免費試用，而且老師及學生是免費的。

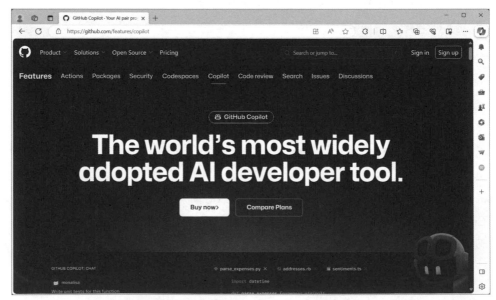

圖 5-11：GitHub Copilot 官方網站

在註冊完並取得權限之後，接下來並不是在這個網站下載安裝程式，因為它是以 Visual Studio Code 擴充功能的方式加到 VSC 中的，因此要回到 Visual Studio Code 中，開啟左側的擴充功能，輸入 copilot，前面兩個就是 Copilot 的擴充功能（請認明作者是 GitHub 才是），如圖 5-12 所示。

圖 5-12：在 Visual Studio Code 中的擴充功能

在確定這兩者已安裝完成之後，還要在左下角使用者登入的地方，確定是否已登入並驗證了 GitHub 的帳號，如圖 5-13所示。

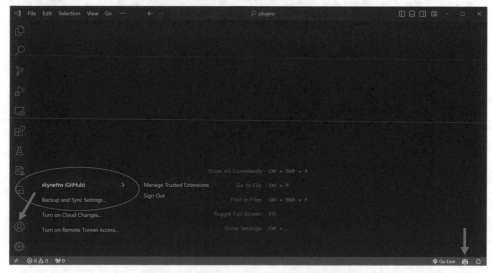

圖 5-13：Visual Studio Code 帳號管理

登入完成之後，留意右下角是否有 Copilot 的圖示，如果有的話，就完成了 Copilot 的設定工作，接下來就可以在你的程式編輯環境中使用了。

5.6.2 使用 GitHub Copilot 協助開發程式

當環境中已有 GitHub Copilot 的時候，在我們新增一個檔案時，就會立即在檔案編輯區的地方出現如圖 5-14 所示的提示。

圖 5-14：提示使用 Ctrl+I 進入對話

在我們按下 Ctrl+I 時會出現一個文字輸入框，我們就可以在該文字框內輸入我們想要讓 GitHub Copilot 產生的程式碼。基本上中英文都可以，但是如果使用英文的話，得到的結果會比較精確。輸入的內容如圖 5-15 所示，說明的內容越詳細越好。

圖 5-15：在 Copilot 中輸入想要讓它產生的程式碼

當按下右方的送出按鈕之後，我們就會得到一段程式碼，如圖 5-16 所示。

```
ho-simple-plugin.php ●
ho-simple-plugin.php > ...
    請產生一段可以使用在WordPress中的外掛程式碼，它會在固定在文章顯示時，在文章的最前面加上一
    段連絡訊息。
    Accept  Discard ∨  ↻                              Changed 6 lines
1   function ho_add_contact_message($content) {
2       $contact_message = '<p>請聯絡我們：contact@example.com</p>';
3       return $contact_message . $content;
4   }
5   add_filter('the_content', 'ho_add_contact_message');
6
```

圖 5-16：Copilot 傳回的程式碼

此時我們可以選擇 Accept 接受，或是 Discard 再重新來過。假設我們按下接受，然後再把所有的程式圈選起來，再按下 Ctrl+I，讓它再把程式碼修正一下，如圖 5-17 所示。

圖 5-17：圈選程式碼，要求 Copilot 再修正一下內容

在按下送出按鈕之後，即會得到如圖 5-18 所示的回應。

圖 5-18：修正後的程式碼對比

由於是修正程式碼，它會把這個新增加的程式碼使用不同顏色顯示。此時我們只要按下接受，就可以得到完整的程式碼了，如圖 5-19 所示。

```
    1   /*
    2   Plugin Name: HO Simple Plugin
    3   Plugin URI: https://example.com
    4   Description: A simple WordPress plugin.
    5   Version: 1.0.0
    6   Author: Your Name
    7   Author URI: https://example.com
    8   License: GPL v2 or later
    9   License URI: https://www.gnu.org/licenses/gpl-2.0.html
   10   */
   11
   12   function ho_add_contact_message($content) {
   13       $contact_message = '<p>請聯絡我們：contact@example.com</p>';
   14       return $contact_message . $content;
   15   }
   16   add_filter('the_content', 'ho_add_contact_message');
   17   |
```

圖 5-19：完全由 Copilot 產生的外掛程式碼

　　我們檢查了一下程式碼，發現它沒有在前後加上 PHP 的標記，因此自己手動把它們加上去，存檔之後，請把它放到 WordPress 網站中的 wp-content\plugins 資料夾底下，就可以在 WordPress 的外掛介面中看到這個外掛，而且是可以順利啟用的，如圖 5-20 所示。

圖 5-20：由 Copilot 幫我們產生的外掛程式

　　此時在這個網站瀏覽文章的時候,就可以在文章的最上方看到我們透過外掛自動加入的連絡訊息,如圖 5-21 所示。

圖 5-21:由外掛所執行的結果

　　從上述的這個例子的操作過程相信讀者們應該可以發現,如果我們能夠善加利用這樣的輔助工具,對於我們在開發任何程式都會有很大的幫助。

本 章 習 題

1. 請指出 5-3.php 中 PHP 程式語言的部份,哪些是變數,哪些是字面值。

2. 查詢 5 個 PHP 的數學函式,並説明其用途及用法。

3. 説明在 PHP 中字串常數使用雙引號和單引號有什麼差別?

4. 請分別使用 while 以及 do while 寫一個 PHP 程式,可以產生 10 個 1 到 6 之間的亂數。

5. 編寫一程式運用自訂函式以及內建函式,列出 100~1000 之間所有的質數。

第 **6** 堂

手工打造佈景主題

◀ 前　　言 ▶

在前一堂課中，我們說明了如何使用現成的佈景主題，以及如何透過現有的佈景主題製作程式協助我們很快地建立符合自己需求的佈景主題。但由於佈景主題製作程式需要額外的購買費用，如果你想要自己從頭開始打造一個全新佈景主題又不想要花費額外的金錢，那麼這一堂課的內容就是你所需要的。

◀ 學習大綱 ▶

❯ 自訂佈景主題基礎
❯ 子佈景主題的運用

6.1　自訂佈景主題基礎

要從無到有建立一個佈景主題說簡單也很簡單，說難也很難。簡單的部份是，要建立佈景主題只要準備好特定的檔案，填上基本資料，然後把這些檔案放在 wp-content\themes 底下就可以了，但是，要建立一個具有特色的佈景主題，則需要有還不錯的 HTML、CSS 的功力，以及個人在設計上的美感，這得要多加練習，以及學習一些設計上的概念。

6.1.1　準備一個新的佈景主題

就如同第 4 堂課的表 4-1 所示的內容，要建立一個完整的佈景主題可能需要有這麼多的檔案，但是，如果只是要有一個佈景主題，最基本就是兩個檔案，分別是 style.css 以及 index.php，而且不用複雜的流程，只要在 wp-content\themes 之下新建立一個資料夾，然後再建立一個 style.css 以及 index.php，並且在 style.css 中填上一些基本的佈景主題資料就可以了。

由於我們的實驗環境是在自己的電腦中的 Wampserver 所建立的 WordPress，因此只要到對應的資料夾之下，建立此佈景主題資料夾即可，如圖 6-1 所示。

圖 6-1：在 Wampserver 的 WordPress 網站環中建立一個空的佈景主題

在圖 6-1 中的目錄下建立一個新的資料夾，此資料夾即會被視為是新的佈景主題，在此我們命名為 myfirstWPT，由於資料夾中尚未有任何內容，此時回到 WordPress 的控制台佈景主題管理介面中會看到如圖 6-2 所示的樣子：

圖 6-2：新建佈景主題目錄之顯示結果

在所有佈景主題的最下方出現了我們剛剛輸入的資料夾名稱（被當做是佈景主題的名稱），並宣告其為已損毀的佈景主題，主要原因就是找不到樣式表。由於這是在自己電腦中的網站，所以也是在該目錄之下，我們用文字編輯器新增一個 style.css 就可以了，而這個style.css 的內容，至少要包括描述這個佈景主題相關資料的標頭，如下所示：

```
/*
Theme Name: My First WPT
Theme URI: https://104.es
Author: 何敏煌
Author URI: https://104.es
Description: 這是我的第一個全新製作的佈景主題測試
Version: 0.1
*/
```

上述的內容大家應該都可以理解，第 1 行是佈景主題的名稱，我們要改的就是冒號右邊的資料，第 2 行則是主題的 URI 位址，Author 指的是作者，下面那一行則是作者的個人網址，Description 是對於此佈景主題的敘述，還有 Version 右方指定的是版本號碼。

除了這個 style.css 檔案之外還要有一個 index.php 檔案，它是負責整個版面開始的地方，但一開始的內容可以是全空白的。在此例中我們僅僅新增一個檔案名稱為 index.php，但是沒有任何內容，在存檔之後回到佈景主題管理頁面，就可以看到此佈景主題myfirstWPT 已經被放在可用的佈景主題列表中了，如圖 6-3 所示的樣子。

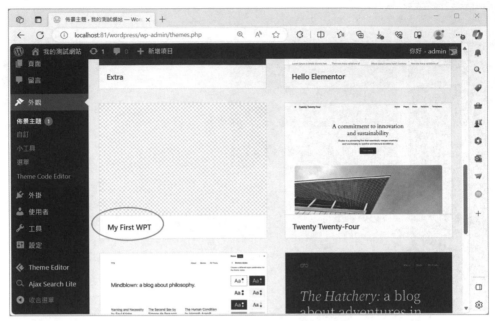

圖 6-3：全新建立的空白佈景主題在管理介面的樣子

點擊進入此佈景主題之後，還可以看到之前在 style.css 標頭檔中所有填入的相關資料，如圖 6-4 所示。

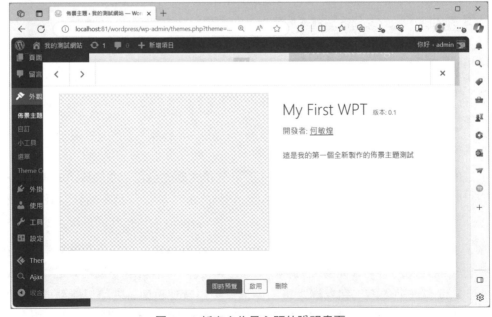

圖 6-4：新空白佈景主題的說明畫面

有了這些當然就可以按下「啟用」按鈕來啟用這個佈景主題，不過天下沒有白吃的午餐，完全沒有內容的 index.php，當然會讓網站內容全部空白。不過別擔心，這並不會影響 WordPress 控制台的正常運作。

index.php 中第一件事情，是使用 get_header() 函式取得網站所有在標頭上會列上去的資訊，使用方法如下：

```php
<?php get_header(); ?>
```

沒錯，就是這一行，網站就會被包進了許多的內容，儘管網站現在的外觀看起來如圖 6-5 所示沒什麼東西，但是檢視其原始碼可是被加上了滿滿的內容，這裡面有一些是外掛加進去的，如圖 6-6 所示。

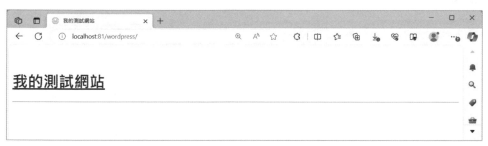

圖 6-5：加上 get_header() 函式的網頁外觀

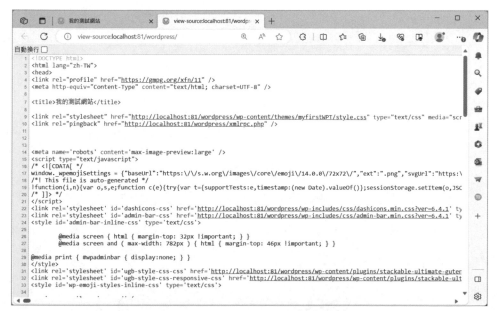

圖 6-6：加上了 get_header() 函式的網頁原始碼

相信讀者一定可以明白，那麼如果在 index.php 中再加上 get_footer() 函式的話，則網站的大架構就算是完成了，如下所示：

```php
<?php get_header(); ?>
<?php get_footer(); ?>
```

在外觀方面，多了 get_footer() 之後，多了一個預設的頁尾到網站上了，如圖 6-7 所示。

圖 6-7：加上 get_footer() 函式的網站外觀

有了 header 和 footer，接下來看看如何把資料庫中的文章撈出來，請在 index.php 中加入以下的程式碼：

```php
<?php get_header(); ?>
<div id='content'>
    <div id='mainpart'>
        <ul>
        <?php
        $args = array(
            'post_type' => 'post',
            'posts_per_page' => -1
        );
        $query = new WP_Query($args);
        if ($query->have_posts()) {
            while ($query->have_posts()) {
                $query->the_post();
                echo "<li>" . get_the_title() . "</li>";
            }
        }
        wp_reset_postdata();
        ?>
        </ul>
    </div>
</div>
<?php get_footer(); ?>
```

　　這個程式主要分成兩個部份，第一個部份是使用「$query = new WP_Query($args);」這行指令去查詢 WordPress 資料庫中最否有任何的文章，WP_Query 是用來查詢資料庫的類別，而 $args 這個變數的內容則是使用關聯式陣列指定要查詢的對象以及條件。最終查詢到的結果會被放在物件變數 $query 中。

　　在輸出迴圈的部份我們使用了一個 while 迴圈，其中的條件內容就是 $query->have_posts()，也就是呼叫 $query 這個物件的 have_posts 方法函式，用來檢視是否有文章可以取用，如果有的話，就開始執行 while 迴圈。但由於它不會自動撈文章，所以在每一遍迴圈最開始的地方要使用 $query->the_post() 函式，等於是取出目前的文章的意思，接下來的 get_the_title() 函式才能夠順利取得文章的標題。在這個例子中，我們把取得的標題都放在 <ul></ul> 中，所以網站目前已可取得每一篇文章的標題，同時加上列表符號，如圖 6-8 所示的樣子。

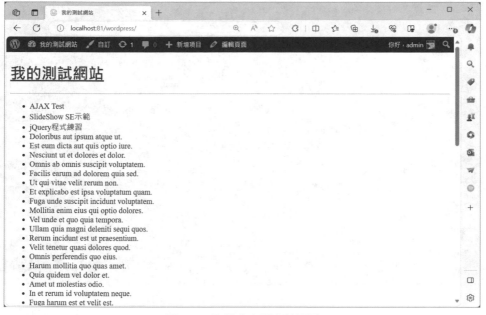

圖 6-8：取得文章列表的畫面

　　get_header() 以及 get_footer() 目前所取得的都是預設的網站內容，這些也可以透過我們的佈景主題來自訂。雖然說基本佈景主題只要 style.css 和 index.php 就可以了，但是一般來說，一個佈景主題最少要準備以下這些檔案，這樣子設計出來的網站才比較可以面面俱到：

- style.css：主題樣式表。

- index.php：首頁排版主要檔案。

- header.php：標頭檔自訂內容。

- sidebar.php：側邊欄自訂內容。

- footer.php：頁尾自訂內容。

- functions.php：用來放置自訂函式的地方。

此外，作者建議使用 Visual Studio Code 來開發，一開始可以利用 VSC 把 myfirstWPT 這個資料夾打開，就會如圖 6-9 所示的樣子，左側是資料夾中所有的檔案，可以直接透過滑鼠點擊打開任一檔案進行編輯。

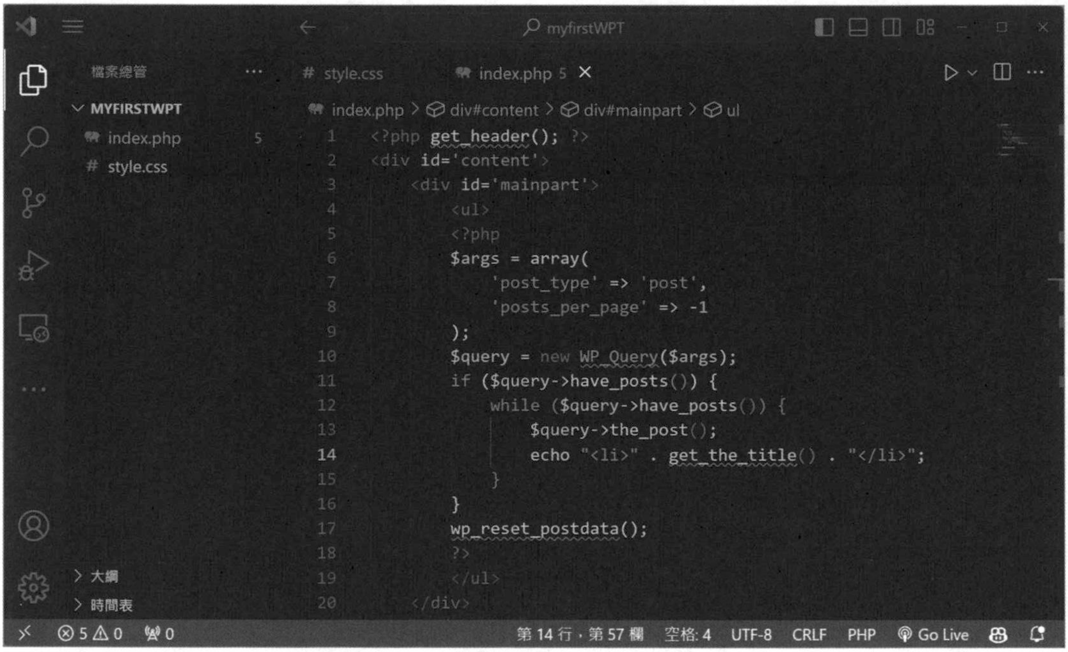

圖 6-9：使用 Visual Studio Code 開發佈景主題

如果你在 Visual Studio Code 中安裝了 Copilot，還可以按下 Ctrl+I，呼叫 Copilot 幫我們產生所需要的程式碼，或是根據目前的程式碼進行修改。例如我們把上一段程式碼標記起來，然後輸入「修改程式，讓文章可以加上對應的連結」讓它修改程式，為文章加上可點擊的連結，如圖 6-10 所示。

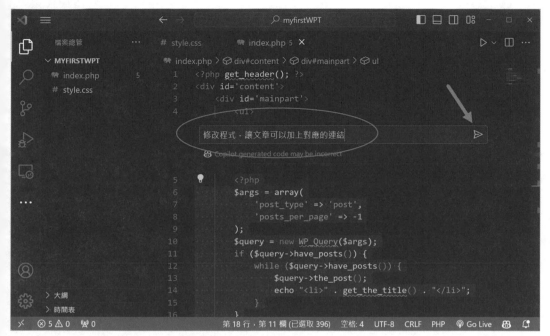

圖 6-10：在 Visual Studio Code 使用 Copilot 修改程式的功能

過一小段時間之後，Copilot 會找出程式碼需要修正的地方，並列出比較視窗，詢問我們是否接受它的修改，我們在按下接受按鈕之後，就可以得到自動修改後的程式碼，如圖 6-11 所示。

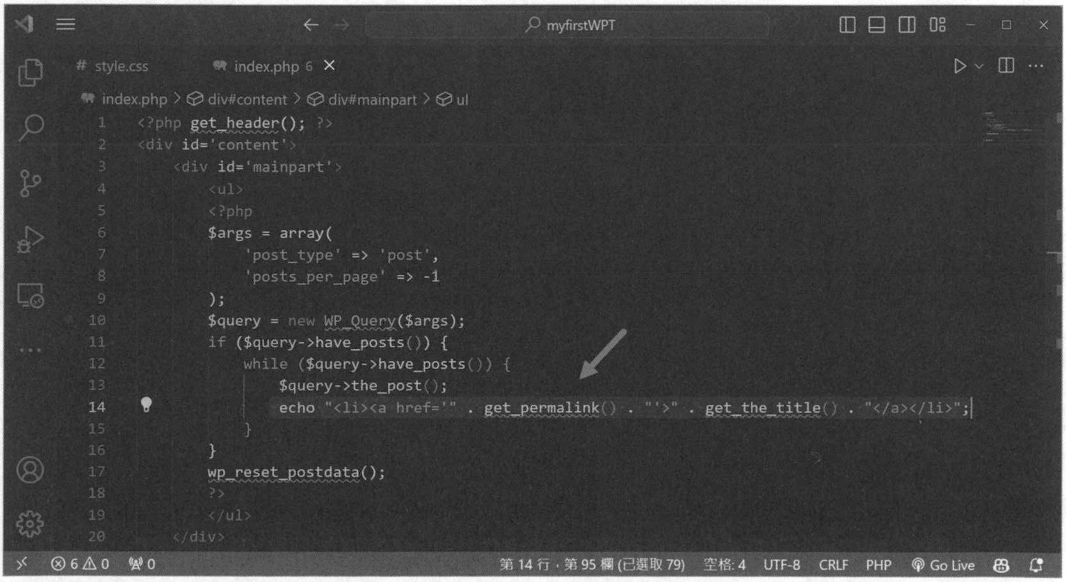

圖 6-11：Copilot 自動修改的程式碼

當我們把這段程式碼存檔之後，再次重新整理我們的網頁，就可以看到所有的連結都被加上去了，如圖 6-12 所示，不過由於我們還沒有定義顯示單篇文章的 PHP 檔案，所以這些連結點擊進去並不會顯示文章內容。

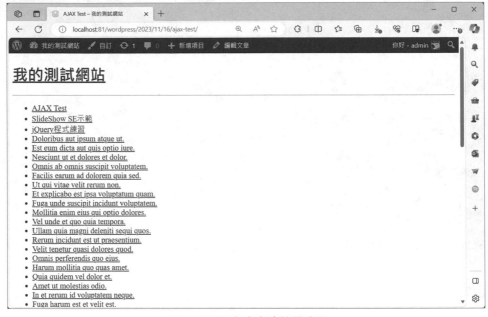

圖 6-12：加上文章連結的成果

如果我們想要讓圖 6-12 中所列出來的連結沒有底線，也可以到 style.css 中，讓 Copilot 幫我們加上一段 CSS，如圖 6-13 所示。

圖 6-13：讓 Copilot 在 style.css 中加上 CSS 程式碼

也是過一小段時間，Copilot 就會產生一段程式碼，並詢問我們是否接受它所加入的程
式碼，接受之後得到的 CSS 程式碼如圖 6-14 所示。

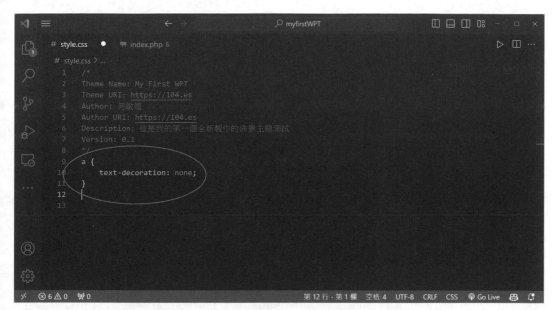

圖 6-14：Copilot 幫我們加上去的 CSS 程式碼

最終如預期的成果就是圖 6-15 所示的樣子。

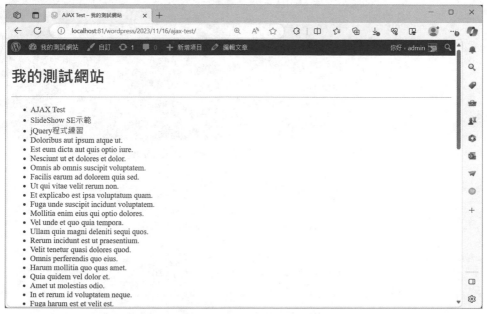

圖 6-15：在 style.css 中加上的程式碼的成果

6.1.2　header.php 以及 index.php 內容與說明

延續上一小節，接下來是正式地讓新建立的佈景主題開始有一些實際內容的時候了。首先一個正常的 WordPress 網站通常至少都會有網頁標題 header、主要的內容、頁尾 footer 以及側邊欄，其中頁標題、頁尾以及側邊欄分別是由 header.php、footer.php 以及 sidebar.php 負責其內容，在 index.php 可以先安排好基本的配置，其他細節的部份再由那三個檔案分別加以設定。

請先建立一個檔案命名為 header.php，如果你有使用 Copilot 的話，可以輸入「請建立一個 WordPress 使用的 header.php，包含最新版的 Bootstrap 以及 jQuery 的 CDN 連結。」這個命令讓它幫我們產生出第一版的 header.php。沒有 Copilot 的讀者，請直接複製本書的程式碼可以了。產生的過程如圖 6-16 所示。

圖 6-16：讓 Copilot 協助我們產生 header.php 的第一版程式

以下是由 Copilot 所產生出來的 header.php 程式碼：

```
<!DOCTYPE html>
<html <?php language_attributes(); ?>>
<head>
    <meta charset="<?php bloginfo('charset'); ?>">
    <meta name="viewport" content="width=device-width, initial-scale=1, shrink-to-
fit=no">
```

```
    <?php wp_head(); ?>
    <!-- Latest compiled and minified CSS -->
    <link rel="stylesheet" href="https://stackpath.bootstrapcdn.com/bootstrap/4.5.2/
css/bootstrap.min.css">
    <!-- jQuery library -->
    <script src="https://code.jquery.com/jquery-3.5.1.min.js"></script>
    <!-- Latest compiled JavaScript -->
    <script src="https://stackpath.bootstrapcdn.com/bootstrap/4.5.2/js/bootstrap.
min.js"></script>
  <link href="<?php bloginfo('template_directory'); ?>/style.css" media='screen'
rel='stylesheet' type='text/css' />
<title><?php bloginfo('name'); ?></title>
</head>
<body <?php body_class(); ?>>
```

在 header.php 中除了引入 Bootstrap 以及 jQuery 的 CDN 連結網址之外，還用了幾個函式，分別是 language_attributes()，用來傳回目前網站所使用的語系，在此例中會傳回 zh-TW，另外 bloginfo('charset') 會傳回目前此網站使用的編碼，在此例會傳回 utf-8，最後是 bloginfo('name') 則是傳回此網站在 WordPress 系統中設定的名稱，在此例為 ' 我的測試網站 '。

另外我們追加了一個把網站名稱放在 <title></title> 中，當作是此網站標題的程式碼（倒數第 3 行），最後就是以 <body> 做為接下來 index.php 的開頭部份。有了這些設定，在 index.php 中就可以自由地使用 Bootstrap 以及 jQuery 了。另外，為了讓網站也可以參考到我們之後對於 CSS 的設計，運用了 bloginfo('template_directory') 這個函式傳回目前佈景主題的目錄所在位置，再附加上 style.css 的連結。

由於 header.php 會在整個網站的最上方呈現，因此放在 <body> 之下的內容，就可以成為我們用來設計網站標題的地方。請在 header.php 檔案中的 <body> 標記之下加入以下的內容：

```
<div class="container">
    <header class='blog-header'>
        <div class="card">
            <div class="card-header">
                <h1><a href="<?php bloginfo('url'); ?>">
<?php bloginfo('name'); ?></a></h1>
                <p><?php bloginfo('description'); ?></p>
            </div>
            <div class="card-body">
                <a class="btn btn-primary btn-sm" href='https://104.es'>作者網站 </a>
            </div>
```

```
            <div class="card-footer">
                <nav class='navbar navbar-default'>
                    <?php wp_nav_menu(array('theme-location'=>'primary-menu')); ?>
                </nav>
            </div>
        </div>
    </header>
</div>
```

在上方的程式碼中開始運用了 Bootstrap 的元件 card 去定義網站標頭，並把網站的相關資訊，包括 bloginfo('name'), bloginfo('description') 以及 bloginfo('url') 等等加到整個網站標頭中，這些資訊分別是網站名稱、網站描述以及網站的網址等等。最後再利用 navbar 類別單獨呈現取出來的選單，選單則是以 wp_nav_menu(array('theme-location'=>'primary-menu') 這個函式到佈景主題的位置去取出。修正之後的網站執行結果如圖 6-17 所示。

圖 6-17：新增 header.php 之後的執行結果

為了更能夠顯示出效果，在範例網站的網站名稱以及網站描述多加了一些說明文字。在圖 6-17 中間顯示出來的內容包括字型並不美觀，以及功能表的排列不理想等問題，需要在後續的章節中以 CSS 指令調整，這個等到第 6.1.3 節再來說明。

　　此外在選單的部份，目前使用原本的選單，讀者應該有印象在佈景主題的同一個選單中是有一個自訂選單的功能，但是目前的情況是如圖 6-18 所示的樣子，沒有這個選項：

圖 6-18：還沒有自訂選單的佈景主題

　　但其實啟用這項功能還算簡單，只要新增一個叫做 functions.php 的檔案，並在其中加上以下的程式碼就可以了：

```php
<?php
register_nav_menus(
    array('primary-menu'=>__('主選單'))
);
?>
```

　　register_nav_menus 就是在 WordPress 後台啟用選單設定的介面，並設定此選單在位置管理頁籤中的顯示名稱。再重新整理過一次網站後台，就可以看到「選單」這個選項出現了，如圖 6-19 所示。利用這個選單的介面就可以自行設定所需要的選單內容了。

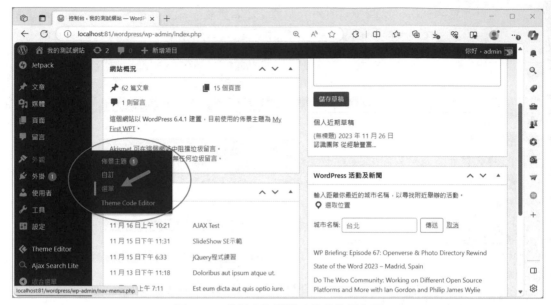

圖 6-19：啟用自訂選單功能的佈景主題

接下來我們希望能夠使用 Bootstrap 的 Grid 系統，並配合 Card 樣式把每一篇文章呈現出來，請參考以下的 index.php 內容：

```php
<?php get_header(); ?>
<div class='container'>
    <?php
    $args = array(
        'post_type' => 'post',
        'posts_per_page' => -1
    );
    $query = new WP_Query($args);
    if ($query->have_posts()) {
        while ($query->have_posts()) {
            $query->the_post();
            ?>
            <div class='card mx-auto mt-3' style='width:40rem'>
                <div class='card-header bg-primary text-white'>
                    <?php the_title(); ?>
                </div>
                <div class='card-body'>
                    <?php the_content(); ?>
                </div>
                <div class='card-footer'>
                    <?php the_author(); ?>
                    <?php the_tags(); ?>
                    <?php the_category(); ?>
                </div>
```

```
            </div>
            <?php
        }
    }
    wp_reset_postdata();
    ?>
</div>
<div id='sidebar'>
    <?php get_sidebar(); ?>
</div>
<?php get_footer(); ?>
```

先來看看執行之後的樣子，如圖 6-20 所示。

圖 6-20：新增 index.php 之後的執行結果

在 index.php 中我們使用了 Bootstrap 中的 card 類別，把文章標題放在 card-header 標頭，文章的內容放在 card-body，最後作者的名字、標籤、文章類別等則放在 card-footer 之中。WordPress 所提供用來顯示文章相關資訊的內建函式整理如表 6-1 所示。

▼ 表 6-1：和文章內容相關的函式

函式名稱	說明
the_title()	傳回文章的標題。
the_guid()	傳回文章的唯一 ID。
the_post()	載入下一篇文章。
the_content()	傳回文章的內容。
the_date()	傳回此篇文章的建立日期。
the_tags()	傳回此篇文章所使用的標籤內容。

函式名稱	說明
the_author()	傳回此篇文章的作者。
the_comment()	此篇文章的評論。
the_excerpt()	傳回此篇文章的摘要。
the_category()	傳回此篇文章所被設定的類別。
the_permalink()	傳回此篇文章的固定網址。

表 6-1 的函式都可以在我們排版中使用，有了這些內容，接下來是設定 CSS 讓網站的頁面比較美觀的時候了。

6.1.3　style.css 的檔案內容

設計網頁的第一步通常都是重設所有的 CSS 樣式設定，同樣地，在 AI 時代，這件事情可以交由 ChatGPT 或是 Visual Studio Code 的 Copilot 產生即可。我們在 Copilot 中下達「請產生一段 CSS 的 reset 樣式的程式碼，就可以得到以下的 CSS 程式碼內容：

```css
/* Reset Styles */
body, div, dl, dt, dd, ul, ol, li, h1, h2, h3, h4, h5, h6, pre, code, form, fieldset,
legend, input, textarea, p, blockquote, th, td {
    margin: 0;
    padding: 0;
}

table {
    border-collapse: collapse;
    border-spacing: 0;
}

fieldset, img {
    border: 0;
}

address, caption, cite, code, dfn, em, strong, th, var {
    font-style: normal;
    font-weight: normal;
}

ol, ul {
    list-style: none;
}

caption, th {
    text-align: left;
}

h1, h2, h3, h4, h5, h6 {
    font-size: 100%;
```

```
    font-weight: normal;
}

q:before, q:after {
    content: '';
}

abbr, acronym {
    border: 0;
    font-variant: normal;
}

sup {
    vertical-align: text-top;
}

sub {
    vertical-align: text-bottom;
}

input, textarea, select {
    font-family: inherit;
    font-size: inherit;
    font-weight: inherit;
    *font-size: 100%;
}

/* Add your custom reset styles here */
/* Import Google Chinese font */
@import url('https://fonts.googleapis.com/css2?family=Noto+Sans+SC:wght@100;300;400;
500;700;900&display=swap');
```

　　最後一行是用來引入 Google 中文字體，這段程式碼同樣也是透過 Copilot 產生，命令為「Please import Google Chinese Font by CSS @import」。有了引入字型的指令，之後只要把這個字型設定成為 font-family 的一員，就可以順利地顯示了。

　　CSS 的排版設定對於每一個元素都有許許多多不同的屬性，詳細的設定方式以及如何做到最美觀的排版方式已超出本書的設定範圍，請讀者自行參考相關的書籍。

　　在設定每一個網頁元素時，有一個有趣的情形是，所有的屬性不一定要在同一行指令中一起設定，也就是說，想到或是需要用到時再設定個別的屬性也可以，如果後來的設定的屬性是前面設定過的，就會以後面設定的為準。

　　對於本堂課目前新增的佈景主題來說，CSS 可以針對使用到的元素（標記，例如在前段文字中使用到的 <body>，或是每一個段落的設定 <p> 等等）進行屬性上的調整，在調整之後，所有在網站上有使用到這個標記的元素就會依照我們設定的屬性顯示其效果。

除了直接設定標記之外，每一個標記也都可以另行設定 id 或是 class，在前面的文章中曾經提到過 id 最好是每一個標記有其唯一性，因此在設定 CSS 的時候還是會以設定 class 為主，也因此在前面使用到 Bootstrap 提供的 card 時，都是以 <div> 標記配合 class 的指定來安排排版的方式。

那麼究竟要設定哪些元素呢？我們可以在 index.php 以及 header.php 甚至是其他如 sidebar.php、footer.php 中設定標記時指定一個 class，也可以直接針對某些標記進行設定，讓整個網站有使用到此標記的排版方式都被調整。

首先，我們打算把 header.php 中顯示選單的部份由原本的直排改為橫排，比較接近大部份網站的選單顯示型式，由於 wp_nav_menu 傳回值預設都是使用了 <li> 標記，因此只要為 <li> 加上設定即可，加入的 CSS 相關設定如下所示：

```
li {
    display: inline-block;
    height: 28px;
    padding: 10px 10px;
}
```

就這麼簡單，把 <li> 的屬性設定為行內區塊，然後設定它的高度與周圍的間隙，之後在網站中所有有運用到 <li> 列表就都會變成橫式排列了，這其中還包括了之前我們在文章之後顯示的分類，如圖 6-21 所示。

圖 6-21：連標籤和分類也都跟著變成橫式的排列

儘管這樣還算方便，但是一口氣把所有網站內使用到 \<li\> 標籤的內容全部變成一樣格式並不是一個好的主意，那如何區分出主選單中的 \<li\> 和其他地方的 \<li\> 呢？配合 id 即可。首先，我們在 header.php 中顯示選單之前為這個主選單使用 id 取一個名字如下：

```
<nav class='navbar navbar-default' id='p-menu'>
    <?php wp_nav_menu(array('theme-location'=>'primary-menu')); ?>
</nav>
```

以此例我們把這個 \<nav\> 標籤命名為 p-menu，然後在 CSS（style.css）中就可以在 \<li\> 之前加上 #p-menu，如下所示：

```
#p-menu li {
    display: inline-block;
    height: 28px;
    padding: 10px 10px;
}
```

請留意 #p-menu 和 li 之間有一個空白字元。這樣的設定意思是說，只有在 id 是 p-menu 之下的 \<li\> 才會套用這個設定，這樣子就不會影響到網站其他地方的 \<li\> 了。由此例可知，在 php 檔案中如果要輸出一些頁面的元素，為這些元素適當地加上 id 或是 class 是非常必要的措施。

當使用 Chrome 在做測試時，如果發現修改的內容並沒有馬上呈現在網頁的外觀上，那表示瀏覽器快取了之前的內容，要等過一段時間才會改變成新的，這會造成在檢視測試結果的困擾，而要解決這個問題只要到 Chrome 上的「更多工具 / 開發人員工具」選項，切換到「Network」頁籤，把 Cache 關閉即可，位置如圖 6-22 箭頭所指的地方（上方是 Chrome，下方是 Edge 瀏覽器）。

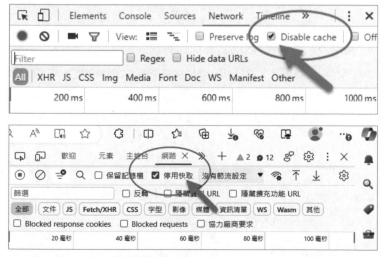

圖 6-22：關閉瀏覽器的快取功能（上：Chrome，下：Edge）

接下來要設定的是側邊欄的部份，這需要使用到一些 CSS 排版的技巧。如果我們打算把網站分成四個部份，分別是網頁抬頭 header、主內文區 content、側邊欄 sidebar 以及頁尾 footer，那麼在建立這些部份的時候，第一步要以一個標籤來把這四個部份分別組合在一起，並給一個名字。之前的習慣都是使用 <div>，但是在 HTML5 之後支援了這些區塊分別是 <header>、<section>、<aside> 以及 <footer>，因此直接使用即可。之前在 header.php 中我們已經使用了 <header>，接著在 index.php 中我們重新調整一下內容，加上 <section>、<aside> 以及 <footer>，如下所示：

```php
<?php get_header(); ?>
    <section>
        <?php while (have_posts()): the_post(); ?>
            <div class='panel panel-primary'>
                <div class='panel-heading'>
                    <?php the_title(); ?>
                </div>
                <div class='panel-body'>
                    <?php the_content(); ?>
                </div>
                <div class='panel-footer'>
                    <?php the_author(); ?><br>
                    <?php the_tags(); ?><br>
                    <?php the_category(); ?>
                </div>
            </div>
        <?php endwhile; ?>
    </section>
    <aside>
        <?php get_sidebar(); ?>
    </aside>
    <footer>
        <?php get_footer(); ?>
    </footer>
</div>
```

請特別留意一個地方，因為整個網站要能夠有統一的設計，所以在 index.php 中的最後一行有多了一個 </div> 標籤，它對應的 <div class='container'> 我們把它移到 header.php 中，就是原本放在 header.php 中的 <div class='containter'></div>，其中後面的那個 </div> 移到 index.php 的最後面了。修改後的 header.php 如下所示（只顯示 <body> 之後的部份）：

```html
<div class="container">
    <header class='blog-header'>
        <div class="card">
            <div class="card-header">
                <h1><a href="<?php bloginfo('url'); ?>">
```

```php
<?php bloginfo('name'); ?></a></h1>
            <p><?php bloginfo('description'); ?></p>
        </div>
        <div class="card-body">
            <a class="btn btn-primary btn-sm" href='https://104.es'>作者網站</a>
        </div>
        <div class="card-footer">
            <nav class='navbar navbar-default' id='p-menu'>
                <?php wp_nav_menu(array('theme-location'=>'primary-menu')); ?>
            </nav>
        </div>
    </div>
</header>
```

網頁的部份進行了這樣的規劃之後，在 style.css 中就可以針對 <header>、<content>、<aside> 以及 <footer> 分別進行設定，就可以呈現出基本的 WordPress 網站排版的樣子了。以下是一個簡單的排版示範（style.css 的內容，請放在初始化設定的程式碼後面）：

```css
#p-menu li {
    display: inline-block;
    height: 28px;
    padding: 10px 10px;
}
body {
    width: 1000px;
    margin: 0 auto;
    font-family: 'Times New Roman', 'Nato Sans SC';
}
aside {
    width: 25%;
    background-color: #ccffcc;
    float: left;
    border: 1px solid gray;
    box-shadow: 5px 5px gray;
    padding: 10px;
    border-radius: 10px;
}
section {
    float: right;
    width: 72%;
}
footer {
    background-color: #ffccff;
    clear: both;
}
```

就如同我們所說明的，在上述的 CSS 片段中分別對幾個在 index.php 以及 header.php 中使用到的標籤進行格式上的設定，為了要讓兩個不同的標籤中的內容可以並排在同一列只要設定 float 屬性的方向以及設定正確的寬度即可，而在 <footer> 中為了能夠不再

分欄,則使用「clear:both;」清除 float 的影響,詳細的設定方法,請讀者自行參閱相關的
CSS3 書籍。經由上述片段所設定出來的網站排版外觀如圖 6-23 所示。

圖 6-23:經過 style.css 設定分欄之後的結果

6.1.4　sidebar.php 內容與說明

和功能表的選單功能一樣,側邊欄如果沒有註冊的話就沒有辦法自己設定小工具,在
圖 6-23 看到的側邊欄內容其實是 WordPress 網站的預設值,因此為了讓功能可以更加地
完整,我們還需要在 functions.php 中把側邊欄註冊上去才行。同樣的,請參考圖 6-18 和
圖 6-19,在選單中是看不到「小工具」選項的,但是當我們在 functions.php 中加入下面
這一行程式:

```
register_sidebar();
```

則不僅小工具的選項出現了,而且也具備了可以自由編輯側邊欄的功能,如圖 6-24 所
示,這是 6.0 之後的區塊編輯小工具(側邊欄)的新介面,如果你像作者一樣不習慣這樣
操作的方式,可以新增一個叫做「傳統小工具」的外掛,就可以利用舊有的介面編輯側邊
欄的內容。

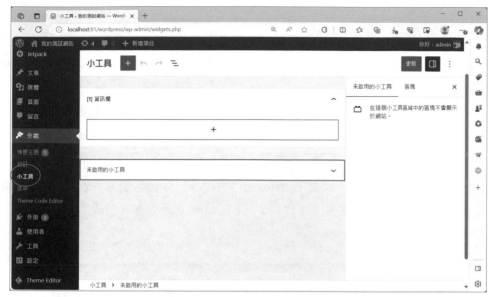

圖 6-24：新增側邊欄的功能介面

由於我們沒有設定任何參數，因此 WordPress 就以預設名稱「[1] 資訊欄」來為此側
邊欄命名。在自訂了一些小工具項目之後，圖 6-25 可以看到目前網站的樣子。

圖 6-25：加上自訂側邊欄小工具的網頁外觀

如果你需要讓側邊欄有一些可以自訂的內容，可以在 register_sidebar() 函式中加入一些參數即可，但是就我們目前這個範例網站來說就夠用了。不過，在圖 6-25 中讀者應該會發現，我們加入了許多的小工具，但是這些小工具的內容都被連在一起，小工具間並沒有區隔開來，在閱讀上並不方便。

觀察網頁的原始碼會發現，每一個小工具的內容會自動被以 widget 這個 class 來做分類，<li> 後面的 id 就是這個小工具的識別 ID，後面以 class='widget' 指出它是屬於 widget 這個 CSS 類別的，接著其中的內容分別以 <ul> 和 <li> 來建立所有的清單。

由上述的分析可以得知，只要在 style.css 中為 widget 設定屬性，就可以輕易地讓這些小工具可以更醒目地顯示在側邊欄上，以下是在 style.css 中加入的設定值：

```
aside .widget {
    padding: 10px;
    border:1px solid gray;
    border-radius: 10px;
    margin: 10px 5px;
    box-shadow: 5px 5px gray;
    background: white;
}
```

儲存之後再到瀏覽器上重新整理一下，我們已經有還不錯的側邊欄顯示外觀了，如圖 6-26 所示。

圖 6-26：為每一個小工具增加外框樣式

6.1.5 佈景主題的封面擷圖

還記得圖 6-3 所示的，在建立了全新的佈景主題之後的空白畫面嗎？為了讓 WordPress 在顯示佈景主題的時候可以提供一個佈景主題的擷圖，需要準備一個和這個佈景主題的網站外觀擷圖檔 screenshot.png。為了讓畫面更加地美觀，首先我們去 Bing AI 建立一張想像的風景圖（在此例把它命名為 default.back.jpg）和佈景主題的目錄放在一起，先到 header.php 中，在 card-header 裡面加上一個 div class='webtitle'，如下所示：

```html
<div class="card-header">
    <div id="webtitle">
        <h1><a href="<?php bloginfo('url'); ?>"><?php bloginfo('name'); ?></a></h1>
        <p><?php bloginfo('description'); ?></p>
    </div>
</div>
```

然後到 style.css 中加上以下這一小段設定碼：

```css
#webtitle {
    background-image: url('default-back.jpg');
    height: 300px;
}
#webtitle h1 {
    font-size: 2em;
    padding-left: 5px;
}
#webtitle p {
    text-shadow: 1px 1px;
    color:white;
    padding-left: 20px;
}
```

此段設定碼的意思是在網頁標題橫幅的地方加上一個圖檔背景，並調整一下主網頁標題以及次標題文字的樣式，之後重新整理網頁之後，網站的首頁就變成如圖 6-27 所示的樣子。

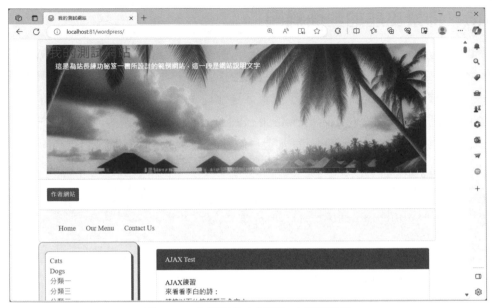

圖 6-27：為網站的大標題加上背景圖片

然後把這個畫面擷取下來，命名為 screenshot.png，也是放在此佈景主題的目錄之下。就這麼簡單，不需要其他的設定，當我們再回到 WordPress 的佈景主題管理介面時就會發現，此介面已悄悄地幫我們把擷圖放上去了，看起來更有專業的感覺，如圖 6-28 所示。

圖 6-28：放上擷圖之後的佈景主題管理介面

綜合本節的教學說明，在 WordPress 自製佈景主題的主要概念就是使用 PHP 程式碼，透過 WordPress 所提供的一些函式，到網站中去把資料（文章內容、頁面資料、網站資料等等）找出來，以 HTML 碼放在適當的檔案中，然後透過 style.css 中的 CSS 格式設定，針對每一個顯示資料進行屬性設定，就可以手工打造出想要的 WordPress 網站了。

相關的函式以及 CSS 設定技巧還有非常多的內容，限於篇幅以及本書的定位，在此就只能提供讀者一個知道如何開始的方向，其他的詳細內容還請有興趣的讀者們去參考相關的書籍了。

6.2 子佈景主題的運用

在前一節的內容主要是從無到有自行建立所有佈景主題需要的檔案，當然這樣做可以讓我們對於網站的排版有絕對的權限，想要讓網站長什麼樣子全部都掌握在自己的手裡，但是相對要做的事情也就非常多，有時候從修改現有的佈景主題開始反而是一個比較好的主意。

6.2.1 建立子佈景主題

子佈景主題讓我們在全新自建主題，和直接修改別人的主題程式碼之間取得了一個平衡，不但可以少去許多額外的雜事，也不用擔心佈景主題一旦更新之後，程式碼或是設定值要重寫一遍的問題。我們可以選擇在前面章節介紹過的外掛來建立一個子佈景主題，或是利用這一節介紹的方法，手動來建立一個自己的子佈景主題。

要自己手動建立一個子佈景主題也是從建立一個自己的資料夾開始，而且在此資料夾中，至少要提供一個叫做 style.css 的檔案，同時在此檔案的最開頭要說明自己的主題名稱以及相關資訊，最重要的是要指出父佈景主題是誰。假設我們要參考的是 WordPress 的預設佈景主題「貳零壹伍」，並把自己的主題命名為 2015a，則請建立一個叫做 2015a 的資料夾，然後在裡面加上一個 style.css，內容如下：

```
/*
Theme Name: 2015a
Theme URI: https://104.es
Author: 何敏煌
Author URI: https://104.es
Template: twentyfifteen
Description: 這是參考佈景主題「貳零壹伍」所製作的子佈景主題
Version: 0.1
*/
```

　　請留意，子佈景主題所參考到的佈景主題必需是已安裝在網站中，這個子佈景主題才能正常運作。在此檔案建立完成之後，回到 WordPress 網站即可看到此佈景主題的踪影，如圖 6-29 所示。

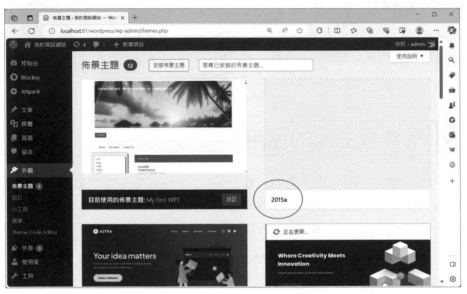

圖 6-29：建立新的子佈景主題

　　但是在啟用之後，由於 style.css 並不會直接套用過來，所以看到的網站會像是圖 6-30 所示的樣子，完全沒有經過格式化。

圖 6-30：未套用父佈景主題的 style.css 的結果

一定要在 style.css 中加上下面這一行引入父佈景主題的樣式才行：

```
@import url('../twentyfifteen/style.css');
```

這一行的意思是從父佈景主題 twentyfifteen 資料夾中，把 style.css 匯入到我們的佈景主題中，在加入了這一行之後，目前的子佈景主題看起來就和父佈景主題完全一樣了，因為 style.css 套用了父佈景主題，其他的檔案都還未自行定義，也因此全部都是套用父佈景主題的檔案。使用子佈景主題的話，所有佈景主題的檔案除了 functions.php 之外，只要在子佈景主題的目錄中出現的，就不會使用到父佈景主題的同名檔案，這是一定要留意的地方。

6.2.2　動手修改子佈景主題的 style.css

由於 CSS 的設定都是採用疊加的方式，針對同一個網頁元素只要設定的屬性未曾被設定過，就把此屬性的設定值加入，如果是曾經設定過的，則以後來設定的為主。因此，我們只要到父佈景主題的 style.css 中，或是網站的原始檔案中找出想要修改的元素，在子佈景主題的 style.css 中設定其屬性即可。例如打算把所有的網站字型設定為 Google 字型的黑體，則在 style.css 先引入以下的內容：

```
@import url(http://fonts.googleapis.com/earlyaccess/cwtexhei.css);
body {
    font-family: 'cwTeXHei', sans-serif;
}
.site-title .site-description {
    font-family: 'cwTeXHei', sans-serif !important;
}
```

第一行是引入 Google 的黑體字型，接下來設定 <body> 這個元素依序套用黑體（cwTeXHei）和 sans-serif 這兩個字型，接下來再針對網站的標題和說明也分別設定此 2 字體，為了避免此屬性值沒有被套用，在後面再加上 !important 設定最高的套用優先順序。在此檔案儲存完成之後，即可看到主文部份的字體都已被改為黑體字型了。

再舉一例，假設我們打算讓所有部落格文章中的圖片自動被加上相框的顯示效果，該如何修改 CSS 呢？在 HTML 中要顯示圖片檔案所使用的標記是 <img>，但是由於在網站上會使用到 <img> 的地方很多，如果直接設定 <img> 的話將會影響到網站的排版，所以只能針對文章內容中的 <img> 加以設定 CSS。既然是修改別人的佈景主題內容，最好的方式當然是去觀察網頁原始碼（請善用瀏覽器的開發人員工具的 Inspect 小工具，利用滑鼠點擊欲檢視其 HTML 碼的圖片），如圖 6-31 所示。

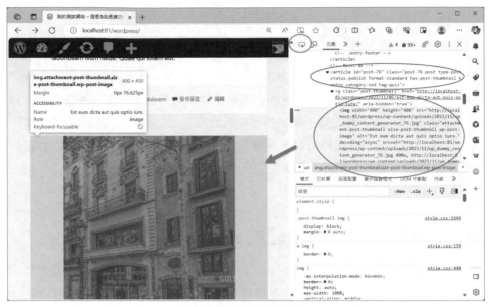

圖 6-31：觀察網站中圖片檔案的 HTML 內容

Inspect 工具在上方所圈起來的地方，而當滑鼠指標在圖片上點擊之後，右側就會顯示出此圖片所使用的 HTML 內容，如右側圈起來的地方。根據觀察可以發現，文章內容都是放在 article 標籤中，因此只要設定在 article 裡面的 <img> 屬性就可以了，如下所示：

```
article img {
    padding: 10px;
    border: 1px solid black;
    box-shadow: 5px 5px 5px gray;
}
```

加上這一段 CSS 設定之後，原本文章中的圖片如圖 6-31 這樣，就會被改為如圖 6-32 所示的樣子。

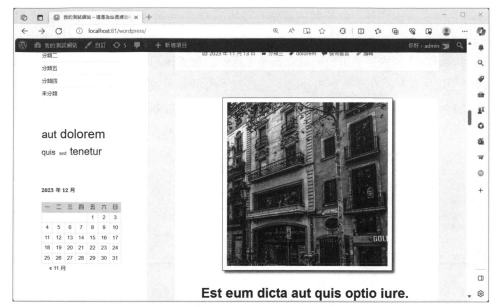

圖 6-32：加上相框顯示效果的圖片

由圖 6-32 可以看得出來，文章中的所有相片，不管是哪一篇文章，全部被自動加上了相框顯示效果了。

6.2.3 在 footer.php 中加入小工具功能

貳零壹伍這個佈景主題並不具備在頁尾加上小工具的功能，在這一小節中我們將示範如何把此功能加上去。首先看看貳零壹伍佈景主題所使用的 footer.php，摘錄如下：

```
01:<?php
02:?>
03:    </div><!-- .site-content -->
04:    <footer id="colophon" class="site-footer" role="contentinfo">
05:        <div class="site-info">
06:            <?php
07:                do_action( 'twentyfifteen_credits' );
08:            ?>
09:            <a href="<?php echo esc_url( __( 'https://wordpress.org/',
'twentyfifteen' ) ); ?>"><?php printf( __( 'Proudly powered by %s', 'twentyfifteen'
), 'WordPress' ); ?></a>
10:        </div><!-- .site-info -->
11:    </footer><!-- .site-footer -->
12:</div><!-- .site -->
13:<?php wp_footer(); ?>
14:</body>
15:</html>
```

因為 footer.php 也是配合整體的網站 HTML 架構的一份子，所以在我們自己建立的 footer.php 中也要一併依循，以免造成整體排版的錯誤。因此在上面所示的排版中，除了第 06 行到第 09 行的內容是用來顯示此佈景主題的版權資訊可以移除不用之外，其他的部份我們先予以保留。請在子佈景主題之下建立如下所示，經過移除第 06-09 行的內容以及所有版權宣告註解資訊之 footer.php，請在 2015a 的資料夾中新增此檔案，加入以下的內容：

```
    </div><!-- .site-content -->

    <footer id="colophon" class="site-footer" role="contentinfo">
        <div class="site-info">
        </div><!-- .site-info -->
    </footer><!-- .site-footer -->

</div><!-- .site -->

<?php wp_footer(); ?>

</body>
</html>
```

在儲存此檔案之後重新整理網站，就會看到頁尾的 WordPress 版權宣告不見了，只有留下一個空白的版位。要把小工具的功能加到頁尾中主要有以下的三個步驟：

STEP 1 　在佈景主題中註冊 sidebar。

STEP 2 　把註冊好的 sidebar 加到佈景主題的特定位置中。

STEP 3 　為這些 sidebar 加上 CSS 的屬性設定。

第一個步驟要在 functions.php 中完成，這個功能其實也不用自己全部重寫，只要到貳零壹伍的佈景主題中的 functions.php 檔案中找出 register_sidebar 這個函式，把這個函式的內容複製一份下來，然後改 'name', 'id', 以及 'description' 這幾個欄位的內容即可，如下所示：

```
<?php
    register_sidebar( array(
        'name'          => __( 'footer widgets', '2015a' ),
        'id'            => 'footer-sidebar',
        'description'   => __( 'Add widgets here to appear in your sidebar.',
                              '2015a' ),
        'before_widget' => '<aside id="%1$s" class="widget %2$s">',
        'after_widget'  => '</aside>',
        'before_title'  => '<h2 class="widget-title">',
        'after_title'   => '</h2>',
    ) );
?>
```

上述內容先把它儲存在子佈景主題的資料夾（在此例為 2015a）下，也是儲存成 functions.php 即可，儲存完畢之後，在 WordPress 的控制台新增小工具的介面中就會出現 footer widgets 這個名稱的位置區域，如圖 6-33 所示。

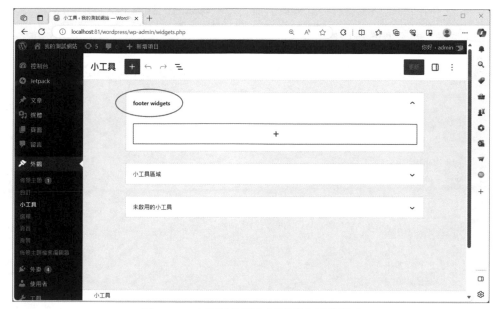

圖 6-33：自訂子佈景主題新增小工具區域

此時我們就可以把小工具拖放在該區塊中了。但是要讓在該區塊中的小工具可以真正顯示在頁中還有一個步驟，就是到 footer.php 中把這個小工具區塊顯示出來，footer.php 的程式碼修改如下：

```
    </div><!-- .site-content -->
    <footer id="colophon" class="site-footer" role="contentinfo">
        <div class="site-info">
        </div><!-- .site-info -->
        <div id="footer-sidebar">
            <?php
                if(is_active_sidebar('footer-sidebar')) {
                    dynamic_sidebar('footer-sidebar');
                }
            ?>
        </div>
    </footer><!-- .site-footer -->
</div><!-- .site -->
<?php wp_footer(); ?>
</body>
</html>
```

為了簡單說明起見，在此僅僅修改了中間的 footer-sidebar 這個 <div> 段落標記，先使用 is_active_sidebar 檢查名為 footer-sidebar 這個小工具區塊是否為啟用狀態，如果是的話，就利用 dynamic_sidebar 這個函式把它套用進來，此時把標籤雲和分類清單加到此小工具區塊中再回到網站瀏覽，移到網頁的最下方就可以看到如圖 6-34 所示的樣子。

圖 6-34：加上小工具的 footer.php 顯示出來的結果

最後別忘了也要加上 screenshot.png，讓你的子佈景主題有一個比較好看的擷圖畫面喔。

本章習題

1. 請為 footer.php 中加入版權資訊。

2. 請在 footer.php 加入 Google Adsense 的程式碼。

3. 請找出網路上關於說明 WordPress 佈景主題相關的函式網址。

4. 請為 footer.php 上的個別小工具建立如圖 6-26 所示的 CSS 設定。

5. 如果我們在子佈景主題中要修改 sidebar.php 的設定，有什麼注意事項？

第 **7** 堂

WordPress 所需的
PHP 程式設計技巧

◀ 前　　言 ▶

物件導向程式設計概念是現代程式語言不可或缺的一部份，善用物件導向的觀念與方法，可以讓軟體開發的過程較為容易理解，也易於多人合作開發專案，日後的維護也比較容易。由於 WordPress 的主程式、佈景主題以及外掛設計有許多使用到 PHP 的物件導向程式設計方法，因此有必要利用一堂課的篇幅做一個簡要的介紹。但是物件導向程式設計的觀念以及技巧非常多，受限於篇幅只能在本堂課做簡要的教學。

◀ 學習大綱 ▶

❯ PHP 物件導向程式設計基礎
❯ PHP 物件導向實例探討
❯ 深入分析 WordPress 佈景主題的內容顯示

7.1　PHP 物件導向程式設計基礎

　　物件導向（Object-Oriented）觀念有別於電腦剛開始發展時的功能導向為主的觀念，是以資料為中心的一種系統分析與設計的觀念，在解決問題前以分析資料為主體，再針對資料本身的特性提供存取資料的方法，而且儘量把資料封裝起來，減少資料被不當操作存取，藉此降低錯誤的機會，也讓問題解決的流程以及操作方式更接近於日常生活中的觀念。

7.1.1　物件導向觀念的概念

　　程式語言一開始設計的時候都是以功能為主的思考邏輯，也就是先強調軟體程式要提供什麼樣的功能，再依各個功能去切割負責之區塊，設計可以組合出所需要功能的模組，這也讓函式（function）成為軟體主要的構成方塊之一。這種情形有人戲稱為「先做垃圾桶再來找垃圾丟」的情況。事實上，在生活上的經驗反而應該是有了垃圾，才會想到要找垃圾桶來丟，也就是所有的功能是因應資料的處理需求來的，也就是設計出來的功能必須要跟著資料，或是隸屬於資料才對。

　　簡單地說，在面對實際要解決的問題時，物件導向的想法是把要解決問題的對象看做是一個一個獨立的個體，每一個個體有其各自的屬性以及行為方法，這些行為方法會表現在外在，也可能會改變到內在的屬性。不同的個體之間如果屬於相同類型的，也許會有一些共通的屬性以及相同的行為，這些可以透過分類和繼承來簡化其間的關係，把這些生活中面對問題、解決問題的特性加以描述，放在程式語言中加以分析以及設計，可以說是物件導向的基本觀念和想法。

7.1.2　建立 PHP 的類別與實例

　　在物件導向程式設計的概念中，最重要的部份是把資料以及操作資料的方法封裝在一起成為一個類別（class），這個類別必須在實體化成為執行實例（instance）之後才可以被拿來運用。在之前的 PHP 程式中，我們要建立一個函式使用的是 function，如下所示（還是再強調一次，這是 PHP，因此在此程式的前後一定要加上「<?php」、「?>」才行）：

```
function sayHello() {
    echo "Hello!\n";
}
```

在定義完成 sayHello() 之後，在程式的任何一個地方呼叫 sayHello(); 就可以執行 sayHello() 這個函式的內容，在此例即為輸出 "Hello!" 字串。

如果要定義的是類別 class，則基本的定義方式如下：

```
class Person {
    public function sayHello() {
        echo "Hello!\n";
    }
}
```

看起來麻煩多了，而且如果要使用這個函式 sayHello()，還必須先把這個類別實體化，也就是利用這個定義好的類別當作是型態來宣告一個變數實例，如下所示：

```
$a = new Person();
$a->sayHello();
```

要留意的是，如果想透過實例變數（在此例為 $a）存取其中的資料或是函式，需使用「->」運算元。上述的程式執行之後，才會在畫面上出現 "Hello!" 這個字串。但是重點來了，如果我們想要建立兩個實例分別是 $a 以及 $b，則只要改為如下所示的敘述即可：

```
$a = new Person();
$b = new Person();
$a->sayHello();
$b->sayHello();
```

既然可以使用一般的變數來建立，那麼也可以透過陣列變數建立更多的實例，如下所示：

```
$arr = [];
for($i=0; $i<10; $i++)
    $arr[$i] = new Person();
foreach($arr as $a)
    $a->sayHello();
```

上述的程式片段可以連續呼叫 10 個不同的實例，各自執行自己的 sayHello() 函式，輸出 "Hello!" 這個字串。不過，如果一個類別中只有函式而沒有自己的變數，那麼在功能上和一般的函式是沒有兩樣的，反而是讓操作上更加地麻煩而已。如何為每一個類別加上自己的屬性以及如何操作這些私有的資料，將在下一小節中說明。

7.1.3 類別的屬性設定

首先，我們希望上述的類別可以有一個自己的名字，因此我們將類別加上一個叫做 $myName 的變數，在物件導向的資料封裝概念中有一個存取權限的設定，分別是 private（私有的），protected（保護的）以及 public（公開的），這幾個權限的設定是用來指定某一個類別中的變數以及函式的可存取權限，分別是：private 只能在此類別中存取、protected 可以在此類別中以及被繼承之後的子類別中存取、public 可以被任何人存取。在上一小節中我們使用 public 來限定 sayHello() 函式，所以我們可以在建立了實例之後在程式中直接呼叫這個實例中的函式，接下來的 $myName 變數我們希望只能在類別中存取，因此把它設定為 private，如下所示：

```
class Person {
    private $myName;

    function __construct($name) {
        $this->myName = $name;
    }
    public function sayHello() {
        echo "Hello! I am $this->myName. Nice to meet you.\n";
    }
}
```

此外，為了設定 $myName 這個變數的內容，我們還多設定了一個特殊函式 __construct()，這個函式以兩個底線開頭，名字一定要叫做 __construct，是所謂的建構子。建構子存在的目的是讓此類別在建立出實例的時候，一定要執行的程式碼存放的位置，因為建構子的內容一定會被自動執行一次，所以我們就讓此建構子帶著一個變數 $name，使得之後在利用此類別產生實例的程式碼可以有一次設定這個實例中 $myName 變數內容的機會，我們使用了以下的敘述完成這個目的：

```
$this->myName = $name;
```

這一行的意思是，把從建構子中得到的輸入參數 $name，設定給目前這個類別實例中的 $myName 變數，$this 是用來指出「自己」這個實例的意思。有了這個建構子，就可以透過以下的方式來產生出帶有「名字」的實例變數：

```
$a = new Person("Richard");
```

此敍述很明白地說，把 "Richard" 這個字串傳進去，讓建構子把它設定給類別實例中的 $myName 變數。在順利設定了 $myName 這個變數之後，我們的 sayHello() 函式就可以改為如下所示的樣子：

```php
public function sayHello() {
    echo "Hello! I am $this->myName. Nice to meet you.\n";
}
```

把 $this->myName 安插在字串中，如此當呼叫了 $a->sayHello() 之後，就可以順利地把自己的名字說出來。完整的程式如下所示：

```php
class Person {
    private $myName;

    function __construct($name) {
        $this->myName = $name;
    }
    public function sayHello() {
        echo "Hello! I am $this->myName. Nice to meet you.\n";
    }
}

$a = new Person("Richard");
$a->sayHello();
```

執行結果如下：

```
Hello! I am Richard. Nice to meet you.
```

進一步使用陣列來建立同一個類別的不同實例，程式範例如下所示：

```php
class Person {
    private $myName;

    function __construct($name) {
        $this->myName = $name;
    }
    public function sayHello() {
        echo "Hello! I am $this->myName. Nice to meet you.\n";
    }
}
$names = array("Richard", "Tom", "Judy", "Mary", "Jessica");
$group = [];
for($i=0; $i<5; $i++)
    $group[$i] = new Person($names[$i]);
foreach($group as $member)
    $member->sayHello();
```

上述程式的執行結果如下：

```
Hello! I am Richard. Nice to meet you.
Hello! I am Tom. Nice to meet you.
Hello! I am Judy. Nice to meet you.
Hello! I am Mary. Nice to meet you.
Hello! I am Jessica. Nice to meet you.
```

7.1.4 類別的方法實作

在上一小節的類別 Person 定義中我們把 $myName 設定為 private，意思是不讓別人從類別外面存取其值，例如以下的程式敘述：

```
$a = new Person("Jasmine");
$a->myName = "Joe";
```

在執行第二行的時候即會出現「Cannot access private property Person::$myName」的錯誤訊息，這樣可以避免在任何的程式片段中不小心使用了其他不是預期中的變數操作或是設定了預期之外的數值或型態。然而只要是變數就要有被改變值的功能，在物件導向程式設計中要改變類別中的變數值，通常我們會另外再設計一個操作該值的方法函式，當作是該變數與外界溝通的介面，以上面的例子，先定義一個方法函式（method function, 或 method）setName()，讓我們在程式中可以為已經產生的實例新增或修改現有的名字：

```
class Person {
    private $myName;

    function __construct($name=NULL) {
        $this->myName = $name;
    }

    public function setName($name) {
        $this->myName = $name;
    }
    public function sayHello() {
        if ($this->myName)
            echo "Hello! I am $this->myName. Nice to meet you.\n";
        else
            echo "Hi, I am nobody!\n";
    }
}
```

在 Person 類別中做了幾個更動，分別是建構子 __construct($name=NULL) 設定了一個預設的參數 NULL，讓此類別在建立新的實例時可以先不用提供名字，如果不提供名字的話，就把 $myName 設定為 NULL（空值）。也因此，在 sayHello() 這個函式中就必須因應 $this->myName 這個變數有可能是空值而產生不同的輸出，使用 if 判斷如果是空值的話，就印出 "Hi, I am nobody!" 這個字串。以下是在主程式中操作的範例：

```
$p = new Person();
$p->sayHello();
$p->setName("Somebody");
$p->sayHello();
$p->setName("Joe");
$p->sayHello();
```

以下則是執行的結果：

```
Hi, I am nobody!
Hello! I am Somebody. Nice to meet you.
Hello! I am Joe. Nice to meet you.
```

除了設定變數的方法函式之外，也可以建立可供查詢目前變數值內容的方法函式，例如以下的 getName()：

```
public function getName() {
    return $this->myName;
}
```

之後在主程式中則是要以下面這個方式來呼叫（延續上面的主程式部份）：

```
echo "p's name is " . $p->getName() . "\n";
```

執行結果如下：

```
p's name is Joe
```

建立更多的資料變數以及存取的方法函式，還有如何充份運用繼承關係以簡化程式設計，將在下一節中進一步地說明。

7.2　PHP 物件導向程式進階

在 WordPress 中設計的 PHP 程式碼其實並不會很長，但因為 WordPress 本身就是一個充份運用 PHP 這種程式語言特色的專案，因此還是有必要瞭解更多進階的功能，如此也比較能夠配合現有的 WordPress 程式設計邏輯，進而讓我們建立佈景主題以及外掛有更多可以發揮的空間。

7.2.1 建立繼承關係

在前一節中我們學習了如何利用 PHP 建立一個類別，並在類別中建立屬性變數以及方法函式，不僅透過建構子初設類別中的屬性變數，也可以利用方法函式去修改以及取得受到保護的變數內容。在上一節的 Person 類別我們只建立了一個叫做 $myName 的屬性變數用來儲存實例變數自己的名字，現假設要加入更多的屬性變數用來描述這個人，分別是性別 $gender、科系 $department、身份 $type（教師或是學生）、年資 $years（教師用）、年級 $grade（學生用）等等，初步的想法是把這些都放在類別中，如下所示：

```
class Person {
    private $myName;
    private $gender;
    private $department;
    private $type;
    private $grade;
    private $years;
}
```

很直覺，但有一個問題就是 $grade 只用適於學生，$years 只適用於老師，卻定義在同一個類別中顯然不太適當。試想，如果可以把共通的地方拿出來叫做 Person 類別，然後延用 Person 類別再加上一些老師所需要的個別特色叫做 Teacher 類別，同樣地延用 Person 類別再加上一些學生所需要的個別特色叫 Student 類別，甚至未來也可以加上一些家長專用的屬性變成 Parents 類別，就樣就可以更容易運用與理解了，這個觀念就是物件導向的繼承觀念。

以上述的例子，把共用的類別 Person 精簡如下：

```
class Person {
    private $myName;
    private $gender;
    private $department;
}
```

除了 $year 和 $grade 要分別放在教師和學生的類別之外，因為教師類別和學生類別本身就隱含了身份別，因此 $type 自然就不再需要了。接著繼承上述的類別建立教師 Teacher 類別以及學生 Student 類別重新定義如下：

```
class Teacher extends Person {
    private $years;
}

class Student extends Person {
```

```
    private $grade;
}
```

使用 extends 來指明本類別是繼承自某一個父類別（在此例為 Person），自己就是該父類別的子類別，也是因為是繼承關係，所以在父類別中原有的定義在子類別中均可以使用，當透過子類別宣告出一個實例變數時，此變數的屬性以及函式內容除了子類別本身的之外，也包含了父類別中的所有內容。

為了讓子類別中的方法函式可以存取到父類別中的資料內容，還必須把 Person 中的所有變數都改為 protected 才行，如下所示：

```
class Person {
    protected $myName;
    protected $gender;
    protected $department;
}
```

有了這些屬性的定義就可以在類別中建立方法函式，首先分別在 Teacher 和 Student 中建立 sayHello() 以及各自的建構子，如下所示：

```
class Teacher extends Person {
    private $years;

    function __construct($name) {
        $this->myName = $name;
    }
    public function sayHello() {
        echo "Hello, my name is $this->myName.";
        echo "I am a teacher.\n";
    }
}

class Student extends Person {
    private $grade;

    function __construct($name) {
        $this->myName = $name;
    }
    public function sayHello() {
        echo "Hello, my name is $this->myName.";
        echo "I am a student.\n";
    }
}
```

因為在父類別 Person 中的 $myName 被改為 protected，可以在子類別中直接存取，因此在 Teacher 以及 Student 的建構子中直接設定其值即可，在 sayHello() 這個函式中，則各自使用了個別身份的字串，在主程式的程式碼可以編寫為如下所示的樣子：

```
$t = new Teacher("Richard");
$s = new Student("Steven");
$t->sayHello();
$s->sayHello();
```

執行結果如下：

```
Hello, my name is Richard.I am a teacher.
Hello, my name is Steven.I am a student.
```

接下來我們再加上一些方法函式，讓主程式中可以設定性別、年資或年級以及科系，為了簡化起見，直接在建構子中加入所需要的內容，以下是 Teacher 類別：

```
class Teacher extends Person {
    private $years;

    function __construct($name, $gender, $dept, $years) {
        $this->myName = $name;
        $this->gender = $gender;
        $this->department = $dept;
        $this->years = $years;
    }
    public function sayHello() {
        parent::sayHello();
        echo "I am a teacher.\n";
        echo "I have $this->years years experiences.\n";
    }
}
```

以下則是 Student 類別的內容：

```
class Student extends Person {
    private $grade;

    function __construct($name, $gender, $dept, $grade) {
        $this->myName = $name;
        $this->gender = $gender;
        $this->department = $dept;
        $this->grade = $grade;
    }
    public function sayHello() {
        parent::sayHello();
        echo "I am a student.\n";
        echo "I am grade $this->grade of the college.\n";
    }
}
```

在這兩個類別的建構子中設定了所有需要的變數內容，特別要留意的是 sayHello() 這個方法函式的第一行 parent::sayHello()，透過這一行呼叫父類別的 sayHello() 函式，讓父類別去幫忙處理共同變數的輸出，在子類別的 sayHello() 中則專注在輸出屬於自己的資訊。這兩個類別的共同父類別 Person 修改如下：

```
class Person {
    protected $myName;
    protected $gender;
    protected $department;

    protected function sayHello() {
        echo "Hello, my name is $this->myName.\n";
        if($this->gender)
            echo "I am a gentleman.\n";
        else
            echo "I am a lady.\n";
        echo "My department is $this->department.\n";
    }
}
```

一樣留意 sayHello()，在父類別中的 sayHello() 是用來輸出共同的變數 $myName、$gender 以及 $department，因為性別變數只有 TRUE 和 FALSE 兩種（布林型態變數），直接輸出布林值不理想，所以就用了一個 if 的判斷敘述，如果是 TRUE 則輸出 gentleman，而 FALSE 則輸出 lady。Person、Teacher、Student 這三個類別之間的關係如圖 7-1 所示。

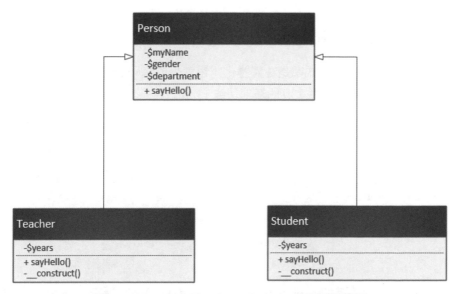

圖 7-1：Person、Teacher、Student 的類別關係圖

最後以如下的主程式來執行這兩個類別的實例運作範例：

```
$t = new Teacher("Richard", TRUE, "資工系", 10);
$s = new Student("Judy", FALSE, "企管系", 2);
$t->sayHello();
echo "-------------\n";
$s->sayHello();
```

以下是執行的結果：

```
Hello, my name is Richard.
I am a gentleman.
My department is 資工系.
I am a teacher.
I have 10 years experiences.
-------------
Hello, my name is Judy.
I am a lady.
My department is 企管系.
I am a student.
I am grade 2 of the college.
```

依此方式如果有新的身份例如學生家長等等，也就可以利用同樣的繼承方式繼承來自於 Person 的共通內容，再加上專屬於家長的資訊處理部份即可。完整的程式內容，請參考程式範例的 7-1.php。

7.2.2　類別的靜態屬性以及方法

類別中的屬性以及方法函式都是在實體化（也就是成為一個變數）之後才能夠呼叫使用，但有時候（很多常用於一些公共的類別功能），我們只是想要執行某一個功能（例如輸出某些資料或是對某些資料的格式進行調整等等），而不想要建立一個物件變數來做這件事，那麼就需要建立靜態屬性以及方法。請參考以下的這個類別：

```
class MyMath {
    function abs(array $arr) {
        foreach($arr as $a) {
            $a = $a < 0 ? -$a : $a;
            echo "$a\n";
        }
    }
}
```

在此類別中提供了一個叫做 abs() 的方法函式，這個函式要求輸入的參數是一個陣列，在收到陣列之後它會把所有陣列中的數值印出來，如果這些數值之中是負值的就會把它轉為正值再輸出，也就是把陣列中的數字都取絕對值。

在定義了這個類別之後，想要使用類別中的 abs() 函式還需要經過實體化，如下所示：

```
$a = new MyMath();
$a->abs(array(5, -10, -3, 4, -9));
```

上述程式的執行結果如下所示：

```
5
10
3
4
9
```

但是，只是要執行類別中的方法函式，卻還要再實體化一個變數實在太過於麻煩也沒有必要，此時使用靜態函式即可解決此一問題，如下：

```
class MyMath {
    static function abs(array $arr) {
        foreach($arr as $a) {
            $a = $a < 0 ? -$a : $a;
            echo "$a\n";
        }
    }
}

MyMath::abs(array(5, -10, -3, 4, -9));
```

在 function abs 之前加上 static，即可以利用「類別名稱::靜態函式名稱」的格式直接呼叫此函式。另外，靜態變數也可以拿來計算目前此類別所建立出來之物件變數的數量，請參考以下的類別定義：

```
class MyClass {
    static $count=0;

    function __construct() {
        static::$count ++;
    }

    function __destruct() {
        static::$count --;
    }
    public function showCount() {
        echo "Count is " . static::$count . ".\n";
    }
}
```

在類別 MyClass 中定義了一個叫做 $count 的靜態變數，其初值為 0，因為類別只要被實體化成為物件變數時建構子就會被執行一次，如果此物件變數被結束時就會執行解構子一次，因此就在建構子 __construct() 中把 static::$count 加一，在解構子 __destruct() 中把 static::$count 減一，然後再定義一個 showCount() 的公用方法函式，把此時的 static::$count 內容列印出來。執行以下的程式片段，讀者可以猜猜看執行的結果為何：

```
$a = new MyClass();
$b = new MyClass();
$a->showCount();
$b->showCount();
unset($b);
$a->showCount();
```

因為 unset 是把變數的實體化刪除的意思，所以執行結果如下：

```
Count is 2.
Count is 2.
Count is 1.
```

猜對了嗎？

7.2.3　abstract 類別與方法

有些時候我們其實不希望父類別被拿來產生實例變數，以之前的 Person、Teacher 以及 Student 這 3 個類別為例，Person 只是一個共用的類別，真正要拿來運用的是 Teacher 和 Student 這兩個類別，在這種情形之外，可以把 Person 變成 abstract 類別，並在其中定義一些沒有實作的 abstract function，因為在父類別中透過 abstract 指出了需要實作的函式名稱，因此所有繼承此父類別之子類別，就都必須依照定義實作出實際的方法函式才可以。以一個簡單的例子：

```
abstract class Shape {
    private $x;
    private $y;
    private $color;
    abstract protected function setXY($x, $y);
    abstract protected function setColor($c);
}

$a = new Shape();
```

在此定義了一個叫做 Shape 的 abstract 抽象類別，其中定義了兩個一定要實作的函式分別是 setXY() 以及 setColor()，在最後一行試圖利用 new 來建立實例變數，結果發生了以下的錯誤：

```
Cannot instantiate abstract class Shape
```

很顯然地抽象類別並沒有辦法直接讓它建立出實例變數，必須像以下這樣，另外定義出繼承自該類別的子類別才行，如下所示：

```
class Point extends Shape {
    public function setXY($x, $y) {
        $this->x = $x;
        $this->y = $y;
    }
    public function setColor($c) {
        $this->color = $c;
    }
    public function showStatus() {
        echo "Point:($this->x,$this->y) in $this->color!\n";
    }
}
```

在此定義一個叫做 Point 的類別，並在其中分別定義了 setXY() 以及 setColor() 這兩個抽象函式的實作內容，讀者可以自行試試，這其中任一個如果沒有定義的話，仍然會出現上述的錯誤訊息。另外為了要能夠顯示設定的內容，再加上一個 showStatus() 函式。完成上述的類別定義之後，以如下所示的程式片段來測試此程式：

```
$a = new Point();
$a->setXY(100, 100);
$a->setColor('Yellow');
$a->showStatus();
```

則程式執行之後將會得到如下所示的結果：

```
Point:(100,100) in Yellow!
```

使用 abstract 抽象類別的好處是可以在共通的父類別中指定要實作的函式名稱及格式，讓接下來所有繼承的子類別可以有所依循。例如，如果要再加上一個 Circle 的類別，然後針對這個類別進行操作，完整的程式如下所示（程式 7-3.php）：

```
abstract class Shape {
    private $x;
    private $y;
    private $color;
    abstract protected function setXY($x, $y);
    abstract protected function setColor($c);
    abstract protected function showStatus();
}

class Point extends Shape {
    public function setXY($x, $y) {
        $this->x = $x;
```

```
        $this->y = $y;
    }
    public function setColor($c) {
        $this->color = $c;
    }
    public function showStatus() {
        echo "Point:($this->x,$this->y) in $this->color!\n";
    }
}

class Circle extends Shape {
    private $radius;
    public function setXY($x, $y) {
        $this->x = $x;
        $this->y = $y;
    }
    public function setColor($c) {
        $this->color = $c;
    }
    public function setRadius($r) {
        $this->radius = $r;
    }
    public function showStatus() {
        echo "Circle:($this->x,$this->y,R:$this->radius) in $this->color!\n";
    }
}

$a = new Point();
$a->setXY(100, 100);
$a->setColor('Yellow');
$a->showStatus();

$c = new Circle();
$c->setXY(200,200);
$c->setRadius(50);
$c->setColor('Blue');
$c->showStatus();
```

程式 7-3 中把 3 個函式都設定為 abstract，然後建立 Circle 類別，並利用 Circle 類別建立專屬於它的相關操作 setRadius()，程式的執行結果如下所示：

```
Point:(100,100) in Yellow!
Circle:(200,200,R:50) in Blue!
```

7.3 深入分析 WordPress 佈景主題的內容顯示

　　對於 PHP 的物件導向程式設計有了瞭解之後，接下來是再進一步探討佈景主題內容顯示的時候了。在上一堂課中我們主要針對佈景主題的排版做了深入的探討，但是對於顯示內容的控制則是運用現有的簡單函式，在這一節中我們將介紹如何操作 WordPress 的文章以及相關內容，建立自己的客製化顯示內容。

7.3.1　網站上的資源

在開始說明如何存取 WordPress 網站內容之前要先瞭解在網路上有哪些資料可供查詢參考。目前網路上最權威的 WordPress 開發資料當然是由官方網站建立的最具代表性，其網址為：https://codex.wordpress.org/，在這裡鉅細靡遺地介紹了所有 WordPress 的相關內容，也包括所有可以使用的函式以及 API 等等，此外，這個網址：https://developer.wordpress.org/reference/ 則是以開發者的角度建立的函式以及 API 的搜尋介面，最新以及最完整的開發資訊在這裡都可以找得到，因此如果在接下來的練習過程中對於任何一個函式的使用有任何不清楚的地方，別忘了要來這兩個網站查閱看看。

以查詢 get_posts() 函式為例，在網站的查詢介面中輸入此函式會得到一些結果，如圖 7-2 所示。

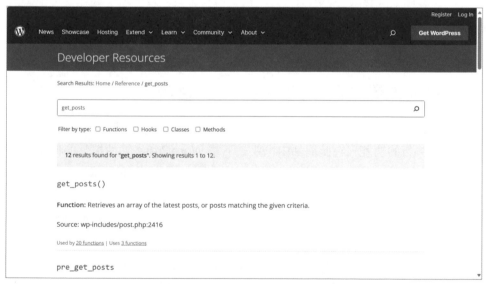

圖 7-2：查詢 get_posts 傳回的結果頁面

點選查詢的結果，從顯示出的內容可以看出它是屬於類別 WP_Query 之內的一個方法函式，如圖 7-3 所示。

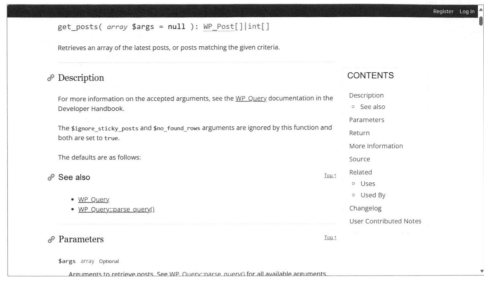

圖 7-3：get_posts函式的說明頁面

在圖 7-3 說明了這個函式的用途以及用法，還有其原始程式所在的檔案位置，別忘了 WordPress 是 Open Source 開放源碼，所有的檔案都在我們的手上，直接從該檔案中打開也可以看到所有的程式碼內容。

7.3.2　載入佈景主題用的 Unit Test 資料

在這一小節中我們打算從一個全新的網站來做為教學範例，為了能夠更完整地測試佈景主題以及外掛的功能，在此網站中也要去下載 WordPress 網站提供的佈景主題專用的 Theme Unit Test 檔案，並以匯入的方式加到我們的網站成為測試用的內容。建立一個全新的 WordPress 網站的方法很簡單，請依照我們在第一堂課中的說明，使用自己習慣的方法來安裝就可以了。每一次安裝之後都會有自己的目錄和不同的網路伺服器埠號（使用 Docker 安裝請修改不同的埠號，使用 Wampserver 則是把系統檔案放在不同的資料夾中，並建立另外一個資料庫和使用者），在瀏覽網站的時候別忘了要把埠號也加上去，同時在編輯網站檔案的時候也要確定改到的是正確的目錄所在位置的相關檔案。

網站安裝完畢之後，接下來是進入網站的控制台調整語言和時區，接著前往 WordPress 的 Unit Test 檔案下載頁面：https://codex.wordpress.org/Theme_Unit_Test，如圖 7-4。

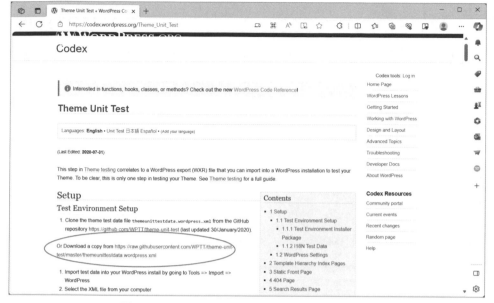

圖 7-4：WordPress 測試用檔案下載頁面及連結

把測試用的 .xml 檔案下載回來，然後再使用 WordPress 的匯入工具匯入到網站中。因為大部份的瀏覽器都可以解讀 XML 檔案，因此要使用滑鼠右鍵，然後以另存連結的方式才能儲存成本地端 .xml 檔案。接著利用 WordPress 匯入工具執行匯入檔案的工作，如圖 7-5 所示。

圖 7-5：在 WordPress 控制台執行匯入檔案

順利完成匯入之後就會有非常多的文章、頁面、標籤、分類以及選單等等，方便我們用來做測試新建立的佈景主題之用。如果匯入失敗的話，通常都是因為 PHP 的設定不允許執行過久的時間，只要到 php.ini 去調整 max_execution_time 的設定（Wampserver 直接使用它的設定選單修改即可），把允許的執行時間調長一點就可以了。

接下來請使用第 6.2.1 節所介紹的內容，建立一個以貳零壹柒佈景主題為父主題的子佈景主題命名為 2017a，其 style.css 的內容如下：

```
/*
Theme Name: 2017a
Theme URI: https://104.es
Author: 何敏煌
Author URI: https://104.es
Template: twentyseventeen
Description: 這是參考佈景主題「貳零壹柒」所製作的子佈景主題
Version: 0.1
*/
@import url('../twentyseventeen/style.css');
```

由於上述的檔案指名要參考貳零壹柒這個佈景主題的 style.css 內容，因此在實際啟用了這個 2017a 佈景主題之後回到網站首頁，其實外觀和原有的一模一樣，如圖 7-6 所示。

圖 7-6：順利設定了子佈景主題之後的網站外觀

7.3.3　開始存取 WordPress 網站內容

在進入這個小節之前，請確定你已經建立了一個叫做 2017a 的子佈景主題，而且已經啟用，同時網站也已匯入了 Unit Test 的所有資料。此外，在 2017a 的資料夾中目前也只有 style.css 一個檔案而已。

接下來，請建立一個 index.php 的檔案，然後輸入以下的內容：

```php
<?php
?>
```

存檔之後再回到網站重新整理，你將會發現所有的內容通通不見，只剩下一個空白的頁面，不過別擔心，控制台還在，只是因為空白的 index.php 已經取代了父佈景主題，而 index.php 中並沒有顯示任何的內容和排版，所以就都沒有任何東西了。接下來請輸入在前一堂課中曾經使用過的 index.php 類似內容：

```php
<?php get_header(); ?>
<div>
    <div>
        <ul>
        <?php while (have_posts()): the_post(); ?>
            <li>
                <a href='<?=the_permalink()?>'>
                    <?php the_title(); ?>
                </a>
            </li>
        <?php endwhile; ?>
        </ul>
    </div>
</div>
<?php get_footer(); ?>
```

使用 get_header() 取得原有的網頁標題資訊，使用 get_footer() 取得頁尾的內容，中間則是最主要的內容顯示迴圈，為了讓顯示出來的文章標題連結可以比較容易看得出來，在 style.css 中也要加上以下的設定：

```css
a:hover {
    text-decoration: underline;
}
```

這樣在滑鼠滑過該連結的時候就會出現底線提示此為連結。在做了上述的修改之後，網頁的顯示內容如圖 7-7。

圖 7-7：使用自訂 index.php 之後的網站外觀

由於只有修改 index.php，其他的 single.php、functions.php 等等都沒有做修改，因此在點擊任一篇文章連結之後，仍然能夠進入正常的單頁顯示狀態，連排版也都和原有的貳零壹柒佈景主題的設計一樣。

7.3.4 探討 WordPress 的 Loop

在上一小節中我們把內容簡單地顯示出來，運用到的就是 WordPress 的 Loop 觀念。「The Loop」是 WordPress 使用 PHP 程式碼顯示文章或其他內容的一個方法，以純粹的 PHP 程式碼來看，要顯示 WordPress 文章內容的迴圈最簡要的版本如下：

```php
<?php
    if(have_posts()) {
        while (have_posts()) {
            the_post();
            // 其他存取文章內容的程式碼
        }
    }
?>
```

其中 have_posts() 用來檢查還有沒有文章內容，the_posts() 則去存取下一篇文章，並把它的內容以及資訊放到該放的變數中，以利接下來其他函式的存取。在 PHP 和 HTML

標記之間夾雜大括號會造成程式碼不容易閱讀，因此實務上都是使用以下的方法來建立這個迴圈：

```php
<?php
    if(have_posts()):
        while (have_posts()):
            the_post();
            // 其他存取文章內容的程式碼
        endwhile;
    endif;
?>
```

在輸入這些程式碼的時候，請留意冒號和分號的差異，只要輸入錯了就會造成網頁沒有辦法被順利地顯示出來。在上一小節中我們示範的是，最簡單的在首頁顯示網站內容的方法，如果不考慮 HTML 標記的話，以下是 WordPress 網站所展示的最基本的 WordPress Loop：

```php
<?php
get_header();
if(have_post()):
    while(have_posts()):
        the_posts();
        the_content();
    endwhile;
endif;
get_sidebar();
get_footer();
?>
```

在這個迴圈中取得了標頭、網頁內容、側邊欄以及頁尾，然後把這些內容都顯示在網頁上，只要能夠在顯示這些資料的時候加上適當的標記以及 CSS 類別，再到 style.css 中設定相關 CSS 類別的排版樣式，就可以完成自訂的佈景主題內容了，最簡單的方式也可以像是上一堂課中所說明的內容，在 header.php 中加上 Bootstrap 以及 jQuery 的連結，接著透過 Bootstrap 的元件建立出基本的佈景主題樣式。

以使用 Bootstrap 為例，請在 header.php 中加上 Bootstrap 的 CDN 連結，你可以請 ChatGPT 或是 Visual Stuido Code 的 Copilot 幫你產生最新的版本，產生出來的結果再加上一些修改之後的程式碼如下所示：

```html
<!DOCTYPE html>
<html>
<head>
    <meta charset="utf-8">
    <meta name="viewport" content="width=device-width, initial-scale=1, shrink-to-
```

```
fit=no">
    <title> 我的測試網站 </title>
    <!-- Bootstrap CSS -->
      <link rel="stylesheet" href="https://stackpath.bootstrapcdn.com/bootstrap/
4.5.2/css/bootstrap.min.css">
</head>
<body>
    <div class="container">
    <header>
        <h1 class="alert alert-primary"> 測試用網站 2</h1>
    </header>
```

footer.php 則修改如下：

```
</div>
<hr>
<p>
    網站範例，歡迎學習 ~~
</p>
</body>
</html>
```

經過上述的設定就可以在 index.php 以及其他的佈景主題 .php 中順利地使用
Bootstrap 的相關元件設定了，就如同以上的 header.php 中使用的 container 以及
alert 的設定。不過上述的 header.php 並沒有使用到 WordPress 設定的資料，也就是在
WordPress 控制台中所設定的相關參數，包括網站的名稱、網站的簡要描述，甚至是網
站的語言和編碼等等。要能夠在網站上顯示這些資料還需要藉由 Template Tags 的功能函
式，例如以下 bloginfo() 函式的使用：

```
<!DOCTYPE html>
<html <?php language_attributes(); ?>>
<head>
    <meta charset="<?php bloginfo('charset'); ?>">
    <meta name="viewport" content="width=device-width, initial-scale=1, shrink-to-
fit=no">
    <title><?php wp_title(); ?></title>
    <?php wp_head(); ?>
    <!-- Bootstrap CSS -->
      <link rel="stylesheet" href="https://stackpath.bootstrapcdn.com/bootstrap/
4.5.2/css/bootstrap.min.css">
</head>
<body <?php body_class(); ?>>
    <div class="container">
    <header>
<h1><?php bloginfo('name');?></h1>
        <em><?php bloginfo('description'); ?></em>
    </header>
```

經過上述程式碼的修改，呈現出來的網站外觀如圖 7-8 所示。

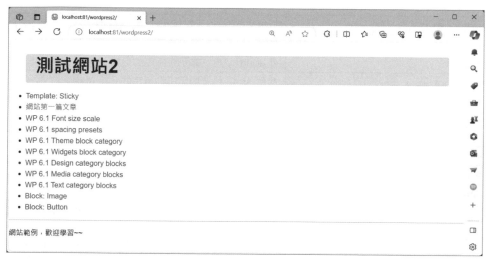

圖 7-8：經過修正之後的網站外觀

由於 WordPress 預設有分頁的機制，所以雖然實際上文章的數量超過 40 篇，但是顯示出來的還是只有 11 篇（每頁 10 篇再加上一篇置頂貼文），如果打算改變每頁顯示的篇數，可以在 Loop 迴圈之前加上以下的程式碼即可：

```php
<?php
    query_posts($'posts_per_page=5');
?>
```

其中在 query_posts() 函式中的 posts_per_page 即是指定每頁顯示篇數的參數。由於上述方式會覆蓋了原有的 $query_string，因此比較好的方式是使用以下的方法：

```php
<?php
    global $query_string;
    query_posts($query_string . '&posts_per_page=5&order=ASC');
?>
```

如此可以保留原有的字串，並以「.」運算加上新增加的搜尋參數。至於 query_posts() 可以使用的參數有哪些呢？比較常用的整理如表 7-1 所示。

▼ 表 7-1：query_posts() 函式常用的參數

query_posts 常用的參數	說明
author	作者的 id。
author_name	作者名稱。

query_posts 常用的參數	說明
cat	文章分類 id。
category_name	以分類的 slug 來當做是搜尋文章的條件。
category_and	使用 array 格式顯示所有指定的分類 id 之文章。
category_in	使用 array 格式顯示在指定的分類 id 中之文章。
category_not_in	使用 array 格式顯示不在指定的分類 id 中之文章。
tag	以標籤的內容來當作是搜尋文章的條件，category 有的搜尋設定在 tag 基本上都有。
p	以文章的 id 來搜尋。
name	以文章的 slug 來搜尋。
page_id	以頁面的 id 來搜尋。
pagename	以頁面的 slug 來搜尋。
post_in	以 array 的方式搜尋所有在陣列中的 id 的文章，其餘的搜尋設定了和 category 類同。
post_type	以文章的類型來搜尋，這些類型包含 post, page, revision, attachment, my-post-type，可以指定為 any 當作是符合所有的類型。
post_status	以文章的狀態來搜尋，這些狀態包含 publish, pending, draft, auto-draft, future, private, inherit, trash，可以指定 any 當作是符合所有的狀態。
order	排列順序，可以是 'ASC' 或是 'DESC'。
year, monthnum, w, day, hour, minute, second	和日期時間相關的設定。

在表 7-1 中如果有使用到 array 當做是參數的，要以如下的方式來傳送查詢內容的相關參數：

```php
<?php
    global $query_string;
    $args = array(  'category_in' => array(1, 2),
                    'posts_per_page' => 5,
                    'order' => 'ASC');
    query_posts($args);
?>
```

上述這個程式片段實現了搜尋分類 id 是 1 或 2 的文章，然後每頁最多顯示 5 篇，並以遞增的排序方式來傳回搜尋到的文章。

除了 query_posts() 函式之外，程式中的 bloginfo() 是 Template Tag 常用的函式之一，透過此函式可以取得許多和 WordPress 網站設定相關的值，其中經常被拿來使用的整理如表 7-2 所示。

▼ 表 7-2：bloginfo() 常用的參數

bloginfo 可以使用的參數	說明
name	網站的標題名稱。
description	網站的子標題描述。
wpurl	在網站控制台一般設定中的「WordPress 位址 (URL)」內容。
url	在網站控制台一般設定中的「網站位址 (URL)」設定的內容。
admin_email	管理者的電子郵件位址。
charset	網站的編碼。
version	WordPress 的版本。
tempate_url/template_directory	目前啟用中的佈景主題所在的資料夾位址。
siteurl	網站的網址（舊版函式，由 url 取代）。
home	網站的網址（舊版函式，由 url 取代）。

在程式碼中適當地使用目前網站的中所設定的訊息，可以讓自己設定的佈景主題更具有彈性，更多詳細的 Template Tags 函式將在後續的文中加以説明。

配合上述函式的使用以及 Bootstrap 設定，我們使用以下的程式碼來建立首頁，此首頁可以顯示 21 篇文章，然後以 Bootstrap 的 Card 每列顯示 3 篇文章，並顯示文章的標題、摘要以及張貼日期時間：

```php
<?php get_header(); ?>
<?php
    global $query_string;
    $args = array(  'posts_per_page' => 21,
                    'post_type' => 'any',
                    'post_status' => 'any');
    query_posts($args);
    $i=0;
?>
<div class="row">
    <?php while (have_posts()): the_post(); ?>
        <div class='col-4'>
            <?php
                if (is_sticky())
                    echo "<div class='card text-gray bg-warning'>";
                else
                    echo "<div class='card mt-8'>";
            ?>
            <?php the_title("<div class='card-header'><h3>", "</h3></div>"); ?>
            <div class='card-body'>
                <?php the_excerpt(); ?>
            </div>
            <div class='card-footer'>
                <em>Posted: <?php the_date(); ?>
                    at <?php the_time(); ?>
```

```
                    </em>
                </div>
            </div>
        </div>
    <?php endwhile; ?>
</div>
<?php get_footer(); ?>
```

我們使用 Bootstrap 的列（row），然後以「col-4」來設定每一列中放置 3 個欄，接著在這些欄中建立每一個文章的 Card 內文。此外，為了讓置頂貼文可以比較顯目，使用 is_sticky() 這個函式來判斷是否為置頂貼文，如果是的話，就讓 Card 的顏色和其他的貼文不一樣。

此外，在設定搜尋文章的時候，我們把文章的類型以及狀態全部都設定為 'any'，所以讀者應該會發現，所有的文章全部都顯示在網頁上了（當然，我們還是限制了最多顯示 21 篇）。圖 7-9 顯示了最新的網站外觀。

圖 7-9：套用最新 index.php 之後的首頁顯示結果

7.3.5 Template Tags 簡介

WordPress 的 Loop 中可以顯示非常多的相關資訊，顯示這些資訊的函式群被稱為 Template Tags，儲放 Template Tag 的 WordPress 檔案分別如下所示（都在 wp-includes 的目錄下）：

- general-template.php

- author-template.php

- bookmark-template.php

- category-template.php

- comment-template.php

- link-template.php

- post-template.php

- post-thumbnail-template.php

- nav-menu-template.php

有興趣的讀者可以透過程式碼編輯器直接開啟這些檔案以觀察其程式內容，知道了原始檔案的寫法，對於如何運用這些 Template Tag 函式也會很有幫助。以 general-template.php 為例，就包括了上一小節介紹的 bloginfo()，以及在 index.php 中會用到的 get_header()、get_sidebar()、get_footer() 等等，還有和顯示單一篇貼文的 single_post_title()、single_cat_title()、single_tag_title() 等等，由於這些函式非常多，因此都被整理在 https://codex.wordpress.org/Template_Tags 中，只要在其中選擇了任一函式，都會有詳細的說明。如圖 7-10 所示。

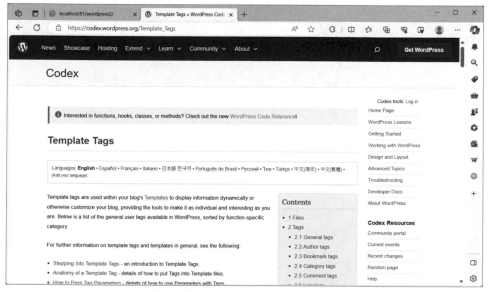

圖 7-10：Template Tags 整理頁面

　　目前已有許多語言的介面，當然也包含中文的說明頁面，讀者們可以好好地運用。以 get_header 為例，這個函式的功用是把目前所在佈景主題的目錄之下的 header.php 引入進來使用，在此函式中可以使用參數 $name，如果有此參數的話，則引入的檔案會是 header- 再串接上 $name 的內容。如果未指定 $name，而且在目錄之下找不到 header.php 的話，則會引入 wp-includes/temem-compat/header.php 的預設內容，當然，如果你使用的是子佈景主題的話，在此之前會先到父佈景主題去找 header.php。也因此，我們在上一節的例子中，因為定義了 header.php，而且在 index.php 中使用了 get_header() 函式，所以網站的 header.php 的部份就全部是我們自己定義的內容了。

本章習題

1. 請比較 function 和 class 的差異。

2. 請說明在 class 中宣告屬性變數和方法函式之前，使用 private、protected、public 之間的差異。

3. 什麼是類別？什麼是物件實例？試舉例說明。

4. 請利用 Wampserver 建立一個新的網站，然後匯入 WordPress 的 Unit Test 資料。

5. 請練習為主網頁設定自訂的 CSS 類別，然後在 style.css 中為此 CSS 類別進行格式設定。

第 **8** 堂

WordPress 佈景主題製作實例（上）

◀ 前　　言 ▶

在前一堂課我們更深入地瞭解了 WordPress 的 Loop，以及 Template Tags 函式之後，再加上第 6 堂課設計佈景主題的基礎，相信讀者已經有足夠多的能力可以開始使用這些函式資源建立出有趣的佈景主題了。在本堂課，我們將從無到有，教導讀者逐步建立出一個實用的佈景主題。建立佈景主題的教學內容較多，作者將以 2 堂課的篇幅來介紹。

◀ 學習大綱 ▶

➤ 深入探討佈景主題的設計

➤ 佈景主題模板設計一

8.1 深入探討佈景主題的設計

基於前幾堂課的基礎，在這一堂課中要詳細教導讀者如何建立一個實用的佈景主題。然而建立佈景主題其實就是跟原有的 WordPress 系統合作，因此瞭解 WordPress 的網站架構以及程式碼的編寫原則是第一個要注意的地方，另外對於 PHP 程式的瞭解以及 CSS 的設計技巧，也是建立佈景主題中還算滿重要的部份。

8.1.1 設計流程與規範

設計佈景主題並不是打造一個全新的系統，而是在現有的 WordPress 架構上建立屬於自己的外觀設計，因此最重要的一件事就是充份瞭解 WordPress 的邏輯，並依照 WordPress 要求的規範撰寫良好的程式，以避免因為設計錯誤而造成系統崩潰。

簡單地説，WordPress 是一個以資料庫為中心，由一群 PHP 檔案所組成的網站，當使用者透過瀏覽器以網址列的型式對網站提出請求時，WordPress 的核心程式會依照一個既定的解析順序去判斷該執行哪一個 PHP 檔案，來從資料庫中提取所需要的資料，並依照 PHP 檔案中的程式內容，去把這些資料依照當初佈景主題設計者編寫的程式碼執行之後，把結果顯示在畫面上，這個概念可以參考圖 8-1。

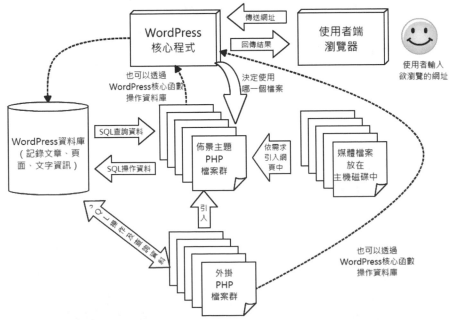

圖 8-1：使用者瀏覽 WordPress 網站時的內部流程示意圖

如圖 8-1 所示的流程，在 WordPress 核心依照目前啟用的佈景主題的內容決定執行哪一個 PHP 檔案之後，在該 PHP 檔案可以直接操作資料庫，但是在大部份的情形下是透過 WordPress 所提供的函式來進行資料庫內容的存取，同時，在執行佈景主題檔案的過程中，外掛程式也會透過 Hooks（掛勾）的機制，在適當的時機取得執行權限，然後再加入處理內容以及外觀的程式碼。

也就是說，WordPress 把所有的文字資訊儲存在設計好的資料表中，並以一連串的類別以及函式對於這個資料庫加以管理，媒體檔案則是儲存在相對應的資料夾之中，我們要設計的程式也是放在所屬的資料夾中（如果是佈景主題則是放在 themes 之下，外掛則是放在 plugins 之下），在 WordPress 系統需要的時候被載入執行，至於執行的時機點則看我們使用的方式（看是佈景主題中的程式碼，還是在外掛中使用 Action 或是 Filter）而定。 至於檔案的選用順序，請參閱 8.1.2 小節的說明

WordPress 在網站上已有設計一個程式規範，這是設計佈景主題和外掛程式最好都必需要遵守的內容，網址為：https://make.wordpress.org/core/handbook/best-practices/coding-standards/，讀者在開始進行程式設計之前最好都能夠去參考一下它的內容，這些規範包括了 CSS、PHP、Javascript 以及 HTML 的部份，以 CSS 為例，在為 selector 命名時可以使用像是「page-title」的型式來取代「PageTitle」，如果有要為兩個以上的 selector 建立相同的屬性設定，希望是如下面這個樣子：

```
#s1,
#s2,
#s3 {
/*  一些屬性的設定值  */
}
```

而不是以下這個樣子：

```
#s1, #s2, #s3 {
/*  一些屬性的設定值  */
}
```

對於 HTML 碼來說，為了確保程式碼品質，WordPress 也建議在編寫完程式碼之後前往 W3C 的 Validation 網頁去檢驗一下正確性，網址為：https://validator.w3.org/。當然，通常就算是不太正確的程式碼在執行上往往也都可以通過，但是卻會缺乏在不同瀏覽器上的相容性，因為不同的瀏覽器對於 HTML 碼的錯誤處理方式並不會完全一樣。

如同之前幾堂課的介紹，要建立屬於自己獨特的佈景主題可以選擇直接從現成的佈景主題進行修改（請留意版權上的問題）或是以子佈景主題的方式建立，也可以從無到有一

個程式一個程式加以設計，事實上還有其他的選擇，就是使用專為建立新佈景主題所設計的佈景主題 framework 或是 template，這兩個部份在本堂課接下來的章節中會再詳加介紹。以下就建立一個新的佈景主題，簡要説明其基本步驟：

1. 建立或選定一個用來測試的 WordPress 網站。

2. 匯入足夠數量的有效樣本內容素材，例如在前一堂課中介紹的 WordPress Unit Test 檔案。

3. 選定一個新建佈景主題的方法，從頭開始建立、使用子佈景主題、或是使用佈景主題的 Framework。

4. 使用文字編輯器檢視及編輯 style.css 內容，修正佈景主題資訊以及版權內容等。

5. 規劃網站的外觀以及各網頁中元素的名稱與安排，建立各標記使用原則以及 CSS 之 id 與 class 命名方式。

6. 根據需求為各 HTML 標記、id 以及 class 設計 CSS 格式。

7. 建立或編輯 index.php，安排主網頁排版格式。

8. 依需求建立 herder.php、footer.php、sidebar.php、single.php 等等相關的網頁檔案。

9. 成果檢視以及測試。

依照這些步驟就可以開始一步一步地打造完全不會和別人的網站撞臉，全世界獨一無二的 WordPress 網站了。

8.1.2 頁面檔案階層結構

如同圖 8-1 所示的內容，當 WordPress 網站核心接收到使用者的網址之後，有一個自訂的 PHP 程式網頁選擇流程，這個順序是從解析網址後面的搜尋字串開始的。典型的 WordPress 網址有如下所示的樣子：

```
http://localhost:83/wordpress/
http://localhost:83/wordpress/?cat=3
http://localhost:83/wordpress/?m=201612
http://localhost:83/wordpress/?m=20161228
```

其中第 1 列是顯示主網頁，而第 2 列則是顯示分類 id 是 3 的所有內容，至於第 3 列以及第 4 列則分別是指定顯示某一個月以及某一天所張貼的文章。

WordPress 在拿到了上述的網址之後，在「？」之後的就是所謂的搜尋字串 query string（但是如果是使用固定網址來顯示的話，則沒有「？」），接著就開始解析這些搜尋字串。第 1 列不用說，當然是顯示 index.php（但是如果佈景主題有 front-page.php 或是 home.php，則是以顯示這兩個檔案為優先），第 2 列則是先以顯示類別 id 是 3 的分類文章為主，如果找不到，則看看有沒有 404.php，如果有就顯示 404.php 的內容，否則就回到 index.php 的內容，但是沒有任何的文章列表。

再以顯示單一文章說明，當 WordPress 核心根據搜尋字串找到了要顯示的單一文章時（如果沒有找到，則會去找 404.php），WordPress 使用了以下這樣的順序來試圖去顯示這篇文章：

1. 如果有設定文章類型以及固定網址文字，則會去先去找 single-{post-type}-{slug}.php 這個檔案。

2. 如果沒有上述的檔案，則去找 single-{post-type}.php 來執行。

3. 如果也沒有第 2 點所列的檔案，則去執行 single.php。

4. 第 4 順位是 singular.php。

5. 上述的檔案都沒有，那麼就去執行 index.php。

    顯示分類文章則是以下的順序：

1. category-{slug}.php

2. category-{id}.php

3. category.php

4. archive.php

5. index.php

上述順序所代表的意義是，如果你想要為分類文章另外編寫一個顯示的樣式，如果每一個類別都要不一樣的顯示內容，則依照第 1 順位或是第 2 順位建立一個叫做 category-{類別識別}.php 的檔案，讓你有機會根據不同的類別編寫不同的排版樣式。如果所有類別的排版樣式都一樣，那麼就只要建立一個 category.php 就可以了。當然，如果為了省事起見，也可以都寫在 index.php 中，讓 index.php 去做所有的事情。其他的類型依此原則類推即可。

　　所以根據上述的說明讀者應該可以瞭解到，在沒有特別設定首頁的靜態網頁時，如果以主網址前往此網站，則會以執行 front-page.php 這個檔案為第一優先，如果找不到則去找 home.php，最後才是 index.php，其他的搜尋字串最後也都是沒有找到適合的 PHP 檔案時，最終都是以執行 index.php 為結果。最完整的頁面結構請參考網址：https://developer.wordpress.org/themes/basics/template-hierarchy/ 的內容，在這個網頁的說明以及圖表中很明確地繪出，當網站需要輸出內容時會參考哪些頁面檔案。這是發生在當網站接收到一個網址的時候，WordPress 主程式為了要取得適當的檔案來回應網址所代表的瀏覽需求時，在目前啟用中的佈景主題資料夾之下所搜尋的檔案順序。

8.1.3　排版的考量

　　從第 6 堂課的內容得知要建立一個佈景主題最少要準備 2 個檔案，一個是 style.css，另外一個則是 index.php，其中 style.css 主要是透過 CSS 對網站的內容進行美化，index.php 則是負責把內容從資料庫中撈出來，並以 HTML 標記的方式安排這些內容的段落位置，並加上適當的 CSS Selector，以方便在 style.css 中設定這些 Selector 的顯示樣式。雖說最基本的情形只需要 2 個檔案，但是在一般的情況下比較完整的佈景主題需要準備的檔案如表 8-1 所示。

▼ 表 8-1：佈景主題所需要的檔案

檔案名稱	用途說明
style.css	設定 CSS 的地方。
index.php	如果沒有找到任何需要的檔案，最終會被使用到的網頁檔案。
screenshot.jpg	用來顯示在 WordPress 佈景主題設定介紹時的螢幕擷圖。
comments.php	用來顯示評論用的檔案。
front-page.php	用來顯示網站首頁用的檔案。
home.php	如果沒有 front-page.php，home.php 會被當做是首頁。如果在網站設定中設定了以靜態頁面為首頁的話，則此網頁會被用來當做是顯示部落格文章的頁面。
single.php	用來顯示單一篇文章的用的檔案。
single-{post-type}.php	用來顯示某一特定文章類型的單一篇文章用的檔案。
page.php	用來顯示頁面用的檔案。
category.php	用來顯示分類檢視文章用的檔案。
taxonomy.php	用來顯示以指定標籤檢視文章用的檔案。
author.php	用來顯示作者訊息用的檔案。
date.php	以日期或時間為檢視類型的檔案。

檔案名稱	用途說明
archive.php	顯示彙整用的檔案。
search.php	用來顯示搜尋結果的檔案。
attachment.php	顯示附件用。
image.php	顯示影像檔附件用。
404.php	當找不到所指定的文章或頁面時顯示的檔案。
functions.php	附加的函式功能檔案，所有在這個檔案裡面的內容都可以被執行到，通常用來放置佈景主題所需要的公用函式，以及建立要 Hook 的函式。

由於最終都會到達 index.php，因此 index.php 的內容要最先準備好，以確保當網站被瀏覽時可以回應正確的內容，其他的部份如果沒有指定的話則會以預設值來顯示，或是最終回到 index.php 來顯示。

除此之外，還有許多的 PHP 檔案如 header.php、footer.php 等等是可以另外定義，然後透過一些函式把它們引入的，這些函式如表 8-2 所示。

▼ 表 8-2：在 template 檔案中可以引入的函式

函式名稱	說明
get_header()	引入標頭檔案 header.php。
get_sidebar()	引入側邊欄 sidebar.php。
get_footer()	引入頁尾檔案 footer.php。
get_search_form()	引入搜尋用的表單。
get_template_part()	引入自訂的 template 檔案。

這些函式在 index.php、front-page.php 以及 single.php 等等檔案中均可使用。例如我們就可以設計如下所示的 index.php：

```php
<?php get_header(); ?>
<section>
    <?php  echo "Hello world!" ?>
</section>
<aside>
    <?php get_sidebar(); ?>
</aside>
<?php get_footer(); ?>
```

儘管我們並沒有寫什麼主要的內容，在佈景主題資料夾之下目前也只有 style.css 和 index.php 兩個檔案，但是我們仍然得到了像是圖 8-2 這樣的顯示內容。style.css 可以請 ChatGPT 或是 Copilot 產生一個使用 Bootstrap 及 jQuery 的通用版本。

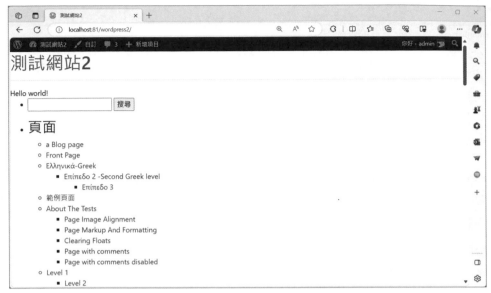

圖 8-2：簡易引入 get_header() 等函式之顯示結果

由圖 8-2 可以看得出來，雖然我們沒有 header.php、sidebar.php、以及 footer.php 等檔案，但是 WordPress 仍然使用預設值讓基本的內容可以顯示出來。

讀者應該有注意到，在 index.php 的 HTML 碼中，我們使用了 HTML5 的新標記 <section>，以及 <aside> 來標記主文內容和 get_sidebar() 的內容，如果為了相容性而不打算使用 HTML5 新標記的話，也可以利用 <div class='section' > 以及 <div class='aside'>，或是 <div class='sidebar'> 來達到同樣的目的，事實上要做好網頁的排版還需要更詳細的設定，這些設定除了要能夠反應出網頁中每一段內容的意義之外，有時候也要能夠指出某些特定的段落。

也就是說，我們在 index.php、sidebar.php 這些 template 檔案顯示資料內容時，要儘量為每一種段落種類設定專屬的 CSS 類別，同時也可以利用瀏覽器的檢視原始碼功能，去觀察顯示出來的網頁中，感興趣的內容段落使用了什麼樣的標記把它包含在一起，這些標記如果做了設定之後會不會影響到其他段落的部份。例如在網頁中顯示文章的內容，通常在文章中的每一個段落都是以 <p> 標記來含括，但是這個標記在網頁的許多地方也會用到，如果我們貿然地在 style.css 中做了以下的設定：

```
p {
    font-size: 2.0em;
    color: white;
    line-height: 1.5em;
    background-color: black;
}
```

在重新整理網頁之後會發現除了本文內容之外，其他的地方也有可能會被影響，因為在設定這個標記的時候並沒有明確地指明是要應用在哪一個段落中，因此，在大部份的情形之下，網頁中所有應用到 <p> 標記的地方都會被改變。為了避免這種情形發生，以本小節所使用的 index.php 為例，因為側邊欄的內容已被放在 <aside> 標記中了，透過觀察網頁原始碼發現側邊欄中小工具項目的標題是放在 <li> 以及 <h2> 中，所以可以做如下的設定：

```
aside h2 {
    font-size: 2.0em;
    text-align: center;
    color: white;
    line-height: 1.5em;
    letter-spacing: 5px;
    background-color: blue;
    width: 300px;
    border-radius: 10px;
}
aside li {
    list-style: none;
}
```

上述的 CSS 碼是放在 style.css 中，然後把 h2 以及 li 都放在 aside 之後做指明（請留意在 aside 和 h2 中一定要放一個空格），就可以直接設定側邊欄中的各個小工具項目的標頭而不會影響到其他非側邊欄的 <h2> 標記了。上述的設定碼執行之後的結果如圖 8-3 所示。

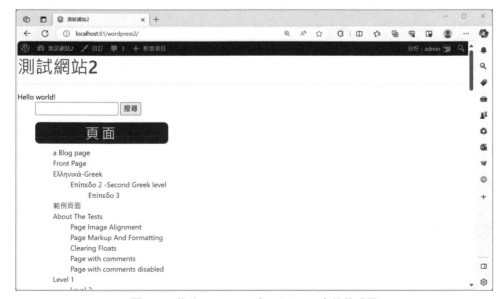

圖 8-3：修改 style.css 中 aside h2 之後的成果

特別要注意的是，如果你使用的是 <div class='aside'> 來包含側邊欄的程式碼的話，那麼在 CSS 設定時，別忘了要在 aside 的前面加上句點，成為「.aside h2」這樣才行。在 template 檔案中為每一個獨特的段落加上各自應有的 CSS 類別或 id，就可以在 style.css 透過 CSS 的設定充份發揮 CSS 網頁排版的能力了。

8.1.4 再論 WordPress 的 Loop

如同在第 6 堂課中的內容，要取出 WordPress 在資料庫中所儲存的資料，需要透過 Loop 來完成。使用 have_posts() 這個函式可以傳回依照目前的條件設定下（WordPress 有一組全域變數在記錄這些情況），還有沒有可以顯示的文章（或頁面、以及其他類型的貼文），如果有的話，可以使用 the_post() 取出來，並把相關的資料放在對應的全域變數中，然後利用 the_content() 或是 the_title() 等等函式，在適當的地方把它們取出來放在網頁中顯示，這些函式在表 6-1 中已有詳細的說明。以下是一個標準的應用例，我們把它放在 front-page.php 中：

```php
<?php get_header(); ?>
<section>
    <?php  if (have_posts()): ?>
    <ul>
    <?php      while (have_posts()): the_post(); ?>
        <li><?php the_title(); ?></li>
    <?php      endwhile; ?>
    </ul>
    <?php  endif; ?>
</section>
<hr>
<aside>
    <?php get_sidebar(); ?>
</aside>
<?php get_footer(); ?>
```

在上面這一段程式碼中主要就是把一個標準的 Loop 跑一遍，在預設的情況下，WordPress 一次最多是取出最近的 10 篇貼文（如果文章有多於 10 篇的話），在此迴圈中我們只選擇顯示文章的標題，並且把標題的前後使用 <ul></ul> 包含在無序列表中，每一篇文章的標題則是使用 <li> 包起來，上述的程式片段執行結果如圖 8-4 所示。

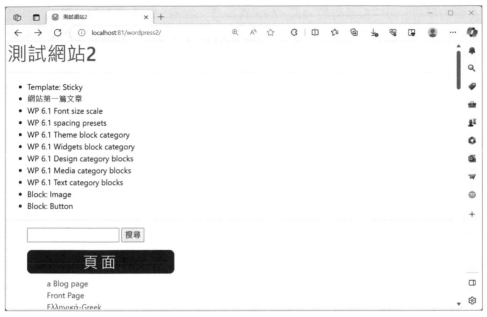

圖 8-4：基礎 WordPress Loop 的顯示結果

透過 HTML 標記的運用，也可以把顯示出來的結果做一些變化，例如上面這個例子，我們也可以改為使用 HTML 表格的方式，並加上 Bootstrap 的格式設定來顯示內容，如下所示：

```php
<?php get_header(); ?>
<section>
    <?php  if (have_posts()): ?>
    <table class="table table-striped table-sm table-hover">
        <tr><th> 篇名 </th><th> 分類 </th></tr>
    <?php     while (have_posts()): the_post(); ?>
        <tr>
            <td><?php the_title(); ?></td>
            <td><?php the_category(", "); ?></td>
        </tr>
    <?php     endwhile; ?>
    </table>
    <?php  endif; ?>
</section>
<hr>
<aside>
    <?php get_sidebar(); ?>
</aside>
<?php get_footer(); ?>
```

上面的程式片段中把原有的 <ul></ul> 置換成 <table> 的內容來製作成表格，此外在第 2 個欄位的地方放置顯示分類用的 the_category() 這個函式，此函式如果沒有使用參數的話會以 <ul> 來排列資料，為了避免此種情形，在此傳入「", "」如果同一篇文章有屬於超過 1 個以上的分類的話，這些分類名稱會以逗號做為分隔符號。上述修改後的程式片段如圖 8-5 所示。

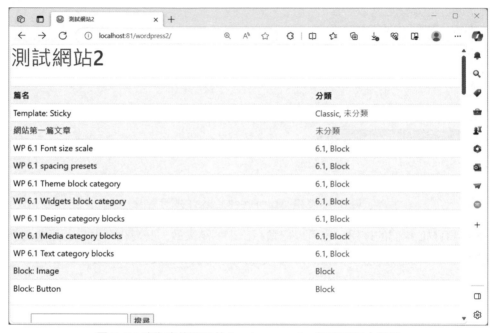

圖 8-5：改為表格顯示的 front-page.php 網頁呈現之結果

在圖 8-5 的情況下，如果使用滑鼠點擊了分類中顯示的連結，讀者可以先猜猜會出現什麼畫面？由於此時我們的 index.php 內容如下所示：

```php
<?php get_header(); ?>
<?php get_sidebar(); ?>
<?php get_footer(); ?>
```

在此內容中只是單純把標頭、側邊欄以及頁尾的內容顯示出來而已，沒有做任何處理 Loop 的動作，因此會看到如圖 8-6 所示的畫面。

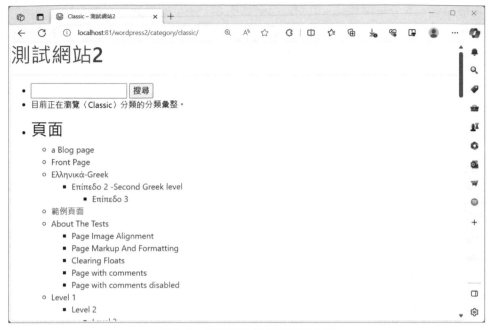

圖 8-6：沒有顯示任何的分類內容

照前一小節説明的順序，WordPress 會先去找 category.php，如果沒有的話會去找 index.php，之前的 index.php 只有載入頁首、頁尾以及側邊欄，因而不會在此顯示內容。此時如果我們把 index.php 改為如下的內容（其實就是從 front-page.php 中複製一份過來）：

```php
<?php get_header(); ?>
<section>
    <?php  if (have_posts()): ?>
    <table class="table table-striped table-sm table-hover">
        <tr><th>篇名</th><th>分類</th></tr>
    <?php    while (have_posts()): the_post(); ?>
        <tr>
            <td><?php the_title(); ?></td>
            <td><?php the_category(", "); ?></td>
        </tr>
    <?php    endwhile; ?>
    </table>
    <?php  endif; ?>
</section>
<hr>
<aside>
    <?php get_sidebar(); ?>
</aside>
<?php get_footer(); ?>
```

再去點選一次分類中連結，就可以看到如圖 8-7 所示的畫面了，而要留意的地方是，儘管顯示的外觀一樣（我們用複製 front-page.php 的方式，大部份的情形下是設計不一樣的程式碼），但是卻是執行到不同的檔案。

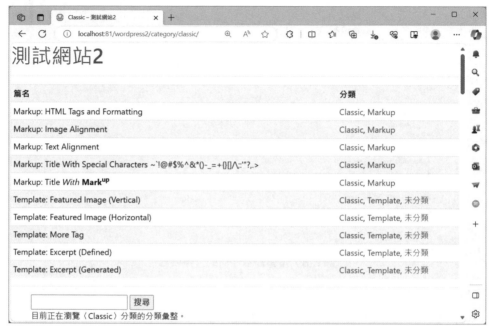

圖 8-7：更新 index.php 之後的執行結果

除此之外還有許多取得 WordPress 內容的方法（例如以設定查詢的參數、設定亂數順序以及建立多重 Loop 的方式等等），將在後續的章節中陸續加以說明。

8.1.5　佈景主題國際化（i18n）簡介

儘管我們是以中文顯示為主，但是在設計佈景主題時，還是需要考量到不同的語言使用者所建立不同語言網站之需求，以圖 8-7 網站為例，讀者可以試著把網站使用的語言從繁體中文切換成英文試試看，結果如圖 8-8 所示。

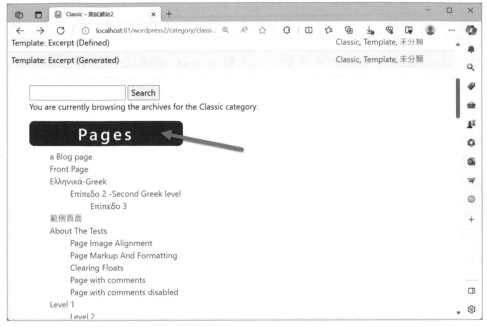

圖 8-8：切換成英文介面的網站顯示的樣子

從圖 8-8 中讀者應該可以發現，其中的搜尋表單以及側邊欄所使用的文字已經換成英文了，文章的內容以及網站的標題和子標題，其實是可以從網站的設定中改變的，可是中間用來顯示文章列表使用的表格上的標題「篇名」以及「分類」這兩個文字卻是寫死在我們的 index.php 以及 front-page.php 中，除非去修改佈景主題的內容，否則是沒有辦法更動其中的內容，也就是沒有辦法以一個翻譯檔來解決不同語言的問題。這就是佈景主題需要使用國際化字串支援的地方。

要使用國際化支援，首先要在 style.css 中設定 Text Domain 和 Domain Path，如下所示：

```
/*
Theme Name: My2024
Theme URI: https://104.es
Author: Richard Ho
Author URI: https://104.es
Description: A WordPress theme with Bootstrap and jQuery.
Version: 1.0
License: GNU General Public License v2 or later
License URI: http://www.gnu.org/licenses/gpl-2.0.html
Tags: bootstrap, jquery
Text Domain: my2024
```

```
Domain Path: /languages

*/
```

其中 Text Domain 通常就是佈景主題名稱的 slug，例如佈景主題如果叫做「My Theme」，則 Text Domain 就設定為「my-theme」，此外 Domain Path 則是設定語言檔案要放置的路徑，當然是放在這個佈景主題之內。

接下來，所有在 template 檔案中所使用到可以翻譯的字串，需要使用「__()」函式來包圍（請注意是 2 個底線），如果這個字串要順便輸出的話，則使用「_e()」這個函式（1 個底線），修正後的 front-page.php 有關於字串的部份如下所示：

```
<table class="table table-striped table-sm table-hover">
    <tr>
        <th>
            <?php _e("篇名", "my2024");?>
        </th>
        <th>
            <?php _e("分類", "my2024");?>
        </th>
    </tr>
<?php    while (have_posts()): the_post(); ?>
    <tr>
        <td><?php the_title(); ?></td>
        <td><?php the_category(__(", ", "my2024")); ?></td>
    </tr>
<?php    endwhile; ?>
</table>
```

除了 __() 和 _e() 之外，為了安全上的考慮，因為我們不知道翻譯完成之後的字串是否存有惡意的內容，所以在實務上會改為「esc_html__()」以及「esc_html_e()」這兩個函式，在傳回翻譯的字串之後對於 HTML 標記做過濾的動作。那麼，如果要翻譯的字串本身是有帶參數的情形呢？可以使用 printf()（如果需要輸出的話）或是 sprintf()（如果不需要輸出，而是要建立一個字串的話）即可。例如：

```
printf(esc_html__('There are %d messages.', 'poems2017a'), $count);
```

如此就算是完成了我們在佈景主題中要注意的部份了，不過儘管做了這些，但是 WordPress 當然不會自動幫我們完成翻譯，要能夠翻譯這些內容首先要準備一個原始的 POT 檔，此檔案可以透過 Poedit（https://poedit.net/）這個程式來產生，執行此程式之後可以指定佈景主題的檔案位置，然後讓它去找出所有 __() 以及 _e() 這兩個函式所有轉換的字串，產生出 POT 檔案，在該程式的環境中進行各種語言的翻譯作業，最後儲存成

「{ 佈景主題名稱 }-{ 語言代碼 }.mo」的翻譯檔案放在 /languages 這個資料夾之下就可以了。

8.2　進階佈景主題設計

在這一節中我們真正進入佈景主題的設計實戰，運用之前的基礎一步一步教導讀者們從無到有建立出一個實用的佈景主題。在進入本節的實作之前請先確認已經在本地端安裝了一個 WordPress 網站，並已經在其中有新增了許多的文章以及頁面，或是也可以匯入 WordPress 的 UnitTest 檔案，設計出來的版面看起來會更加地完整。

8.2.1　style.css、header.php 以及 footer.php

style.css 是佈景主題中最重要的檔案之一，在此檔案的最開頭必須列出此佈景主題中的相關資訊，然後根據在其他 PHP 檔案中所設定的標記、CSS ID、CSS 類別等等進行排版的設定，等於是網站的美觀與否，主要都是在 style.css 中決定勝負。

由於不同的瀏覽器都會針對一些標記如 <h1>~<h6>、<li>、<a>、<em> 等等依照它們原先代表的意義設定一些固有的屬性值，例如 <h1> 一定是大字粗體，而 <em> 一定是小字斜體等等，有些時候如果要精確地設定排版的位置難免會受到這些影響，因此大部份的佈景主題設計者都會在一開始的地方先把所有的屬性通通重設（reset），再於後續的地方對每一個屬性加以重設，這樣一開始會使用到比較多的 CSS 設定碼，但是卻可以避免掉許多在不同瀏覽器之間的屬性預設值差異。然而因為在這裡我們會使用到 Bootstrap 的標記，因為就不做這個動作了。詳細的 CSS 重設碼可以在網站 https://meyerweb.com/eric/tools/css/reset/ 中找到。

在重設完所有的標記之後，再根據各個在網頁中會使用到的標記，例如文章內容設定 <article> 中的 <p>，側邊欄的 <aside> 或是「.sidebar-1」類別選擇器中的 <h2> 小工具標題等等分別加以設計就可以了。在此例中，我們一開始建立的 style.css 內容如下：

```
/*
Theme Name: My2024
Theme URI: https://104.es
Author: Richard Ho
Author URI: https://104.es
Description: 設計適用於顯示詩詞的古風佈景主題
Version: 1.0
```

```
License: GNU General Public License v2 or later
License URI: http://www.gnu.org/licenses/gpl-2.0.html
Tags: bootstrap, jquery
Text Domain: my2024
Domain Path: /languages
*/
@import url(http://fonts.googleapis.com/earlyaccess/cwtexkai.css);
@import url('https://fonts.googleapis.com/css2?family=Noto+Sans+TC:wght@400;700&disp
lay=swap');
```

在上述的內容中參照了第 6 堂課的內容，使用 @import 指令引入 Google 的中文字型，以及早期測試用版本的標楷體字型，讓網站內可以使用楷體字型來顯示，不用擔心使用者的作業系統是否沒有標楷體。

接下來的設計中有一個重要的問題就是設定大小的單位，傳統上都是以 px（像素）來指定，字體的大小也是，但是字點如果使用 px 來設定的話，之後使用者就沒有辦法透過瀏覽器去放大或縮小字體的大小，在許多不同尺寸的瀏覽器來說，就變得比較沒有那麼高的相容性。後來比較常見的是 em，它預設是以 16 點字當做是 1em，之後所有的大小就以 16 點字做參照，例如 2em 就等於是 32 點字，依此類推，而對於網頁設計者來說，如果要想把所有的字體都放大一點或縮小一點，只要在 html 中設定基本的字級就可以了，如下所示：

```
html { font-size: 16px }
```

之後所有的字型只要是使用到 em 為單位的就全部被放大 1.25 倍，依此類推。在本書之後的部份，字體大小的部份我們都會以 em 這個單位為主。

header.php 的部份由於肩負著整個網頁 HTML 的標頭部份，所以要從 <!DOCTYPE html> 開始設定。由於 WordPress 網站有許多的地方是由網站的後台設定調整的，這些甚至包含了網站所使用的語系、編碼方式等等，所以有非常多的地方是不宜寫死在 HTML 碼中，而是要呼叫 WordPress 的函式來加以設定，在 WordPress 的開發網站中就建議如下所示的標頭：

```
<!DOCTYPE html>
<html <?php language_attributes(); ?>>
    <head>
        <meta charset="<?php bloginfo( 'charset' ); ?>" />
        <title><?php wp_title(); ?></title>
<link rel="profile" href="http://gmpg.org/xfn/11" />
        <link rel="pingback" href="<?php bloginfo( 'pingback_url' ); ?>" />
        <?php
if ( is_singular() && get_option( 'thread_comments' ) )
```

```
wp_enqueue_script( 'comment-reply' );
?>
        <?php wp_head(); ?>
    </head>
```

在這裡面除了一些必要的設定之外，還包括了含入 WordPress 用來處理留言（comments）的內建 Javascript 程式碼以及讓一些外掛有機會加上內容的 wp_head() 函式。但是除了這些之外，如果我們需要使用其他的 Javascript 程式庫（例如 Bootstrap 以及 jQuery）也要在這裡加上去。所以在 <?php wp_head(); ?> 這行之前，我們還要加上如下所示的 Bootstrap 以及 jQuery CDN 連結，當然對於目前的 style.css 的引入也不要忘記，以及在 <head> 中要使用 <title></title> 來設定網站的左上角標題名稱，修改後的 header.php 之 <head></head> 片段的內容如下：

```
<!DOCTYPE html>
<html <?php language_attributes(); ?>>
<head>
    <meta charset="<?php bloginfo( 'charset' ); ?>" />
    <title><?php wp_title(); ?></title>
    <link rel="profile" href="http://gmpg.org/xfn/11" />
    <link rel="pingback" href="<?php bloginfo( 'pingback_url' ); ?>" />
    <?php
        if ( is_singular() && get_option( 'thread_comments' ) )
            wp_enqueue_script( 'comment-reply' );
    ?>
    <meta name="viewport" content="width=device-width, initial-scale=1.0">
    <link rel="stylesheet" href="https://cdn.jsdelivr.net/npm/bootstrap@5.3.2/
dist/css/bootstrap.min.css" integrity="sha384-T3c6CoIi6uLrA9TneNEoa7RxnatzjcDSCmG1MX
xSR1GAsXEV/Dwwykc2MPK8M2HN" crossorigin="anonymous">
    <script src="https://code.jquery.com/jquery-3.7.1.js" integrity="sha256-eKhay
i8LEQwp4NKxN+CfCh+3qOVUtJn3QNZ0TciWLP4=" crossorigin="anonymous"></script>
    <script src="https://cdn.jsdelivr.net/npm/bootstrap@5.3.2/dist/js/bootstrap.
bundle.min.js" integrity="sha384-C6RzsynM9kWDrMNeT87bh95OGNyZPhcTNXj1NW7RuBCsyN/
o0jlpcV8Qyq46cDfL" crossorigin="anonymous"></script>
    <?php wp_head(); ?>
    <link
        href="<?php bloginfo('template_directory'); ?>/style.css"
        rel='stylesheet' type='text/css'/>
    <title>
        <?php bloginfo('name'); ?>
    </title>
</head>
```

其中關於連結 Bootstrap 以及 jQuery 的部份不需要自己逐字輸入，這些連結在它們專屬的網站上即可找到可以複製的地方。所有的 .css 檔案放置的順序非常重要，它們決定了最終是以誰的設定為主。

在 header.php 中除了 <head> 標記的部份之外還必需開啟 <body> 的啟始部份（在 footer.php 中做收尾），以及在大部份網站中都會需要的功能表選單（在這裡我們使用了兩個選單，分別是用在網頁上方的 header-menu 以及放在頁尾的 footer-menu），我們設計的內容如下（請放在 </head> 後面）：

```php
<body>
    <div class='container'>
        <header>
            <h1>
                <div id='web-title'>
                    <?php bloginfo('name');?>
                </div>
                <div id='web-description'>
                    <?php bloginfo('description'); ?>
                </div>
            </h1>
        </header>
        <nav class="navbar navbar-expand-md navbar-light bg-light">
    <div class="container-fluid">
        <a class="navbar-brand" href="#"><?php bloginfo('name');?></a>
        <button class="navbar-toggler" type="button" data-bs-toggle="collapse"
data-bs-target="#main-menu" aria-controls="main-menu" aria-expanded="false" aria-
label="Toggle navigation">
            <span class="navbar-toggler-icon"></span>
        </button>

        <div class="collapse navbar-collapse" id="main-menu">
            <?php
            wp_nav_menu(array(
                'theme_location' => 'primary-menu',
                'container' => false,
                'menu_class' => '',
                'fallback_cb' => '__return_false',
                'items_wrap' => '<ul id="%1$s" class="navbar-nav me-auto mb-2 mb-
md-0 %2$s">%3$s</ul>',
                'depth' => 2,
                'walker' => new bootstrap_5_wp_nav_menu_walker()
            ));
            ?>
        </div>
    </div>
</nav>
```

上述這段程式碼取自於 AlexWebLab 在 GitHub 上的貢獻：https://github.com/AlexWebLab/bootstrap-5-wordpress-navbar-walker，因為它使用了裡面提供的 bootstrap_5_wp_nav_menu_walker 這個類別把原本 WordPress 所輸出的選單格式轉換成 Bootstrap 5 的下拉式選單語法，為了讓下拉式選單可以正常運作，還需要在佈景主題的資料夾下建立一個 functions.php，然後複製 GitHub 上所提供的程式碼，如下所示（此程式碼取自同一個網址，特此致謝）：

```php
<?php
// bootstrap 5 wp_nav_menu walker
class bootstrap_5_wp_nav_menu_walker extends Walker_Nav_menu
{
  private $current_item;
  private $dropdown_menu_alignment_values = [
    'dropdown-menu-start',
    'dropdown-menu-end',
    'dropdown-menu-sm-start',
    'dropdown-menu-sm-end',
    'dropdown-menu-md-start',
    'dropdown-menu-md-end',
    'dropdown-menu-lg-start',
    'dropdown-menu-lg-end',
    'dropdown-menu-xl-start',
    'dropdown-menu-xl-end',
    'dropdown-menu-xxl-start',
    'dropdown-menu-xxl-end'
  ];
  function start_lvl(&$output, $depth = 0, $args = null)
  {
    $dropdown_menu_class[] = '';
    foreach($this->current_item->classes as $class) {
      if(in_array($class, $this->dropdown_menu_alignment_values)) {
        $dropdown_menu_class[] = $class;
      }
    }
    $indent = str_repeat("\t", $depth);
    $submenu = ($depth > 0) ? ' sub-menu' : '';
    $output .= "\n$indent<ul class=\"dropdown-menu$submenu " . esc_attr(implode(" ",
$dropdown_menu_class)) . " depth_$depth\">\n";
  }
  function start_el(&$output, $item, $depth = 0, $args = null, $id = 0)
  {
    $this->current_item = $item;
    $indent = ($depth) ? str_repeat("\t", $depth) : '';
    $li_attributes = '';
    $class_names = $value = '';
    $classes = empty($item->classes) ? array() : (array) $item->classes;
    $classes[] = ($args->walker->has_children) ? 'dropdown' : '';
    $classes[] = 'nav-item';
    $classes[] = 'nav-item-' . $item->ID;
    if ($depth && $args->walker->has_children) {
      $classes[] = 'dropdown-menu dropdown-menu-end';
```

```php
  }
    $class_names =  join(' ', apply_filters('nav_menu_css_class', array_filter
($classes), $item, $args));
    $class_names = ' class="' . esc_attr($class_names) . '"';
    $id = apply_filters('nav_menu_item_id', 'menu-item-' . $item->ID, $item, $args);
    $id = strlen($id) ? ' id="' . esc_attr($id) . '"' : '';
    $output .= $indent . '<li ' . $id . $value . $class_names . $li_attributes . '>';
    $attributes = !empty($item->attr_title) ? ' title="' . esc_attr($item->attr_
title) . '"' : '';
    $attributes .= !empty($item->target) ? ' target="' . esc_attr($item->target) .
'"' : '';
    $attributes .= !empty($item->xfn) ? ' rel="' . esc_attr($item->xfn) . '"' : '';
    $attributes .= !empty($item->url) ? ' href="' . esc_attr($item->url) . '"' : '';
    $active_class = ($item->current || $item->current_item_ancestor || in_array
("current_page_parent", $item->classes, true) || in_array("current-post-ancestor",
$item->classes, true)) ? 'active' : '';
    $nav_link_class = ( $depth > 0 ) ? 'dropdown-item ' : 'nav-link ';
    $attributes .= ( $args->walker->has_children ) ? ' class="'. $nav_link_class .
$active_class . ' dropdown-toggle" data-bs-toggle="dropdown" aria-haspopup="true"
aria-expanded="false"' : ' class="'. $nav_link_class . $active_class . '"';
    $item_output = $args->before;
    $item_output .= '<a' . $attributes . '>';
    $item_output .= $args->link_before . apply_filters('the_title', $item->title,
$item->ID) . $args->link_after;
    $item_output .= '</a>';
    $item_output .= $args->after;
    $output .= apply_filters('walker_nav_menu_start_el', $item_output, $item,
$depth, $args);
  }
}
```

　　header.php 在 </head> 之後當然是要以 <body> 標記開始（別忘了建立一個 footer.php 檔案，在其中加上 </body></html> 做收尾），然後套用 Bootstrap 的 <div class='container'> 貫穿全網站（也別忘了在 footer.php 中要再加上一個 </div> 用來做 container 的收尾），接著以 HTML5 的 <header> 標記來編排此網站的主標題和副標題，為了方便起見，在 <h1> 標籤中以 id 分別指定網站名稱和副標題為 web-title 以及 web-description。以下是在 style.css 針對 <body> 和網站名稱 id 的 CSS 設定：

```css
body {
    font-size: 16px;
    font-family: 'Times New Roman', 'cwTeXKai';
}
header {
    background-image: url('title-background.jpg');
    background-repeat: no-repeat;
```

```
        background-size: cover;
        background-position: center;
        text-align: center;
        padding: 2px 5px 2px 5px;
        box-shadow: 1px 1px black;

}
#web-title {
        color: lightgray;
        text-shadow: 3px 3px black;
        font-weight:bold;
        font-size:2em;
}
#web-description {
        text-shadow: 1px 1px white;
        font-weight: 100;
        font-size: 0.8em;
}
```

為了讓標題更具有詩詞風格，我們讓微軟的 Bing（必應）以 AI 繪製水墨畫作為背景圖片，並命名為 title-background.jpg，把它引用到 header 標籤中作為背景，然後分別對於 #web-title 以及 #web-description 進行一些格式上的設定。

最後在 <header> 之下使用 <nav> 標記把 WordPress 網站的 wp_nav_menu() 選單列示出來。為了能夠讓使用者可以自訂選單的內容，還必須在 functions.php 中加上以下的程式碼註冊選單，就如同在第 6 堂課中介紹過的內容一樣（放在 bootstrap_5_wp_nav_menu_walker 的類別定義之下）：

```
register_nav_menus(
    array(
    'primary-menu'=>__('主選單'),
    'secondary-menu'=>__('次選單')
    )
);
```

在這裡我們註冊了兩個選單，因此在 WordPress 的選單設定介面時就會有兩個選單的位置可以選用，在 header.php 中使用到 primary-menu 這個選單。另外，我們也針對 footer 的屬性做如下的設定（放在 style.css 中）：

```
footer {
    border-top: 1px dotted gray;
}
```

footer.php 的內容除了一些想要在頁尾加上去的功能之外，也不要忘了把之前開啟的一些標記如 <div clsss='containter'>、<body>、<html> 做收尾的動作，其內容如下：

```
<footer id='footer'>
    <nav class="navbar navbar-expand-md navbar-light bg-light">
        <div class="container-fluid">
            <a class="navbar-brand" href="#"><?php bloginfo('name');?></a>
            <button class="navbar-toggler" type="button" data-bs-toggle="collapse"
data-bs-target="#main-menu" aria-controls="main-menu" aria-expanded="false" aria-
label="Toggle navigation">
                <span class="navbar-toggler-icon"></span>
            </button>

            <div class="collapse navbar-collapse" id="main-menu">
                <?php
                wp_nav_menu(array(
                    'theme_location' => 'secondary-menu',
                    'container' => false,
                    'menu_class' => '',
                    'fallback_cb' => '__return_false',
                    'items_wrap' => '<ul id="%1$s" class="navbar-nav me-auto mb-2
mb-md-0 %2$s">%3$s</ul>',
                    'depth' => 2,
                    'walker' => new bootstrap_5_wp_nav_menu_walker()
                ));
                ?>
            </div>
        </div>
    </nav>
    <p>
        網站範例，歡迎學習 ~~，本站使用的 WordPress 版本為：
        <?php bloginfo('version'); ?>
    </p>
</footer>
</div>
</body>
</html>
```

假設 front-page.php 是目前只是引入 header 和 footer 的情況下，那麼到目前為止網頁呈現的結果如圖 8-9 所示，其中選單的位置要先到 WordPress 後台中加以設定，在此例中的 primary_menu 因為已經引入了 UnitTest 的範本內容，所以有非常完整的選單內容（包含下拉式選單），至於 secondary_menu 則自行簡單加入一些連結或分類即可。完成後的主網頁畫面如圖 8-9 所示。

圖 8-9：頁首和頁尾的設計

圖 8-10 是在 WordPress 控制台中對於兩個選單的位置管理時設定的畫面，在畫面中我們建立了一個 footer-menu 選單，然後把它指定給 secondary-menu 的這個位置，亦即被放在頁尾的選單。

圖 8-10：WordPress 控制台對於 2 個選單的位置管理介面

8.2.2 front-page.php、home.php 與 index.php

在上一小節中的 front-page.php 只是很單純地利用 get_header() 以及 get_footer()，把 header.php 以及 footer.php 含入檔案中，接下來要把網站貼文的標題顯示出來，同時加上「上一頁」以及「下一頁」的分頁功能。

在一般的部落格網站中，一進入網站就要依時間順序顯示貼文，那麼只要專心設計 front-page.php，讓它可以顯示所有的貼文即可，但是在有些情形下，尤其是打算把網站製作成正式的網站，而非只有部落格文章內容而已的話，那麼區分出 front-page.php、home.php 以及 index.php 就非常重要。為了完成這個練習，除了原有的頁面之外，請再額外新增一個頁面命名為「部落格」，在給了標題之後直接存檔，不要加上任何的內容。接著回到 WordPress 控制台的設定選單的「閱讀設定」，如圖 8-11 所示。

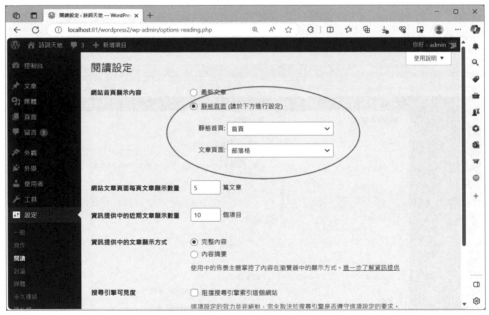

圖 8-11：為網站設定靜態頁面

在首頁顯示的地方選取「靜態頁面」，然後就可以在下方的選單中點選要設定的首頁以及文章頁面。其中，首頁的部份我們選擇任一個可以使用的頁面，在此例為「首頁」，文章頁面則是剛剛建立的那個沒有任何內容的頁面，設定後的結果就如同圖 8-11 所示的樣子。

在做了上述的設定之後，當使用者再次瀏覽網站首頁的時候，則「首頁」這個頁面就會套用 front-page.php 這個檔案來顯示，「部落格」這個頁面（也就是依序顯示此網站貼文的索引部份）則是套用 home.php 這個檔案，其他沒有任何套用到的部份才會到 index.php 這個 template 來顯示。也因此，我們要做的事就是讓 front-page.php 這個檔案可以顯示單一頁面，並規劃成為網站首頁的樣子，home.page 則是主部落格內容的索引內容，index.php 則當作是通用的 template 來使用。當使用此種設定的時候，由於只要瀏覽首頁就會以 front-page.php 的來顯示「首頁」這個頁面，所以在選單中還要加上可以前往「部落格」這個頁面的連結，如圖 8-12 所示。

圖 8-12：在選單中加入前往部落格的選項

由於在 header.php 已有顯示選單的功能，所以只要在 WordPress 後台中加上此頁面的連結即可。我們把「部落格」這個頁面加到主選單中，並命名為「前往詩文集」這個選項名稱。接著只要在 front-page.php 中別忘了要引入 get_header() 即可。

為了讓首頁的呈現可以更加地豐富，首先在 functions.php 中加上如下所示的這一列命令：

```
add_theme_support( 'post-thumbnails' );
```

這一列指令的目的是為了啟用頁面以及貼文的精選圖片之用，加入之後我們在新增頁面時，即可以在右下角處看到可以新增精選圖片的介面，如圖 8-13 所示。

圖 8-13：在編輯頁面及貼文時多了一個精選圖片的操作介面

此時在顯示此頁面的時候就多了一個精選圖片可以單獨處理。以此範例來說，我們在頁面中僅僅只放了文字內容，然後再加上一張特色圖片，此時 front-page.php 的內容可以編寫如下：

```php
<?php
    get_header();
    the_post();
?>
<div id='front-page'>
    <?php if (has_post_thumbnail()) { ?>
    <div id='front-page-feature'>
        <?php the_post_thumbnail('medium'); ?>
    </div>
    <?php } ?>
    <?php the_content(); ?>
</div>
<?php get_footer(); ?>
```

在這裡我們並不載入側邊欄，但是保留 get_header() 和 get_footer()，在檔案的一開始要呼叫 the_post() 讓系統可以設定本篇文章的相關資訊到各個全域變數之中以利之後的使用。接著，設定一個名為 front-page 的 <div> 段落，在這個段落中以 has_post_thumbnail() 檢查比篇文章是否有特色圖片，如果有的話則以 the_post_thumbnail('medium') 來顯示出這張圖片，中間的參數則是要顯示的圖片大小，有 thumbnail、medium、medium_large、large 以及 full 幾個尺寸可以選用，WordPress 也有提供函式可以自行設定特色圖片的大小尺寸。

在顯示了特色圖片之後再使用 the_content() 顯示出此頁面的內容，對首頁來說頁面的標題並不重要，在這裡就不使用 the_title() 了。接下來我們使用了以下的 CSS 程式碼（別忘了是放在 style.css 中）調整顯示的內容：

```css
/* 載入仿宋體 */
@import url('https://fonts.googleapis.com/earlyaccess/cwtexfangsong.css');
/* 設定首頁的 CSS */
#front-page {
    font-family: 'cwTeXFangSong', 'cwTeXKai', serif;
    font-size: 2em;
    padding: 10px;
}
#front-page p {
    text-indent: 1.9em;
    text-align: justify;

}
#front-page-feature {
    padding: 5px;
    margin-right: 20px;
    margin-bottom: 5px;
    border: 1px solid black;
    float: left;
    box-shadow: 5px 5px 3px #bbb;
}
```

為了讓整篇看起來更有文學氣息，在此特地使用了仿宋體來當顯示的第一順位，設定值如下：

```css
font-family: 'cwTeXFangSong', 'cwTeXKai', serif;
```

要讓上面的設定可以生效，別忘了再 style.css 的啟始處加上以下的 @import 指令，這是 Google Font 所提供的網頁免費字型，雖然是早鳥試用版，但是目前還是可以使用，如果讀者發現不能使用了，有可能是網址要再改一下：

```css
@import url(https://fonts.googleapis.com/earlyaccess/cwtexkai.css);
@import url(https://fonts.googleapis.com/earlyaccess/cwtexfangsong.css);
```

經過以上的設定，就完成了不同於一般部落格的靜態首頁網站了，如圖 8-14 所示。其中的精選圖片請使用 Bing 或其他 AI 繪圖工具生成即可。

圖 8-14：front-page.php 顯示首頁的外觀

front-page.php 是首頁，只有以根網址瀏覽的時候會使用到這個 template 檔案，index.php 則是最終在沒有套用到其他適合的 template 檔案時會採用的 PHP 檔案，因此這兩個都非常需要。在圖 8-14 的例子中，當瀏覽者點選了「前往詩文集」時，由於在前面的設定中我們是把這個連結指向一個名為「部落格」的空白頁面，當 WordPress 核心程式發現了這是空白的頁面且被設定為「文章頁面」時，則它會前往尋找 home.php 這個檔案來當做是 template 做為顯示貼文的依據，所以接下來是設定 home.php 的時候了。

在本範例中我們預設是以顯示詩或詞的內容為主，所以在首頁的顯示中並不適合使用摘要，只要顯示詩作內容、詩名以及作者即可。此外，網站中的每一則貼文即為一首詩或詞，在新增文章的時候需以分類的方式來做設定，至於詩或詞的作者則是以標籤的型式來區分，當然，因為作者只會有一個，但是在設定標籤的時候可以加上一個以上的標籤，在這裡我們直接拿取第 1 個（索引是 0）標籤當作是作者，其他的標籤則不予理會。

也因為是這樣的安排，所以在網站的內容中必須要有貼文的分類（新詩、詩、詞），同時在每一篇貼文中也必須加上一個詩或是詞的作者當做是標籤，請留意在這邊不使用預設的貼文者 author 的原因是，如果為了每一個詩詞作者建立一個 WordPress 的帳戶的話，那將會是一件非常麻煩的事，因為在 WordPress 預設的作者指的是貼文者，而在此網站我們的工作只是把歷史上現有的詩文轉貼出來而已，並非是作者本人。

請準備一些詩詞的文章，並務必在標籤中加上作者，否則在這個版本的程式碼會出現陣列存取的錯誤。第一版本的 home.php 的內容如下：

```php
<?php get_header(); ?>
<main>
    <?php if (have_posts()): ?>
    <div id='main-content' class='list-group'>
        <?php while (have_posts()): the_post(); ?>
            <div class='title'>
            <a class='list-group-item'
                href='<?php the_permalink(); ?>'>
                    <div class='poem-title'>
                        <?php the_title("", ""); ?>
                    </div>
            </a>
            </div>
            <div class='author'>
            <em class='list-group-item'>《
                <?php
                    $tags = get_the_tags();
                ?>
                <a href='<?php echo get_tag_link($tags[0]->term_id); ?>'>
                    <?= $tags[0]->name; ?>
                </a>
                 》
            </em>
            </div>
        <?php endwhile; ?>
        <div class='list-group-item'>
            <p>
            <?php the_posts_pagination(); ?>
            <div class='clearfix'></div>
            </p>
        </div>
    </div>
    <?php endif; ?>
</main>
<aside id='sidebar'>
    <?php get_sidebar(); ?>
</aside>
<?php get_footer(); ?>
```

除了原有的 get_header(), get_sidebar() 以及 get_footer() 之外，在本程式中把 WordPress 用來顯示文章列表的索引內容放在 <main></main> 標記中，同時使用 Bootstrap 中的 list-group 把列表包含起來，並設定此段 <div> 的 id 為 main-content，待會在設定 CSS 屬性時，這些標記的類別以及 id 都非常重要。

在 list-group 中的每一個項目，也就是每一篇文章和此篇詩文的作者是以 list-group-item 來呈現。如何顯示貼文的標題以及相對應的單篇文章連結在前文中已有說明，在這裡說明如何把此文章的第 1 個標籤取出來。在這裡我們使用 get_the_tags() 函式，在 WordPress Loop 中使用這個函式會把所有本篇貼文設定的標籤取出來，它的傳回值是一個陣列變數，因此要取出第一個標籤內容則需要使用 $tags[0] 才行。

每一個標籤中有許多重要的值，在這裡我們用到其中的 2 個，分別是取出標籤的名稱「$tags[0]->name」，以及取出此標籤的 id「$tags[0]->term_id」，取出來的這個 id 是要給函式 get_tag_link() 用的，它可以用來產生這個標籤所對應到的連結，例如：

```
http://localhost:83/wordpress/tag/李白/
```

點擊此連結之後，前面 home.php 中的程式碼只要複製到 index.php 中，這是因為我們還沒有建立 tag.php 的關係，所以會執行到 index.php，此段程式碼也可以順利地執行出預期的內容。首頁 home.php 執行的結果如圖 8-15 所示。

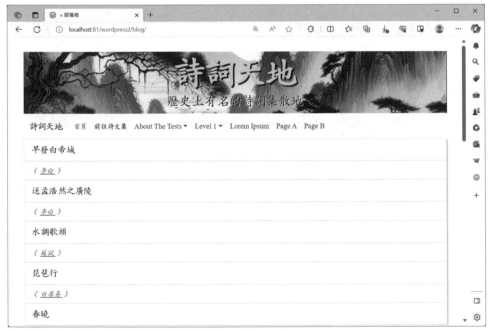

圖 8-15：home.php 執行結果

當點擊其中一個作者時，則會出現如圖 8-16 所示的結果。

圖 8-16：index.php 執行 '/tag/ 李白 ' 的結果

　　為了讓讀者可以區分 index.php 和 home.php 的執行時機，我們在複製了 home.php 的內容之後，特別在 <main> 標記之下加上這一段 HTML 碼以茲區別：

這是 index.php 的執行結果

　　由圖 8-16 的執行結果可以看得出來，不同的網址在 WordPress 核心程式碼中自然而然就會自動對應到搜尋的結果，在我們的程式中雖然是使用同一組 Loop 的程式碼，卻可以產生出使用者需要的內容。

　　另外網頁的文章通常不會只有一頁，為了製作分頁的效果，我們使用 the_posts_pagination() 自動產生所有應有的分頁頁碼連結，它的用法非常簡單，只要在 <?php ?> 中加上此函式即可，當然，這個函式要在 while 迴圈的外圍使用，因為要等到所有的索引列都顯示完了再加上這些頁碼才對。至於在此段程式之後的這一段內容：

```
<div class='clearfix'></div>
```

　　它的目的只是在這邊加個 clearfix 的段落，目的是為了清除頁碼向右顯示所造成的排版影響。當然，上述的顯示結果是透過以下這些 CSS 設定才得以達成的：

```css
main {
    padding-bottom: 10px;
box-shadow: 3px 3px lightgray;
}

main .list-group a:hover{
    background-color: #BBB;
}

main .poem-title {
    font-size:1.3em;
}

h2.screen-reader-text {
    display: none;
}

nav.navigation.pagination {
    margin: 0px;
    padding: 0px;
    float: right;
}

.clearfix {
    clear: both;
}
```

8.2.3　sidebar.php

在上述的幾節中我們一直沒有提到 sidebar.php 的部份，但其實是為在 home.php 以及 index.php 中均有使用 get_sidebar() 函式，因此即使是還沒有編輯 sidebar.php 檔案，我們仍然能夠利用 CSS 的排版設計把側邊欄移到右邊去。

要設定網頁的版面有非常多種方法，在此例中我們打算使用 Bootstrap 的 Grid 網格系統。Bootstrap 把網頁設定成每列 12 格寬度，使用 <div class='row'></div> 來表示一列，在此列中可以使用 <div class='col-xx-??'></div> 來設定此元素所要使用的寬度。其中 xx 是裝置的大小，而 ?? 則是數字，也就是要佔用的欄位寬度數目。裝置大小的考量如表 8-3 所示。

▼ 表 8-3 Bootstrap 對於裝置大小的定義

裝置大小名稱	對應名稱	像素大小
Extra small	xs	<576px
Small	sm	>=576px
Medium	md	>=768px
Large	lg	>=992px
Extra large	xl	>=1200px

如果指定的螢幕寬度足夠使用，則依照使用者指定的格數來分配，如果不夠使用的話則是以堆疊的方式來顯示，設計者也可以自訂在不同的螢幕寬度下要分配使用的格數為何。例如：

```
<div class='col-xs-12 col-sm-6 col-md-4'>
```

上述表達的意思為，此段 <div> 的內容如果是在 Extra Small 的螢幕下顯示時則佔全部的寬度，如果是在 Small 的螢幕下顯示時則佔用 6 個欄位（寬度的 1/2），如果是在 Medium 或更寬的螢幕下顯示時則佔用 4 個欄位（寬度的 1/3）。

回到範例網站，在範例網站中希望主貼文索引放在左側，佔用四分之三的寬度，側邊欄則是放在右側佔用四分之一的寬度，由於一列中總共有 12 格，因此主內容佔用 8 欄，側邊欄則是佔用 4 欄。另外，在 576 像素以下的螢幕由於太窄了，所以如果是此種小型螢幕則不另外區分兩欄，引用此法套用在 home.php 以及 index.php 檔案中，只要分別在 <main></main> 以及 <aside></aside> 外圍加上 Bootstrap 的設定即可，如下：

```php
<?php get_header(); ?>
<div class='row'>
    <div class='col-sm-8'>
        <main>
        {{ 省略 }}
        </main>
    </div>
    <div class='col-sm-4'>
        <aside id='sidebar'>
        <?php get_sidebar(); ?>
        </aside>
    </div>
</div>
<?php get_footer(); ?>
```

只要這樣就完成把網頁分成兩欄，而且具有根據螢幕寬度自適應顯示的功能了。分欄之後的網頁內容如圖 8-17 所示（右側出現的是系統預設小工具內容）。

圖 8-17：使用 Bootstrap 網格系統分欄的網頁畫面

至於要顯示出自訂的小工具側邊欄則需要在 functions.php 中加入註冊程式碼，否則只會顯示出預設的小工具，而且也沒有地方可以自行修改小工具的內容。註冊程式碼如下所示：

```php
if(function_exists('register_sidebar')) {
    register_sidebar(array(
        'name' => __('側邊欄'),
        'id' => 'sidebar',
        'before_widget'=>'<section id="%1s" class="widget">',
        'after_widget'=>'</section>',
        'before_title'=>'<div class="widget-title">',
        'after_title'=>'</div>'
        ));
}
```

如果需要註冊 2 個以上的側邊欄，則需要改為使用 register_sidebars($number, $agrs)，其中 $number 是指定側邊欄的數量，$args 基本上和上述的內容差不多，但是在 'name' 的地方要指定如下：

```
        'name' => __('側邊欄 %d'),
```

由於在參數中指定了使用的標記以及 CSS 類別，因此只要在 style.css 中針對這些內容加上屬性設定，就可以為側邊欄增加更多的美化設計。在註冊了 sidebar 之後，新增 sidebar.php 並編輯其內容如下：

```php
<?php dynamic_sidebar('sidebar'); ?>
```

此時如果你在編輯側邊欄時加上一些常用的小工具，就可以把指定的 sidebar 顯示出來了（如果新版的小工具編輯工具不習慣，可以到外掛去安裝一個叫做傳統小工具 Classic Widgets 的外掛，就可以使用傳統的方式編輯側邊欄的功能），由於在註冊 sidebar 時指定了小工具 widget 的 class 名稱以及 widget 的 title（標題）的類別名稱，因此透過以下的 CSS 設定即可讓側邊欄的每一個小工具看起來更活潑一些，如下所示：

```css
#sidebar {
    border: 1px solid #ccc;
    padding: 20px;
    border-radius: 10px;
    box-shadow: 5px 5px 5px;
}

.widget {
    border: 1px solid #bbb;
}

.widget-title {
    font-size: 1.2em;
    background-color: #0aa;
    color: white;
}

main {
    border: 1px solid #ccc;
    padding: 20px;
    box-shadow: 5px 5px 5px;
}
```

圖 8-18 是設定了側邊欄 CSS 樣式之後，部落格（前往詩文集）網頁的顯示結果。

圖 8-18：設定側邊欄屬性之後的顯示結果

8.2.4 singular.php、single.php 以及 page.php

頁面 Page 和貼文 Post 最主要的差異在於，貼文 Post 是依照張貼的時間順序組合在一起的，在網站中可以顯示特定的貼文，也可以一口氣把所有的貼文依照時間順序顯示出來。頁面 Page 則是沒有時間的先後關係，每一個頁面有自己的 ID 以及 slug，需要顯示的時候是一個一個分別顯示，亦或是以樹狀結構的方式（如果幾個頁面之間有設定父子關係的話）查詢及顯示出來。

在實務上，頁面經常用在網站中的「關於本網站」、「隱私權政策」、「版權聲明」等等和時間沒有關係的靜態資訊上，貼文則是部落格的文章，會依照時間順序來顯示，並且經常都會有一個索引的頁面（大部份是部落格網站的首頁）。

如前文所說明的，如果使用者選定了某一個特定的頁面，則系統就會去尋找佈景主題目錄中有沒有 page-{}.php 這個檔案，其中在 {} 後面是此特定頁面專屬套用的 template，如果沒有的話則是以 page.php 為 template，再沒有的話則會回到 index.php 這個檔案。

如果是貼文的話則是以同樣的邏輯套用 single.php。因此，如果我們想要讓網站在顯示單一則貼文或是頁面要套用到不同的 template，則需在佈景主題目錄中準備好 single.php 以及 page.php 才行。

　　至於在有些佈景主題的 page.php 以及 single.php 如果是相同的排版方式的話，那麼在 WordPress 4.3 版之後可以直接使用 singular.php，它的優先順序在 page.php 和 single.php 之後，在 index.php 之前，也就是如果 WordPress 的核心程式在調用不到 page.php（顯示頁面）或是 single.php（顯示貼文）時，會先去找 singluar.php，如果還找不到才會去找 index.php。由於我們的範例網站的頁面和貼文會使用不同的排版，在範例中直接分別定義 single.php 和 page.php。single.php 的內容如下所示：

```php
<?php get_header();
    the_post();
    $tags = get_the_tags();
    $author = $tags[0]->name;
?>
<div class='row'>
    <div class='col-md-8'>
        <main id='single-post'>
            <article class='post'>
                <section class='post-title'>
                    <?php the_title("<p>", "</p>"); ?>
                    <p class='post-author'>《<?= $author?>》</p>
                </section>
                <section class='post-body'>
                    <?php
                        the_content();
                    ?>
                </section>
            </article>
        </main>
    </div>
    <div class='col-sm-4'>
        <aside id='sidebar'>
            <?php get_sidebar(); ?>
        </aside>
    </div>
</div>
<?php get_footer(); ?>
```

　　在此程式中同樣用了和 home.php 一樣的分欄方法，再加上以下的 CSS 設定：

```css
main {
    border: 1px solid #ccc;
    padding: 20px;
    box-shadow: 5px 5px 5px;
}
```

```
#single-post {
    font-size:1.8em;
    color: black;
}

.post-title {
    font-size:1.5em;
    background-color: gray;
    color: white;
}

.post-title p {
    padding: 10px;
}

.post-author {
    font-size:0.8em;
    text-align: right;
}

.post-body {
    padding: 10px;
}
```

顯示單篇文章的網頁如圖 8-19 所示。

圖 8-19：single.php 的網頁排版結果

和 Post 不一樣的地方在於 Page 是靜態的，基本上是沒有所謂的索引頁，大部份的情況下是要以選單的方式讓瀏覽者可以有點選的機會。在此例中我們新增了幾個具備有上下分層結構的頁面，如圖 8-20 所示。

圖 8-20：範例網站中要使用的頁面結構

如圖 8-20 所示，第一層有許多 Page，在相關著作這個頁面有 3 個子頁面，另外關於本站這個頁面也有一個子頁面。我們重新調整選單，把「李白」放在頁尾的選單處，「相關著作」以及「關於本站」則是加入到上方的主選單。

當我們點選這幾個頁面的連結時，系統預設會去尋找 page.php，如果找不到的話則以 index.php 來顯示，因為 index.php 中並沒有顯示頁面的方法，因此就無法順利顯示，出現許多錯誤訊息，如圖 8-21 所示的樣子，發生錯誤主要的原因是我們在頁面中並沒有設定標籤，同時在程式中也沒有加上例外處理，使得程式碼因為讀不到陣列中元素的索引而造成錯誤。

圖 8-21：使用 index.php 顯示頁面的結果

好在，顯示頁面的方式基本上和顯示貼文的方式沒有很大的差別，因此一開始我們先把 single.php 拿來使用，複製一份成為 page.php，並移除顯示標籤的程式碼。執行的結果如圖 8-22 所示。

圖 8-22：直接使用 single.php 的內容放在 page.php 中的結果

從圖 8-22 中可以看到，在作者的地方只剩下一個空的雙括號，因為在頁面中並沒有新增標籤的功能，在這個範例中所有的頁面均是由網站管理員所準備的，頁面的作者並不重要，在此直接把 page.php 中顯示作者部份的程式碼移除即可，移除之後的 page.php 內容如下：

```php
<?php get_header();
    the_post();
?>
<div class='row'>
    <div class='col-md-8'>
        <main id='single-post'>
            <article class='post'>
                <section class='post-title'>
                    <?php the_title("<p>", "</p>"); ?>
                </section>
                <section class='post-body'>
                    <?php
                        the_content();
                    ?>
                </section>
            </article>
        </main>
    </div>
    <div class='col-sm-4'>
        <aside id='sidebar'>
            <?php get_sidebar(); ?>
        </aside>
    </div>
</div>
<?php get_footer(); ?>
```

8.2.5 頁面屬性套用模板設計

在這裡我們打算更進一步地區分出頁面的種類。在範例中使用的網頁主要有 2 種，其中一種是用來做為介紹這個網站內容的主要靜態頁面，這些頁面本身有上下的階層關係，如何依照頁面之間的階層關係來顯示，在 8.2.6 節中會有詳細的說明。在這一小節中要介紹的是如何讓網站管理者在新增或是編輯頁面時，即可以指定編輯中的頁面要「套用」哪一個範本來顯示其內容（一般來說，如果沒有指定的話會以 page.php 或是 index.php 做為範本）。

如同前面的章節中所說明的，WordPress 讀取頁面的內容之後，會先去找 page-{}. php 的檔案，大括號中的數字或文字則代表了該頁面的 id 或是 slug 內容。如果找不到的話會使用 page.php，再找不到的話才會去使用 index.php。在這裡其實我們可以設定一個公用的範本，以此例命名為 page-author.php，然後在此檔案的最前面加上如下所示的註解文字：

```php
<?php
/*
Template Name: 詩詞作者版面
Template Post Type: page
*/
?>
```

之後，在頁面的編輯介面中，就可以在右側「範本」的地方，看到可以指定範本的選項，如圖 8-23 所示。

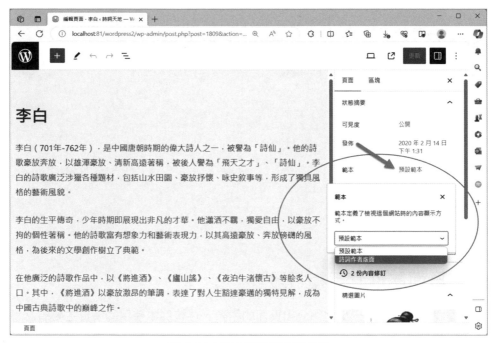

圖 8-23：加上自訂範本的功能

如圖 8-23 所示，在「範本」的功能表選項中會看到我們設定的範本名稱，當此頁面設定為此模板之後，則以後在顯示這個頁面時，就都會以 page-author.php 來顯示這個頁面的內容。以下是 page-author.php 的內容：

```php
<?php
/*
Template Name: 詩詞作者版面
Template Post Type: page
```

```php
*/
?>
<?php get_header();
    the_post();
?>
<main id='page-author'>
    <article class='author'>
        <section class='author-title'>
            <?php the_title("<p>", "</p>"); ?>
        </section>
        <section class='author-body'>
            <?php if (has_post_thumbnail()) { ?>
            <div id='author-feature'>
                <?php the_post_thumbnail('medium'); ?>
            </div>
            <?php } ?>
            <?php
                the_content();
            ?>
        </section>
    </article>
</main>
<?php get_footer(); ?>
```

在這裡只使用一個欄位，而且使用不同於頁面和貼文的 CSS 內容，但是和前面在 front-page.php 中一樣檢視了特色圖片，如果有的話就把它呈現出來，#author-feature, .author-title 以及 .author-body 的 CSS 屬性設定如下：

```css
#front-page-feature,
#author-feature {
    padding: 5px;
    margin-right: 20px;
    margin-bottom: 5px;
    border: 1px solid black;
    float: left;
    box-shadow: 5px 5px 3px #bbb;
}
.author-title {
    background-color: blue;
    color: white;
    font-size: 2.0em;
}

.author-body {
    font-family: 'cwTeXFangSong', 'cwTeXKai', serif;
    font-size: 1.3em;
    text-align: justify;
    text-indent: 2em;
    line-height: 150%;
}
```

圖 8-24 是設定完成之後的網頁顯示結果。

圖 8-24：套用客製化頁面的顯示結果

8.2.6　階層式分頁顯示功能

如圖 8-24 所示，範例網站在主選單中有一些連結，「詩詞天地」是回首頁用的連結，其他的 3 個中文選項以及最下方的「李白」都是靜態頁面。「關於本站」以及「相關著作」這兩個頁面其實是有子頁面的，就如同圖 8-20 所顯示的這樣。對於有階層相關的頁面，如果能夠在顯示父頁面時順便列出它的子頁面之連結，那就更加地方便了。

要加上頁面的連結，只要使用 wp_list_pages() 函式即可，如果直接使用這個函式而沒有加上任何的參數，會看到所有的頁面連結，但我們只希望能夠顯示目前這個頁面中的子頁面連結，以 page-author.php 為基礎另外編寫了 page-about.php，內容如下：

```php
<?php
/*
Template Name: 關於本站版面
Template Post Type: page
*/
?>
<?php get_header();
```

```
    the_post();
?>
<nav class='page-sub-menu'>
    <?php wp_list_pages(array(
        'child_of' => $post->ID,
        'title_li' => ''
    )); ?>
</nav>
<main id='page-about'>
    <article class='about'>
        <section class='about-title'>
            <?php the_title("<p>", "</p>"); ?>
        </section>
        <section class='about-body'>
            <?php if (has_post_thumbnail()) { ?>
            <div id='about-feature'>
                <?php the_post_thumbnail('medium'); ?>
            </div>
            <?php } ?>
            <?php
                the_content();
            ?>
        </section>
    </article>
</main>
<?php get_footer(); ?>
```

除了呼叫 wp_list_pages() 函式之外，另外再加上指定目前頁面 $post->ID 的子網頁，以及不要顯示這個導覽列的標題，接著再設定相對應的 CSS 屬性：

```
#about-feature {
    padding: 5px;
    margin-right: 20px;
    margin-bottom: 5px;
    float: left;
}
.about-title {
    background-color: blue;
    color: white;
    font-size: 2.0em;
}
.about-body,
.about-body p {
    font-family: 'cwTeXFangSong', 'cwTeXKai', serif;
    font-size: 1.3em;
    text-align: justify;
    text-indent: 2em;
    line-height: 150%;
}
nav.page-sub-menu {
    list-style: none;
}
```

最後執行的結果如圖 8-25 以及圖 8-26 所示。

圖 8-25：加上子頁面並套用 page-about 範本的頁面顯示結果

圖 8-26：進入子頁面之後的顯示結果

本章習題

1. 請簡要說明 singular.php、single.php 以及 post.php 之間的關係。

2. 請修改程式碼以避免讀取不到標籤內容所產生的錯誤。

3. 要讓使用者可以自由地設定頁面使用不同的欄數（單欄、雙欄或是三欄）來排版，可以使用何種方式達成。

4. 如圖 8-26，如何讓使用者在選擇顯示子頁面時，仍然能夠在上方保留同一階層的其他子頁面之連結？

5. 在顯示頁面的時候如果遇到圖片尺寸太大，文字內容太少時會發現排版錯誤，請說明解決的方法。

第 **9** 堂

WordPress 佈景主題製作實例（下）

◀ 前　　言 ▶

延續前一堂課的內容，在本節課中繼續學習如何準備其他的模板檔案，同時也會說明如何在頁面中另外自行定義 WordPress 的搜尋內容，並根據這些內容建立自己的頁碼，讓佈景主題的功能更多更好用。最後，也會說明如何把製作好的佈景主題安裝到其他的網站，以及一些設計佈景主題的注意事項。

◀ 學習大綱 ▶

➤ WP_Query 類別探討
➤ 其他頁面模板的設計
➤ 其他進階主題

9.1 WP_Query 類別探討

在預設的情況下 WordPress 的核心程式是透過網址來搜尋資料庫的內容，然後把查詢到的資料放在公用變數中，我們使用的各式各樣查詢的函式則是從這些全域變數中取得，然而使用 WP_Query 這個類別，我們還可以不經由網址和全域變數的機制取得想要的資料，這是本節主要學習的內容。

9.1.1 查詢 WordPress 資料庫

在前一堂課的佈景主題設計課程中讀者應該會發現，相同的程式碼使用不同的網址去查詢，可以拿到不同的資料，這是因為 WordPress 核心的程式中本身就會依據網址去解析所需要取得的資料，然後和資料庫查詢取出之後放在全域變數中，當我們呼叫一些函式再取出來供我們運用的時候，在一般的情況下基本上就夠我們使用了。

但是假設一種情況就是在顯示 front-page.php 時（例如圖 8-14），除了在網站的首頁顯示出專屬於網站的靜態頁面之外，我們還想要在此頁的下方開幾個小小的欄位顯示出目前網站的最新消息或貼文（例如上一堂的詩詞天地網站的範例，依各個不同的詩詞類型顯示出最近的各三則詩文），那麼就必須另外再讓 WordPress 到資料庫去分別把屬於這 3 種分屬於不同類別的貼文找出來，此種情況就需要用到本節所將要介紹的技巧。

當在瀏覽器輸入了網址進入 WordPress 之後，WordPress 會解析此網址，然後依照網址上的要求去資料庫中撈取資料，設定到全域變數中，形成了主要 Loop。也就是當我們依照之前的方法在 page.html、sigle.php 等等檔案中直接透過 have_posts()、the_post()、the_content() 等函式所操作到的都是主要的 Loop，而這個 Loop 其實就是在 WordPress 一開始執行時，根據 GET 和路徑的內容去做好的搜尋，然後把資料分別放在 $wp_post 物件 $post 陣列中的，所以如果讀者仔細去看 have_posts() 函式的內容，其實它就是執行 $wp_query->have_posts()，the_post() 則是執行 $wp_query->the_post()，依此類推。

如果需要另外再設定參數到資料庫去搜尋的話，那麼就要使用下一小節要介紹的 WP_Query 類別，自行輸入參數然後建立一個新的物件，再透過這個新物件取得想要輸出的內容。

9.1.2 使用 WP_Query 類別

執行自訂的 WordPress 資料庫搜尋需使用 WP_Query 這個類別，用法如下：

```
$my_query = WP_Query( $args );
```

其中 $my_query 是放置執行完查詢之後的物件，$args 則是輸入的參數，在執行完上述的指令之後，就可以使用標準的 Loop 迴圈來取得依照我們設定的條件所撈出來的資料，但是別忘了，因為不是原有使用全域搜尋變數的迴圈，因此在呼叫函式之前要利用 $my_query 做為實體物件變數，而且在使用迴圈之後要再加上 wp_reset_postdate() 函式做還原的動作，以免影響到主要的迴圈，基本的自訂 Loop 查詢方法如下所示：

```php
<?php
    $args = array(
        'cat' => 2,
        'posts_per_page' => 3
    );
    $my_query = new WP_Query( $args );
    if( $my_query->have_posts() ) :
        echo "<ul>";
        while ($my_query->have_posts()):
            $my_query->the_post();
            echo "<li>";
            the_title();
            echo "</li>";
        endwhile;
        echo "</ul>";
    endif;
    wp_reset_postdata();
?>
```

在 $args 中使用陣列變數來設定要傳入的查詢參數，在此使用了 cat 和 posts_per_page，顧名思義，cat 是用來指定類別的 id，後者則是用來指定每一頁要顯示多少個頁面。WP_Query 類別可以使用的查詢參數、屬性、以及方法函式非常多，有興趣的讀者可以直接前往網址：https://developer.wordpress.org/reference/classes/wp_query/ 參考。表 9-1 簡要列出常用的查詢參數。

▼ 表 9-1：WP_Query 常用的查詢參數

參數名稱	使用例	說明
author	'author'=>1	使用 id 的方式指定要搜尋的作者。
author_name	'author_name'=>'admin'	使用名稱的方式指定要搜尋的作者。
author_in	'author_in'=>'1,2,3'	使用 id 陣列的方式指定一群要搜尋的作者。
author_no_in	'author_not_in'=>'1,2'	使用 id 陣列的方式排除某些不想搜尋的作者。

參數名稱	使用例	說明
cat category_name category__and category__in category__not_in	'cat'=>1 'category_name'=>' 新詩 ' 'category__and'=>array(1,2) 'category__in'=>'1,2,3' 'category__not_in'=>'1,2'	用來搜尋類別，方法同上，請留意 category 和 and, in, not_in 之間是使用雙底線。
tag tag_id tag__and tag__in tag__not_in tag_slug__and tag_slug__in	和上面類似	用來搜尋標籤，方法同上，請留意單底線和雙底線的部份。
s	's'=>' 要搜尋的文字 '	以輸入關鍵字的方法搜尋所有的貼文內容。
p	'p'=>10	指定某一特定 id 的貼文。
name	'name'=>'slug name'	以 slug 的方式指定要搜尋的貼文。
page_id	'page_id'=>12	指定某一特定頁的 id 之頁面。
pagename	'pagename'=>'slug name'	指定某一特定頁的 slug name。
post_parent	'post_parent'=>23	指定某一特定頁的 id，只顯示其子頁面。
post_parent__in post_parent__not_in post__in post__not_in post_name__in	類似用法，依此類推	類似用法，依此類推。
post_type	'post_type'=>'post'	指定顯示的貼文種類，分別有 post, page, revision, attachment, nav_menu_item, any 以及 Custom Post Type（自訂貼文種類）。
post_status	'post_status'=>'publish'	依貼文的目前狀態來搜尋，包括 publish, pending, draft, auto-draft, future, private, inherit, trash, any。
nopaging posts_per_page posts_per_archive_page offset paged page ignore_sticky_posts	'nopaging'=>true 'posts_per_page'=>3 'posts_per_archive_page'=>2 'offset'=>3 'paged'=>5 'page'=> 'ignore_sticky_posts'=>true	和分頁相關的搜尋參數，可以用來自訂所要顯示的頁面資料。
order	'order'=>'ASC'	設定遞增或遞減排序。
orderby	'orderby'=>'title&name'	指定用來排序的標的，包括 none, ID, author, title, name, type, date, modified, parent, rand, comment_count, relevance, menu_order, meta_value, meta_value_num, post__in, post_name__in 等等。

參數名稱	使用例	說明
year, monthnum, w, day, hour, minute, second, m	所有和日期以及時間有關的搜尋	
date_query	'date_query'=>array('year'=>2016, 'month'=>1)	可以在一個陣列參數中，指定所有上述的單獨參數值之組合。

　　除了表 9-1 之外還有非常多的內容，請讀者自行參考網址上的說明。由表 9-1 的內容也可以知道，透過 WP_Query 可以組合出非常多的搜尋條件。在此，我們只簡單運用類別搜尋的部份，在 front-page.php 的首頁下方建立出 3 個欄位，分別顯示範例網站最近加入的「詩」、「詞」、以及「新詩」的題名和連結，每一個種類最多顯示出三首即可。

　　特別要注意的地方是，在上述的程式碼中我們是以 ID 來做為搜尋分類的依據，但在不同的網站因為建立分類的順序不同，ID 的編號也有可能會不同，因此接下來的程式碼是以分類 slug（代稱）名稱來指定搜尋。也就是在新增分類的時候別忘了如圖 9-1 所示做好代稱的設定，首頁才能夠找到對應的標題和連結。

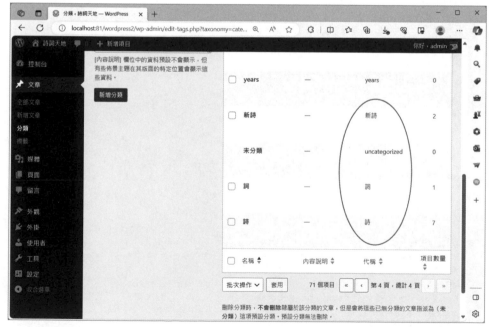

圖 9-1：在分類中設定代稱

程式如下所示（front-page.php），主要就是延用上一堂課的程式，在 </div> 和 <?php get_footer();?> 之間再加入要顯示近期 3 種類別文章的內容：

```php
<?php
    get_header();
    the_post();
?>
<div class='row'>
    <div id='front-page'>
        <?php if (has_post_thumbnail()) { ?>
        <div id='front-page-feature'>
            <?php the_post_thumbnail('medium'); ?>
        </div>
        <?php } ?>
        <?php the_content(); ?>
    </div>
</div>
<div class='row'>
    <div class='col-sm-4 front-page-column'>
        <div class='column-title'>
            最近選入的詩
        </div>
        <?php
            $args = array(
                'category_name' => '詩',
                'posts_per_page' => 3
            );
            $my_query = new WP_Query( $args );
            if( $my_query->have_posts() ):
                echo "<ul>";
                while ($my_query->have_posts()):
                    $my_query->the_post();
                    echo "<li>";
                    echo "<a href='" . get_the_permalink() . "'>";
                    the_title();
                    echo "</a></li>";
                endwhile;
                echo "</ul>";
            endif;
            wp_reset_postdata();
        ?>
    </div>
    <div class='col-sm-4 front-page-column'>
        <div class='column-title'>
            最近選入的詞
        </div>
```

```php
        <?php
            $args = array(
                'category_name' => '詞',
                'posts_per_page' => 3
            );
            $my_query = new WP_Query( $args );
            if( $my_query->have_posts() ):
                echo "<ul>";
                while ($my_query->have_posts()):
                    $my_query->the_post();
                    echo "<li>";
                    echo "<a href='" . get_the_permalink() . "'>";
                    the_title();
                    echo "</a></li>";
                endwhile;
                echo "</ul>";
            endif;
            wp_reset_postdata();
        ?>
    </div>
    <div class='col-sm-4 front-page-column'>
        <div class='column-title'>
            最近選入的新詩
        </div>
        <?php
            $args = array(
                'category_name' => '新詩',
                'posts_per_page' => 3
            );
            $my_query = new WP_Query( $args );
            if( $my_query->have_posts() ):
                echo "<ul>";
                while ($my_query->have_posts()):
                    $my_query->the_post();
                    echo "<li>";
                    echo "<a href='" . get_the_permalink() . "'>";
                    the_title();
                    echo "</a></li>";
                endwhile;
                echo "</ul>";
            endif;
            wp_reset_postdata();
        ?>
    </div>
</div>
?php get_footer(); ?>
```

在此程式中我們使用 Boostrap 的分欄方式 <div class='col-sm-4'></div> 讓每一個欄位各佔 4 個格位，這樣自然而然就會讓該列變成 3 欄式的排列。然後使用如下所示的搜尋參數：

```
$args = array(
    'category_name' => '新詩',
    'posts_per_page' => 3
);
$my_query = new WP_Query( $args );
```

替每一個欄位找出所屬類別的最近 3 個貼文，再依序顯示出其 title 以及連結，如下所示：

```
echo "<ul>";
while ($my_query->have_posts()):
    $my_query->the_post();
    echo "<li>";
    echo "<a href='" . get_the_permalink() . "'>";
    the_title();
    echo "</a></li>";
endwhile;
```

程式的執行結果如圖 9-2 所示。

圖 9-2：新版的 front-page.php 顯示的畫面

當然上面的排版還是要加上以下所示的 CSS 設定，才會呈現出這樣的效果：

```css
div.front-page-column {
    padding:0;
    margin:0;
}
div.column-title {
    margin: 0;
    text-indent: 1.5em;
    color: white;
    font-size: 1.5em;
    background-color: #8ef;
}
div.front-page-column li {
    font-size: 1.2em;
    list-style: none;
}
div.front-page-column li a {
    text-decoration: none;
}
```

9.1.3 WP_Query 的屬性與方法函式

除了上一小節提到的搜尋參數之外，在完成搜尋之後即可利用建立好的物件（如上一小節的例子是 $my_query，請留意 $wp_query 是 WordPress 主迴圈的全域變數），存取屬性以取得所需要的資訊或是呼叫方法函式進行更多的操作。幾個比較常用的屬性如表 9-2 所示。

▼ 表 9-2：WP_Query 物件可使用的屬性摘要說明

屬性名稱	說明
$query	儲存原始搜尋字串。
$posts	放置從資料庫中取得的 Post。
$post_count	即將要顯示的 Post 數目。
$found_posts	符合搜尋參數內容的 Post 數目。
$max_num_pages	分頁的數目。
$currnet_posts	目前要被顯示的 Post 之索引。
$post	目前要被顯示的 Post 內容。
$is_single, $is_page, $is_archive, $is_author... 等等	用來判斷目前要顯示的 Post 之屬性。

根據上述的屬性，我們就可以在圖 9-2 所示的網頁下方的 3 個欄位的最下方，使用
$found_posts 這個屬性來列出目前這個分類，在網站資料庫裡總共有多少則貼文，只要在
front-page.page 的每一欄位的程式碼「echo "</ul>"」這一行指令的下方再加上以下的程
式碼片段：

```
echo "<p class='total-posts'>本站共有 " . $my_query->found_posts . " 首詞</p>";
```

然後別忘了在 style.css 中設定「.total-posts」的 CSS 屬性：

```
p.total-posts {
    text-align: right;
}
```

如此就可以如圖 9-3 的下方所示，在每一個欄位中加上一段說明文字，顯示目前該類
別所擁有的貼文數目。

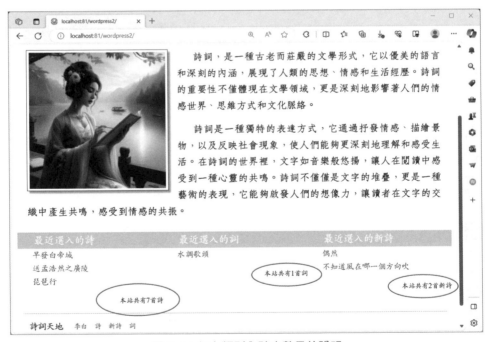

圖 9-3：加上類別內貼文數量的說明

9.2 其他頁面模板的設計

本節繼續介紹其他一些重要頁面如 archive.php、category.php、taxonomy.php、search.php、searchform.php 以及 404.php 等等。這些在佈景主題中的模板檔案如果不存在的話，WordPress 系統會自動以 index.php 來顯示。

9.2.1 archive.php

在開始接下來的操作之前，請先到 WordPress 後台的設定功能表中選擇「永久連結」選項，把永久連結結構修改為「文章名稱」，如圖 9-4 所示。

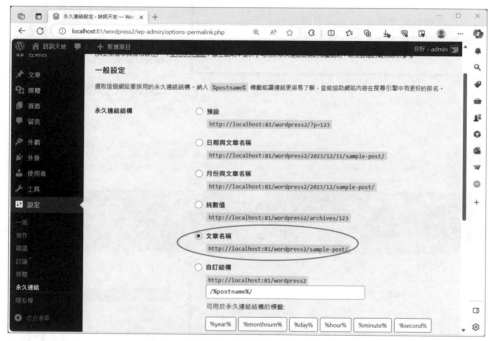

圖 9-4：設定永久連結為「文章名稱」

在建立 archive.php 之前，請先檢視範例網站的幾個連結，首先點選「前往詩文集」的選單，分別選擇單一篇文章、依照類別顯示文章、依照日期顯示文章、以及依照標籤顯示文章，由於我們都還沒有準備對應的模板檔案，因此除了圖 9-5 會以之前設定的格式來顯示單篇文章之外，其餘的都會以 index.php 來顯示所搜尋到的文章資料，分別如圖 9-5、圖 9-6、圖 9-7 和圖 9-8 所示。

圖 9-5：顯示單一篇文章

圖 9-6：顯示「詩」這個類別的所有文章

圖 9-7：顯示「2023 年 12 月」張貼的所有文章

圖 9-8：顯示標籤為「李白」的所有文章

　　請留意網址列的部份，除了單篇文章的顯示之外，其他的網址列分別對應到 category、年月日以及 tag，同時在主要顯示內容的部分是使用 index.php，這點從我們之前在設計 index.php 加上的一行文字可以看出來。

　　參考網址 https://developer.wordpress.org/themes/basics/template-hierarchy/ 所顯示的 WordPress 模板階層可以看出來，包括 author（作者）、category（類別）、custom post type（自訂型態）、custom taxonomy（自訂分類）、date（日期）、tag（標籤）等等搜尋其實都被歸類為 archive（彙整）型態的頁面，所以如果定義了 archive.php，則上述的這些類別的網頁就不會再去套用 index.php。所以在根據上述的型態設定專用的模板之前，可以先定義 archive.php。

　　archive.php 也是以一個主要的 WordPress Loop 來顯示，因此其內容可以先從 index.php 中複製過來再編輯修改即可。在上一段說明中有提到 archive.php 是許多頁面的上層模板，因此在進入 archive.php 之時可以透過一個簡單的判斷式檢查目前進來的是屬於哪一種類別的頁面，判別的程式碼如下所示：

```php
<div class='archive-title'>
    <h2 class='alert alert-primary'>
    <?php
        if( is_category() ) {
            single_cat_title();
        } elseif ( is_tag() ) {
            echo single_tag_title() . "在本站的作品";
        } elseif ( is_month() ) {
            echo get_the_date() . "的所有貼文";
        } else {
            echo "以下為彙整資訊";
        }
    ?>
    </h2>
</div>
```

　　在這一段程式碼中分別以 is_tag()、is_category()、以及 is_month() 來判別是哪一種彙整頁面，然後再根據其值來顯示特定的標題，如 single_cat_title()、single_tag_title() 以及 get_the_date() 等等。在標題的地方我們使用 Bootstrap 的標題格式 alert alert-primary 進行格式設定。

　　此外，這個範例網站是以標籤來當作是詩文的作者，因此如果發現進來的是 tag 頁面的話，那麼一定每一篇文章的作者都是一樣的，在迴圈中就沒有必要再顯示作者這一列，我們加上以下這段程式碼來達到這樣的功能：

```php
<?php if( !is_tag() ): ?>
    <div class='author'>
    <em class='list-group-item'>《
        <?php
            $tags = get_the_tags();
        ?>
        <a href='<?php echo get_tag_link($tags[0]->term_id); ?>'>
            <?= $tags[0]->name; ?>
        </a>
        》
    </em>
    </div>
<?php endif; ?>
```

第一行 is_tag() 前面的驚嘆號「!」是否定的意思，這一句的意思就是「如果不是 tag 頁面的話」，所以只要是顯示同一個作者的彙整頁面就不會再分別列出每一篇詩文的作者了，如圖 9-9 所示。

圖 9-9：同一作者的文章列表

archive.php 的完整程式碼內容如下：

```php
<?php // archive.php ?>
<?php get_header(); ?>
<div class='row'>
```

```php
<div class='col-sm-8'>
    <main>
        <div class='archive-title'>
            <h2 class='alert alert-primary'>
            <?php
                if( is_category() ) {
                    single_cat_title();
                } elseif ( is_tag() ) {
                    echo single_tag_title() . " 在本站的作品 ";
                } elseif ( is_month() ) {
                    echo get_the_date() . " 的所有貼文 ";
                } else {
                    echo " 以下為彙整資訊 ";
                }
            ?>
            </h2>
        </div>
        <?php if (have_posts()): ?>
        <div id='main-content' class='list-group'>
            <?php while (have_posts()): the_post(); ?>
                <div class='title'>
                <a class='list-group-item'
                    href='<?php the_permalink(); ?>'>
                        <div class='poem-title'>
                            <?php the_title("", ""); ?>
                        </div>
                </a>
                </div>
                <?php if( !is_tag() ): ?>
                    <div class='author'>
                    <em class='list-group-item'>《
                        <?php
                            $tags = get_the_tags();
                        ?>
                        <a href='<?php echo get_tag_link($tags[0]->term_id); ?>'>
                            <?= $tags[0]->name; ?>
                        </a>
                        》
                    </em>
                    </div>
                <?php endif; ?>
            <?php endwhile; ?>
            <div class='list-group-item'>
                <p>
                <?php the_posts_pagination(); ?>
                <div class='clearfix'></div>
                </p>
            </div>
        </div>
        <?php
            else:
        ?>
            <p> 沒有可以顯示的內容 </p>
```

```
            </div>
            <?php endif; ?>
        </main>
    </div>
    <div class='col-sm-4'>
        <aside id='sidebar'>
            <?php get_sidebar(); ?>
        </aside>
    </div>
</div>
<?php get_footer(); ?>
```

9.2.2　category.php 與 tag.php

　　分類和標籤是 WordPress 用來組織貼文中非常重要的一部份，當使用者使用某些分類或是標籤來檢視所有的文章列表時，通常在佈景主題中都會想要以不同的版面來呈現，讓使用者有更好的瀏覽體驗，如同上一小節所説明的，如果沒有設計 category.php 或是 tag.php 的話，則會以 archive.php 來代替。就如同上一堂課介紹 page.php 這個模板檔案時所説的，如果在 category 或是 tag 後面再加上一個名稱或 id 的話，如 category-{slug}.php 或是 tag-{slug}.php，則可以更進一步地針對特定的類別或是標籤單獨設計其版面樣式。

　　由於 category.php 和 tag.php 的內容和 archive.php 相似，所以也是先把 index.php 的內容複製一份到這 2 個檔案中再做修改即可，不過，在此之前，讀者們有沒有發現這些檔案的內容中有非常多重複的部份？要避免掉一直重新複製相同的程式碼，WordPress 提供了一個函式叫做 get_template_part()，它可以載入指定的 template 模板檔案放到函式所在的位置，使得一些重複的程式碼可以另外放在一個共用的檔案中，需要的時候引入即可。在這一小節中，我們先把 WordPress 用來顯示頁面資訊的 Loop 程式碼放在 mainloop.php 檔案中，如下所示：

```
<?php // mainloop.php ?>
<?php if (have_posts()): ?>
    <div class='list-group'>
        <?php while (have_posts()): the_post(); ?>
            <div class='title'>
            <a class='list-group-item'
                href='<?php the_permalink(); ?>'>
                <div class='poem-title'>
                    <?php the_title("", ""); ?>
                </div>
            </a>
```

```php
            </div>
            <div class='author'>
            <em class='list-group-item'>《
                <?php
                    $tags = get_the_tags();
                ?>
                <a href='<?php echo get_tag_link($tags[0]->term_id); ?>'>
                    <?= $tags[0]->name; ?>
                </a>
                 》
            </em>
            </div>
        <?php endwhile; ?>
        <div class='list-group-item'>
            <p>
            <?php the_posts_pagination(); ?>
            <div class='clearfix'></div>
            </p>
        </div>
    <?php
        else:
    ?>
        <p>沒有可以顯示的內容</p>
    </div>
<?php endif; ?>
```

　　然後在 tag.php 中就可以使用 get_template_part('mainloop') 這個函式載入上述的程式片段，那麼 tag.php 的程式碼就可以大幅地簡化了，如下所示（請留意，在第 5 行特別把 <main> 標籤的 id 命名為 tag，方便在 style.css 中做為識別之用）：

```php
<?php // tag.php ?>
<?php get_header(); ?>
<div class='row'>
    <div class='col-sm-8'>
        <main id='tag'>
            <div class='archive-title'>
                <h2 class='alert alert-primary'>
                <?php single_tag_title(); ?>
                作品集
                </h2>
            </div>
            <?php get_template_part('mainloop'); ?>
        </main>
    </div>
    <div class='col-sm-4'>
        <aside id='sidebar'>
            <?php get_sidebar(); ?>
        </aside>
    </div>
</div>
<?php get_footer(); ?>
```

還是一樣使用 get_tag_title() 來取得 tag 的標頭內容，而且和 archive.php 不一樣的地方在於它是專屬於標籤用的模板檔案，所以不需要再使用 is_tag() 去做判斷。至於在前一小節中標籤模板需要把作者列取消該如何做呢？可以選擇在 mainloop.php 的主迴圈中加上判斷，就像是在 archive.php 中一樣的方式，但是我們在這裡使用了另外一項技巧，就是直接在 style.css 中的 CSS 做設定，讓 author 的那一列不要顯示出來即可，如下：

```css
#tag .author .list-group-item {
    display: none;
}
```

圖 9-10 是上述模板程式套用後的結果。

圖 9-10：套用 tag.php 之後的執行結果

和 tag.php 相同的，把其內容複製一份到 category.php，然後做一些小小的修改如下：

```php
<?php // category.php ?>
<?php get_header(); ?>
<div class='row'>
    <div class='col-sm-8'>
        <main id='category'>
            <h2 class='alert alert-info'>
```

```
            <div class='archive-title'>
                <?php single_cat_title(); ?>
                類的所有內容
            </div>
            </h2>
            <?php get_template_part('mainloop'); ?>
        </main>
    </div>
    <div class='col-sm-4'>
        <aside id='sidebar'>
            <?php get_sidebar(); ?>
        </aside>
    </div>
</div>
<?php get_footer(); ?>
```

我們只改了 <main> 的 id 名稱為「category」、alert 改為 alert-info，以及改為使用 single_cat_title() 取得標題內容，其他的部份就留待讀者們自行修改了。

9.2.3 search.php 與 get_search_form()

在設計搜尋功能之前，請先如圖 9-11 到小工具設定介面的地方，在側邊欄處加上搜尋框。

圖 9-11：在側邊欄加上標準的搜尋框

在開始搜尋之前，為了避免有些文章及頁面沒有設定標籤，而造成顯示上的程式執行錯誤，請先到 index.php 中，找到顯示標籤的程式碼片段，進行如下所示的修改：

```
<em class='list-group-item'>
    <?php
        $tags = get_the_tags();
        if ($tags != NULL) {
    ?>
    《
    <a href='<?php echo get_tag_link($tags[0]->term_id); ?>'>
        <?= $tags[0]->name; ?>
    </a>
    》
    <?php } ?>
</em>
```

　　接著在顯示詩文集的頁面中，我們使用任何一個文字填入搜尋框，在按下按鈕之後即可看到使用 index.php 呈現出搜尋的結果，如圖 9-12 所示。

圖 9-12：搜尋「花」這個字的搜尋結果

　　在圖 9-12 中可以觀察幾個點，第一點這是套用 index.php 這個公用模板所顯示的結果，然後在左上角的視窗標題處有看到「搜尋結果」字樣，而且除了貼文之外，頁面的內容也被一併搜尋並顯示出來了。

由之前的教學內容可以瞭解，要使用專屬顯示搜尋結果的模板可以建立一個 search. php 來取代 index.php，因此還是從 index.php 的內容先複製一份到 search.php 之後再做修改。但由於之前我們已經使用了 mainloop.php 製作了公用的主顯示迴圈，因此也可以複製上一小節的 tag.php 的內容來使用（別忘一併修改 mainloop.php 中無標籤可顯示的條件處理）。

```php
<?php // search.php ?>
<?php get_header(); ?>
<div class='row'>
    <div class='col-sm-8'>
        <main id='search'>
            <div class='archive-title'>
                <h2 class='alert alert-warning'>
                「<?php the_search_query(); ?>」
                的搜尋結果如下：
                </h2>
            </div>
            <?php get_template_part('mainloop'); ?>
        </main>
    </div>
    <div class='col-sm-4'>
        <aside id='sidebar'>
            <?php get_sidebar(); ?>
        </aside>
    </div>
</div>
<?php get_footer(); ?>
```

如上面的程式所示，也是簡單地改了 <main> 的 id 以及對於標題的格式設定，當然也加上了 the_search_query() 這個函式來確定所搜尋的字串內容為何。

除了在小工具的介面中加上搜尋的外掛之外，程式中的任何一個地方也都可以透過 get_search_form() 函式取得搜尋專用的表單。例如在 home.php 的 <main> 標記後面加上以下的程式碼：

```php
<div>
    <?php get_search_form(); ?>
</div>
```

則在網頁中的索引上方就可以看到搜尋專用的表單，如圖 9-13 所示。

圖 9-13：使用 get_search_form 函式所得到的結果

上述的這個程式片段會產生如下所示的標準搜尋表單：

```
<label class="screen-reader-text" for="s">搜尋關於:</label>
    <input type="text" value="" name="s" id="s" />
    <input type="submit" id="searchsubmit" value=" 搜尋 " />
</div>
```

如果要修改這一段程式碼，需要自行建立並編輯一個叫做 searchform.php 的模板，在這個檔案裡面就可以自行設計搜尋表單的介面。

9.2.4　comments.php

許多的部落格網站都會開放留言的功能提供和網友互動的空間，最常見的方式就是在顯示貼文的下方加上一個留言的方塊，在方塊中除了顯示之前的留言之外，也提供一個表單讓網友可以隨時在表單中加上自己的意見，被加上去的意見是否要馬上顯示在網站上則是由站長透過控制台設定，如圖 9-14 所示。

圖 9-14：WordPress 控制台中關於討論的設定

　　至於在模板中要顯示出這些留言的討論串以及提供發佈留言的介面則只要簡單地使用 comments_template() 這個函式就可以了。為了能夠讓版面可以和原有顯示單篇貼文的 single.php 可以整合在一起，除了這個函式之外，我們也額外多加了一些 HTML 的標記，請在 single.php 中顯示完 the_content 的那個 <section class='post-body'> 之後再加上以下的程式碼：

```
<section class='post-comment'>
    <div class='card'>
        <div class='card-header'>
            <h3> 留言 </h3>
        </div>
        <div class='card-body'>
            <?php
                comments_template();
            ?>
        </div>
    </div>
</section>
```

　　上面這段程式碼使用 Bootstrap 的 Card 元件把整個留言的段落包起來，在 .card-header 的地方指定標題文字，而把 comments_template() 所傳回的內容包在 .card-body

中，這樣就不需要針對這些留言的內容費心排版。接著到 style.css 中加上以下少少的 CSS 設定：

```css
section.post-comment {
    font-size:0.6em;
    overflow: auto;
}
section.post-comment textarea {
    resize: horizontal;
    max-width: 100%;
}
```

然後加入留言的功能就完成了，結果如圖 9-15 所示的樣子。

圖 9-15：加入留言功能的單篇詩文

這個函式不只顯示現有的留言內容，連表單也準備好了，而且所有的留言功能也都一應俱全，不需要再加上任何其他的程式碼就可以順利地在網頁上開放留言討論的功能。

那麼，如果想要在自訂留言內容的顯示方式該如何設計呢？不用說，當然是建立一個 comments.php 的模板了，在模板中要使用的函式就不是 have_posts()，而是 have_comments()，這部份的內容就留給讀者當做是練習了。

9.2.5　404.php

當瀏覽者輸入的網址，結果伺服器找不到可以回應的資料時，就是所謂的 404 錯誤。在此情形下，如果有 404.php 這個檔案，此檔案就會被呼叫使用，如果沒有的話則會以 index.php 因應。如圖 9-16 所示。

圖 9-16：目前的佈景主題找不到網頁時的樣子

設計一個好的 404.php，讓網友不管是因為什麼原因而找不到它要的資料，我們的網站也可以提供它一個建議的去處，讓網友儘量留在我們的網站中，是友善網站一個很重要的項目。

一般來說，在 404.php 中都會先說明到這個網頁的原因，然後提供幾個隨機或推薦的連結讓使用者可以馬上前往，回到瀏覽的正常軌道上。以下是 404.php 的程式碼，主要是從 index.php 複製過來然後做一些修改：

```php
<?php // 404.php ?>
<?php get_header(); ?>
<div class='row'>
    <div class='col-sm-8'>
        <main id='page-404'>
```

```php
        <?php
            $my_query = new WP_Query(array(
                'orderby' => 'rand',
                'posts_per_page' => 8
                ));
        ?>
        <?php if ($my_query->have_posts()): ?>
        <div>
            <h3 class='alert alert-danger'>
                找不到您要的資訊，<br> 也許你可以試試以下這些詩文：
            </h3>
        </div>
        <div id='main-content' class='list-group'>
            <?php while ($my_query->have_posts()): $my_query->the_post(); ?>
                <div class='title'>
                <a class='list-group-item'
                    href='<?php the_permalink(); ?>'>
                        <div class='poem-title'>
                            <?php the_title("", ""); ?>
                        </div>
                </a>
                </div>
            <?php endwhile; ?>
        </div>
        <?php endif; ?>
    </main>
</div>
<div class='col-sm-4'>
    <aside id='sidebar'>
        <?php get_sidebar(); ?>
    </aside>
</div>
</div>
<?php get_footer(); ?>
```

在上述的程式碼中先顯示一行說明文字，接著透過自定的搜尋設定亂數排序並找出前面 8 篇貼文放在 $my_query 中，以此物件去組織一個迴圈只顯示貼文的標題。如此執行的畫面就會從圖 9-16 變成圖 9-17 的樣子。

圖 9-17：404.php 的執行結果

9.3 其他進階主題

　　前面的課程我們花了許多的時間從無到有，設計了 18 個模板檔案，這其中包括了 index.php、front-page.php、home.php、header.php 等等，好不容易才讓佈景主題有了一個大致的雛形，但是網站的內容以及設定非常繁多，其實有許多的細節我們並沒有特別去考慮，因此儘管可行，但是並不適合於開放給其他的網站使用，大概也只能用在自己設計的特定網站而已。在這一節中，我們除了要教讀者把佈景主題準備好，並上傳到網站啟用之外，同時也要看看有哪些網路上的資源可以幫助我們建立實用的佈景主題。

9.3.1 安裝自己設計的佈景主題

　　在前面兩堂課的內容之後，我們的佈景主題基本上已經可以應用在特定的網站了，最後剩下的步驟就是準備好一個縮圖檔案，同時把這些檔案都壓縮成一個 .zip 檔案以方便上傳到 WordPress 之用。縮圖檔案是用來放在 WordPress 佈景主題控制台，作為目錄顯示的一個重要的辨識資訊，可以是任何你想要顯示的圖形檔，一般來說大家都是使用以此佈景主題製作出來的成果畫面擷圖，此擷圖只要命名為 screenshot.png，而且大小不要超過 1200x900 即可，然後和其他的 .php 檔案放在一起就可以了。

有了這些檔案，接著就是把它們通通壓縮成一個 .zip 的檔案，要留意的是它需要是一個目錄，因此就筆者而言會先到這個資料夾的目錄上使用滑鼠右鍵開始壓縮檔案，如圖 9-18 所示。

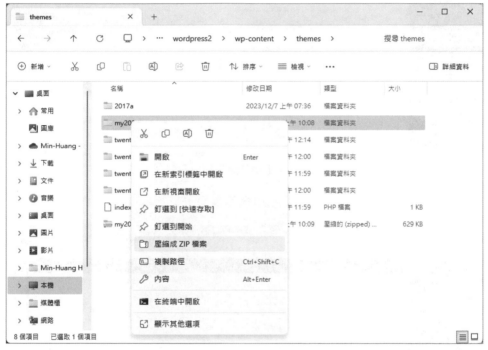

圖 9-18：建立佈景主題所需要的壓縮檔

在此例我們使用的是 my2024 這個資料夾，所以建立壓縮檔之後就會是 my2024.zip，此檔案即可用來上傳到 WordPress 網站作為佈景主題使用。

現在我們可以開啟之前建立過的任何一個 WordPress 網站，到控制台選擇安裝佈景主題，並以上傳的方式，選定剛剛的壓縮檔如圖 9-19 所示。

圖 9-19：上傳佈景主題並安裝

在安裝並啟用之後即可以看到如圖 9-20 所示畫面。

圖 9-20：啟用後的詩詞天地佈景主題

此時別忘了去設定選單的內容（因為我們的佈景主題中有兩個選單），之後再回到主網頁，即可順利地看到我們設計的成果了，當然，顯示出來的結果需要準備首頁、部落格頁面，以及具有詩、詞、新詩這 3 個分類，還有標籤中需要有作者名稱，才能顯示出我們設計的效果，讀者們可以自行調整看看。

9.3.2　在主畫面上加上背景圖形

如果打算在佈景主題中使用任何的圖形檔案，只要把該圖形檔放在佈景主題的資料夾中，然後使用以下的指令即可（假設檔案名稱為 poemtitle.png）：

```
<img src="<?php bloginfo('template_directory'); ?>/poemtitle.png">
```

如果是要讓此圖形檔成為網頁背景，則是要改 <body> 標籤的內容，如下：

```
<body background="<?php bloginfo('template_directory'); ?>/poembackground.png">
```

此種方法一樣可以使用在任一個 <div>、<table> 或是其他的標記段落中。需要的圖形檔案可以讓各種文生圖的 AI 工具，也可以利用外掛 Instant Images 在媒體庫中下載 CC0 授權的圖形來使用。假設打算在 header.php 中加上背景圖案，可先製作一張適合的圖形（假設名為 sky-title-background.jpg），並不需要在 header.php 中修改任何程式碼，只要到 style.css 中找到原本設定網頁標題的地方，加上以下這一行即可，這個技巧我們在之前就已經使用過了：

```
background-image: url("sky-title-background.jpg");
```

只要把這個檔案和佈景主題的檔案放在一起，程式會自行到佈景主題的目錄下搜尋所需要的各種檔案。

那麼如果打算把「詩詞天地」這幾個字也換成圖片呢？可以到毛筆字在線產生器 http://www.akuziti.com/ 上輸出想要的文字圖檔（在此例為 banner-text-tr.png，記得產生圖檔時要指定是透明背景才行），然後到 header.php 中輸出 bloginfo('name') 的地方，把它改為圖形檔的輸出即可，如下所示（僅列出 <header> 內的內容）：

```
<header>
    <h1>
        <div id='web-title'>
            <img src='<?php bloginfo("template_directory");?>/banner-text-tr.png'>
        </div>
        <div id='web-description'>
```

```php
        <?php bloginfo('description'); ?>
      </div>
   </h1>
</header>
```

結果如圖 9-21 所示。

圖 9-21：把網站標題換成圖形檔

這樣看起來是可行，不過，原本我們顯示的標題內容是可以由使用者在 WordPress 的控制台中設定的，如果變成了這樣固定寫死的圖形檔案名稱，那網站管理者不就沒有辦法自由地設定網站的名稱了嗎？要讓網站管理員可以自由地設定要使用在標題的圖形檔，請看下一小節的說明。

9.3.3　為佈景主題加上自訂功能

到目前為止我們設計的佈景主題都是針對一特定的目的所建立而成的，比較像是網站的客製化功能。如果這個佈景主題打算提供給許多不同的網站使用的話，那麼開放讓網站管理員可以設定各式各樣的參數是必要的作法。

在佈景主題的選單中有一個「自訂」的選項，選取之後，WordPress 會提供一個標準的介面讓網站管理者可以預覽以及改變一些簡單的設定，包括「網站識別」、「選單」、「小工具」、「指定首頁頁面」以及「附加的 CSS」等，如圖 9-22 所示。

圖 9-22：可以即時預覽的佈景主題自訂介面

我們的目標就是在這個介面中左側選單中加上自己的選項，並提供可以讓網站管理者自行設定內容的表單。WordPress 把其中的每一個選項叫做一個 section，要建立一個可以操作的選項（section）需要做好 3 個設定的工作，分別是 settings、sections 以及controls，要進行這 3 者的設定則是先定義一個函式，接著再以 add_action('customize_register', ' 函式名稱 ') 啟用這個功能。以下這一段程式碼需放在 functions.php 檔案中：

```php
function poem_customize_title_image( $wp_customize ) {
    /* 設定 settings、sections 以及 controls 的地方 */
}
add_action('customize_register', 'poem_customize_title_image');
```

如上面的例子，函式的名稱可以自訂任意符合命名要求的文數字，但是一般來說都要在前面加上屬於自己習慣的識別名稱（在此例為 poem），以免此函式和其他的檔案使用到相同的名稱造成衝突。

其中 settings 主要的目的是在讓我們可以把訊息儲存在 WordPress 的資料庫中加以保存，並讓我們可以在模板檔案（例如 header.php 或是 index.php 等等）中以 get_theme_mod() 函式把資料取出來。在此例中我們想要提供設定的是圖形檔案，因此只要給一個代表此圖形檔案的識別名稱當作是 setting 的值就可以了，在這裡使用 poems-title-image 這個名字，如下所示：

```
$wp_customize->add_setting('poems-title-image');
```

接下來要建立一個 section，也就是選單中的一個選項，如下所示：

```
$wp_customize->add_section('poems-title-section',
    array( 'title' => '更換標頭影像檔案' )
        );
```

add_section 函式主要用來設定選項的名稱以及它的優先權，也就是在選單中的顯示順序，在這邊並沒有設定優先權，而是讓系統自行去安排顯示在選單上的位置。

最後一個步驟即是真正把想要設定的內容介面（可以看成是元件）放到按下此選項之後所形成的介面，在此例中因為只是要讓使用者可以選擇一個圖形檔案，並提供一個可以依設定的圖形尺寸大小裁切的介面，所以使用以下的程式碼來達成：

```
$wp_customize->add_control(
    new WP_Customize_Cropped_Image_Control($wp_customize,
        'poems-title-control', array(
            'label' => '標頭影像檔案',
            'section' => 'poems-title-section',
            'settings' => 'poems-title-image',
            'width' => 500,
            'height' => 250
)));
```

如上述的程式所列出來的，建立選取並裁切圖形介面的類別是 WP_Customize_Cropped_Image_Control，它除了要傳進去之前設定了 section 和 setting 之後的 $wp_customize 變數之外，還要給一個名字（在此命名為 poems-title-control），以前一個設定各項參數的 array 陣列，在此陣列中分別設定標題 label，section，settings 以及打算使用的圖形寬和高。完整的程式碼如下所示：

```
function poem_customize_title_image( $wp_customize ) {
    $wp_customize->add_setting('poems-title-image');
```

```
$wp_customize->add_section('poems-title-section',
    array( 'title' => '更換標頭影像檔案' )
    );
$wp_customize->add_control(
    new WP_Customize_Cropped_Image_Control($wp_customize,
        'poems-title-control', array(
            'label' => '標頭影像檔案',
            'section' => 'poems-title-section',
            'settings' => 'poems-title-image',
            'width' => 500,
            'height' => 250
    )));
}
add_action('customize_register', 'poem_customize_title_image');
```

然後再重新回到網站的佈景主題自訂功能，就可以看到如圖 9-23 所示的，在自訂的選
單中多了一個「自訂標頭影像檔案」的選單了。

圖 9-23：多了「更換標頭影像檔案」的自訂功能

然而光是這樣仍然不能讓讀取的檔案變成網站的標頭影像，還必須在 header.php 中做如下所示的修改：

```
<header>
    <h1>
        <div id='web-title'>
            <?php if (get_theme_mod('poems-title-image')): ?>
                <img src="<?php echo wp_get_attachment_url(
                    get_theme_mod('poems-title-image')); ?>"
                    width=300>
            <?php else:
                echo bloginfo('name');
                endif;
            ?>
        </div>
        <div id='web-description'>
            <?php bloginfo('description'); ?>
        </div>
    </h1>
</header>
```

在 <header> 標記裡面需先以 if 來判斷 get_theme_mod('poems-title-image') 是否有內容，如果有的話，則使用以下的程式碼把圖形檔顯示出來：

```
<img src="<?php echo wp_get_attachment_url(
                    get_theme_mod('poems-title-image')); ?>"
                    width=300>
```

其中 get_theme_mod 函式取得的是此圖形檔案的 id，但是 img src 所使用的是 URL 位置，所以才需要再利用 wp_get_attachment_url 來取得此媒體檔案所對應的在此網站中的網址。如果經過判斷發現沒有設定圖形檔的話，則沿用原有的方式顯示網站名稱的文字內容，如下所示：

```
            <?php else:
                echo bloginfo('name');
            endif;
            ?>
```

經過上述的程式設定，如圖 9-23 點選此選項之後，會出現如圖 9-24 所示的介面。

圖 9-24：新增的選擇圖片的介面

在按下了「選取圖片」按鈕之後就會進入媒體管理介面，讓網站管理員可以選用現有的圖形檔案或是上傳一個全新的圖檔，這些功能都不需要我們再撰寫任何一行程式碼。如圖 9-25 所示。

圖 9-25：選取圖片的媒體管理介面

點選其中一個圖形檔之後,即會進入裁切圖形檔的介面,如圖 9-26 所示:

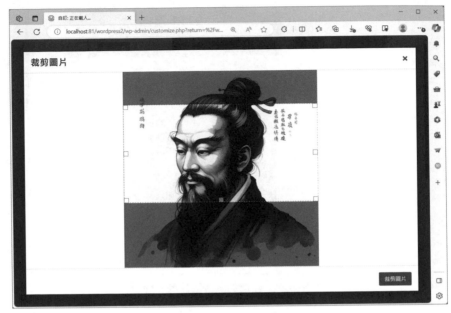

圖 9-26:裁剪圖片介面

圖片檔案大小就是我們在設定 control 時所給的寬度和高度,選擇完畢之後按下「裁剪圖片」按鈕,這個裁下來的圖形檔案就會被套用到網站上了,如圖 9-27 所示。

圖 9-27:套用裁剪後圖片的預覽畫面

最後網站管理員只要按下「發佈」按鈕，回到網站首頁就可以看到更換標頭圖檔的網
站外觀，如圖 9-28 所示。

圖 9-28：套用圖片作為網站標題後的成果

本章習題

1. 在顯示搜尋結果的時候，如果輸入的字串是沒有任何結果的話，會出現排版錯誤的情形，請解決此一問題。

2. 請把本堂課做好的佈景主題安裝到一個沒有任何貼文的空的 WordPress 網站，檢視成果，並列出遇到的問題以及可能的原因。

3. 在本堂課做好的網站，請匯入 WordPress 的 Unit Test（https://codex.wordpress.org/Theme_Unit_Test）資料，列出至少 3 點可能的問題。

4. 請依照 9.3.3 節的方法，多加一個設定背景主題圖形檔案的功能。

5. 請查詢 add_action 函式的功用，並列出至少 3 個你覺得可能和佈景主題開發有用的事件。

第**10**堂

佈景主題進階開發工具

◀ 前　　言 ▶

經過前幾節佈景主題開發的練習，相信讀者一定躍躍欲試地想要製作一個美觀漂亮且功能齊全的佈景主題提供給網友們使用了吧？當你開始有了這樣的念頭並動手設計時才會發現，原來要留意的細節這麼多，要新增一些有趣的功能還真的非常麻煩。但幸運的是，其實已經有許多人提供了現有的框架，讓你可以站在巨人的肩膀上向前行，製作高級的佈景主題就會更加地省力，這是本堂課要學習的重點。

◀ 學習大綱 ▶

❯ Underscores 佈景主題
❯ Sage

10.1　Underscores 佈景主題

　　Underscores 就是一個佈景主題，但是它的目的不是讓我們直接套用，而是提供一個給我們修改的佈景主題，可以說是屬於開發者的佈景主題。我們要做的事就是前往它的官方網站，選用一個佈景主題的名稱，產生出佈景主題之後安裝到我們的目標網站，接著開始依照想法去編輯其中的程式碼以完成理想中的佈景主題。

10.1.1　下載 Underscores

　　首先前往官方網站 https://underscores.me/，會出現如圖 10-1 所示的畫面。

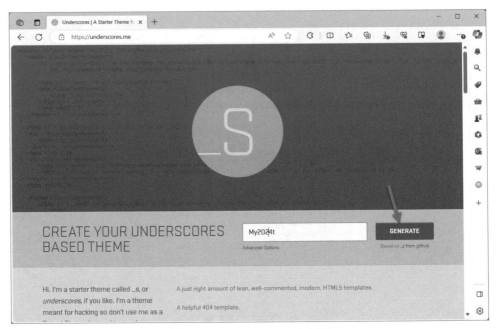

圖 10-1：Underscores 主網頁

　　在此主網頁中輸入想要產生的佈景主題名稱再按下「GENERATE」按鈕，等一下子就會以該輸入的名稱產生一個可以下載的 .zip 壓縮檔案，這個檔案就可以拿來上傳到 WordPress 中安裝成為佈景主題了。

　　為了測試本節的內容，請接著使用之前的步驟，於 Wampserver 再安裝一個全新的 WordPress 系統（在此例我們把它放在 wordpress3 資料夾下），並匯入 WordPress 的

Unit Test 用檔案，接著再透過 WordPress 的控制台介面把 My2024t 佈景主題安裝起來，就完成了開發佈景主題的預備動作了。套用之後在佈景主題介面中的樣子如圖 10-2 所示。

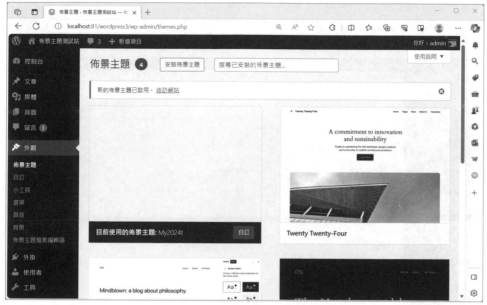

圖 10-2：My2024t 佈景主題套用之後的樣子

除了 scheenshot 是空白的之外，回到主網頁也看不到任何的排版，如圖 10-3 所示。

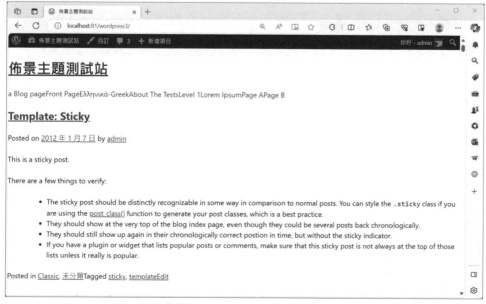

圖 10-3：剛套用 underscores 佈景主題的主網頁畫面

　　儘管看起來很陽春，但如果回到 WordPress 控制台就可以發現，包括小工具以及選單功能其實都已經被啟用了，當然其功能也都可以正常地運作。例如在選單的部份，新增一個選單並把此選單設定給 Primary，如圖 10-4 所示。

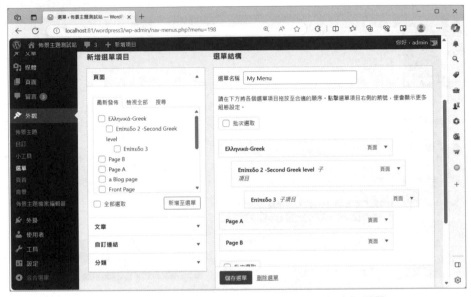

圖 10-4：在 underscores 佈景主題中新增一個自訂選單

回到網站首頁時就可以看到此選單的內容也被顯示出來了，如圖 10-5 所示。

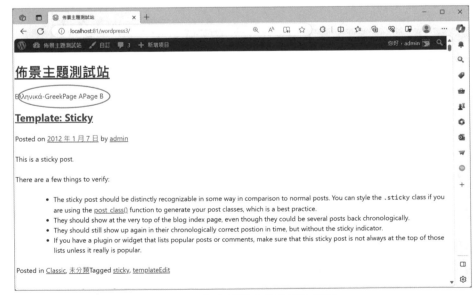

圖 10-5：加上選單之後的網站首頁

10.1.2　編輯 Underscores 檔案內容

　　此時如果去檢視此網站首頁的原始碼，就會發現其實已經加入了非常多的內容可以供我們加以設定及運用，最簡單而基本的步驟就是開始編輯 style.css，讓網頁上的每一個元素可以各歸其位，讓它成為一個正式的佈景主題該有的樣子。

　　因為我們會使用到一些中文字型的設定，因此在開始修改佈景主題之前建議先自行輸入一些中文內容的文章（可以使用 AI 工具，像是 ChatGPT、Bing、或是 Bard 協助你產生文章），以方便確認我們的中文字設定是否正確。

　　由於有非常多的檔案可以更改，開發人員通常都會使用程式編輯器（Sublime Text 3 或是 Visual Studio Code）一次開啟所有的資料夾，在此以 Visual Studio Code 為例，如圖 10-6 所示。

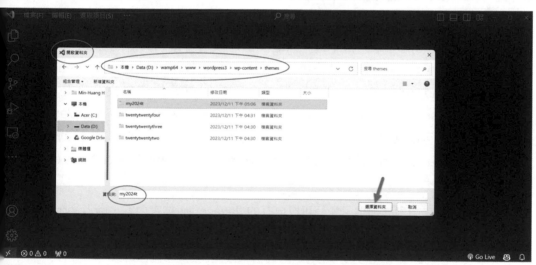

圖 10-6：使用 Visual Studio Code 開啟一整個資料夾

　　開啟之後就可以看到非常多的檔案，並可以在編輯器介面中隨時調用任一檔案編輯，並且由於是在本地端的開發網站，在存檔之後將可立即生效。檔案的目錄結構如圖 10-7 所示。

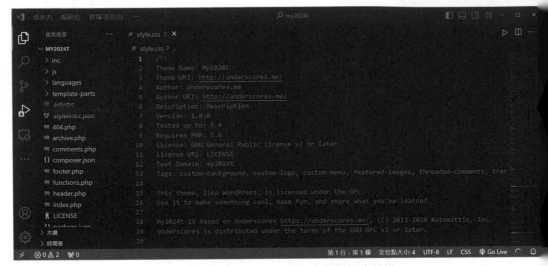

圖 10-7：underscores 佈景主題的檔案結構

如圖 10-7 所示的檔案結構（每一個檔案都可以自行編輯，得到想要的結果），在 underscores 的檔案安排中，除了一般佈景主題應有的 Template 檔案（如 index.php、single.php、header.php 等等）之外，還包含了幾個重要的資料夾分別是 inc、js、languages、layout、以及 template_parts。其中 inc 是用來載入自訂 Template 內容之用的，這些內容可以讓網站管理者在控制台中透過介面加入，這些可以自訂的內容包括了 customer-header.php、customizer.php、extras.php、jetpack.php 以及 template tags.php。

在 js 的資料夾中則是提供了幾個可以自訂的 Javascript 檔案內容，languages 是用來設定本地化文字內容的項目（可以拿來翻譯的檔案），至於 layouts 則提供了兩種雙欄的預設配置檔案，在後面會有說明如何運用這兩個檔案設定側邊欄的排版工作。

template-parts 則是提供重複使用的 template 檔案，包括找不到網頁時使用的 content-none.php、在 page.php 中使用的內容部份 content-page.php、在搜尋頁面中使用的 content-search.php 以及顯示貼文內容用的 content.php，這些內容會被重複地使用在一些 template 檔案中，避免在不同的檔案中一直重複地編輯相同的內容。所有的這些檔案何時被呼叫都是依照本書之前介紹過的 Template 檔案階層結構執行，沒有合適的 Template 檔案時，最終都會呼叫 index.php。

在所有的檔案中第一個要檢視的是 functions.php 這個檔案，使用 underscores 專案建立的佈景主題會在此檔案中加上一個 my2024t_setup() 函式，這個函式是用來設定一些佈景主題預設和支援項目的功能，我們可以透過註解或是移除註解的方式為整個佈景主題增加需要的功能及特性，以及移除不需要的功能及特性。裡面的幾個函式呼叫包括了 load_theme_textdomain() 是用來設定國際化字串用的，add_theme_support() 則是用來增加此佈景主題可以支援的一些特性，其中預設使用到的支援如下：

- automatic-feeds-links：自動加入 RSS feed links 的功能。
- title-tags：讓 WordPress 可以管理文件的 <title> 標記內容。
- post-thumbnails：加入文章特色圖片的功能。
- html5：指定要支援的 HTML5 哪些標籤。
- custom-background：加入自訂背景圖的功能。
- customize-selective-refresh-widgets：加入可選擇性重整小工具的功能。

　　還有其他支援的 WordPress 特色，也可以自行在此處加入。除此之外，在 functions.php 中還透過 my2024t_content_width() 設定文章內容部份的顯示寬度，使用 my2024t_widgets_init() 對於小工具的內容做初始化的操作，在 my2024t_widgets_init() 中可以設定小工具所使用的各式標記內容，方便在 CSS 檔案中設計顯示的外觀。

　　至於在 my2024t_scripts() 函式則是透過 wp_enqueue_style() 函式和 wp_enqueue_script()，分別加入必須的 CSS 和 Javascript 檔案，如果有自訂的 CSS 和 Javascript 就很適合在這邊加上去。functions.php 的最後面就是使用 PHP 的 require 指令，分別引入在 inc 目錄之下的幾個自訂檔案。

　　在看完 functions.php 之後，讀者應該會發現一個重要的函式 add_action()，和它類似的還有一個叫做 add_filter() 函式，這二個函式是在開發佈景主題和外掛時非常重要的函式，這個機制在 WordPress 叫做 Hook，中文是勾子的意思。在 WordPress 中設計了許多的事件，當這些事件發生時，它會去找到有沒有人利用這兩個函式把這個事件對應到某一個函式中，如果有的話，就會讓這個被指定的函式（使用者自訂的函式）有一個被執行到的機會。以下面這一段在 functions.php 中用來初始化小工具的程式說明：

```
function my2024t_widgets_init() {
    register_sidebar( array(
        'name'          => esc_html__( 'Sidebar', 'my2024t' ),
        'id'            => 'sidebar-1',
        'description'   => esc_html__( 'Add widgets here.', 'my2024t' ),
        'before_widget' => '<section id="%1$s" class="widget %2$s">',
        'after_widget'  => '</section>',
        'before_title'  => '<h2 class="widget-title">',
        'after_title'   => '</h2>',
```

```
    ) );
}
add_action( 'widgets_init', 'my2024t_widgets_init' );
```

在上面的程式片段中，先編寫一個自訂函式 my2024t_widgets_init()，然後使用 add_action(' widgets_init', 'my2024t_widgets_init') 敘述告訴 WordPress 的核心程式，如果發生了 widgets_init 這個事件時，就要來呼叫 my2024t_widgets_init() 這個函式。又如下面這幾行程式：

```
function my2024t_content_width() {
    $GLOBALS['content_width'] = apply_filters( 'my2024t_content_width', 640 );
}
add_action( 'after_setup_theme', 'my2024t_content_width', 0 );
```

告知 WordPress 核心程式在設定完佈景主題之後（after_setup_theme 事件），要去執行 my2024t_content_width() 這個函式，讓我們有機會對 content_width 這個全域變數做數值的設定。

除了事件和自訂函式這兩個參數之外，之後還可以設定一個數字用來表示優先順序，以及告知要傳遞參數的數目。至於 add_filter 函式用法類似，但是主要是傳入資料讓自訂函式有機會在 runtime（執行階段）時即時修改即將被輸出的資料，這個函式是製作外掛最主要的機制。

10.1.3 在 Underscores 佈景主題中變更中文字型設定以及調整版面

以改變字型為例，如果我們要加入的是 Google Font，之前的方法是先使用 @import 指令加入 Google Font 的連結，在 underscores 的架構下則是改用 wp_enqueue_style() 這個函式加入即可，而且是在 functions.php 檔案中做修改即可，如下所示（請加在 my2024t_scripts 函式中）：

```
    wp_enqueue_style( 'my2024t-font-hei',
        'https://fonts.googleapis.com/earlyaccess/cwtexhei.css');
    wp_enqueue_style ( 'my2024t-font-kai',
        'https://fonts.googleapis.com/earlyaccess/cwtexkai.css');
```

如上所示加入了兩個字型分別是黑體和楷體，之後就可以在我們的 CSS 檔案中使用這兩個字型設定，分別是 cwTeXHei 以及 cwTeXKai 了。在此我們先設定版面，之後再來設定字型。

　　underscores 已提供了大部份顯示 WordPress 內容部份的原始碼（也就是在前兩堂課中討論的 WordPress Loop），只是這些顯示出來的內容都還沒有為他們加上 CSS 的排版設定，因此一開始在首頁上就會看到一大堆資料平鋪直敍地呈現在畫面上。

　　如果我們想要使用 Bootstrap，以及某些外來的 Javascript 或是 CSS 的檔案，同樣地也是找到 my2024t_scripts() 這個函式，其中 my2024t 是你使用的佈景主題名稱：

```
function my2024t_scripts() {
    wp_enqueue_style( 'my2024t-font-hei',
        'https://fonts.googleapis.com/earlyaccess/cwtexhei.css');
    wp_enqueue_style ( 'my2024t-font-kai',
        'https://fonts.googleapis.com/earlyaccess/cwtexkai.css');
    wp_enqueue_style( 'my2024t-style', get_stylesheet_uri(), array(), _S_VERSION );
    wp_style_add_data( 'my2024t-style', 'rtl', 'replace' );

    wp_enqueue_script( 'my2024t-navigation', get_template_directory_uri() . '/js/
navigation.js', array(), _S_VERSION, true );

    if ( is_singular() && comments_open() && get_option( 'thread_comments' ) ) {
        wp_enqueue_script( 'comment-reply' );
    }
}
```

　　我們在其中加入兩行使用 CDN 引入 Bootstrap 的指令：

```
wp_enqueue_script( 'bootstrap',
    'https://cdn.jsdelivr.net/npm/bootstrap@5.1.3/dist/js/bootstrap.min.js',
    array(), '5.1.3', true );
wp_enqueue_style( 'bootstrap',
    'https://cdn.jsdelivr.net/npm/bootstrap@5.1.3/dist/css/bootstrap.min.css',
    array(), '5.1.3' );
```

　　然後再加上一行 wp_enqueue_style 函式指令，用來把我們自訂的樣式檔 my-style.css 加入到可以使用的樣式表中：

```
wp_enqueue_style( 'my-style', get_template_directory_uri() . '/my-style.css',
                array(), _S_VERSION);
```

　　並在此佈景主題的目錄中新建一個叫做 my-style.css 的檔案，其內容如下：

```
#primary {
    float: left;
    width: 70%;
}
#secondary {
    float: right;
    width: 25%;
```

```
}
#colophon {
    clear:both;
}
```

如此就可以順利地把網頁分成兩欄，讓側邊欄位於右列，並佔用 25% 的畫面寬度。此外，因為我們也套用了 Bootstrap，所以也請在 header.php 的 <body> 底下加上個 <div class="container">，以及在 footer.php 的 </body> 前面加上 </div>，讓網頁中所有的內容都放在 Bootstrap 的 container 中。

除了版面之外，因為這個佈景主題預設是在索引的時候，還是把每一篇文章的完整內容呈現出來，會讓版面有點凌亂，所以還要再修改一下程式碼，讓它可以在文章索引時只顯示摘要，只有在點擊單篇文章時才顯示完整的內容。需要修改的程式檔案是在 template-parts 資料夾下的 content.php，請開啟此檔案，找到 <div class="entry-content"> 這個標籤，底下的程式碼片段修改如下（新增的程式碼以粗體表示）：

```
<div class="entry-content">
        <?php
        if ( is_singular() ) :
            the_content(
                sprintf(
                    wp_kses(
                        __( 'Continue reading<span class="screen-reader-text"> "%s"
</span>', 'my2024t' ),
                        array(
                            'span' => array(
                                'class' => array(),
                            ),
                        )
                    ),
                    wp_kses_post( get_the_title() )
                )
            );
        else :
            the_excerpt();
        endif;
```

在上述的程式中，先判斷是否為單篇文章，如果是的話，就維持原有的輸出內容，如果是索引的話，那麼就直接呼叫 the_excerpt()，只輸出本貼文的摘要。全部修改完畢之後再回到網站首頁重新整理，就可以看到如圖 10-8 所示的排版樣式了，其中側邊欄的資料已經被順利地排到右邊去了，而且首頁也只會顯示文章的摘要。

圖 10-8：在主網頁中套用 my-style.css以及修改 content.php 之後的結果

　　這樣的設定可以看出，想要調整這個版面的話，只要檢視原始檔中的所有 id 或是 class，然後編輯 my-style.css 的內容即可，如果需要更進一步的調整，也可以利用我們在前兩堂課所學習到的知識，修改所需要的 PHP 檔案。

　　以這個例子來說，假設我們想要置換 sidebar 側邊欄每一個小工具的標題字型為標楷體，以及每一篇主文的標題字型為黑體，第一個要做的動作就是先使用檢視原始碼功能找出這兩個標題所使用的標記名稱，再分別套用本小節前面段落所加入的 Google 字型名稱。

　　以此例來說，文章標題使用的是 <header> 這個標記中的 entry-title 類別，側邊欄標題使用的則是 widget-title 這個類別，要引入標楷體 Google 字型為：

```
font-family: 'Times New Roman', 'cwTeXKai';
```

　　黑體的 Google 字型則為：

```
font-family: sans-serif , 'cwTeXHei';
```

　　接著開啟 my-style.css，加入以下的設定到檔案的最後面：

```
.widget-area a {
    font-family: 'Times New Roman', 'cwTeXHei';
    font-size: 0.8em;
```

```
    text-decoration: none;
}

.widget-area h2 {
    font-family: 'Times New Roman', 'cwTeXKai';
    font-size: 1.5em;
}

.entry-title a {
    text-decoration: none;
    color: white;
}

header .entry-title {
    font-family: sans-serif, 'cwTeXHei';
    font-size: 2em;
    background-color: orangered;
    padding: 5px;
}
```

　　在重新整理網站之後,即可看到文章的標題字型變成黑體,同時也切換了標題的背景顏色及字型,如圖 10-9 所示。

圖 10-9:調整標題 CSS 設定之後的外觀

　　善用 CSS的設定調整每一個標記的外觀，相信現在對讀者來說已經都不是一件困難的事了，至於該從何改起呢？除了在網頁中去檢視原始碼找出想要修改的標記之類別或是 id 之外，在 style.css 檔案的第 20 幾行之後有一個列表可以參考：

```
/*--------------------------------------------------------------
>>> TABLE OF CONTENTS:
----------------------------------------------------------------
# Generic
    - Normalize
    - Box sizing
# Base
    - Typography
    - Elements
    - Links
    - Forms
## Layouts
# Components
    - Navigation
    - Posts and pages
    - Comments
    - Widgets
    - Media
    - Captions
    - Galleries
# plugins
    - Jetpack infinite scroll
# Utilities
    - Accessibility
    - Alignments
--------------------------------------------------------------*/
```

　　在上述的列表中指出 underscores 佈景主題提供的 style.css 設定時的主要內容，依循這個指示前往編輯內容就可以了。

10.1.4　在 Underscores 佈景主題中設定自訂標題圖片功能

　　underscores 佈景主題預設提供了自訂佈景主題的功能，在登入管理員帳號之後即可在像其他高階的佈景主題一樣使用「自訂」功能，以預覽的方式調整佈景主題的相關設定。如圖 10-10 所示。

圖 10-10：佈景主題的「自訂」功能介面

按下頁首圖片之後就會出現如圖 10-11 所示的新增圖片以及設定圖片的介面。

圖 10-11：在首頁圖片中新增圖片的介面

不過此時就算是把圖片上傳上去之後，網站卻不會把這張圖片設定到首頁上，主要的原因是在 header.php 中並沒有把這個功能加上去。此功能的程式碼是放在 inc/custom_header.php 檔案中，在此檔案中的一個函式 my2024t_custom_header_setup() 就是用來做初始設定的，其內容如下：

```
function my2024t_custom_header_setup() {
    add_theme_support(
        'custom-header',
        apply_filters(
            'my2024t_custom_header_args',
            array(
                'default-image'      => '',
                'default-text-color' => '000000',
                'width'              => 1000,
                'height'             => 250,
                'flex-height'        => true,
                'wp-head-callback'   => 'my2024t_header_style',
            )
        )
    );
}
```

其中 default-image 用來設定預設的圖片，width 和 height 用來設定頁首圖片的寬高，flex-height 用來指定此圖形的高度是否要隨著圖片的寬高調整，通常這個值都要設定為 false，以避免網站管理者上傳過大的圖形而造成畫面排版上的困擾。在此，我們把 width 設定為 1280，而 flex-height 則設定為 false。

接著，要在 header.php 中想要顯示圖形的地方加上下面這一行敘述（建議放在 <div class='site-branding'> 前面）：

```
<?php the_header_image_tag(); ?>
```

而為了方便使用 CSS 調整這個頁首圖片，最好還要在外層再包個 <div>，如下所示：

```
        <div class='site-custom-head-image'>
            <?php the_header_image_tag(); ?>
        </div>
```

加上了以上的內容之後，自訂頁面的功能就被加上去了，如圖 10-12 所示。

圖 10-12：加上顯示自訂圖片的功能畫面

如果覺得自訂圖形在上方而網站標題文字在下方好像多餘了，也可以不使用上述的方式，而是直接在 site-branding 後面加上 style，把頁首圖形檔變成為 site-branding 的背景圖，如下所示：

```
<div class="site-branding"
style="background-image: url(<?php header_image(); ?>);">
```

則網頁現在就變成了如圖 10-13 所示的樣子。

圖 10-13：把頁首圖片當作是背景圖的樣子

10.1.5 調整與設定選單

underscores 已經把選單功能加在新建立的佈景主題中，但是並沒加上特別的格式設定，因此顯示的樣子就顯得非常地陽春，為了提升佈景主題的質感，修改選單的 CSS 設定就非常地重要。選單的 CSS 設定在 style.css 中可以找到，位於「Navigation」的說明下面，大約是在 500 多行的位置處，主要的設定包括了以下的幾個 CSS 的 class：

```css
.main-navigation {
  display: block;
  width: 100%; }
  .main-navigation ul {
    display: none;
    list-style: none;
    margin: 0;
    padding-left: 0; }
    .main-navigation ul ul {
      box-shadow: 0 3px 3px rgba(0, 0, 0, 0.2);
      float: left;
      position: absolute;
      top: 100%;
      left: -999em;
      z-index: 99999; }
      .main-navigation ul ul ul {
        left: -999em;
        top: 0; }
      .main-navigation ul ul li:hover > ul,
      .main-navigation ul ul li.focus > ul {
        display: block;
        left: auto; }
      .main-navigation ul ul a {
        width: 200px; }
    .main-navigation ul li:hover > ul,
    .main-navigation ul li.focus > ul {
      left: auto; }
  .main-navigation li {
    position: relative; }
  .main-navigation a {
    display: block;
    text-decoration: none; }

/* Small menu. */
.menu-toggle,
.main-navigation.toggled ul {
  display: block; }

@media screen and (min-width: 37.5em) {
  .menu-toggle {
    display: none; }
  .main-navigation ul {
```

```
    display: flex; } }
.site-main .comment-navigation, .site-main
.posts-navigation, .site-main
.post-navigation {
  margin: 0 0 1.5em; }

.comment-navigation .nav-links,
.posts-navigation .nav-links,
.post-navigation .nav-links {
  display: flex; }

.comment-navigation .nav-previous,
.posts-navigation .nav-previous,
.post-navigation .nav-previous {
  flex: 1 0 50%; }

.comment-navigation .nav-next,
.posts-navigation .nav-next,
.post-navigation .nav-next {
  text-align: end;
  flex: 1 0 50%; }
```

　　由上述的框架可以看出「.main-navigation」就是主要的選單設定類別，而「.main-navigation ul」是第一層選單，「.main-navigation ul ul」則是第二層下拉式選單，依此類推，至於「.main-navigation li」就是第一層選單的每一個選項設定，加上了 a:hover 就是要設定當滑鼠移到連結文字上面時要呈現出來的效果，這些都是 CSS 基本的設定功能。

　　如果我們想要修改選單的格式，只要在 my-style.css 把我們想要調整的部份加上去就可以了。在這裡只簡單地針對幾個部份加上少少的幾行設定，就可以看出標準選單的效果了，如下所示（請放在 my-style.css 的最後面）：

```
.main-navigation {
    width: 100%;
    background-color: #ccc;
    font-family: Arial;
    font-size: 1.2em;
    margin-bottom: 10px;
}

.main-navigation ul {
    margin: 2px;
    padding-left: 10px;
}

.main-navigation li {
    padding-right: 10px;
}
```

```
.main-navigation ul ul {
    box-shadow: 0 3px 3px rgba(0, 0, 0, 0.2);
    background-color: #cfc;
}
```

呈現的結果如圖 10-14。

圖 10-14：修改 my-style.css 中的選單設定所呈現出來的效果

underscores 的其他功能就留待讀者們自行去發掘了！

10.2 Sage 簡介與使用

除了 Underscores 可以用來開發自己的佈景主題之外，Sage 專案也有非常多的愛好者，在這一節中作者也利用一些篇幅介紹如何安裝 Sage 的環境，以及如何在 Sage 所提供的環境下開發自己的佈景主題。然而使用 Sage 需要對於 PHP 的開發環境有一定程度的瞭解，如果 npm、composer、bower、gulp 這些工具不熟悉的站長們，這一節可以先行跳過。（因 Sage 最新版本需要以 Linux 系統為操作環境，因此這節所介紹的內容並非最新版本的 Sage，僅列在此提供給讀者參考）

10.2.1 Sage 的安裝

不同於 Unserscores，Sage 使用網站開發者們常用的工具主導佈景主題的開發流程，因此一開始的安裝步驟以及環境設定比較麻煩，除了 WordPress 的安裝之外，也要確定你的電腦是否已經安裝了這些相對應的工具如 Composer、Git、NPM、bower、Gulp 等等，而且這些工具的操作主要也是利用命令列模式，以輸入文字命令的方式來進行安裝以及設定的工作，對於這些操作不熟悉的朋友，還要多花一些時間才能夠適應。

假設我們要以前一節使用的 WordPress 網站做為同一個開發佈景主題的環境，第一步是先安裝 Composer，網址為：https://getcomposer.org/download/，前往網址下載安裝程式執行安裝即可。網頁下載安裝程式的畫面如圖 10-15 所示（以 Windows 10 為例）。

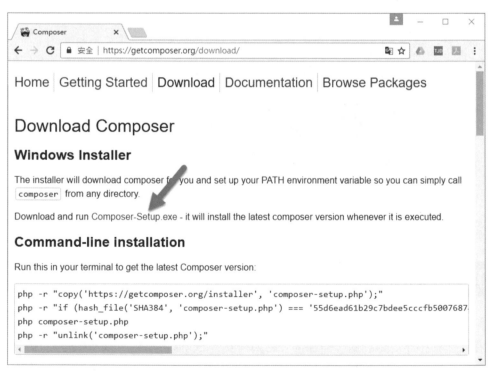

圖 10-15：下載 PHP Composer 的連結

在安裝的時候會檢查目前電腦中 PHP 解譯程式的位置，如圖 10-16 所示，如果找不到的話就沒有辦法順利完成安裝。

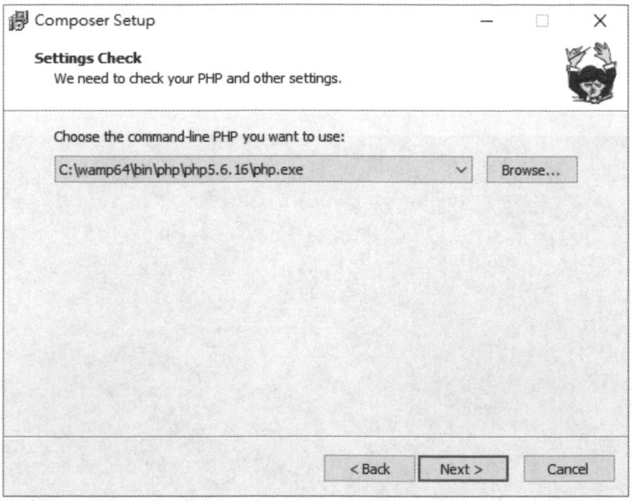

圖 10-16：Composer 安裝程式檢查到的 PHP 執行檔位置

作者的電腦之前有安裝過 WAMP，所以 php.exe 位於 WAMP 的安裝目錄之下。
Composer 是用來管理 PHP 所使用的開發模組和解決程式庫相依性的管理工具，安裝完成之後，開啟命令提示宇元，然後把目錄切換到我們要開發的 WordPress 網站的 themes 之下，輸入以下命令，Composer 就會幫我們把所有 Sage 所需要的檔案都下載並安裝完成（在此假設把要開發的佈景主題命名為 my-sage-theme，使用 Sage 8.5.0 版）：

```
$ composer create-project roots/sage my-sage-theme 8.5.0
```

操作的命令提示字元介面如圖 10-17 所示。

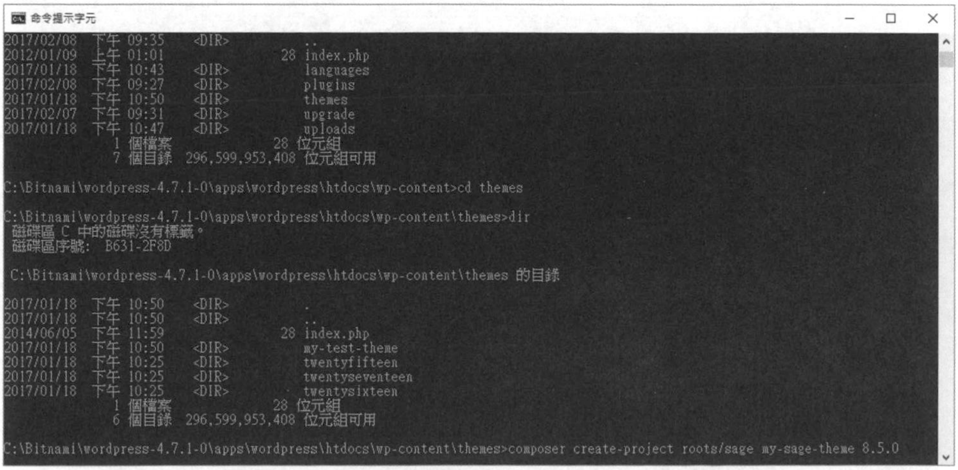

圖 10-17：在 Windows 命令提示字元中使用 composer 安裝 Sage

由於會透過網際網路下載所有需要的檔案，因此會花上一段時間才會完成。執行完成之後的畫面如圖 10-18 所示。

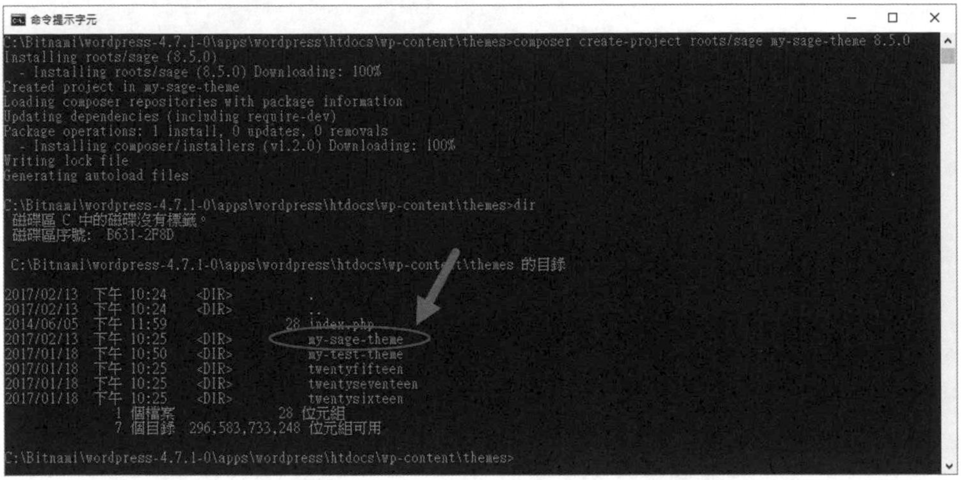

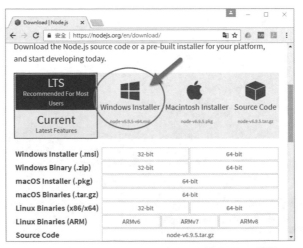

圖 10-18：新增 Sage 佈景主題開發環境之後的路徑

到目前為止如果回到 WordPress 的佈景主題控制介面就可以看到這個新增加進去的佈景主題，而且已經可以啟用了。不過，使用 Sage 最重要的是它的開發流程，所以還要繼續往下安裝其他所需要的管理工具。

接下來要安裝 Node.js 及 npm，網址為：https://nodejs.org/en/download/，在此畫面中依照不同的作業系統會有不同的安裝方式介面，對於 Windows 作業系統來說，下載 msi 檔案進行安裝是最直覺且快速的方式，如圖 10-19 所示。

圖 10-19：Windows 的 nodejs 安裝程式下載點

　　下載之後就如同一般的 Windows 應用程式一樣安裝到作業系統中，安裝完成之後，在 Windows 作業系統的命令提示字元中並不會自行更新執行路徑，因此在安裝完成之後需關閉目前的命令提示字元視窗，然後重新開啟一個新的，才能夠順利執行 npm 這個指令。不過在此之前還需要再安裝 Git 這個版本控制工具，網址為：https://git-scm.com/download/win，依照自己的作業系統下載需要的安裝程式進行安裝，以 Windows 10 為例，在安裝的過程中有兩個步驟需要留意，分別如圖 10-20 以及圖 10-21 所示。

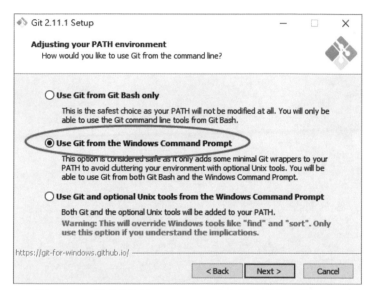

圖 10-20：決定是否在 Windows 命令提示字元下使用 Git

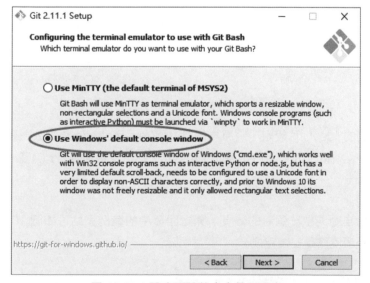

圖 10-21：設定預設的命令執行視窗

依照指示做好設定完成 Git 的安裝。再來，請重開一個命令提示字元視窗，並切換到剛剛安裝好的 my-sage-theme 資料夾中，依序執行以下的命令：

```
npm install -g npm@latest
npm install -g gulp bower
npm install
bower install
```

上述的命令會安裝最新版的 npm 以及 gulp 和 bower，同時也會把所有開發 Sage 佈景主題需要的環境全都準備好。接著，請開啟 assets 資料夾之下的 manifest.json，如下所示：

```
{
  "dependencies": {
    "main.js": {
      "files": [
        "scripts/main.js"
      ],
      "main": true
    },
    "main.css": {
      "files": [
        "styles/main.scss"
      ],
      "main": true
    },
    "customizer.js": {
      "files": [
        "scripts/customizer.js"
      ]
    },
    "jquery.js": {
      "bower": ["jquery"]
    }
  },
  "config": {
    "devUrl": "http://example.dev"
  }
}
```

修改最後面的 "devUrl" 設定，將原本的 "http://example.dev" 修改為我們 WordPress 的本地端範例網站 "http://localhost/wordpress/"，存檔之後再執行以下命令：

```
gulp watch
```

此時系統會自動開啟一個新的分頁，開啟開發中的範例網站，如圖 10-22 所示，到此所有的系統以及環境算是安裝完成。

圖 10-22：由 gulp watch 啟動的網站

　　請注意，如圖 10-22 網頁畫面的網址列所示，gulp 使用了自己的埠號來啟動這個
WordPress 網站，使得工作流程可以在 gulp 的監控之下順利運作，當我們對於 gulp 監控
中的任何程式做了任何的修改，在修改的檔案一存檔之後，gulp 立即就會自動重新編譯所
有相關的檔案，並重新載入網頁伺服器以及瀏覽器中的頁面，讓修改之後的效果能夠立即
呈現出來。

10.2.2　在 Sage 專案中開發佈景主題

　　之前在使用 underscores 或是自己動手修改佈景主題的檔案時，經常都是需要什麼功
能就是去找相關的 template 檔案或是 CSS 設定檔，編修完成之後再去瀏覽器重新載入網
頁，在 Sage 中就不太一樣，首先，它使用 gulp 來做為工作流程自動化的管理工具。

　　什麼是 gulp 呢？它的主網址為：http://gulpjs.com/，它是一個自動化工作流程的管
理工具，以 Javascript 語法設定某些觸發條件，它就會根據我們的設定對某些設定（通常
是監控檔案的編修狀態）做出一連串的處理操作，這些設定工作被編寫在 gulpfile.js 中，
以我們之前輸入的 gulp watch 這個指令為例，相對應的操作被編寫如下：

```
gulp.task('watch', function() {
  browserSync.init({
    files: ['{lib,templates}/**/*.php', '*.php'],
```

```
  proxy: config.devUrl,
  snippetOptions: {
    whitelist: ['/wp-admin/admin-ajax.php'],
    blacklist: ['/wp-admin/**']
  }
});
gulp.watch([path.source + 'styles/**/*'], ['styles']);
gulp.watch([path.source + 'scripts/**/*'], ['jshint', 'scripts']);
gulp.watch([path.source + 'fonts/**/*'], ['fonts']);
gulp.watch([path.source + 'images/**/*'], ['images']);
gulp.watch(['bower.json', 'assets/manifest.json'], ['build']);
});
```

就算是讀者不瞭解 gulp 的指令，但是從上面所指出的一些檔案型態以及路徑也多少能夠猜出它所監測的檔案對象。

在 Sage 所產生出來的目錄中需要編輯的檔案目錄主要為 assets、lib、templates 以及根目錄下的一些 PHP 檔案（如 404.php、index.php、page.php）等等，第一步我們都會去找 lib 之下的 setup.php，在 setup() 函式中用來確定這個佈景主題需要支援哪些特性，另外包括預設的小工具 Widget 設定、側邊欄註冊以及選單設定等等，也都是在這個檔案中初始化的。

此佈景主題會使用到的字型、圖形檔案、CSS 設定和額外的 Javascript 檔案則是放在 assets 資料夾之下，其典型的目錄結構如圖 10-23 所示。

圖 10-23：assets 目錄結構

由目錄結構來看，Sage 把檔案區分地非常仔細，便於在開發的過程當中的模組化設計，除了整體的設定在 main.scss 中編寫（請留意，根目錄的 style.css 主要的目的是用來設定你的佈景主題相關資料，除此之外請留空，設定的部份交由 main.scss 以及 styles 目錄下的所有檔案來處理）之外，其他的各部份如 header、foorter 則各有其相對應的設定檔案。

觀察這些檔案的副檔名會發現在這裡使用的檔案，包括 _header、_footer、_post 等等都是使用 .scss 做為副檔名，提醒我們在其中要使用的是 SCSS 的語法。SCSS 是改良的 CSS 語法，讓網站設計師在使用 CSS 時可以使用變數以及更多結構化的方法，以避免 CSS 檔案龐大之後不容易維護的問題，雖然使用這個語法的檔案需要經過翻譯成標準的 CSS 語法才能夠被瀏覽器使用，但是別擔心，因為翻譯的步驟 gulp 會幫我們處理。以下是在 main.css 中針對網站中文章內容的文字設定做的簡單測試：

```scss
$bk: #cfc;
body {
    background-color: $bk;
}
article p {
    color: #0aa;
    font : {
        family: "標楷體";
        size: 1.2em;
        weight: 500;
    }
}
```

在 main.scss 中輸入上述的敘述內容，在存檔之後，原先的網頁內容馬上就會被重新載入更新為這些設定所影響的結果，非常方便。SASS/SCSS 的語法可以參考官方網站的說明：http://sass-lang.com/，網路上也有非常多的中文教學資源可以查閱。至於 PHP 檔案的部份，也就是最重要的模板 template 部份，還記得前一節設定的 functions.php 嗎？以下是 Sage 佈景主題的 functions.php 內容：

```php
<?php
/**
 * Sage includes
 *
 * The $sage_includes array determines the code library included in your theme.
 * Add or remove files to the array as needed. Supports child theme overrides.
 *
 * Please note that missing files will produce a fatal error.
 *
 * @link https://github.com/roots/sage/pull/1042
 */
```

```php
$sage_includes = [
  'lib/assets.php',    // Scripts and stylesheets
  'lib/extras.php',    // Custom functions
  'lib/setup.php',     // Theme setup
  'lib/titles.php',    // Page titles
  'lib/wrapper.php',   // Theme wrapper class
  'lib/customizer.php' // Theme customizer
];

foreach ($sage_includes as $file) {
  if (!$filepath = locate_template($file)) {
    trigger_error(sprintf(__('Error locating %s for inclusion', 'sage'), $file), E_
USER_ERROR);
  }

  require_once $filepath;
}
unset($file, $filepath);
```

　　從這些內容可以發現，Sage 把所有的功能函式做了分類，分別是 assets、extras、setup、titles、wrapper、以及 customizer 等幾類，每一類負責的事情都有註明在該檔案之後，意思是說，在設計佈景主題的時候會使用到的自訂函式，可以依照它的類別放到相對應的 php 檔案以方便日後的管理。

　　最後，在此佈景主題的根目錄下的 base.php 是網頁主要的架構檔案，在這個檔案中安排了網頁從 <!doctype html> 開始到 </html> 結尾的主要 HTML 結構，並在其中適當的地方載入各個不同的 HTML 部份檔案，如果讀者有需要修改主要的 CSS <div> 架構可以在這個檔案中編輯之。

　　其他的 PHP 檔案，如 index.php、page.php、404.php 等等檔案即為 template 模板檔案，這些檔案何時會被 WordPress 使用到也是依照 WordPress 核心的模板階層結構來決定。Sage 利用 DRY（Don't Repeat Yourself，是軟體開發的一個觀念，儘可能地避免在程式設定過程中重複相同的程式碼）的理念又把網頁中的每一個元件都以另存檔案的方式放在 template 目錄之下，然後在主要模板程式檔案中以 get_template_part() 函式載入到適當的地方，對佈景主題開發人員來說，只要在自訂的模板檔案中需要使用到這些特定功能的部份，也請以同樣的方法來運用。以 footer.php 為例，原本的內容如下：

```php
<footer class="content-info">
  <div class="container">
    <?php dynamic_sidebar('sidebar-footer'); ?>
  </div>
</footer>
```

它的設計是只會顯示在側邊欄功能中，加上小工具時才會把該小工具顯示出來，我們可以在其中加上一個版權聲明文字，如下所示：

```html
<footer class="content-info">
  <div class="container">
    <?php dynamic_sidebar('sidebar-footer'); ?>
    <p><b>Copyright 2017 HAHA Inc. 保留一切權利。</b></p>
  </div>
</footer>
```

在 templates/footer.php 中修改的內容即被套用到所有的網頁中，因為在 base.php 中的 </body> 標籤前面有以下這一段程式碼：

```php
<?php
  do_action('get_footer');
  get_template_part('templates/footer');
  wp_footer();
?>
```

10.2.3　Sage 和 Underscores 的異同

underscores 很直覺，它就是一開始把所有的佈景主題所需要使用的檔案全部都交給我們，讓我們自己到這些檔案中，新增或修改設定和程式碼，以符合網站的需求，只要熟悉 WordPress 的資料存取邏輯和 PHP 以及 CSS 設定，可以很快地上手。

比較起來 Sage 就不太一樣，在 Sage 網站（https://roots.io/sage-vs-underscores/）中列了一個和 underscores 的比較表格，簡單地說，Sage 比較偏重「工作流程」的運用，透過 gulp 的自動化以及對於佈景主題檔案的結構重新設計，讓需要經常開發佈景主題或是透過 WordPress 網站加上客製化佈景主題的方法製作網站的朋友，或根本是以開發佈景主題為業的朋友們可以節省非常多的時間以及精力，所有的檔案也比較好管理，但是反過來說，因為有標準的工作流程，同時又對檔案做了一些編排，對於初學者來說一開始的學習曲線較高，要入門也比較不容易，瞭解了這些差異，相信讀者們就可以依照自身的需求決定要使用哪一個佈景主題來開發自己的網站了。

當然以上這兩個方式基本上都是從無到有一步一步建構自己的網站外觀和功能，如果讀者的目的只是要對於一些外觀加以修飾和客製化，其實大部份現代的高階佈景主題都具備非常有彈性的自訂化功能，甚至有許多佈景主題還提供了頁面直接編輯版面的能力，因此在使用 underscores 或是 Sage 之前，也許可以先從這些佈景主題去看看合不合用，只不過這些佈景主題通常都是需要付費的，而 underscores 和 Sage 則是免費而且可以自由地運用在任何數量的網站上。

最後要提醒讀者的地方是，在設計佈景主題的過程中請確定此佈景主題的使用對象，是提供給所有網站使用的，還是只有針對某一個單一的個案網站。後者只要在該網站進行測試即可，但如果是後者，設計為通用的佈景主題需要考量的點非常多，在 Unit Test 中所有的特性都必需要顧慮到，也就是在設計完成時，還要花時間針對 Unit Test 中的每一個點（例如：多階層的選單呈現樣式、置頂貼文、搜尋結果呈現、文章評論回應介面等等）都檢視過，才可以避免在不同網站的套用過程中出現格式或排版上，甚至是資料呈現不齊全的問題發生。

本章習題

1. 請利用 underscores 建立一個自訂的佈景主題，並製作成 zip 檔案可供上傳至其他 WordPress 網站安裝。

2. 請簡要說明 SASS 和 SCSS 主要的差別。

3. 市面上已經有很多視覺化編輯器了，你覺得還有需要自行製作佈景主題嗎？

第 **11** 堂

WordPress 外掛開發基礎

◀ 前　　言 ▶

佈景主題和外掛功能是 WordPress 最被人津津樂道的特色，從這一堂課開始，我們將開始進入外掛開發的相關主題。和佈景主題類似的地方在於新建立一個外掛也是非常容易，只要在 plugins 目錄之下建立一個檔案或是一個新的目錄，並在目錄中準備一個具有提供外掛資訊的標準註解格式就算是完成預備動作。

◀ 學習大綱 ▶

➤ WordPress 外掛入門
➤ Hooks 簡介
➤ 使用外掛過濾文章的內容

11.1　WordPress 外掛入門

　　簡單地說，外掛就是一個或是一組 PHP 程式檔案，在經過適當的設定之後可以在指定的情況發生時被執行，提供事先設計的功能，這些功能可以是在 WordPress 外加一些原本沒有提供的特性，或是在輸入內容時對於某些特定的字詞做修改或設定不同的格式。在這一節中將對 WordPress 做一些簡單地介紹，同時也協助讀者可以快速地自行設計出一個簡單的外掛。

11.1.1　WordPress 外掛簡介

　　如同在前言中所說明的，外掛是延伸 WordPress 功能最好的方式，當然也是最受歡迎的地方。當一個全新的 WordPress 被安裝完成之後，至少會有 2 個外掛（如果使用的是主機業者提供的自動安裝程式可能會被加上更多的推薦外掛）分別是 Hello Dolly 以及 Akismet。Hello Dolly 是一部音樂劇，同時也是美國著名歌手 Louis Armstrong 在該劇中所演唱的一首歌，此外掛在啟用之後會在 WordPress 控制台的右上方隨機顯示一列 Hello Dolly 的歌詞。至於 Akismet 則是著名的垃圾留言防制外掛，大部份的網站管理員都會啟用它，因為真的非常有用。

　　為 WordPress 新增外掛有幾個方法，最簡單的方式就是透過控制台的安裝外掛介面，如圖 11-1 所示。

圖 11-1：WordPress 安裝外掛的介面

在右上角搜尋外掛的文字框中輸入想要安裝的外掛之關鍵字，在畫面中找到之後按下該外掛的「立即安裝」按鈕，即可進行自動下載以及安裝的功能，已經在網站中還沒被啟用的外掛則有「啟用」按鈕可以即刻啟用。如果想要安裝的外掛不在列表中或是找不到也沒有關係，只要有下載之後的檔案（zip 壓縮檔），使用最上方「上傳外掛」的按鈕也可以把此外掛檔案上傳到主機目錄，並自動進行解壓縮及安裝的動作。

所有的外掛如果沒有另行設定，在預設的情況下都會被放在 wp-content/plugins 的目錄下，如圖 11-2 所示。

圖 11-2：所有外掛所在的目錄列表

如圖 11-2 所示，在 plugins 目錄之下有 2 個檔案，index.php 是用來防止此目錄被瀏覽用的，hello.php 則是在前面提到的 Hello Dolly 外掛的唯一檔案，其他的外掛則都分別放在各自的目錄中，如果讀者有興趣可以自行前往這些目錄之下檢視看看，簡單的外掛通常就是放了幾個零星的檔案（例如 wordpress-importer），而功能強大的外掛（如 Jetpack）則包含了非常複雜的目錄結構，以及各式各樣分工細密的 PHP 檔案。

由這個目錄結構也可以知道，在 plugins 目錄下的每一個檔案（index.php 除外），以及一個個的資料夾所代表的均是 WordPress 中的一個外掛，也因此，如果我們直接把未經過壓縮的外掛目錄或檔案複製到這邊來，其實也等於是安裝了外掛進去，就這麼簡單。

至於外掛可以做些什麼事呢？表 11-1 列出幾個常用的外掛並加上簡要的說明。

▼ 表 11-1：常見的外掛用途說明

外掛名稱	說明
Akismet	防止 WordPress 網站遭垃圾留言的攻擊。
All In One SEO Pack	為網站增加 SEO 所需要的功能。
All-in-One WP Migration	協助使用者在不同的網站之間匯入以及匯出，也就是方便做網站搬家的意思。

外掛名稱	說明
Google Analytics by MonsterInsights	方便讓網站管理員為網站加上 Google Analytics 的功能。
Hello Dolly	在控制台上方隨機顯示 Hello Dolly 歌詞。
Jetpack	由 WordPress.com 提供的 WordPress 工具包，功能非常多也實用，每一個網站都會使用的外掛功能。
Simple Tags	增加 WordPress 的標籤功能。
VersionPress	協助 WordPress 網站進行 Git 版本控制。
WordPress Importer	用來匯入來自於其他網站的內容。
WP-Mail-SMTP	讓 WordPress 提供 SMTP 的寄信功能。

還有其他各式各樣的外掛包括讓 WordPress 的文章可以用短代碼（Shortcode）的方式建立各式各樣的表格，在網站中提供行事曆以及事件追踪服務，甚至非常有名的 WooCommerce 外掛安裝之後直接就讓網站變成電子商店、讓網站在編輯文章時直接進行影像處理、在匯入相片時直接到免授權網站擷取圖形等等，這些應用並沒有任何限制，全仗設計者自身的想像力，只要 PHP 做得到的，幾乎都可以使用外掛的型式放在 WordPress 系統中。

11.1.2 建立自訂外掛的方法

由於外掛是 WordPress 非常重要的一部份，所以在 WordPress 的開發官方網站就有提供如何開發外掛的手冊 Plugin Handbook：https://developer.wordpress.org/plugins/，讀者也可以前往參閱詳細的內容，以下就簡要的說明建立自訂外掛基本的步驟。

建立自訂外掛最簡單的方法就是在 plugins 目錄下建立一個 PHP 檔案或是一個目錄然後把 PHP 檔案放在目錄中，並在該檔案最開頭的地方，如同新建立佈景主題一般，加上一組標準的註解文字。由於所有的外掛，不管是自行開發的還是別人寫的都會被放在同一個資料夾（plugins）中，因此為自訂的外掛命名一個獨一無二的名稱是非常重要的，作者建議使用自己的名稱作為開頭，例如我們之後要使用的 HOWPCP（自己的姓氏 HO，再加上 WordPress Custom Plugin），然後在後面再接上此次開發的外掛名稱，這樣就不容易和他人開發的外掛同名了。

此外，雖然可以只使用一個單一的 PHP 檔案當做是外掛的內容，但是為了日後的可擴充性（至少保留有國際化的空間，因為需要一個 languages 的額外目錄），因此作者建議還是以建立一個自己的資料夾為主要的開發方式。

標準的外掛標頭如下所示：

```php
<?php
/*
Plugin Name: 自訂的外掛名稱
Plugin URI: 此外掛的網址
Description: 關於上外掛的簡要說明
Version: 此外掛的版本號碼
Author: 外掛的作者名字放在這邊
Author URI: 外掛作者提供的網址
Text Domain: 多國文字翻譯用的 Text Domain
Domain Path: /languages（放置多國文字翻譯檔案的目錄）
*/
?>
```

只要有這個標頭的 PHP 檔案，並放在 plugins 中就會被當做是外掛之一，會被列在 WordPress 控制台的外掛介面中等待啟用，但如果是放在 mu-plugins 中（此目錄不一定有，可以自行建立），則此外掛不只會被列在外掛清單中，也會直接被啟用。

在此我們把資料夾命名為 howpcp-first，然後檔案名稱則是 howpcp-first.php，並在此檔案中加上如下所示的標頭：

```php
<?php
/*
Plugin Name: 我的第一個外掛
Plugin URI: https://104.es
Description: 這是我的第一個外掛，主要的功能就是沒有什麼功能
Version: 0.1a
Author: Min-Huang Ho
Author URI: https:/104.es
Text Domain: howpcp-first
Domain Path: /languages
*/
?>
```

在存檔之後回到 WordPress 的控制台外掛介面，就可以看到如圖 11-3 所示的畫面。

圖 11-3：自訂外掛已被安裝進去的畫面

儘管我們沒有為這個外掛寫上任何的程式內容仍然可以進行啟用，只是啟用之後對網站對不會有任何的影響。

11.1.3　為自訂外掛加上功能

要讓自訂的外掛可以做些什麼事，第一個要搞清楚的地方就是，到底這個外掛程式 howpcp-first.php 什麼時候會被呼叫到呢？也就是什麼時候才會有人來執行這個程式呢？答案是，只要你沒說，就沒有人會來執行。也因此，在外掛的檔案中首要的事，就是告訴 WordPress，當什麼事情發生的時候，記得要來找在這個檔案中定義好的某些函式，也就是：

1. 先定義一個可以執行某些工作的函式 A。

2. 告訴 WordPress，當發生了某些事情的時候，要來執行這個函式 A。

在 WordPress 用來設定這個關係的是 add_action() 和 add_filter() 這兩個函式，發生某些事情的時機叫做事件 event，這個機制我們把它叫做 Hook。我們可以從觀察幾乎是最簡單的 Hello Dolly 這個外掛的內容開始。開啟 hello.php，其中有以下這一個程式片段：

```
function hello_dolly() {
    $chosen = hello_dolly_get_lyric();
    echo "<p id='dolly'>$chosen</p>";
}
add_action( 'admin_notices', 'hello_dolly' );
```

其中 hello_dolly() 就是負責每次被執行到的時候就顯示一行訊息（以 echo 這個命令來完成）的功能，然後 add_action() 函式則是負責告知 WordPress，當 admin_notices 這個事件出現時，請執行 hello_dolly() 這個函式。

參考 Hello Dolly 的程式內容，我們也可以很輕易地寫一個名言佳句的顯示程式，讓每一次在進入控制台畫面的時候，也在上方顯示出不同的佳句。我們的程式設計如下（請放在自訂的標頭檔下方即可）：

```
function my_quotes() {
    $quotes = array(
        " 今日事今日畢 ",
        " 知識就是力量 ",
        " 今日你不做計畫，明日就成為別人的計畫 "
        );
    echo "<p id='my-quotes'>" . $quotes[rand(0, count($quotes)-1)] . "</p>";
}
add_action( 'admin_notices', 'my_quotes' );

function my_quotes_css() {
    echo "
    <style type='text/css'>
    #my-quotes {
        background-color: #8f8;
        padding: 5px 5px 5px 5px;
        font-size: 1.5em;
    }
    </style>
    ";
}
add_action( 'admin_head', 'my_quotes_css' );
```

其中 add_action('admin_head', 'my_quotes_css') 這個函式是用來加入自訂 CSS 碼的設定內容，它會在 admin_head 被載入的時候，執行 my_quotes_css 這個函式，我們就利用這個機會加上一段針對 #my_quotes 的 CSS 設定值，讓訊息在顯示的時候能夠有不同的格式設定，執行的結果如圖 11-4 所示。

在函式的命名方面，使用 my_quotes 以及 my_quotes_css 也許在使用上還算方便，但是別忘了，一個 WordPress 網站中會和至少一個佈景主題以及許多的外掛一同工作，如果使用了同樣的名字就會造成網站程式的錯誤，因此在接下來的外掛設計中，所有的函式我們都會透過「howpcp_」做為前置詞，而讀者也要養成自行定義自己的函式前置詞的習慣。

圖 11-4：自訂名言佳句顯示功能

讀者們只要重新整理頁面就可以看到不同的佳句，佳句的陣列也可以自行新增，因為是使用 count() 函式來決定產生的最大亂數值，因此在陣列中新增佳句的內容，並不需要再到程式碼中去做任何的修改，一樣可以正常執行。

除了 add_action() 函式之外，針對一開始啟用外掛以及停用外掛時要做的動作，則是透過另外兩個函式來設定，分別是 register_activation_hook() 以及 register_deactivation_hook()，應用例如下：

```
function howpcp_activated() {
    /* do something */
}
register_activation_hook( __FILE__, 'howpcp_activated' );

function howpcp_deactivated() {
    /* do something */
}
register_deactivation_hook( __FILE__, 'howpcp_deactivated' );
```

通常我們會在 howpcp_activated() 函式中做一些檢查此外掛所需要的資料的動作，在
howpcp_deactivated() 函式中移除不需要的暫存檔。不過要留意的是，deactivation 並不
是移除外掛只是停用而已，網站管理員隨時可能會再啟用這個外掛，因此如果我們有一些
屬於網站管理員設定的資料，千萬不要在 howpcp_deactivated() 函式中移除。

11.1.4 開發外掛程式的工作流程建議

完成了前一節的第一個外掛有沒有覺得還滿有成就感的？！只要簡短的一些程式設
定，一個可以運作的外掛程式就完成了。不過要留意的一點是，如果程式的內容有錯誤，
那會是什麼樣的情形呢？請參考圖 11-5 所示的畫面。

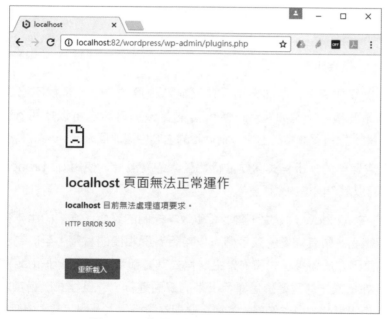

圖 11-5：錯誤的外掛程式所造成的問題

沒錯，就是著名的 500 白畫面！造成這個情形發生的原因，只是簡單地把一個敘述後
面要加上的分號漏掉而已。而且，只要出現了這個錯誤，你的網站控制台再也不能正常運
作了，也就沒有介面可以讓你把這個外掛停用或移除！此時可以解決的方式，除了找出這
個錯誤之外，另外就是藉由刪除該目錄（別忘了，這是在你的電腦中，你可以透過檔案管
理員隨時對目錄和檔案進行操作）來移除該外掛，或是把資料夾改個名字也可以讓這個外
掛變成停用狀態。

　　不過，既然是自己在開發的外掛程式，當然是不會考慮移除目錄的方法，而是想辦法對程式本身進行除錯的工作。對於簡單的程式來說，找出錯誤就是唯一要做的事情，可是對於一個開發中的較複雜的專案，如果原來的版本是可以正常運作的，但是在修改的過程中因為某處出了錯誤，或是不小心更動到不該更動的地方，或是不小心刪除了不能刪除的地方，打算回到修改之前可以正常執行的樣子，打算重新再來過的時候，這時就需要版本控制的工作流程了。以下是筆者的建議：

1.　安裝 Git 版本控制程式（在第 10 堂課中有相關的教學）。

2.　在開發中的外掛程式目錄下使用 git init 指令建立本地倉庫。

3.　在 GitHub 申請帳號並建立遠端倉庫，利用此倉庫儲存開發中的檔案（如果只有自己一個人使用同一部機器開發，此步驟不一定需要）。

4.　在取得可以運行的版本時，即以 git commit -m " 標註修改的資訊 " 把這些可以正確運行的檔案狀態儲存起來。

5.　在開發外掛程式的過程中如果出現自己無法復原的錯誤（也找不出錯誤在哪裡）想要放棄某個檔案（例如 somefile.txt）的修改內容時，可以使用 git checkout - somefile.txt，把這個檔案從上次 commit 的內容中還原回來。

6.　當可以正常運作的外掛程式需要進行比較大的變動時，使用 git branch 建立新的分支，保持可以隨時回復的還原點。

　　圖 11-6 是在 Windows 10 之下執行 Git 版本控制的畫面。詳細的版本控制技巧並不在本書的介紹範圍，請有需要的讀者們可以自行參閱相關的書籍，至於為什麼要這麼麻煩？最主要的原因在於外掛程式和佈景主題程式其實都牽涉到 WordPress 畫面的顯示，WordPress 的許多操作都需要透過顯示出來的畫面進行，一旦程式出錯常常會出現如圖 11-5 的畫面而使得網站的運作停擺，常常需要即刻還原到上一個狀態，這時候版本控制就是立即還原到之前任一個狀態最好的工具之一。

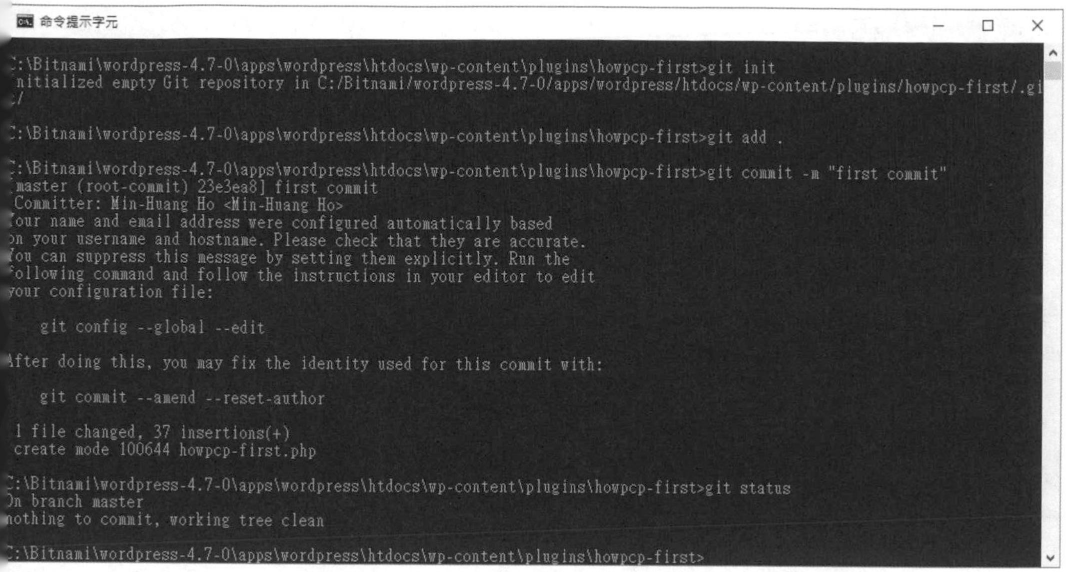

```
CM 命令提示字元                                                              —  □  ×

C:\Bitnami\wordpress-4.7-0\apps\wordpress\htdocs\wp-content\plugins\howpcp-first>git init
Initialized empty Git repository in C:/Bitnami/wordpress-4.7-0/apps/wordpress/htdocs/wp-content/plugins/howpcp-first/.git
/

C:\Bitnami\wordpress-4.7-0\apps\wordpress\htdocs\wp-content\plugins\howpcp-first>git add .

C:\Bitnami\wordpress-4.7-0\apps\wordpress\htdocs\wp-content\plugins\howpcp-first>git commit -m "first commit"
[master (root-commit) 23e3ea8] first commit
Committer: Min-Huang Ho <Min-Huang Ho>
Your name and email address were configured automatically based
on your username and hostname. Please check that they are accurate.
You can suppress this message by setting them explicitly. Run the
following command and follow the instructions in your editor to edit
your configuration file:

    git config --global --edit

After doing this, you may fix the identity used for this commit with:

    git commit --amend --reset-author

1 file changed, 37 insertions(+)
create mode 100644 howpcp-first.php

C:\Bitnami\wordpress-4.7-0\apps\wordpress\htdocs\wp-content\plugins\howpcp-first>git status
On branch master
nothing to commit, working tree clean

C:\Bitnami\wordpress-4.7-0\apps\wordpress\htdocs\wp-content\plugins\howpcp-first>
```

圖 11-6：Windows 10 命令提示字元執行 Git 的畫面

11.2 | Hooks 簡介與應用

從上一節的說明讀者應該大致上可以瞭解外掛的運作方式了，基本上就是針對某些事件設計想要處理的內容或是提供的功能，然後使用 add_action 或是 add_filter 函式做好處理就可以了，這樣的機制 WordPress 給它一個 Hooks 這個名稱，在這一節中我們就來探討什麼是 Hooks，以及如何運用。

11.2.1　Hooks 簡介

Hooks 的中文意思是勾子，其實在 WordPress 中就是一些事件，我們可以使用 Actions 或是 Filters 來設定這些勾子要勾住哪些程式碼，因此在某些文章中也把 Actions 和 Filters 當做是兩種 Hooks，而且在 WordPress 的官網站也以這兩類為區分，分別列出其可以使用的事件，Actions 的事件網址為：https://codex.wordpress.org/Plugin_API/Action_Reference，Filters 事件網址為：https://codex.wordpress.org/Plugin_API/Filter_Reference。那麼兩者之間究竟有什麼差別呢？

Actions 顧名思義就是建立一個行動，它的目的很簡單，就是在指令的事件發生時取得一個被執行的機會，並藉由這次執行的機會，把執行的結果輸出到事件發生當時的輸出。

例如我們想要的網站的頁尾加上一些文字（由外掛的角色來加入），那麼就可以使用 add_action 勾住 wp_footer 的事件，如下所示：

```
function howpcp_add_something_to_footer() {
    echo "<em> 這是由外掛加上去的文字內容 </em>";
}
add_action( "wp_footer", "howpcp_add_somethine_to_footer" );
```

因為是使用 echo 顯示，只要是標準的 HTML 標記格式都可以使用，所以如果我們在自己的外掛目錄中放置了圖形檔案，一樣也可以使用，只不過在使用到路徑時需要多利用到現有目錄查詢的函式。在 WordPress 中查詢目錄的函式如表 11-2 所示。

▼ 表 11-2：WordPress 可以查詢主機目錄網址的函式

函式名稱	說明
admin_url()	傳回控制台管理介面的網址。
site_url()	傳回目前網站的網址。
home_url()	傳回目前網站的網址。
includes_url()	傳回 wp-includes 的網址。
content_url()	傳回 wp-content 的網址。
wp_upload_dir()	傳回一個可以上傳的網址的相關設定。
plugin_dir_path(__FILE__)	根據所給的檔案，傳回此檔案在主機中的絕對路徑，其中 __FILE__ 指的是目前正在執行中的這個 PHP 檔案。
plugins_url(__FILE__)	根據所給的檔案，傳回該檔案的 URL 網址。

對我們來説，如果想要在自己的外掛程式檔中存取在外掛目錄中的某些檔案，例如要使用檔案操作命令來處理這些檔案，那麼就要使用 plugin_dir_path()，因為它傳回的是在主機中的路徑，反之，如果是要輸出某些資料（例如圖形檔案）讓使用者透過瀏覽器瀏覽的話，那麼就要使用 plugins_url 這個函式，因為它傳回的是網址。因此，以上述的例子來看，假設我們要顯示的圖形檔是放在我們的外掛目錄之下的 images 目錄下，命名為 logo.png，則程式可以修改如下：

```
function howpcp_add_something_to_footer() {
    echo "<img src='" . plugins_url( "images/logo.png", __FILE__ ) . "'>";
}
```

如果你使用的這個佈景主題有顯示頁尾（footer）的話，那麼在重新整理網頁之後就可以看到我們指定的圖形檔案已經被加在網頁的最下方，以本堂課的例子，檢視原始檔案可以看到該行的內容已改為如下：

```
<img src='http://localhost:82/wordpress/wp-content/plugins/howpcp-first/images/logo.png'>
```

　　不過實際上如何處理以及會被放在什麼位置，還是看實際佈景主題的編寫方式，因此在設計的外掛中進行輸出時，儘量都要去觀察實際上每一個事件對應的輸出位置，以避免在不同的佈景主題之間的差異。

　　相較於 Actions 可以進行許多的輸出以及輸入（可以透過表單的方式來和使用者之間互動），Filters 顧名思義主要著重在對於資料的過濾，因此在 Filters 的事件中都會有一個被處理的資料，例如 the_content 就是即將要被輸出的文章內容，the_excerpt 則是即將要被輸出的文章摘要等等，Filter 設定的函式就讓我們有機會可以在輸出之前「過濾」並「替換」其中的某些文字或符號，也由於被設定為過濾的功能，所以在它指定的函式中一定要使用 return 傳回資料，同時在執行的過程中也不可以輸出任何的內容（也就是不能在這裡面使用 echo 這個敘述）。

　　例如我們想要在每一個要輸出的標題前面都加上一個記號，則可以使用如下所示的程式碼達成（此段程式碼可以直接加在我們的外掛程式後面即可）：

```
function howpcp_add_something_to_title($title) {
    return "@@:" . $title;
}
add_filter( "the_title", "howpcp_add_something_to_title" );
```

　　很顯然的，執行結果將如圖 11-7 所示的這樣，而且是只要任何輸出標題的地方，都會在標題的前面加上這個符號。

圖 11-7：使用 Filters 功能在文章標題前加上自訂符號

在網站中所有的文章標題都會在前面加上「@@:」這個符號。雖然在上述的 add_action 以及 add_filter 函式我們只使用了 2 個參數，但其實它們倆是可以接受到 4 個參數的，以下是在 WordPress 開發者網站對於 add_action 的定義：

```
add_action( string $tag, callable $function_to_add, int $priority = 10,
int $accepted_args = 1 )
```

其中第 3 個參數是此設定的優先權，它用來決定同一個事件中被指定的函式執行的優先順序，第 4 個參數則是用來設定指定的函式接受的參數個數，add_filter 也是同樣的情形。

11.2.2 常用的 Actions 事件

WordPress 至目前為止提供了大約超過 2000 個事件可被使用，當然沒有辦法在此全部列出，完整的 Actions 列表在：https://codex.wordpress.org/Plugin_API/Action_Reference，表 11-3 是作者列出比較常用的部份。

▼ 表 11-3：常用的 Actions 事件列表

事件名稱	說明
registered_taxonomy	在自訂分類被註冊之後呼叫。
wp_register_sidebar_widget	在每一個小工具被註冊的時候都會呼叫一次。
admin_bar_init	在控制台的功能表列被初始化時呼叫。
add_admin_bar_menus	在控制台的功能表列中新增選單。
pre_get_posts	查詢字串變數被建立且還沒有執行此查詢之前呼叫。
get_header	在 get_header 函式每一次被執行之前會被呼叫。
wp_enqueue_scripts	在被 enqueue 的項目出現之前呼叫。
wp_head	在 tempalte 執行 wp_head() 函式處理 <head></head> 之間的內容時被呼叫。
get_serach_form	在取得搜尋表單時被呼叫。
the_post	WordPress 完成查詢功能並做設定時呼叫，讓我們有機會可以馬上進行處理。
get_template_part_content	當執行 get_template_part_content 函式時。
get_sidebar	當執行 get_sidebar 函式時。
dynamic_sidebar	在建立完成側邊欄且在顯示小工具之前呼叫。
wp_meta	當執行 wp_meta 函式時呼叫。
get_footer	每次開始執行 get_footer 函式時就會呼叫的事件。
wp_footer	同上，但是執行時機是在要顯示 </body> 之前的部份。
wp_before_admin_bar_render	在顯示控制台的選單列之前呼叫，讓開發者有機會可以修改控制台選單的內容。

上述的事件是在網頁在一般狀態之下顯示處理網頁內容時所可能需要用到的一些時機點，當網站管理員登入之後，在管理網站的狀態之下還有更多可以透過外掛操作的時機，例如使用者在編輯文章、儲存文章、刪除文章、新增及編輯標籤以及類別（例如 create_category、before_delete_post、publish_page、save_post）等等，還有和佈景主題相關的一些函式（例如 get_footer 會在 template 呼叫 get_footer() 時執行）都有相對應的事件可以讓外掛介入，這些內容我們在後面的章節中如果有使用，到時也會加以說明。

11.2.3　常用的 Filters 事件

完整的 Filters 列表在 https://codex.wordpress.org/Plugin_API/Filter_Reference，表 11-4 是作者列出比較常用的部份。

▼ 表 11-4：常用的 Filters 事件列表

事件名稱	說明
body_class	可以用來處理應用在 \<body\> 中 CSS 類別。
content_edit_pre	在編輯器中要顯示文章內容之前。
excerpt_edit_pre	在編輯器中要顯示文章摘要之前。
get_the_excerpt	取得摘要。
post_class	可以用來處理應用在文章中的 CSS 類別。
single_post_title	當使用了 wp_title 或是 single_post_title 函式時會被應用到的事件。
the_content	文章內容從資料庫內容取出要被顯示在畫面時。
the_editor_content	在文章將要被放到編輯器之前。
the_excerpt	摘要內容從資料庫內容出要被顯示在畫面時。
the_tags	標籤內容從資料庫內容出要被顯示在畫面時。
the_title	文章標題從資料庫內容取出要被顯示在畫面時。
wp_list_pages	從 wp_list_pages 函式所產生的 HTML 列表。
wp_title	使用 wp_title 函式顯示網站標題時。
content_save_pre	在文章內容要被儲存到資料庫之前。
excerpt_save_pre	在文章摘要要被儲存到資料庫之前。
title_save_pre	在文章標題要被儲存到資料庫之前。
comment_text	在顯示留言到畫面之前。
comments_array	以 array 的型式操作留言內容。
comments_number	在 comments_number 函式中取得留言數目時。
the_date	貼文日期。
the_time	貼文時間。
widget_text	顯示小工具文字時。
widget_title	顯示小工具的標題時。

在使用 Filters 時比較要注意的地方是在過濾之後，這些資料的改變是否會被儲存起來呢？如果是在輸出顯示的時候，則原始資料庫內容並未被改變，只是輸出之前做調整，這樣在操作上就可以比較安心，但如果是在存檔之前的過濾，則過濾之後資料就會被儲存起來，等於是破壞性的改變，這些地方在操作時就要格外留意。

11.2.4　外掛程式的安全性議題

安全性永遠都是網站最重要的議題，尤其是商業網站。使用 WordPress 建立的網站基本上就已經符合了許多的安全原則，但是當你自訂外掛或是佈景主題時如果沒有配合相關的安全規範和檢查的話，等於是幫網站開了一個漏洞，會導致網站曝露在高風險之中，所以不管你的外掛是否有打算提供給他人使用，在安全的議題上還是不要太過於大意才好。

網站除了伺服器本身的安全考慮之外，一個有接收使用者操作，甚至是可以讓使用者輸入資料，再依據這些資料進行後續處理的程式都有可能會有被駭的風險。例如我們打算建立一個可以讓使用者建立行事曆事件的外掛，當使用者在輸入日期、時間以及事件名稱和內容時，如何可以確保輸入的這些資料不是惡意的代碼？如何確保輸入的使用者其實是由駭客程式偽裝的？這些安全上的問題，WordPress 提供了一些它的解決方案。

首先，對於使用者輸入的資料，可以透過一些現成的函式加以檢查並過濾，這其中又分為輸入檢查（表 11-5）的部份和輸出過濾（表 11-6）的部份。

▼ 表 11-5：常用的輸入安全過濾函式

事件名稱 1"	說明
sanitize_email()	移除 email 中不合法的字元以及符號。
sanitize_file_name()	傳回符合的檔案名稱。
sanitize_html_class()	針對 HTML 的 CSS 去除不合法的字元。
sanitize_key()	清理成為符合 key 型式的內容。
sanitize_mime_type()	清理 MIME 格式的資料。
sanitize_sql_orderby()	檢查並整理成符合 SQL ... order by 的語法。
sanitize_text_field()	檢查並整理使用者輸入的欄位內容，以確保都是合法的字元。
sanitize_title()	把標題中有問題的字元符號都移除。
sanitize_title_for_query()	把標題中有問題的字元符號都移除，使其適用於 SQL 的查詢格式。
sanitize_title_with_dashes()	把標題中的空格轉變成「-」。
sanitize_user()	整理成為符合使用者 id 的格式。

▼ 表 11-6：常用的輸出安全過濾函式

事件名稱	說明
esc_html()	在輸出之前先移除所有的 HTML 標記內容。
esc_url()	在輸出之前移除網址的部份，讓此資料可以被放在 href 或是 src 之內。
esc_js()	在輸出之前先移除所有的 inline Javascript。
esc_attr()	在輸出之前先移除所有標記中的屬性值部份。
esc_textarea()	在輸出之前先移除所有的 <textarea> 標記，讓接下來的內容可以被順利放在 <textarea></textarea> 標記之中。

除了對於輸入以及輸出做檢查之外，接著是如何避免 CSRF（Cross-Site Request Forgery，跨站請求偽造）的問題。所謂的 CSRF 就是當使用者在已經登入某個網站的情形之下，又點擊到別的惡意網站，這個網站會以你和伺服器之間的操作網址，假冒是你的身份（別忘了，這時候伺服器認為你已經是登入中的使用者了），對伺服器進行權限內所允許的操作。也就是惡意的網站使用了原本在你的網站會使用的一模一樣的網址對伺服器進行操作，如果沒有適當的機制就會出問題。

為了避免上述的情形在 WordPress 網站中發生，WordPress 使用了 Nonce（使用一次即丟的數值）檢查這樣的機制，簡要的步驟如下：

STEP 1 在伺服器端產生一個 nonce。

STEP 2 把 nonce 放在表單中。

STEP 3 當伺服器收到 request 請求之後先檢查這個值和產生的是否一樣，一樣才能夠繼續進行操作。

在實作上使用的是 wp_nonce_field() 函式，它用來產生一個一次性的數值之隱藏欄位，用法如下：

```
<form ...>
...
<?php wp_nonce_field( "your-form-name" ); ?>
...
</form>
```

在後端的伺服器中（也是在我們的外掛程式碼中）則使用 wp_verify_nonce() 函式檢查即可，如下所示：

```
$nonce = $_REQUEST["_wpnonce"];
if ( !wp_verify_nonce( $nonce, "your-form-name" ) ) {
    exit;
}
```

如果使用的不是表單，而是直接透過 URL 操作網站的話，則是使用 wp_nonce_url() 函式來產生加上 Nonce 的網址，也可以達成相同的目的。

11.3 使用外掛過濾文章的內容範例

在這一節中我們以一個簡單的文章過濾外掛來做為示範，教導讀者們開始建立一個實用的外掛，此外掛可以針對文章的內容過濾其字串，凡是有提到指定的文字內容，一律在文章的後面加上一段文字。

11.3.1 過濾文章的用途

有在看新聞的朋友應該會有一些印象，某些新聞網站如果有報導到關於自殺的新聞，或是在新聞中有出現「自殺」這兩個字的時候，都會在新聞的最後面加上一段自殺防治宣導的相關文字。這樣的功能如果要求張貼文章的人員負責處理不只麻煩，而且有時候還會有遺漏的情形發生，而且如果把這段文字也儲存在新聞資料庫中也顯得格格不入，因為畢竟這段文字不是新聞本身的內容，這時候就是文章過濾外掛發揮功能的時候了。

此外，還有一種情形是，有些讀者的網站有在從事聯盟行銷（Affiliation）的操作，在歐美等國家（尤其是美國），聯盟行銷還是有些網站主要的獲利方式。要在網站中從事聯盟行銷最重要的部份就是提供該商品的推薦連結，當網站的瀏覽者透過該連結進入被推薦的商品並完成購買時，站長就會獲得一部份的佣金（Commision）。有些連結是以廣告單元的形式呈現在網站的側邊欄，或是文章的一些段落之中，但也有些是放置在文章中的文字，讓這些文字變成聯盟行銷的連結，以方便瀏覽者直接前往。在這樣的情況下，如果能夠讓過濾器直接找出關鍵字在顯示文章的時候直接加上連結，那麼也可以讓站長在準備文章時可以更加地節省時間，而且在日後如果需要修改連結內容時，也可以更有效率地直接全部一併更換。

在這一節的內容中，我們就以上述的兩個例子，製作一個外掛可以達成這樣的目標。

11.3.2 出現特定關鍵字即為文章加上額外的內容

先來看看一則實際的例子，請參考圖 11-8 的畫面。

> 「難道你要讓你的小孩跟同學說『我爸是跳河自殺死的』嗎？」這句話震撼了小林，之後終於感受兒女對他的意義，決定繼續為這個家努力活下去，跟志工道謝後掛上電話。
>
> 基隆市生命線協會主任李昌萬說，近40歲的女志工是家庭主婦，當天值大夜班，接到小林的求助電話，除安撫他的情緒，也幫忙找尋急難救助管道，盼能化解對方經濟上的燃眉之急。
>
> **小小關懷 成了救命丹**
>
> 李昌萬表示，會打到生命線求助的人，大多在現實生活中得不到足夠關心，才會尋求陌生人的意見，建議民眾多對親友投注關懷，因為「你的一句話，可能就是他的希望」。
>
> **自由電子報關心您：自殺不能解決問題，勇敢求救並非弱者，社會處處有溫暖，一定能度過難關。**
>
> **自殺防治諮詢安心專線：0800-788995**
>
> **生命線協談專線：1995。**
>
> **張老師專線：1980**

圖 11-8：新聞網站關於自殺事件報導的擷圖畫面，取自「自由時報」

　　如圖 11-8 所示，這個網站在此篇新聞的最後面加上了一些關懷的訊息以及自殺防治相關資訊以及專線電話，當然作者並不知道他們是自動加上去的，還是由網站管理人員手動加上去，或是由撰稿人加入到原稿的，不過在我們接下來要設計的外掛中，只要貼文的內容中有出現了「自殺」這個詞，就會自動在文章後面加上關懷的訊息。

　　為了建立這樣的外掛，請先在 plugins 目錄之下建立一個叫做 howpcp-my-filter1 的資料夾，以及同名的 PHP 檔案，並在此檔案的上方加上適當的標頭資訊，如下所示：

```php
<?php
/*
Plugin Name: 我的第一個文字過濾外掛
Plugin URI: https://104.es
Description: 這個外掛的功用在於只要文章的內容出現「自殺」這個字串，
            就會在文章的後面加上一段自殺防治文字。
Version: 0.1a
Author: Min-Huang Ho
Author URI: https://104.es
*/
```

接著開始設計過濾用的函式 howpcp_suicide_prevention() 如下所示：

```
function howpcp_suicide_prevention($content) {
    $msg = "
<h4> 生命可貴，我們可以幫助您 </h4>
<hr>
<p> 自殺防治諮詢安心專線：0800-788995</p>
<p> 生命線協談專線：1995。</p>
<p> 張老師專線：1980</p>
<hr>
    ";
    if (stripos( $content, " 自殺" ) !== false ) {
        $content = $content . "<div id='suicide-prevention'>" .
                    $msg . "</div>";
    }
    return $content;
}
add_filter( "the_content", "howpcp_suicide_prevention" );
```

和在前一節中的格式一樣，但是我們使用的是 the_content 這個事件，可以在顯示文章內容時執行此程式。在函式中我們以 PHP 的 stripos 函式檢查指定的字串「自殺」是否存在文章之中，至於在哪裡並不是我們的重點，只要出現，就立即把原本準備好的文字段落 $msg 附加在 $the_content 之後，就算完成了。

此外，為了讓這段文字有比較好看醒目的格式，在後面我們還加上了自訂 CSS 的功能，在前面輸出文字的時候使用了 sucide-prevention 這個 <div> 的 id，那麼就可以透過 wp_head 這個事件把我們定義好的 CSS 格式設定加上去，如下所示：

```
function howpcp_custom_css() {

    echo "
    <style type='text/css'>
    #suicide-prevention {
        border: red 1px solid;
        background-color: #ffc;
        padding: 5px;
        box-shadow: 10px 10px 5px #888;
    }
    </style>
    ";
}
add_action( 'wp_head', 'howpcp_custom_css' );
```

如此就完成自動自殺防治功能了。在啟用外掛之後，如果文章中沒有「自殺」這個字串，就只有顯示一般的文章內容，如圖 11-9 所示。

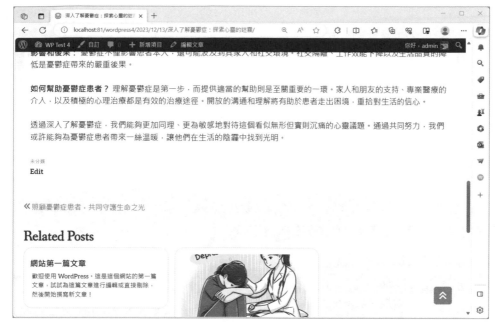

圖 11-9：沒有指定字串時，只顯示文章原有的內容

如果在文章中出現「自殺」這個字串，則我們附加的文字段落隨即被加在文章的最後面，如圖 11-10 所示。

圖 11-10：文章中只要出現「自殺」這個字，就會自動在後面加上我們的提醒訊息

有了這個外掛，在貼新聞內容的朋友就可以不用再苦惱會忘記加上這些必要的關懷文字了，因為這個外掛會自動幫我們做這件事。然而不知道讀者有沒有想到，這些文字內容以及要過濾的文字都是寫死在外掛程式中的，有沒有辦法提供一個介面讓網站管理員自動在控制台中編輯並拿來使用呢？當然可以，不過這是進階的內容，我們將在本書後面的章節中說明如何提供這些介面，而且還可以把這些編輯的內容儲存在資料庫中加以管理。

11.3.3　為特定關鍵字加上網址的實作

和上一個外掛的內容類似，這次我們要設計的外掛是尋找特定的字串，把這些字串變成連結的型式。以作者自己為例，作者有為幾個網站做聯盟行銷，這幾個網站是作者自己有在使用覺得不錯而去申請推薦連結的，分別如表 11-7 所示。

▼ 表 11-7：作者推薦的網路服務

網路服務名稱	說明	聯盟行銷網址
GreenGeeks	虛擬主機服務供應商。	https://www.greengeeks.com/track/skynettw/cp-default
Elegant Themes	WordPress 中最超值的專業佈景主題供應商。	https://www.elegantthemes.com/affiliates/idevaffiliate.php?id=22616
Digital Ocean	價格最實惠的雲端 VPS 供應商。	https://m.do.co/c/c7690bc827a5

接下來我們要設計的外掛目的就是去過濾文章的內容，如果發現在文章中有提到表 11-7 第 1 個欄位的名稱，就把這個名稱加上第 3 個欄位的連結，也就是對於文章的內容進行取代的意思。和上一小節類似的方式，這次我們要建立一個叫做 howpcp-auto-affiliation 的外掛。為了避免增加程式的複雜度，我們先只做第一個連結，程式如下所示：

```php
<?php
/*
Plugin Name: 自動建立聯盟行銷連結
Plugin URI: https://104.es
Description: 這個外掛會針對特定的字詞加上聯盟行銷的連結。
Version: 0.1a
Author: Min-Huang Ho
Author URI: https://104.es
*/

function howpcp_auto_affiliation( $content ) {
    $aff_name = "GreenGeeks";
    $aff_link = " https://www.greengeeks.com/track/skynettw/cp-default";
```

```
    return str_replace( $aff_name,
            "<a href='" . $aff_link . "'>" . $aff_name . "</a>",
            $content );
}

add_filter( "the_content", "howpcp_auto_affiliation" );
?>
```

在這裡我們使用了 str_replace 這個 PHP 函式來完成字串的取代工作，由於不需要做 CSS 的調整，因此在程式上就更加地簡單了，只要一個函式就可以搞定。執行的結果如圖 11-11 所示。

圖 11-11：自動為特定字串加上所屬的連結

同樣地，編輯的功能以及增加更多組的字串和連結的對應我們也是放在後續的章節中再加上說明如何達成。

最後有一點要說明的是，在處理函式中我們直接就對文章內容進行過濾，也因此就算是在網站的首頁中（如果佈景主題是顯示所有的文章內容的話）以及單一篇顯示文章時都會進行處理。在有些情況下其實是不希望在首頁的時候處理，而是等到顯示單篇文章時才加以過濾，這時候別忘了在前面的課堂中有介紹過的 is_single()、is_home()、is_page() 等，判斷顯示當時狀況的函式也可以拿來使用喔。

本 章 習 題

1. 請試著在不同的外掛中使用相同的函式，觀察會出現的問題。

2. 請申請 GitHub 帳號，建立一個遠端的倉庫，並把你開發中的外掛目錄儲存進去。

3. 請說明如何把本書建立的外掛安裝在不同主機的步驟。

4. 第 11.3.2 的外掛設計中，如果有一個以上的字串需要搜尋，請說明你的做法。

5. 第 11.3.3 的外掛設計中，如果有一個以上的字串需要取代，請說明你的想法。

第**12**堂

外掛選項設定頁設計

◀ 前　　言 ▶

在上一堂課中介紹的外掛,其過濾資料的目標固定寫在外掛程式碼,在這一堂課中,我們將加上可以自訂過濾文章的對象與內容,為了達成這樣的目的,在外掛中需要能夠在控制台中建立此外掛的參數設定頁面提供網站管理員輸入資料,並把這些資料儲存起來供比對之用,所有需要的技巧均會在這堂課中說明。

◀ 學習大綱 ▶

❯ 外掛在控制台中的操作
❯ 短代碼 shortcode 的應用

12.1 外掛在控制台中的操作

在前一堂課中我們學會了如何建立簡單實用的外掛，然而這兩個外掛要輸出的內容都寫在程式碼中，如果網站管理員想要使用的話，還要修改 PHP 程式碼，這顯然並不符合實用外掛的特性。因此，如何讓網站管理員可以在控制台中修改外掛的參數，這是讓外掛更加實用的一個重要的特色。

12.1.1 在控制台新增功能表項目

要提供網站管理員可以設定外掛的一些功能，要先能讓使用者有一個可以前往的連結，最直覺的方法就是在控制台的介面中加上自訂的功能表項目。控制台有 2 個可以加上功能表項目的地方，一個是在上方的功能表列，另外一個是在左側的主功能表。

在上方的功能表列加上項目方法很簡單，這個功能表列的變數是 $wp_admin_bar，是一個 WP_Admin_Bar 類別的全域實例變數，只要在外掛的程式碼中先使用 global $wp_admin_bar 宣告之後就可以直接存取了。此類別提供了幾個常用的方法，如表 12-1 所示。

▼ 表 12-1：WP_Admin_Bar 常用的方法

方法名稱	用途說明
add_menu	新增一個選項到控制台工具列。
remove_menu	從控制台工具列移除一個選項。
add_node	新增一個 node 到選單中。
remove_node	從選單中移除一個 node。
get_node	取得一個 node。
get_nodes	取得一群 node。
add_group	新增一個群組到選單的 node 中。

在此處常用的 Hooks 包括 admin_bar_init、add_admin_bar_menus 以及 wp_before_admin_bar_render。其中 admin_bar_init 是在控制台工具列完成初始化之後，add_admin_bar_menus 是在公用的 add_menus() 全部被呼叫之後，最後的 wp_before_admin_bar_render 則是在開始套用工具列之前。為了完成這次的練習，我們以前一堂課的自動加上聯盟行銷連結的外掛為基礎，修改了第 2 個版本，標頭如下所示：

```php
<?php
/*
Plugin Name: 自動建立聯盟行銷連結第二版
```

```
Plugin URI: https://104.es
Description: 這個外掛會針對特定的字詞加上聯盟行銷的連結。
Version: 0.2a
Author: Min-Huang Ho
Author URI: https://104.es
*/
if ( !defined( 'ABSPATH' ) ) {
    exit;
}
```

在標頭後面那幾行敘述的目的是為了防止此 PHP 程式被直接執行，因為如果透過 WordPress 執行的話會有 ABSPATH 這個常數，但如果是被瀏覽器直接執行的話，就不會有這個常數，所以使用 defined 這個函式去檢查是否有這個定義來判斷此外掛程式是否由 WordPress 執行是一個常見的做法。

接著使用 add_action 函式 Hook 到 wp_before_admin_bar_render 這個事件，如下所示：

```
add_action( 'wp_before_admin_bar_render', 'howpcp_add_admin_bar' );
```

在此事件使用的函式 howpcp_add_admin_bar 中要透過對於 $wp_admin_bar 的存取，使用 add_menu 這個方法建立一個新的選項在工具列上，如下所示：

```
function howpcp_add_admin_bar() {
    global $wp_admin_bar;
    $arg = array(
        'id' => 'howpcp_mysiteurl',
        'title' => ' 前往禾泊橙舍 ',
        'href' => 'https://104.es'
        );
    $wp_admin_bar->add_menu( $arg );
}
```

add_menu 這個方法接收一個陣列變數，此變數中有幾個可以用的鍵值，分別是：

- id：（字串）識別文數字。
- title：（字串）顯示在工具列上的文字。
- parent：（字串）父代節點的 id。
- href：（字串）要前往的連結網址。
- group：（布林值）是否為群組項目。
- meta：（陣列）此選項的更多額外訊息，包括 html、class、rel、onclick、target、title、tabindex 等等。

在上述的例子中只簡單地在工具列上建立一個前往自己網站的一個連結項目，執行的結果如圖 12-1所示。

圖 12-1：在控制台工具列加上一個選項

如果我們要加上的是一組完整的選單呢？只要善用 parent 即可，把 howpcp_add_admin_bar 函式改為如下：

```
function howpcp_add_admin_bar() {
    global $wp_admin_bar;
    $arg = array(
        'id' => 'howpcp_mysiteurl',
        'title' => ' 推薦連結 ',
        );
    $arg_sub1 = array(
        'id' => 'howpcp_mysiteurl_sub1',
        'parent' => 'howpcp_mysiteurl',
        'title' => ' 前往禾泊橙舍 ',
        'href' => 'https://104.es'
        );
    $arg_sub2 = array(
        'id' => 'howpcp_mysiteurl_sub2',
        'parent' => 'howpcp_mysiteurl',
        'title' => 'Google 新聞 ',
        'href' => 'https://tw.news.yahoo.com/most-popular/'
        );
```

```
    $wp_admin_bar->add_menu( $arg );
    $wp_admin_bar->add_menu( $arg_sub1 );
    $wp_admin_bar->add_menu( $arg_sub2 );
}
```

先建立一個父目錄，然後再加上 2 個子選項，在子選項中把 parent 的 id 設定為父目錄的 id 就可以了。執行結果如圖 12-2 所示。

圖 12-2：建立完整的選單範例

12.1.2　建立選項設定頁

除了把選項放在上方的工具列之外，也可以放在左側的主選單中。要在主選單中加上自定的選項可以使用 add_menu_page 函式，此函式在 WordPress 中的定義如下：

```
add_menu_page( string $page_title,
               string $menu_title,
               string $capability,
               string $menu_slug,
               callable $function = '',
               string $icon_url = '',
               int $position = null )
```

在上述函式的定義中，參數如果後面有「=」設定的（例如此例中的 $function, $icon_url, $position），就表示此參數如果沒有指定值的話，就以等號後面的值當做是預設值。由上可知我們至少要設定 $page_title, $menu_title, $capability, 以及 $munu_slug。上述函式所有使用到的參數的說明如下：

- $page_title：當這個選單被點選時，會在顯示該頁面的時候，把這個字串的文字當做是該網頁的 <title></title> 之間的文字。
- $menu_title：在選單上顯示的文字名稱。
- $capability：此選單的相容性，這些相容性和目前登入中的使用者權限有關係，所有的相容性可以參考網址：https://codex.wordpress.org/Roles_and_Capabilities 中的內容。
- $menu_slug：此選單使用的網址。
- $function：用來顯示選單內容的函式，也就是實際進行畫面輸出以及輸入的程式碼。
- $icon_url：選項前面所使用的圖示網址。
- $position：此選項要出現的位置。

每一個選單項目都有其固定的位置號碼，藉由這些號碼的設定就可以決定我們的選單項目要顯示在哪一個位置。預設的選單結構之號碼如下所示：

- 2 – Dashboard
- 4 – Separator
- 5 – Posts
- 10 – Media
- 15 – Links
- 20 – Pages
- 25 – Comments
- 59 – Separator
- 60 – Appearance
- 65 – Plugins
- 70 – Users
- 75 – Tools
- 80 – Settings
- 99 – Separator

因為要建立的選單是在控制台選單建立時，因此要 Hook 的事件是 admin_menu，而且是要利用 add_action 函式來設定。以下是建立一個選單設定頁的例子：

```
function howpcp_aff_mainpage() {
    echo "<h2>Hello world!</h2>";
}
function howpcp_add_affiliation_setting_menu() {
    add_menu_page(  'Aff 連結設定',
                    '聯盟行銷連結設定',
                    'manage_options',
                    'howpcp_affiliation_settings',
                    'howpcp_aff_mainpage',
                    null,
                    66
                    );
}
add_action( 'admin_menu', 'howpcp_add_affiliation_setting_menu' );
```

在上面這個例子中我們建立了一個選單叫做「聯盟行銷連結設定」，並設定其網頁的左上角是「Aff 連結設定」，使用的相容性是 manage_options（請參考網址：https://codex.wordpress.org/Roles_and_Capabilities），使用的網址是 howpcp_affiliation_settings，用來顯示設定頁內容的是 howpcp_aff_mainpage 這個函式，其圖示使用的是 null 預設值，透過 position 設定為 66 把此選項的位置放在「使用者」選項之前。執行的結果如圖 12-3 所示。

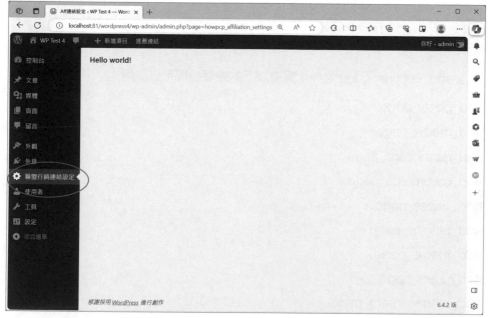

圖 12-3：自行建立之外掛設定頁面

　　如圖 12-3 所示，在左側已出現了我們設定的選項，在使用者點擊進入之後，WordPress 即會呼叫我們準備的 howpcp_aff_mainpage() 這個函式，目前我們在這個函式中只讓它顯示出「Hello world!」字樣，由此可以看出，在這個回呼的函式中不管我們編寫什麼內容，均可以在此頁面中順利呈現，如此就掌握了和使用者可以透過此網頁互動的關鍵了，在下一小節中接著說明如何顯示以及存取真正外掛所需的設定資料。至於如果需要更多的設定頁面，可以使用加入子選單的函式 add_submenu_page，此函式之定義如下：

```
add_submenu_page( string $parent_slug, string $page_title, string $menu_title,
string $capability, string $menu_slug, callable $function = '' )
```

　　和前面 add_menu_page 最主要的差異是它沒有辦法決定要顯示的位置（因為是跟著主選單），而且在一開始就要指定它的父選單所使用的網址。在另一方面，如果我們的外掛很簡單，僅僅只需要一個設定頁面，其實也就不需要佔用寶貴的主選單的一個選項位置，我們可以把這個設定頁面選項設定到任一主選單的選項之下成為其中的一個子選項。例如在前面的範例程式中，我們使用 add_menu_page 來設定設定選單頁面，把此函式改為 add_options_page，則此頁面選項就會跑到「設定」這個選項中成為其中的一個子項目了，如圖 12-4 所示。

圖 12-4：把 add_menu_page 換成 add_options_page 的結果

　　除了 add_options_page 之外，還有以下的幾個選項可以選用：

- add_posts_page
- add_media_page
- add_dashboard_page
- add_comments_page
- add_pages_page
- add_plugins_page
- add_theme_page
- add_users_page
- add_management_page

這些函式剛好都對應到控制台左側主選單上的每一個選項中。

12.1.3 在外掛的頁面中套用 Bootstrap

還記得在前幾堂課中我們在自行設計佈景主題時，是透過方便好用的 Bootstrap 來顯示佈景主題所需要的頁面的嗎？那如果打算在外掛的設定頁面中也使用 Bootstrap 的話，該如何把 Bootstrap 的 CSS 和 JS 設定套用到控制台中呢？答案就是利用 admin_enqueue_scripts 這個事件，當此事件發生的時候，我們可以透過 wp_enqueue_style 和 wp_enqueue_script 分別把 Bootstrap 所需要的 CDN 連結加入，程式碼如下所示：

```
function howpcp_load_bootstrap() {
    wp_enqueue_style( 'bootstrap_css', ' https://cdn.jsdelivr.net/npm/bootstrap@5.3.2
/dist/css/bootstrap.min.css' );
    wp_enqueue_script( 'bootstrap_js', ' https://cdn.jsdelivr.net/npm/bootstrap@5.3.2/
dist/js/bootstrap.min.js' );
}
add_action('admin_enqueue_scripts', 'howpcp_load_bootstrap');
```

其中 wp_enqueue_style 和 wp_enqueue_script 後面的連結只要到 Bootstrap 網站上複製一個最新的版本下來即可，有了這幾行指令，則不管佈景主題有沒有支援 Bootstrap，只要啟用了這個外掛，就可以使用 Bootstrap 功能了，例如在原有的設定頁函式中就可以更改成如下所示的程式碼：

```
function howpcp_aff_mainpage() {
    ?>
    <div class="container">
        <div class='row'>
            <div class='col-2'></div>
            <div class='col-8'>
                <div class='card'>
                    <div class='card-header'>
                        <h2> 聯盟行銷連結設定 </h2>
                    </div>
                    <div class='card-body'>
                        body
                    </div>
                    <div class='card-footer'>
                        footer
                    </div>
                </div>
            </div>
        </div>
    </div>
    <?php
}
```

重新整理之後畫面立即成為如圖 12-5 所示的樣子。由於在程式碼中大量使用了 HTML 的標記，如果一個一個使用 echo 輸出的話會顯得非常沒有效率，因此在 PHP 的檔案中就經常會出現像是如上述程式碼所用的方法，先使用「?>」把上一段的 PHP 程式碼結束，往後面直接就寫 HTML 標記，等到需要再使用 PHP 的敘述或是函式呼叫時再加上「<?php」開啟另外一段的 PHP 敘述。在 PHP 檔案中這樣子把 PHP 敘述和 HTML 標記交互使用的情形非常多見，也因此讀者在編寫這些程式碼的時候要特別留意符號的運用。

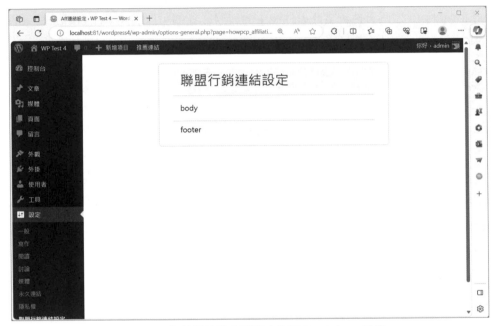

圖 12-5：在外掛的設定頁面中使用 Bootstrap 功能

使用同樣的方法可以加上任何需要使用的 Javascript 和 CSS 設定檔案。

12.1.4　儲存與提取功能選項

外掛中所需要的簡單設定資料在 WordPress 被稱為是 option，有如下所示的幾個對應的函式可以使用：

- add_option($option, $value)：新增一個 option。
- update_option($option, $value)：更新 option 的值，如果指定的 option 名稱找不到，則會新增此 option。

- get_option($option)：取得指定的 option 的值。
- delete_option($option)：刪除 option。

特別有用的是這個 option 的內容為自動被 WordPress 放在資料庫中，我們只要使用這幾個函式，並不需要自己去操作資料庫。例如我們執行以下這一列敘述：

```
add_option( 'aff_option_name', '1234' );
```

然後前往 phpMyAdmin 觀察 WordPress 資料庫檢查 wp_options 資料表，搜尋 aff_option_name 這個詞就可以看到如圖 12-6 所示的樣子，很明顯地就是被加入到 wp_options 這個資料表中。

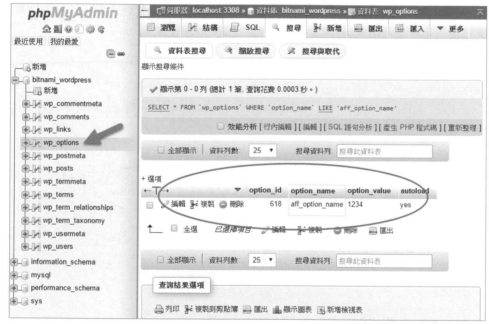

圖 12-6：使用 add_o[topm 函式加入 option 之後，在資料庫中的內容

但是要特別注意的是這個 wp_options 資料表，在整個網站中是被共用的（也就是在其他的外掛程式碼以及佈景主題中，也都可以使用 option 的操作函式，全部都共用在一個相同的名稱空間中），就像是我們在外掛中定義的函式名稱一樣，需要指定獨立無二的識別字才行，因此在自定 option 名稱時也是加上一個自己專屬的前置詞會比較保險，同時如果在存取之前也先確定一下是否有同名的 option，也可以避免和其他的外掛產生衝突。

　　至於被儲存的資料格式可以是整數、字串、陣列或是物件，也因此在實務上也常常會有把幾個設定值放在同一個陣列中，然後再使用一個 add_option 函式一次儲存進去，以減少對於資料庫的存取次數。例如在接下來要示範的程式中，我們的外掛需要一個設定變數用來記錄要被替代的字串名稱以及要加上去的連結網址，如果以 $aff_options 當做是要記錄的變數，則其結構應為：

```
$aff_options = array(
    'name' => 'hophd',
    'url' => 'http://hophd.com'
);
```

　　也就是這個陣列變數中有兩個鍵，分別是 name 和 url，可以分別為它們設定需要的值上去。如果我們利用上述方式把資料儲存到資料表中的話，看到的內容就會稍微複雜一些，不過這也是在 WordPress 中常用的做法，如圖 12-7 所示。

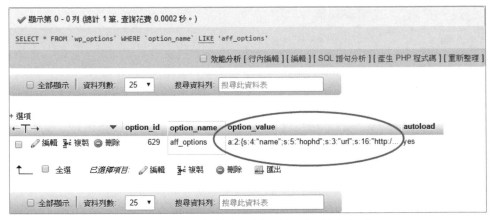

圖 12-7：把陣列變數儲存到資料庫之後的格式

12.1.5　建立表單與儲存設定

　　由上一小節的內容可以瞭解，add_option 函式是針對 wp_options 資料表進行操作的，WordPress 針對這個資料表的操作也有一個標準的方法讓我們直接運用而不需要自行使用資料庫操作指令，我們要做的就是依照其原則設定表單就可以了，此原則如下：

1. 在 admin_init 時，使用 register_setting 函式註冊要處理的設定變數之群組名稱與變數名稱，以及透過表單取得之變數要預處理的函式名稱。

2. 建立預處理函式。

3. 建立表單，此表單必需讓其接收的函式為 options.php，然後使用 settings_fields 函式設定在第 1 步註冊的群組名稱。

4. 在表單中設計我們使用的變數的輸入與輸出介面。

只要完成以上 4 個步驟就可以了。首先還是要先設定表單，這和 12.1.2 節所示的內容一樣，唯一的不同就是在此函式的最後面加上了一個用來註冊表單要使用的設定變數用的 add_action 函式。

```
function howpcp_add_affiliation_setting_menu() {
    add_menu_page( 'Aff 連結設定 ',
                   ' 聯盟行銷連結設定 ',
                   'manage_options',
                   'howpcp_affiliation_settings',
                   'howpcp_aff_mainpage',
                   null,
                   66
                   );
    add_action( 'admin_init', 'howpcp_register_settings');
}
add_action( 'admin_menu', 'howpcp_add_affiliation_setting_menu' );
```

在 howpcp_add_affiliation_setting_menu 函式內的 add_action 函式 Hook 了 admin_init 事件，在控制台初始化的時候就呼叫 howpcp_register_settings 這個函式，此函式的內容如下：

```
function howpcp_register_settings() {
    register_setting('howpcp-settings-group',
                     'aff_options', 'howpcp_sanitize_options' );
}
```

就是一行 register_setting 函式的敘述，此函式第 1 個參數是設定變數的群組名稱 howpcp-settings-group，等一下在表單中會用到，接下來是要存取的設定變數名稱 aff_options，這個變數也是實際被儲存到資料表的變數，最後一個則是當表單資料要被儲存之前要預做處理的函式。再來看看實際上要輸出的表單內容，程式碼如下：

```
function howpcp_aff_mainpage() {
    ?>
    <br><br><br>
    <div class='row'>
        <div class='col-sm-1'></div>
        <div class='col-sm-10'>
            <div class='card'>
                <div class='card-header'>
                    <h2> 聯盟行銷連結設定 </h2>
```

```
                </div>
                <div class='card-body'>
                    <form method='post' action='options.php'>
                        <?php
                            settings_fields('howpcp-settings-group');
                            $aff_options = get_option( 'aff_options' );
                            $aff_option_name = esc_attr( $aff_options['name'] );
                            $aff_option_url = esc_url( $aff_options['url'] );
                        ?>
                        替代名稱:<input type='text' name='aff_options[name]'
                                value='<?= $aff_option_name; ?>' >
                        <br>
                        連結網址:<input type='text' name='aff_options[url]'
                                value='<?= $aff_option_url; ?>' size=50><br>
                        <br>
                        <input type='submit' value=' 儲存設定 '>
                    </form>
                </div>
                <div class='card-footer'>
                    <p>這是 WordPress 站長練功秘笈的範例 </p>
                </div>
            </div>
        </div>
    </div>
    <?php
}
```

　　在此程式中我們還是以 Bootstrap 的 Gird 顯示方式，搭配 Card 元件來做為輸入介面的外觀，主要的重點是在 <div class=card-body'> 和 </div> 之間的表單。此表單準備了兩個元素，分別用來讓使用者可以輸入要做修改的名稱以及相對應的網址。如前面所說明的，在表單標記 <form> 中的屬性要設定其 method 為 post，然後 action 為 options.php。

　　接著，一定要使用 settings_fields 函式來指定所要使用的群組名稱，WordPress 才能夠自動幫我們處理對於 wp_options 資料表的存取操作。接下來的 3 行是使用 get_option 先把我們的設定變數 aff_options 取出，並拆出 name 和 url 分別放在 $aff_option_name 以及 $aff_option_url 區域變數中，以方便顯示在接下來的 <input> 標記中的 value 屬性，以利使用者瞭解目前已儲存的值為何。為了進一步避免待會要輸出的資料中有任何不適當的內容，我們使用 esc_attr 以及 esc_url 過濾不需要的語法資訊。<input> 標記的寫法非常重要，如下：

```
替代名稱:<input type='text' name='aff_options[name]'
                value='<?= $aff_option_name; ?>' >
```

其中 type 為 text 屬性，而 name 的話要設定為 $aff_options[name]，代表它是陣列變數中的其中一份子，在輸出時我們則運用之前取出的變數 $aff_option_name，然後使用 PHP 輸出變數用的簡要寫法「<?= 變數名稱 ; ?>」，此種方法在 PHP 程式碼中如果只有要輸出一個變數時非常好用。表單的最後再加上一個 submit 送出按鈕就可以了。

至於在預處理的函式中，其內容如下：

```php
function howpcp_sanitize_options( $input ) {
    $input['name'] = sanitize_text_field($input['name']);
    $input['url'] = esc_url($input['url']);
    return $input;
}
```

因為輸入的內容是我們之前設定的字串格式，因此對於此函式中輸入的參數 $input 就需要分別拆出 $input['name'] 和 $input['url']，使用 sanitize_text_field 以及 esc_url 函式，把不適當的字元去除，再回傳給 WordPress 系統就可以了。

經過上述幾個函式的搭配，不需要自行操作資料表就可以完成外掛所需的設定參數之修改介面了。執行結果如圖 12-8 所示。

圖 12-8：完成之外掛設定值操作介面

那麼設定完成之內容要如何應用呢？使用 get_option 函式就好了。以上一堂課所介紹功能為例，只要把 howpcp_auto_affiliation2 函式的內容改為如下所示的樣子就可以了：

```
function howpcp_auto_affiliation2 ( $content ) {
    $aff_options = get_option( 'aff_options' );
    $aff_name = $aff_options['name'];
    $aff_link = $aff_options['url'];

    return str_replace( $aff_name,
            "<a href='" . $aff_link . "'>" . $aff_name . "</a>",
            $content );
}
add_filter( "the_content", "howpcp_auto_affiliation2" );
```

主要替換字串的敘述不用改，就是在一開始的時候使用 get_option 取得到資料表中的變數，然後直接應用在接下來的程式碼中就可以了。完整的程式碼請參考作者 GitHub 上 Repo 的內容，讀者可以自行修改不同的替代字串內容，重新整理文章看看是否可以直接被套用上去。另外，這個程式一次只儲存一個連結，後面儲存進去的會把前面的資料覆蓋掉，如果需要一次替換多個字串，程式碼還要另外再修改。

12.2 短代碼 shortcode 的應用

短代碼（shortcode）在 WordPress 中經常被使用在外掛的 Hook 方式之下。在文章或頁面中或是網站的任何一個輸出的地方，只要使用中括號中間加上文字內容（例如 [mysite]），會被 WordPress 當做是短代碼，在外掛中就可以透過 WordPress 對於短代碼的支援 Shortcode API 進行解析，並採取更進一步的操作。

12.2.1 使用短代碼的外掛範例 Shortcodes Ultimate

在設計自己的短代碼應用外掛之前，先來看看有哪些有名的外掛使用短代碼。幾乎所有的中大型外掛都會運用到短代碼，但是以短代碼應用為主的當推這個 Shortcodes Ultimate 了，它可以讓網站管理者選用非常多已經建立好的短代碼用來擴充網站的功能，也可以自訂更多的短代碼功能。在安裝外掛畫面可以用搜尋直接找到此外掛，如圖 12-9 所示。

圖 12-9：Shortcodes Ultimate 的外掛說明

從安裝的人次以及評價，大概就可以推測到這個外掛有多受到歡迎了。在安裝並啟用之後，功能表列會出現一個「<> Shortcodes 的選項，點擊此選單之後即可以看到設定的介面，如圖 12-10 所示。

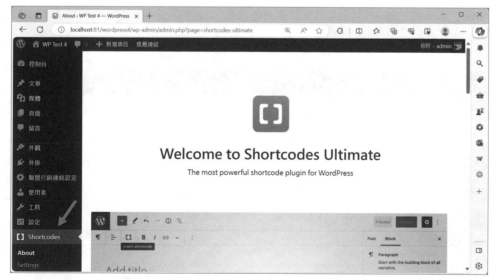

圖 12-10：Shortcodes Ultimate 的設定頁面

　　但實際上要使用這個外掛的功能卻不是在這邊，而是要去新增文章時，確定在右上角選項中開啟了頂端工具列，開始編輯文章時，再點選文章編輯框上方的按鈕，如圖 12-11 中箭頭所指示的圖示。

圖 12-11：使用 Shortcodes Ultimate 外掛的按鈕

點擊了該按鈕之後，可以看到非常多的短代碼功能可以使用，如圖 12-12 所示。

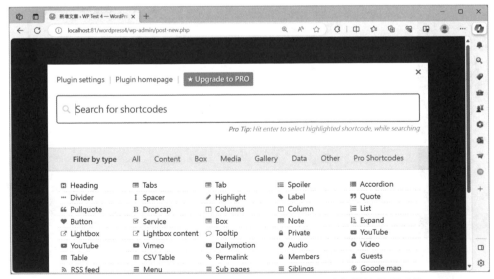

圖 12-12：在 Shortcodes Ultimate 中提供的各式各樣短代碼功能

以建立捲動圖片為例,請點選 Image carousel 功能,即會進入如圖 12-13 所示的畫面。

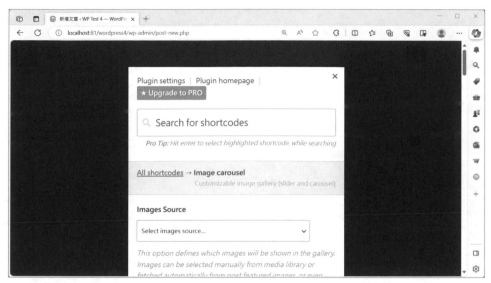

圖 12-13:Image carousel 的操作介面

此時只要使用滑鼠點擊之後即可選擇圖形檔的來源(Images Source),可以選擇從媒體庫(Media library)中選取,也可以從文章中取出,加入圖形檔之後的樣子如圖 12-14 所示。

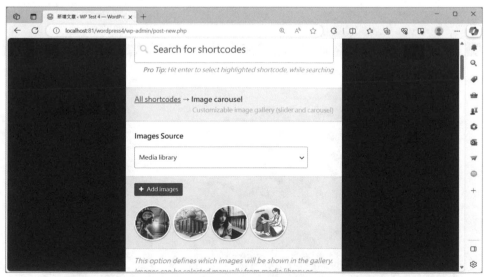

圖 12-14:加入多個圖形檔之後的樣子

　　把畫面往下捲動之後你將會發現有非常多的設定可以調整，包括是否要為每一張圖片加上連結、捲軸的寬高、要顯示多少張圖、要不要有標題文字以及自動播放的速度等等，甚至還有預覽的功能。全部設定完畢之後只要按下最下方的「Insert shortcodes」按鈕就可以了，它就會在文章中加上如圖 12-15 所示的短代碼。

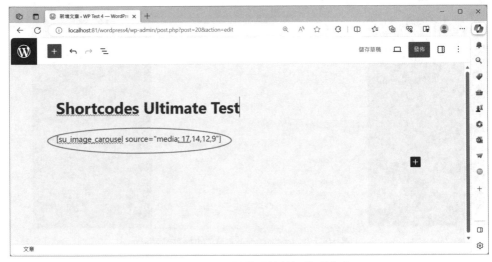

圖 12-15：加入捲動圖片的短代碼內容

　　然後在發表這篇文章檢視之後即可以看到此短代碼實際呈現出來的效果，如圖 12-16 所示。

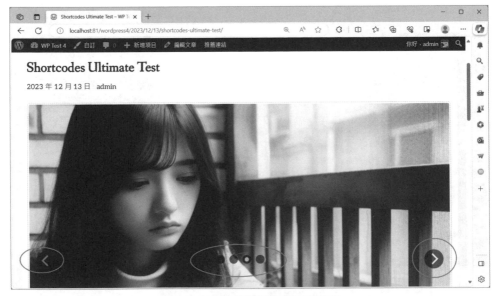

圖 12-16：動態捲動圖片呈現效果

此外掛還有非常多的功能，請讀者自行測試，由於所有的程式碼在安裝之後就在我們的電腦中了，所以如果讀者有興趣再多知道一些此外掛所使用的技巧，可以直接開啟它的程式碼學習。

12.2.2　如何建立自己的短代碼外掛

標準的短代碼格式如下：

```
[name attr1="value1" attr2="value"]
```

前面的 name 是短代碼的名稱，後面則是此短代碼可以使用的屬性，屬性是選用的，因此最簡單的短代碼就是沒有屬性的短代碼，看起來像是這個樣子：

```
[name]
```

不過當然我們不會使用這麼平常的單字，以避免和其他的外掛所使用的相衝突。使用短代碼 API，WordPress 會幫我們找出所有被中括號包圍的文字，並把剖析之後的結果回傳給處理函式，把短代碼和這個處理函式連結起來的函式為 add_shortcode，其定義如下：

```
<?php add_shortcode( $tag , $func ); ?>
```

非常簡單，前面字串表示短代碼的名稱，後面的函式名稱則是要用來處理這個短代碼的函式，此函式可以使用 $attr 來接收屬性，如果沒有屬性設定的話，不用此參數也可以。

為了示範短代碼的功能，還是請讀者們再於 plugins 目錄之下再新建立一個全新的外掛目錄，在此我們以 howpcp-my-shortcode 為例，在此目錄下建立 howpcp-my-shortcode.php，第一個版本的內容如下所示：

```php
<?php
/*
Plugin Name: 我的自訂短代碼
Plugin URI: https://104.es
Description: 這個外掛會找出設定的短代碼，設定網址，並以 <iframe> 的方式嵌入該網頁。
Version: 0.1a
Author: Min-Huang Ho
Author URI: https://104.es
*/

function my_short_code() {
    if ( is_single() ) {
        $url = 'https://drho.club/seo-basics/';
```

```
        return "<iframe width=800 height=600 src='" .
                $url .
                "'></iframe>";
    } else {
        return "<< 點擊文章內容才可顯示短代碼內容 >>";
    }
}
    add_shortcode( 'fetchsite', 'my_short_code' );
?>
```

在上述的程式碼中我們使用了 <iframe>，把指定網址的網頁嵌入到我們的文章中，在這裡設定的大小是 800x600，但是請留意，並不是每一個網頁都會允許別人的網站做嵌入的行為。

在這裡還使用了一個技巧，就是在決定短代碼傳回值的時候以 is_single() 函式來判斷目前此短代碼所在的位置是否為顯示此單一文章或是頁面的狀態，如果是的話就執行我們預設的擷取網頁之功能，如果不是的話則僅僅顯示說明，如此可以避免掉在網站首頁（索引頁）的地方直接顯示網頁內容而影響到排版，甚至如果有許多貼文都使用到這個功能也不會造成在索取頁花非常多的時間擷取每一篇文章中指定的網頁。

啟用此外掛之後，新增一篇文章在其中加上短代碼「[fetchsite]」，在區塊編輯器中要使用短代碼的區塊，如圖 12-17 所示。

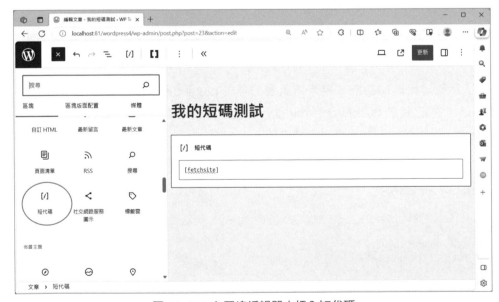

圖 12-17：在區塊編輯器中插入短代碼

然後在網站首頁顯示的時候看到的會是如圖 12-18 所示的畫面（只有在索引頁中顯示文章全部內容的佈景主題中才可以看到此效果，如果索引頁顯示的是摘要就不會出現這段文字）。

圖 12-18：在網站首頁畫面中顯示的樣子

在只瀏覽此單一文章時，則畫面就變成如圖 12-19 所示的樣子，過了一會兒指定網址的網頁內容就被我們擷取並顯示在文章中了。

圖 12-19：進入文章後即可顯示網頁被嵌入的成果

12.2.3 運用短代碼的屬性

如同前一小節的說明在短代碼中可以加上任意數目的屬性，例如：

```
[fetchsite html=1 url='https://hophd.com']
```

在此例中有兩個屬性分別是 html 和 url，其中 html 的值是 1 而 url 的值為 https://hophd.com，雖然在 html 後面的值沒有被加上引號，但是 WordPress 仍然能夠順利地解讀。以這個例子來看，我們打算做 2 件事，第一件是透過 w 和 h 屬性設定 <iframe> 的寬及高，url 後面則是實際要嵌入的網頁網址。加上屬性參數的程式碼我們把它改寫為第 2 版，如下所示：

```
function my_short_code_v2( $attr ) {
    if ( is_single() ) {
        $target_url = 'https://drho.club/seo-basics/';
        $width = 800;
        $height = 600;
        if ( array_key_exists( 'url', $attr ) )
            $target_url = $attr[ 'url' ];
        if ( array_key_exists( 'w', $attr) )
            $width = $attr[ 'w' ];
        if ( array_key_exists( 'h', $attr) )
            $height = $attr[ 'h' ];
```

```
                return "<iframe width=$width height=$height src=$target_url></iframe>";
        } else {
            return "<< 點擊文章內容才可顯示短代碼內容 >>";
        }
}

add_shortcode( 'fetchsite', 'my_short_code_v2' );
```

除了第一版原有的內容之外，首先我們以 $target_url 來儲存預設要嵌入的網址，然後使用 array_key_exists 函式檢查在此短代碼的設定中是否存在有 url 這個屬性，如果有就取出來，並把 $target_url 設定為新的網址，如果沒有的話當然就還是沿用原先預設的網址即可。另外 w 和 h 也是使用同樣的方法。此時我們可以把短代碼修改為如下：

```
[fetchsite w=1000 h=200 url=https://104.es]
```

顯示的結果就會如圖 12-20 的樣子。

圖 12-20：在短代碼中設定自訂屬性所顯示的結果

如此，我們的短代碼外掛就可以透過屬性的設定自由地指定要嵌入的網頁，以及顯示時是否需要過濾 HTML 標記了。有了這一技術，像是我們在第 12.2.1 節中介紹的外掛之種種功能，是否讀者已知道如何開始自己的設計了呢！

本 章 習 題

1. 在 12.1 節中的程式，請修改程式碼使得被替換的字串不會考慮大小寫，也就是不分大小寫都可以執行替換的工作。

2. 在第 12.1 節中的程式是把要儲存的資料以 option 的方式來存放，請問這樣子放可能會有什麼缺點？

3. 請在 Shortcode Ultimate 中自訂一個短代碼。

4. 除了 Shortcode Ultimate 之外，請再舉出至少 3 個使用到短代碼的外掛，並說明短代碼在其中扮演的角色。

5. 有一些在外掛程式檔案中的程式碼，如果放到佈景主題的 functions.php 中也可以順利執行，但是請說明放在不同的兩個地方主要的差別為何。

第 **13** 堂

實用外掛設計與小工具的製作

◀ 前　　言 ▶

在這一堂課我們將以一個計算網站被瀏覽次數的簡單外掛開始，接著介紹如何設計文章瀏覽次數的外掛，以及如何操作在每一篇文章中的自訂欄位，最後說明如何在外掛中新增小工具 Widget，讓外掛更加地實用。

◀ 學習大綱 ▶

> 計數器外掛介紹
> 計數器外掛實作
> 建立小工具 Widget

13.1 計數器外掛介紹

統計每一篇文章被閱讀的次數是一個非常基本且實用的功能，事實上其程式設計的方法也不難，只要利用每一篇貼文本身自訂欄位（meta）的能力即可輕易達成這個統計次數的目的，在這一節中我們先從別人的成品看起。

13.1.1 文章計數器外掛介紹

大部份的站長在完成網站之後，最想要瞭解的可能就是自己的網站被多少網友瀏覽，以及最受歡迎的網頁和貼文各是哪些。當然要達成這樣的功能可以透過 Google Analytics 這一類的分析工具來做，但是也可以透過加上外掛之後，由外掛來統計以及顯示。筆者常用的統計貼文次數的外掛是 Post Views Counter，在 WordPress 控制台的外掛介面中可以找到，如圖 13-1 所示。

圖 13-1：受歡迎的貼文計數器 Post Views Counter

安裝了該外掛並啟用之後會有一個可以調整相關設定的頁面，如圖 13-2 所示。

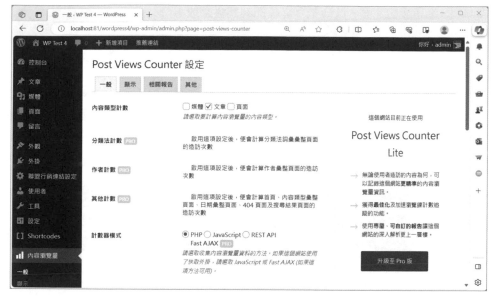

圖 13-2：Post Views Counter 的設定頁面

在此介面中可以設定要統計的對象是文章還是頁面以及一些相關的參數，例如要不要排除某些 IP 以及對象，或是針對同一個瀏覽者的計數期間等等，此後每次在顯示貼文的時候就可以在文章的最末處看到 Post Views: 以及被瀏覽次數，同時在編輯文章的時候，也可以在右側邊欄看到此文章的內容瀏覽量，也可以透過點擊數字連結以設定瀏覽次數，如圖 13-3 所示。

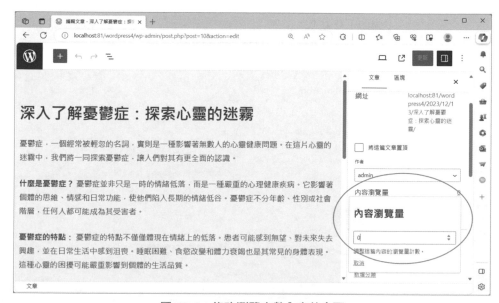

圖 13-3：修改瀏覽次數內容的介面

如圖 13-3 所示的介面，改寫數字之後即刻就會生效。

13.1.2　網站計數器外掛介紹

和貼文計數器不一樣的地方在於網站計數器所統計的是整個網站被瀏覽的次數，是以整個網站為單位而不是單篇文章，這樣的外掛也有許多選擇，筆者在這裡介紹的是功能非常簡單的 Site Counter，如圖 13-4 所示。

圖 13-4：Site Counter 網站計數器外掛

這個外掛在安裝之後也有自己的設定頁面，只不過能設定的參數非常有限，如圖 13-5 所示。

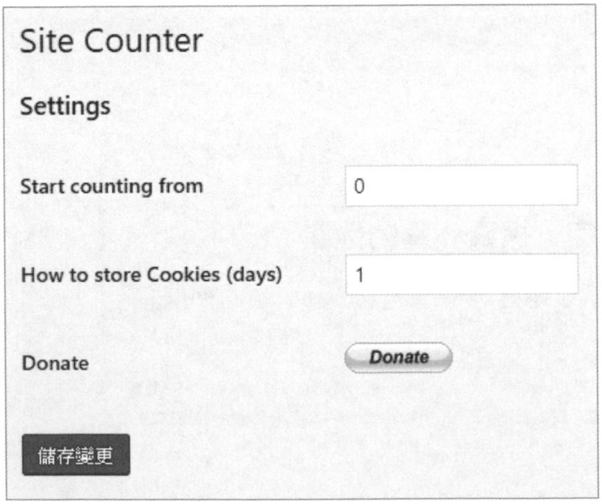

Site Counter

Settings

Start counting from　　　　　　0

How to store Cookies (days)　　1

Donate　　　　　　　　　　Donate

儲存變更

圖 13-5：Site Counter 外掛的自訂參數介面

其中第一個參數可以自行調整網站的被瀏覽次數,第二個參數也是用來設定同一台電腦要存續的計次期限。設定完畢之後還需要把它附的小工具 Widget 放到側邊欄中,如圖13-6 所示。

圖 13-6:在側邊欄中加上小工具,並設定參數值

在小工具的設定內容中可以加上自訂的小工具標題以及顯示次數的前後文字,其中「%s」用來表示瀏覽次數這個數值,儲存之後再回到網站首頁,即可在側邊欄處看到顯示出來的結果,如圖 13-7 所示。

圖 13-7:Site Counter 的顯示結果

13.2 計數器外掛實作

在看完了上一節別人的外掛範例之後,接下來就是自行設計外掛的時間了,在這一節中我們將介紹簡單的功能,詳細的功能讀者們也可以參考前面兩個範例外掛的原始檔案內容,看看和我們在這一節中介紹的有沒有什麼不一樣的地方。

13.2.1 統計網站被瀏覽次數

因為要統計的是整個網站被瀏覽的次數，因此只需要一個地方儲存這個數值即可，要儲存少數共同數值的地方，wp_options 資料表是最適合不過了，因為在程式碼中只要活用 update_option() 以及 get_option() 這兩個函式，就可以很簡單地存取網站被瀏覽的次數。

首先第一步還是在 plugins 目錄下新建一個專屬的外掛資料夾 howpcp-site-counter，並在底下建立一個同名的 PHP 檔案 howpcp-site-counter.php，並在檔案的開頭處加上外掛固有的檔頭資訊，如下所示：

```php
<?php
/*
Plugin Name: HOWPCP 網站計數器
Plugin URI: https://104.es
Description: 非常簡單的網站計數器
Version: 0.1a
Author: Min-Huang Ho
Author URI: https://104.es
*/
```

要統計網站被瀏覽的次數，一開始要有一個初始值，另外如果這個外掛被移除的話，則需要自行刪除這個外掛寫在 option 裡面的內容，因此需要兩個 hook，分別是當外掛被啟用的時候的 register_activation_hook()，以及外掛被移除的時候（請注意，不能是停用 deactivation，避免再啟用時資料已不見，造成使用者不好的觀感）register_uninstall_hook()，其中啟用時要做的事如下所示：

```php
function howpcp_site_counter_init() {
    $counter = get_option( 'howpcp_site_counter' );
    if ( empty( $counter ) ) {
        update_option( 'howpcp_site_counter', '1' );
    }
}
register_activation_hook( __FILE__, 'howpcp_site_counter_init' );
```

在上方的程式碼中先從 wp_options 資料表中取出 howpcp_site_counter（這是我們自訂的用來儲存瀏覽次數的欄位名稱），接著先使用 empty 函式檢查其值是否為空值，如果不是空值則表示之前已經有這個變數了，就不做設定初值的動作，如果是空值的話，則利用 update_option 這個函式把這個欄位的內容設定為 1。

會判斷是否為空值再決定是否要重設初值的原因是，有時候我們會希望即使這個外掛被移除了也仍然保存這個變數的資料值，以免下次再重新安裝的時候還要重設之前的瀏覽次數。如果在移除外掛之後不打算保留資料的話，則還需要以下這段程式碼：

```
function howpcp_site_counter_uninstall() {
    delete_option( 'howcp_site_counter' );
}
register_uninstall_hook( __FILE__, 'howpcp_site_counter_uninstall' );
```

此段程式碼在外掛被刪除的時候會去執行 delete_option 函式，把我們用來記錄瀏覽次數的變數刪除。

有了這個儲存在 wp_options 的欄位資料之後，那麼如何記錄這個網站被瀏覽了幾次呢？比較複雜一點的方法除了每次網站被顯示的時候要把次數加 1 之外，還要考慮到是否為同一個使用者的瀏覽，照理來說如果是同一個使用者來到網站，它可能會重新整理網頁，或是在網站中的不同網頁進行瀏覽，所有的行為都應該視為同一次才對，要達成這樣的目的需要使用 Cookies 或是 Session 來完成這樣的動作，這也是這一堂課的前一節所介紹的外掛所使用的方法。然而為了不讓 Cookies 的使用邏輯影響到初學者設計這個計數外掛的思緒，在這裡我們把問題單純化，不管是不是同一個使用者，只要網頁被顯示一次就記錄一次。

如果要以上述簡化後的邏輯來建立我們的外掛，那麼有一個叫做 wp_head 的事件剛好可以用在這邊。因為它是網站在顯示之時用來準備網頁標頭檔時機，每一次網頁被顯示時剛好會被執行一次，利用這個特性，可以把程式編寫如下：

```
function howpcp_inc_site_counter() {
    $counter = get_option( 'howpcp_site_counter' );
    $counter ++;
    update_option( 'howpcp_site_counter', $counter );
}
add_action( 'wp_head', 'howpcp_inc_site_counter' );
```

這段程式的邏輯非常簡單，當 wp_head 被呼叫時，就去執行 howpcp_inc_site_counter 這個我們自訂的函式，在此函式中先使用 get_option 把 howpcp_site_counter 欄位的值取出放在 $counter 這個變數中，把這個變數加 1 之後再使用 update_option 函式更新原本的內容，就達成每次網頁被顯示時就自動把此變數加 1 的目的。

有了可以自動計數的功能之後，那麼如何把這個 howpcp_site_conuter 欄位的內容顯示在網頁中呢？第一個嘗試是放在 loop_start 這個事件中。這個事件的時機是當

WordPress 打算開始顯示文章之前，我們剛好在此時顯示目前的網站瀏覽次數，程式內容
如下：

```
function howpcp_display_site_counter() {
    if ( !is_home() ) return;
    $counter = get_option( 'howpcp_site_counter' );
    echo "<h3 style='color:white;background-color:blue;'>";
    echo " 本站已被瀏覽過： " . $counter . "次</h3>";
}
add_action( 'loop_start', 'howpcp_display_site_counter' );
```

為了避免在單一篇文章的時候也顯示，我們使用 is_home() 函式判斷目前是否位於首
頁，如果是的話就取出計數器的值放在 $counter 變數中，再使用 echo 函式先顯示一小段
CSS 的排版設定，然後再輸出計數器的內容。此外掛的執行結果如圖 13-8 所示。

圖 13-8：在 loop_start 事件中加入顯示網頁造訪次數

雖然這是一種呈現方法，但是一個頁面中可能會使用到 2 個以上的 loop_start，我們
在 Hook 的函式中並沒有區分，所以就都會出現，至於如何解決，就留做習題讓讀者動動
頭腦試著解解看。

另外還有一個也可以顯示的地方，就是這個網站的主標題 blogname 和次標題
description，這些資訊在使用 get_bloginfo() 函式可以取得。但是我們要做的是，當網站

在顯示這兩個資訊的時候（以下以 description 做為示範）建立一個過濾器，如果是要顯示 description 的話就加上瀏覽次數的資料，如下所示：

```
function howpcp_description_site_counter( $value, $field ) {
    if ( $field != 'description' ) return $value;
    $counter = get_option( 'howpcp_site_counter' );
    return $value . "[ 本網站瀏覽人次：" . $counter . "]";
}
add_filter( 'bloginfo', 'howpcp_description_site_counter', 10, 2);
```

還記得 add_filter 函式嗎？第 3 個參數是優先權，第 4 個參數是說明此 callback 函式有幾個參數。在這個例子中，howpcp_description_site_counter 函式接受 2 個參數，第 1 個參數是 bloginfo() 函式執行時即將要被輸出的值，第 2 個參數則是這個要輸出的值所代表的資料項目，就如同我們在前面說的，如果 $field 的值是 "name" 表示 $value 傳進來的是網站的名稱，如果 $field 的值是 "description" 則表示 $value 傳進來的內容是此網站的描述。

基於此，這個函式一開始就先檢查 $field 的內容是否為 "description"，如果不是的話就直接把原有的值 $value 傳回去，如果是 "description" 的話，則就在 $value 的後方加上瀏覽的次數。加上了這一段過濾器之後的網站執行結果如圖 13-9 所示。

圖 13-9：把網站訪客瀏覽次數顯示在網站的次標題上

13.2.2　計算文章被瀏覽次數

和前一小節差不多的想法，但是這次要計算的是每一篇貼文被瀏覽的次數。由於一個 WordPress 網站的貼文數量非常多，所以一定不能夠把次數記錄在 wp_options 資料表中，事實上只要在貼文中新增一個 meta 欄位，用這個欄位來儲存就可以了。最棒的是在 WordPress 想要在貼文中新增自訂欄位或是修改這些自訂欄位的內容也非常簡單，只要專心處理 get_post_meta()、add_post_meta() 以及 update_post_meta() 這 3 個函式就可以了。以下是這 3 個函式的定義：

```
get_post_meta( int $post_id, string $key = '', bool $single = false )

update_post_meta( int $post_id, string $meta_key, mixed $meta_value, mixed $prev_
value = '' )

add_post_meta( int $post_id, string $meta_key, mixed $meta_value, bool $unique =
false )
```

其中 $post_id 就是每一個貼文的 ID 編號，在程式碼中只要使用 global $post 就可以取得目前正在處理的貼文，然後利用 $post->ID 就可以把編號取出來使用。因為 meta 指的是 metadata，其實在貼文中可以簡單地看成是自訂欄位，所以在操作時要有一個欄位名稱，這個就是 $key 或是 $meta_key，這個欄位中的值就是 $meta_value。

因為 get_post_meta 函式也可以一次取出所有的自訂欄位，所以它的第 3 個參數是用來設定是否只要傳回一個欄位的值就好了。在 update_post_meta 函式中的第 4 個參數 $prev_value 則是用來檢查要修改之前的值，提供一個避免不小心誤刪除資料的機制。另外，$unique 這個參數可以用來避免重複新增了相同欄位名稱的自訂欄位。

有了上述的 3 個函式，接下來和計算網站被瀏覽次數的方法類似，我們也是 Hook 到 wp_head 這個事件，程式碼如下（為了簡化示範的流程，接下來的功能直接和前一小節的外掛寫在一起也是可以的）：

```
function howpcp_inc_post_counter() {

    if( !is_single() ) return;
    global $post;
    $post_id = $post->ID;
    $counter_key = 'views';
```

```
    $counter = get_post_meta( $post_id, $counter_key, true );
    if ( $counter == '' ) {
        delete_post_meta( $post_id, $counter_key );
        add_post_meta( $post_id, $counter_key, '0' );
    } else {
        $counter ++;
        update_post_meta( $post_id, $counter_key, $counter );
    }
}
add_action( 'wp_head', 'howpcp_inc_post_counter' );
```

別擔心兩個功能同時 Hook 到相同的事件，WordPress 會依序執行，兩個都不會被漏掉。在 howpcp_inc_post_counter() 函式中首先檢查是否為顯示單一篇文章的情形，因此只有在顯示單一篇文章時才表示此篇文章是處於被閱讀的狀態，在這裡使用 is_single() 函式來判別，如果不是的話就直接使用 return 敘述返回，當做什麼事都沒有發生。

如果是單篇顯示的話，第一步先透過之前提到過的 $post 全域變數取得貼文的 ID 放在 $post_id 這個變數中，然後設定我們要自訂欄位的名稱為 "views"，先放在變數 $counter_key 中，接下來使用 get_post_meta 函式，找出名為 $counter_key 的欄位，取出其值放在 $counter 這個變數中。

在第一次使用的時候有可能會找不到 $counter_key 欄位，因為 $counter 的內容可能會是空字串，如果是這種情形的話，就進行對於 $counter_key 這個欄位的初始化動作，也就是建立一個全新的唯一的 $counter_key 自訂欄位（在這裡指的就是 "views"），然後設定其值為 "1"。反之，如果 $counter 的內容不是空的，那麼就把 $counter 的值加 1，再利用 update_post_meta() 函式更新這個自訂欄位的內容。

當你把這個程式檔案儲存完畢之後，回到網站去多點選幾篇文章並在每一篇文章顯示的時候多重新整理幾次，讓 "views" 這個自訂欄位會有內容。請留意，使用我們的外掛來記錄每一篇文章被閱讀的次數，如果還沒有開啟過的文章是不會有 "views" 這個欄位的。由於目前我們的程式還沒有讓每一篇文章的被瀏覽次數顯示出來，所以要看這個外掛的影響只能到文章的編輯環境，移到文章的最下方就可以看到了，如圖 13-10 所示。

圖 13-10：在貼文編輯環境中的自訂欄位

如圖 13-10 所示，在自訂欄位中就可以找到 "views" 這個欄位，而此欄位的值就是這篇貼文被瀏覽（重新整理）的次數。假如在你的文章編輯環境中沒有出現自訂欄位的話，可以到編輯環境的右上方開啟更多選單，找到「偏好設定」，然後再選取「面板」頁籤，把最下方的「自訂欄位」這個功能打開就可以了，如圖 13-11 所示。

圖 13-11：在編輯狀態下開啟顯示自訂欄位的功能

當然在這個顯示出來的自訂欄位中，網站管理員也可以自行編輯 "views" 的值，改成任何想要的數字。

13.2.3　在文章中顯示出被瀏覽次數

既然每一篇文章中都有一個自訂欄位可以記錄此篇文章的被閱讀次數，那麼在文章顯示時把這個數值呈現出來也是很理所當然要做的事了。要在文章的內容中動手腳很顯然的是要利用 add_filter 這個過濾函式，過濾的對象就是文章內容 the_content，程式內容如下：

```
function howpcp_display_post_counter( $content ) {
    if ( !is_single() ) return $content;
    global $post;
    $counter = get_post_meta( $post->ID, "views", true );
    return "<p>本文閱讀人次:" . $counter . "</p>" . $content;
}
add_filter( 'the_content', 'howpcp_display_post_counter', 10, 1 );
```

同樣地在函式的一開頭就是使用 is_single() 函式來檢查是否單獨顯示此貼文，如果不是的話就直接回傳原有的 $content 資料，也就是貼文的內容原封不動的回傳。但如果是顯示此篇貼文的話，第一件事還是透過 global $post 取得目前的文章，然後依此貼文的 ID 取得名為 "views" 的自訂欄位，最後把 $counter 的值，結果我們要輸出的啟始文字，最後再附加上原有的文章內容就可以了。加上了這些程式碼，之後每次顯示文章的時候，在文章的開頭就都會顯示出目前此篇文章被閱讀的次數了，執行的結果如圖 13-12 所示。

圖 13-12：顯示每一篇文章的被閱讀次數

你可以在顯示文章的時候重新整理網站,看看計數器的內容有沒有持續地在增加。依照類似的方法,讀者是否有辦法把閱讀人次移到文章的最末尾呢?另外,如果希望在網站首頁顯示文章索引時也可以顯示每一篇文章的被閱讀次數,要修改哪裡呢?

13.3 建立小工具 Widget

在前面的例子中我們順利地記錄了網站和文章的被瀏覽次數,在顯示的時候我們是把顯示的地點固定地編寫在程式碼中,在這一小節中我們示範如何在外掛中建立小工具 Widget 模組,讓網站管理者可以透過側邊欄的功能,配合佈景主題安排在該顯示的地方。

13.3.1 建立小工具 Widget 的相關參考資源

Widget 在 WordPress 的中文翻譯中稱為「小工具」,其實就是網站的一個顯示部件,每一個小工具都會有一些自訂的功能,有簡單的也有複雜的,但是它們都會被一個框架限制住,這個框架的大小由佈景主題來決定,網站的管理者則是可以在側邊欄的介面中管理這些小工具的顯示外觀以及位置,也可以進一步地對這些小工具進行一些設定的工作(如果此小工具有提供設定功能的話)。

在開始我們的練習之前,請先安裝如圖 13-13 所示的「Classic Widgets(傳統小工具)」,讓小工具的介面回到原本比較直覺方便好用的介面。

圖 13-13:恢復成傳統小工具編輯介面的外掛

圖 13-14 所示的安裝了傳統小工具之後，佈景主題「Marvel Blog」所提供的側邊欄介面。不同的佈景主題有不同的側邊欄數量，提供的額外小工具數量也不一樣。

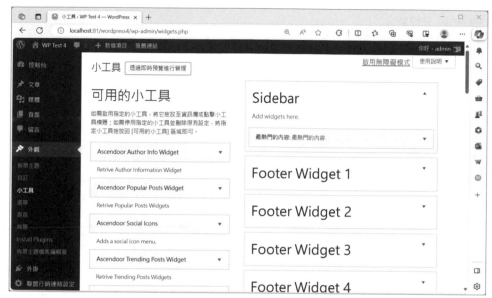

圖 13-14：佈景主題 Marvel Blog 的側邊欄小工具管理介面

在圖 13-14 中的「最熱門的內容」就是我們在第 13.1.1 小節所介紹的 Most Views Post 外掛的小工具，用來顯示目前的被閱讀文章次數最多的前幾名排行，在這一節中我們也將製作屬於自己的小工具。

在 WordPress 中要建立自己的小工具需要先使用類別函式進行註冊的作業，所有可以使用的 API 就叫做 Widgets API，可以在這個網站中找到：https://codex.wordpress.org/Widgets_API，如果想要更瞭解如何建立一個有趣的小工具，可以前往查詢相關的資訊。

13.3.2 註冊自訂小工具

在 WordPress 中的每一個小工具其實都是透過一個 PHP 的類別 WP_Widget 來完成，也就是說，如果我們要建立一個自定義的小工具，只要完成以下的 2 個步驟就可以了：

STEP 1 建立一個繼承自 WP_Widget 的子類別。

STEP 2 利用 add_action 函式 Hook 住 widgets_init 事件即可。

其中要繼承 WP_Widget 類別的寫法在前一小節中所說明的 Widgets API 網站中有現成的範例程式碼，如圖 13-15 所示。

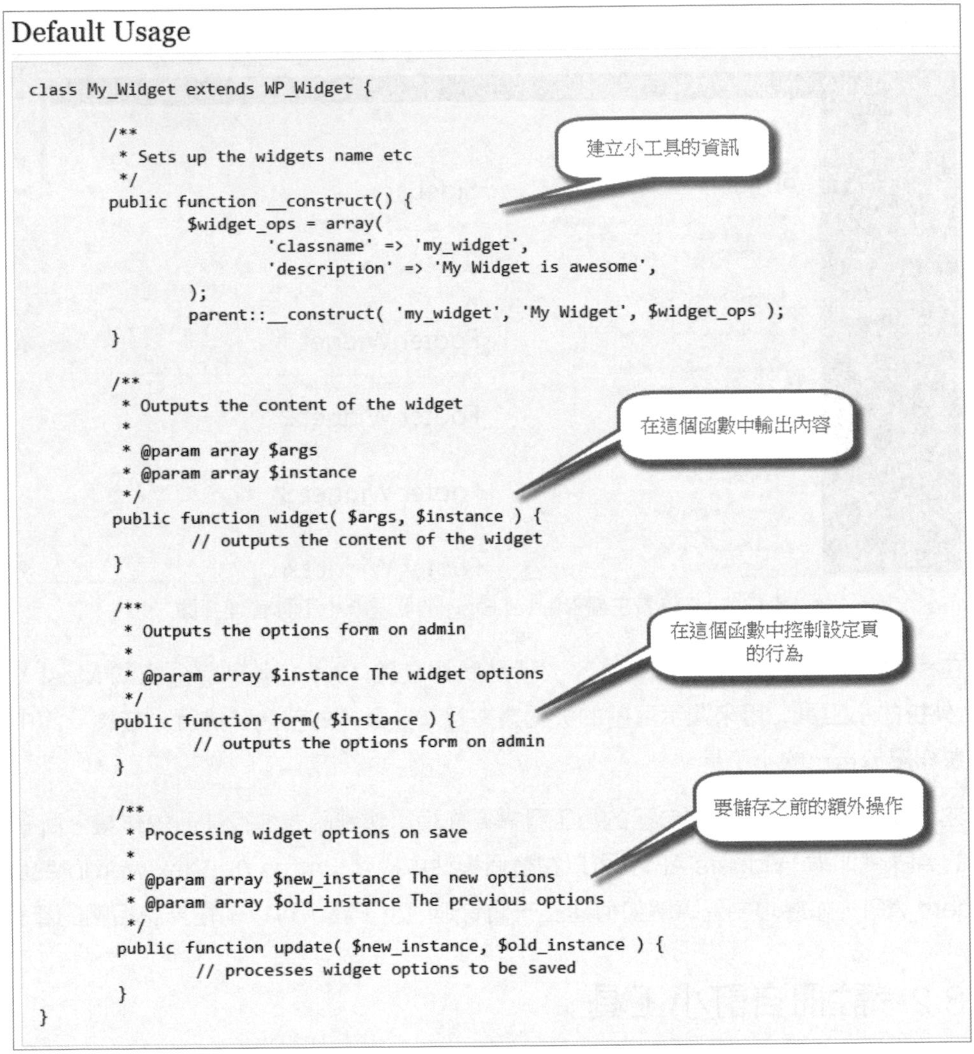

```php
Default Usage

class My_Widget extends WP_Widget {

    /**
     * Sets up the widgets name etc
     */
    public function __construct() {                    建立小工具的資訊
        $widget_ops = array(
                'classname' => 'my_widget',
                'description' => 'My Widget is awesome',
        );
        parent::__construct( 'my_widget', 'My Widget', $widget_ops );
    }

    /**
     * Outputs the content of the widget
     *                                                 在這個函數中輸出內容
     * @param array $args
     * @param array $instance
     */
    public function widget( $args, $instance ) {
        // outputs the content of the widget
    }

    /**
     * Outputs the options form on admin
     *                                                 在這個函數中控制設定頁
     * @param array $instance The widget options       的行為
     */
    public function form( $instance ) {
        // outputs the options form on admin
    }

    /**
     * Processing widget options on save
     *                                                 要儲存之前的額外操作
     * @param array $new_instance The new options
     * @param array $old_instance The previous options
     */
    public function update( $new_instance, $old_instance ) {
        // processes widget options to be saved
    }
}
```

圖 13-15：小工具定義時的每一個部份的說明

如圖 13-15 所說明的，繼承自 WP_Widget 之後的子類別中有 4 個函式，分別是 __construct()、widget()、form() 以及 update()，只要在這 4 個函式中編寫適當的內容，其他的部份就由 WordPress 全權處理了。要做的事很簡單，只要複製網站中的程式碼再加以修改即可，我們修改之後的程式碼如下所示：

```
class HOWPCP_Site_Counter_Widget extends WP_Widget {

    /**
     * Sets up the widgets name etc
     */
    public function __construct() {
        $widget_ops = array(
            'classname' => 'HOWPCP_Site_Counter_Widget',
            'description' => '這是我們自己定義的 Site Counter 小工具',
        );
        parent::__construct( 'HOWPCP_Site_Counter_Widget',
                            'HOWPCP 網站計數器', $widget_ops );
        $this->update(array('title'=>'網站計數器'), array());
    }

    /**
     * Outputs the content of the widget
     *
     * @param array $args
     * @param array $instance
     */
    public function widget( $args, $instance ) {
        // outputs the content of the widget
        echo "<h2>這是網站計數器小工具</h2>";
    }

    /**
     * Outputs the options form on admin
     *
     * @param array $instance The widget options
     */
    public function form( $instance ) {
        // outputs the options form on admin
    }

    /**
     * Processing widget options on save
     *
     * @param array $new_instance The new options
     * @param array $old_instance The previous options
     */
    public function update( $new_instance, $old_instance ) {
        $instance = array();
        $instance['title'] =
            ( ! empty( $new_instance['title'] ) ) ?
                strip_tags( $new_instance['title'] ) : '網站計數器';
        return $instance;
    }
}

add_action( 'widgets_init', function(){
    register_widget( 'HOWPCP_Site_Counter_Widget' );
});
```

在上面的程式中我們把範例程式中的子類別名稱改為 HOWPCP_Site_Counter_Widget，當然所有程式中（主要是在 __construct 建構子函式）有提供類別名稱的地方也都要同步改掉，另外為了呈現出顯示的效果，在 widget 函式的裡面加上了一行 echo 輸出的敘述。還有 update 函式也要加上修正的程式碼，並在建構子的地方呼叫 update，這樣才能順利地在側邊欄中呈現出這個小工具。

上述程式的最後 3 行就是真正把此子類別註冊給 WordPress 的地方。由於 add_action 的第 2 個參數需要的是一個函式而不是類別名稱，因此不能直接把剛定義好的類別名稱當做是參數傳遞。由於該函式的內容很短，因此在這裡用了一個簡化的寫法，也就是使用匿名函式來呼叫 register_widget 這個真正註冊小工具的函式。這 3 行敘述其實等於以下的這段程式：

```
function HOWPCP_register_site_counter_widget() {
    register_widget( 'HOWPCP_Site_Counter_Widget' );
}
add_action( 'widgets_init', 'HOWPCP_register_site_counter_widget' );
);
```

不知道讀者們可以看出它們的差別嗎？不管你使用的是哪一種設定方式，在把這些程式碼存檔之後再回到 WordPress 的小工具管理介面，就可以看到剛剛辛苦工作的成果了，如圖 13-16 所示。

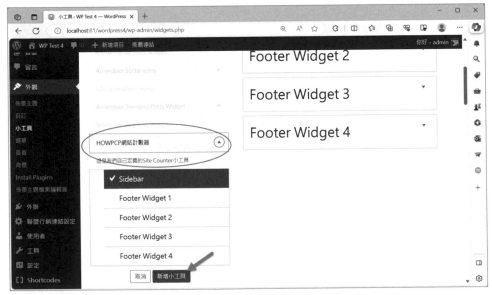

圖 13-16：已建立完成的自定義小工具

雖然到沒有加上任何功能，但是可以確定的是這個小工具已經可以被此介面順利操作，並且在儲存之後自動被顯示在網站上，並能夠顯示我們輸出的字串，如圖 13-17 所示。

圖 13-17：預設小工具在網頁上呈現的結果

13.3.3　顯示網站造訪人次小工具

基於上一小節中的內容，接下來要建立的是網站造訪人次的小工具，可以設定小工具的標題以及顯示出正確的網頁瀏覽次數。在此之前先來看看在 WP_Widget 類別中的幾個重要函式的定義。首先是負責顯示工作的 widget：

```
WP_Widget::widget( array $args, array $instance )
```

這個方法函式接收 2 個參數，第一個 $args 負責用來傳遞（也就是讓我們在要顯示內容時可以取得的）之前小工具的相關設定資料，包括 'before_title'、'after_title'、'before_widget'、以及 'after_widget' 等，其實這就是讓佈景主題設計者可以預先設定的 CSS 或是 HTML 標記，我們在輸出的時候也需要採用，以配合佈景主題的排版，這是同一個類別的每一個小工具（同一類型的小工具可以在側邊欄上佈置不只一個，也可以在不同的側邊欄中同時存在）都相同的參數。$instance 則是一些關於目前這個特定的小工具的設定參數，這個參數可以在 form 這個方法函式中設定，然後在此函式中取出使用。

```
WP_Widget::form( array $instance )
```

　　form 方法函式顧名思義就是用來讓網站管理員顯示表單的地方，表單的設定內容則透過 $instance 這個變數來傳遞。

```
WP_Widget::update( array $new_instance, array $old_instance )
```

　　透過 update 方法函式可以取得在 form 函式中設定的值，然後把這個值做完檢查之後再設定新的內容，如果不打算儲存新的設定值則只要傳回 false 就可以了。

　　瞭解了上述的幾個函式，要顯示出對應的資料就不是難事了。在這個範例中假設要用來儲存小工具標題的鍵值是 "title"，我們可以把 widget 方法函式內容編寫如下：

```php
public function widget( $args, $instance ) {
    echo $args['before_widget'];
    echo $args['before_title'];
    if ( !empty($instance['title']) ) {
        echo apply_filters( 'widget_title', $instance['title']);
    }
    else {
        echo apply_filters( 'widget_title', '網站計數器');
    }
    echo $args['after_title'];
    echo "<div id='howpcp-site-counter' style='text-align:center;'>";
    echo "<h3 style='color:white;background-color:red;'>";
    echo get_option( 'howpcp_site_counter' );
    echo "</h3></div>";
    echo $args['after_widget'];
}
```

　　在要顯示的所有內容的前後以 echo $args['before_widget'] 以及 echo $args['after_widget'] 配合佈景主題的排版，顯示出應有的 HTML 以及 CSS 標記，另外在顯示 title 時也是類似的做法。在小工具標題的部份擷取出 $instance['title']，看看有沒有內容，如果沒有的話，就使用預設的標題「網站計數器」，如果有的話就使用此設定過的內容即可。

　　此外，為了讓計數器的外觀有一點點不同，在輸出 get_option('howpcp_site_counter') 的前後，我們還額外地加上了一些 CSS 的設定，讓結果呈現如圖 13-18 所示的樣子。

圖 13-18：透過 CSS 設定出網站計數器的外觀

如圖 13-18 所示，讀者們應該會發現我們使用的是不同於預設值的小工具標題，那是透過 form 和 update 合作所產生的結果。為了讓小工具可以且有修改設定的功能，需要編寫如下所示的程式碼，以下是 form 的部份：

```php
public function form( $instance ) {
    $title = ! empty( $instance['title'] ) ? $instance['title'] :
            esc_html( '網站計數器' );
    ?>
    <p>
    <label for="<?php echo esc_attr( $this->get_field_id( 'title' ) ); ?>">
        <?php echo esc_attr( '標題:' ); ?></label>
    <input class="widefat"
        id="<?php echo esc_attr( $this->get_field_id( 'title' ) ); ?>"
        name="<?php echo esc_attr( $this->get_field_name( 'title' ) ); ?>"
        type="text" value="<?php echo esc_attr( $title ); ?>">
    </p>
    <?php
}
```

看起來有些小複雜，其實這個程式碼只要從 13.3.1 提到的 WP Widgets API 網站中的範例程式（Example）中複製下來再做修改就可以了。在上述的程式中先試圖從 $instance 取出目前的 "title" 設定值放到 $title 變數中，然後用三元判斷式「條件？成立傳回值：不成立傳回值；」設定如果 "title" 的內容是空的話，就顯示預設值「網站計數器」。

接下來是標準的 HTML 表單顯示，因為要配合 WordPress 的作業，所以其中的設定方法以及使用的變數，就都依照 WordPress 開發者網站中的範例程式修改即可。表單建立完成之後，就可以在側邊欄的操作介面上看到可以設定的小工具表單內容了，如圖 13-19 所示的樣子。

圖 13-19：在小工具中可以調整參數的表單

另外，要讓表單的內容修改完畢之後會有效果，則需要 update 這個方法函式，以下是 update 的程式部份：

```php
public function update( $new_instance, $old_instance ) {
    $instance = array();
    $instance['title'] =
        ( ! empty( $new_instance['title'] ) ) ?
            strip_tags( $new_instance['title'] ) : '網站計數器';
    return $instance;
}
```

基本上如果只是要設定 "title" 的話，把開發者網站上的範例程式複製下來使用就可以了。到此，我們已經完成了一個可以顯示目前網站瀏覽人次的外掛，以及可以自由放置使用的小工具了。

13.3.4 顯示熱門文章排行榜小工具

　　和前一小節的小工具類似，但是我們要顯示的是熱門文章排行榜。要製作這樣的小工具同樣地也是要重新建立一個繼承自 WP_Widget 的子類別，然後修改相關的設定內容即可。以下是修改自上一小節的子類別 HOWPCP_Hot_Posts_Widget：

```php
class HOWPCP_Hot_Posts_Widget extends WP_Widget {

    /**
     * Sets up the widgets name etc
     */
    public function __construct() {
        $widget_ops = array(
            'classname' => 'HOWPCP_Hot_Posts',
            'description' => '這是一個列出熱門文章排行用的小工具',
        );
        parent::__construct( 'HOWPCP_Hot_Posts', 'HOWPCP 熱門文章排行榜', $widget_ops );
    }

    /**
     * Outputs the content of the widget
     *
     * @param array $args
     * @param array $instance
     */
    public function widget( $args, $instance ) {
        echo $args['before_widget'];
        echo $args['before_title'];
        if ( !empty($instance['title']) ) {
            echo apply_filters( 'widget_title', $instance['title']);
        }
        else {
            echo "熱門文章排行榜";
        }
        echo $args['after_title'];
        echo "<p>";

        echo "在這裡顯示熱門文章排行";

        echo "</p>";
        echo $args['after_widget'];
    }

    /**
     * Outputs the options form on admin
     *
```

```php
     * @param array $instance The widget options
     */
    public function form( $instance ) {
        $title = ! empty( $instance['title'] ) ? $instance['title'] :
                esc_html( '熱門文章排行榜' );
        ?>
        <p>
        <label for="<?php echo esc_attr( $this->get_field_id( 'title' ) ); ?>">
            <?php esc_attr( '標題:'); ?></label>
        <input class="widefat"
            id="<?php echo esc_attr( $this->get_field_id( 'title' ) ); ?>"
            name="<?php echo esc_attr( $this->get_field_name( 'title' ) ); ?>"
            type="text" value="<?php echo esc_attr( $title ); ?>">
        </p>
        <?php
    }


    /**
     * Processing widget options on save
     *
     * @param array $new_instance The new options
     * @param array $old_instance The previous options
     */
    public function update( $new_instance, $old_instance ) {
        $instance = array();
        $instance['title'] =
( ! empty( $new_instance['title'] ) ) ? strip_tags( $new_instance['title'] ) : '';

        return $instance;
    }
}

add_action( 'widgets_init', function(){
    register_widget( 'HOWPCP_Hot_Posts_Widget' );
});
```

　　上述程式碼主要是修改一些預設的設定值以及在建構子的地方使用正確的函式名稱,
在輸出函式 widget 中就不再顯示網站計數器的內容,而是先以一段簡單的文字取代,由於
是和前一小節的小工具幾乎是一樣的程式,所以在側邊欄的設定頁面中一樣是具有修改標
題的功能,如圖 13-20 所示。

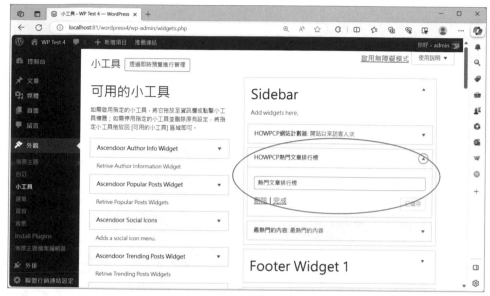

圖 13-20：熱門文章排行榜的設定介面

安裝之後可以在網頁的畫面中，看到如圖 13-21 所示的小工具顯示。

圖 13-21：熱門文章排行榜小工具執行的畫面

接下來就可以直接修改 widget 的內容，達成顯示文章排行榜的目的。因為我們要顯示的符合條件的文章標題，因此依據前面幾堂課中建立佈景主題的知識，其實就是要在這裡重新建立一個自訂文章迴圈 Loop，然後在迴圈的內容中，只顯示出每一個文章的標題和連結就可以了。要建立自訂文章迴圈需使用 WP_Query 這個類別來做查詢，此類別在查詢之後會回傳一個查詢結果的執行實例，再用此實例來顯示內容即可，而在執行查詢之前需要設定要查詢的內容，我們準備的查詢內容如下：

```
$query_string = array(
    'post_type' => 'post',
    'posts_per_page' => 5,
    'meta_key' => 'views',
    'orderby' => 'meta_value_num',
    'order' => 'DESC'
);
```

放在 $query_string 這個變數中，設定要查詢的內容只有貼文「post」，同時也只要前面 5 篇貼文即可，此外要設定所要參考的內容是 meta_key，也就是我們的自訂欄位名稱是 'views'，並以此自訂欄位的內容值來做為是排序的依據（meta_value_num），然後是以倒序 DESC 的方式從大到小做排列。

有了這個設定值之後，直接把它送進 WP_Query 類別，並回傳到 $ranks 實例變數中，如下所示：

```
$ranks = new WP_Query( $query_string );
```

接下來的所有內容就只要操作 $ranks 這個實例變數就可以了，內容如下：

```
if ( $ranks->have_posts() ) {
    echo '<ol>';
    while ( $ranks->have_posts() ) {
        $ranks->the_post();
        echo '<li>';
        echo '<a href=';
        echo '"' . get_the_permalink() . '">';
        echo get_the_title();
        echo "</a>(" . get_post_meta( get_the_ID(), 'views', true) . ")";
        echo '</li>';
    }
    echo '</ol>';
}
wp_reset_postdata();
```

此段程式碼是典型的用來顯示文章迴圈的內容，先檢查是否有內容，如果有的話就進入顯示迴圈中，而顯示的格式在此是使用有序號的列示項目，並在文章標題的前後加上此文章的連結，在標題的後面再使用 get_post_meta 取出瀏覽次數，並顯示在括號中。由於這是自訂迴圈，為了避免執行之後干擾到主迴圈的相關設定，習慣上都會在迴圈的最後面加上一個復原函式 wp_reset_postdata()。執行的結果如圖 13-22 所示。

圖 13-22：熱門文章排行榜的顯示結果

讀者可以自行點擊每一個連結，如果次數夠多的話，會發現這個排行榜的內容是時時刻刻都在更新的喔。另外，從這個輸出結果也可以看到，當初放在主迴圈中的網站瀏覽次數，也會影響到這個地方。

本 章 習 題

．圖 13-22 在同一個網頁中同時出現兩個瀏覽次數的情形，請試著解決它。

．請修改程式內容讓在輸出網站瀏覽次數的時候，使用的是數字圖形而非純文字。

．請修改程式，讓小工具可以在表單中設定網站瀏覽次數的初始值。

．請把顯示每篇文章閱讀人次的字樣改到文章的末尾。

．請試著把熱門文章排行榜的設定功能加上可以自訂顯示篇數。

第**14**堂

Custom Post Type 的應用

◀ 前　　言 ▶

除了利用現有的資源附加上外掛所需要的資料之外，對於需要
儲存非常多資料的外掛來說，自定義貼文類型 Custom Post
Type 就非常好用，因為它是貼文的一種，因此所有存取貼文的函式以
及功能設定都可以使用，而且它還可以自訂所有的欄位，讓外掛的資
料儲存變得非常簡單，是大型外掛一個不可或缺的功能。

◀ 學習大綱 ▶

➤ Custom Post Type 應用之外掛介紹
➤ 在外掛中建立 Custom Post Type

14.1 自定義貼文類型應用之外掛介紹

應用自定義貼文類型最有名的例子應該是 Woo Commerce 這個電子商店的外掛了，它的所有商品都是以自定義貼文型態（Product）來建立的，然而由於其結構及內容非常龐大，因此有興趣的讀者可自行安裝並前往 phpMyAdmin 觀察其建立的資料表內容，在本節中我們將另外舉一些比較小型的外掛來介紹及說明。

14.1.1　CM Download Manager

首先要介紹的是 CM Download Manager，如圖 14-1 所示。

圖 14-1：CM Download and File Manager 外掛

此外掛的連結需要掛載到選單中，請在目前的佈景主題的選單設定頁面中啟用主選單，並把 CM Download 的連結加到主選單中。

此外掛在啟用之後有一個自己的設定介面，如圖 14-2 所示。

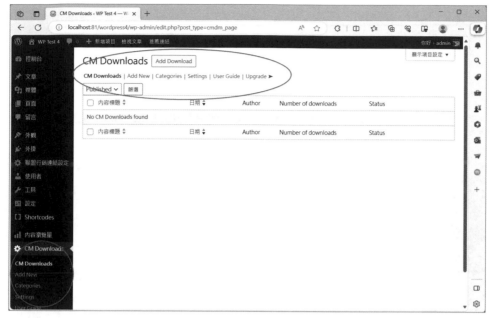

圖 14-2：CM Download 的設定介面

在此介面中就像是操作一般的文章一樣，可以新增分類 Categories，新增新的下載項目以及進行外掛的相關設定。點選新增「Add New」，會看到如圖 14-3 所示的畫面。

圖 14-3：新增下載項目

有 Title 標題、Category 分類、Description 説明，當然選擇被下載的檔案以及此檔案的 Screenshot 螢幕擷圖也是很重要的。設定完畢按下「Add」按鈕之後回到剛剛的頁面就可以看到設定好的列表，如圖 14-4 所示。

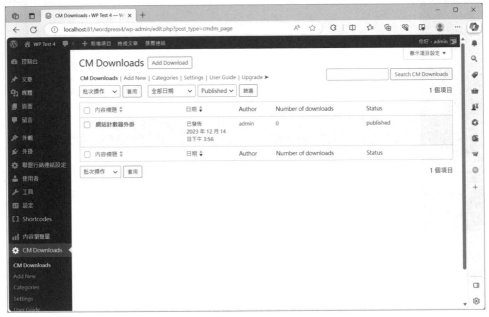

圖 14-4：所有可以下載的項目列表

為了讓下載的選項可以出現在主選單，除了設定好網站的選單之外，也別忘了要到 CM Download 的「Settings」設定頁面，把 My Downloads 和 Downloads 的這兩個選項打勾，如圖 14-5 所示。

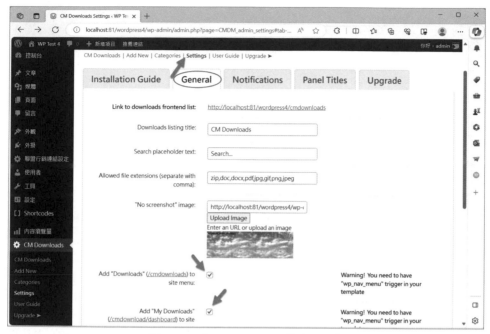

圖 14-5：CM Download 的選項設定

然後回到網頁的主畫面就可以看到相對應的選項了，如圖 14-6 所示。

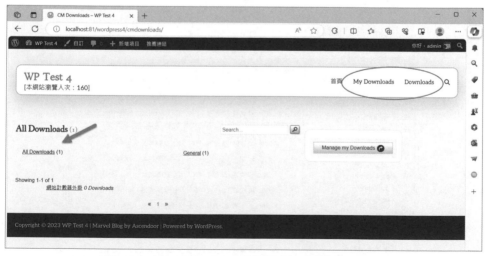

圖 14-6：CM Download 的選項以及下載檔案的介面

點選下方可下載的項目「網站計數器外掛」，即可以看到顯示的說明、螢幕擷圖以及可以下載的按鈕，如圖 14-7 所示。

圖 14-7：CM Download Manager 的下載介面

此時前往網站資料表觀察就可以發現，此外掛的下載資料其實是被放在 wp_posts 資料表中，而其 post_type 被設定了一個新的自定義類型 cmdm_page，如圖 14-8 所示。

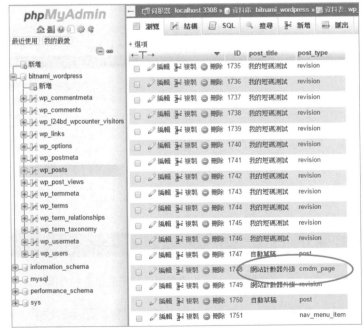

圖 14-8：上傳 CM Download Manager 的檔案之後，觀察資料表內容

14.1.2 The Events Calendar

Event 事件管理也是經常使用自定義貼文型態的外掛程式，在本小節所要介紹的是 The Events Calendar，如圖 14-9 所示。

圖 14-9：The Events Calendar 外掛

這個外掛啟用之後會在管理網頁的最上方顯示一個專屬的選項「Events（活動）」，按下該選項之後隨即呈現一個精美的行事曆頁面，如圖 14-10 所示。

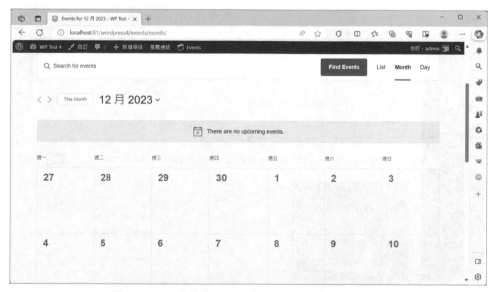

圖 14-10：The Events Calendar 外掛的行事曆頁面

如果要新增活動，要回到 Events 的索引畫面，按下「Add New」按鈕，如圖 14-11
所示。

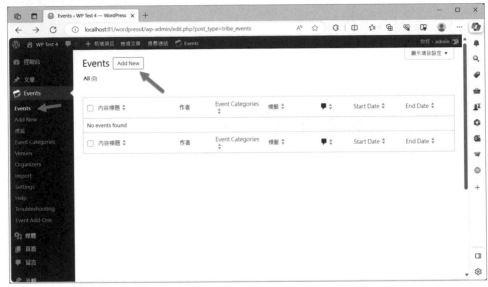

圖 14-11：Events 的列表畫面

之後就會出現如圖 14-12 所示的新增活動介面，可以看出來，這個介面也是傳統的文
章編輯介面，但是其中的一些欄位被替換成了辦理及公告活動所需要的一些資料。

圖 14-12：新增活動的操作介面

如圖 14-12 所示，這個介面有沒有覺得非常熟悉？它就是一般我們傳統用來編輯文章和頁面的介面，只是拿同樣的編輯環境來套用到新的自定義貼文類型而已。不過因為一個活動需要有許多的活動資訊，這個外掛是利用非常多的 meta 自訂欄位來儲存這些資料，所以在此頁中往下捲動如圖 14-13 所示。

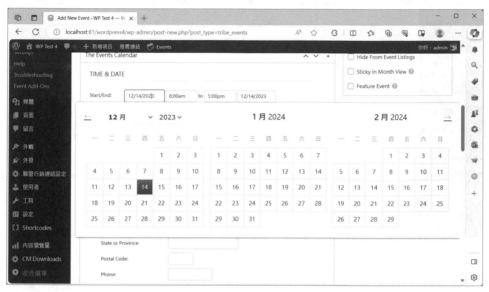

圖 14-13：在編輯介面中設定日期和時間

除了提供好用的日期選擇器之外，也可以記錄地址資料，如圖 14-14 所示。

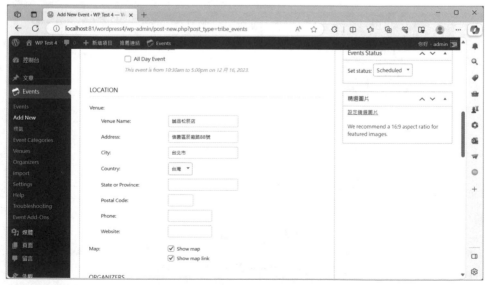

圖 14-14：記錄地址資料的相關欄位

如果是一個活動事件的話，還可以設定主辦人以及活動網頁和收費等相關的資料，如圖 14-15 所示。

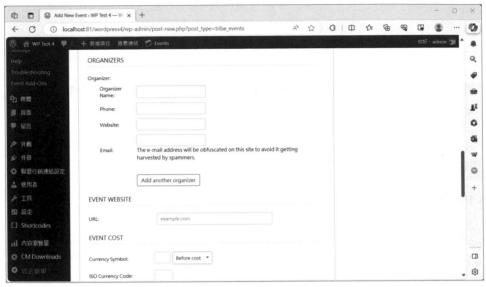

圖 14-15：與活動相關的訊息

在儲存這些資料之後，這個活動就會被記錄到行事曆上，點選此事件之後，即會像是呈現貼文一般，把所有的相關資料都顯示在頁面上，如圖 14-16 所示。

圖 14-16：顯示單一事件內容的相關資料

如果我們在事件中有明確地輸入地址的話,在貼文的內容中還有 Google Map 可以參考,所有呈現的資料內容相當詳細且實用。

回到資料庫管理程式 phpMyAdmin,以 SQL 指令「SELECT ID, post_title, post_type FROM `wp_posts` WHERE 1」觀察,即可看到新增的自定義貼文類型 tribe_events 以及 tribe_venue,如圖 14-17 所示。

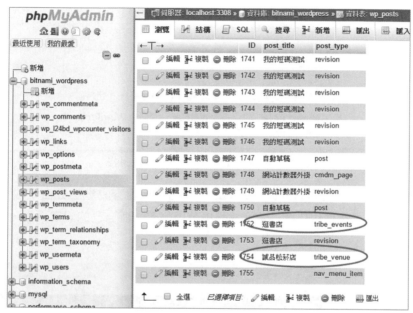

圖 14-17:The Events Calendar 外掛所使用的其中兩個自定義貼文型態

本外掛的其他功能就請讀者有興趣的話自行研究囉。

14.1.3 Custom Post Type UI

經過前 2 小節的外掛操作練習之後,讀者們應該可以發現,自定義貼文在許多的地方非常好用,尤其是當我們想要為網站增加功能,但是又不想要自己做太多資料操作的情況下,只要做好 Custom Post Type 的設定之後,這個類型就會被納入管理,所有在貼文(post)以及頁面(page)可以做的新增、編輯、儲存、刪除以及列表管理等等操作,全部都不用自己再費心,這些都是系統內建的功能。

在實際透過自己編寫的外掛設定自定義型態貼文之前,我們再來看一個通用的外掛 Custom Post Type UI,如圖 14-18 所示。

圖 14-18：Custom Post Type UI 外掛

這個外掛提供一個使用者介面，讓網站管理者可以很容易地建立自定義型態貼文，建立之後的貼文可直接使用在網站中。此外掛啟用後有一個自己的設定頁面，如圖 14-19 所示。

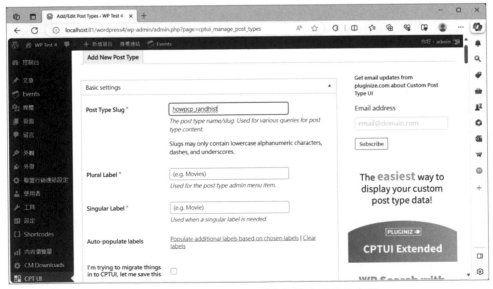

圖 14-19：CPT UI 外掛新增自訂貼文型態的介面

如圖 14-19 所示，在此介面中可以自行新增此定義的型態之 slug 網址名稱，把畫面往下捲動之後有更多的參數可以設定，這些參數會被使用在之後管理此型態貼文的各式介面中，如圖 14-20 所示。

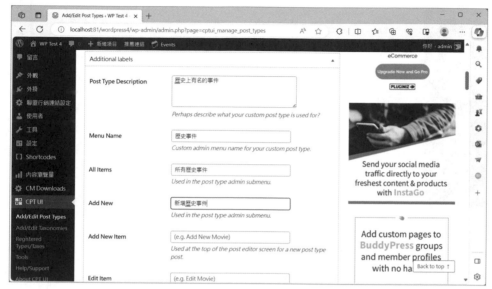

圖 14-20：設定更多的參數

如圖 14-20 所示，假設我們要建立一個自定義型態專門來存取歷史上著名的事件，在 Post Type Description 的地方加上說明，並在各欄位中輸入相對應可能會用到的名詞，在這裡我們都是使用中文來命名。但是 Plural Label 是此自訂貼文每一個項目的名稱之複數型，我們設定為「Historical events」，Singular 是單數型，我們設定為「Historical event」，如果使用中文的話當然就把它設定為一樣就好了（因為中文的名詞沒有單複數的差別）。完成所有的設定值之後再按下儲存按鈕，可以馬上看到改變，即在控制台左側的選單中已出現「歷史事件」這個項目，如圖 14-21 所示。

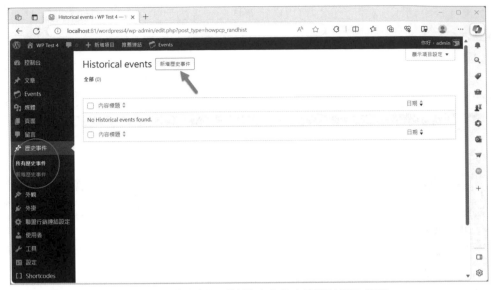

圖 14-21：建立自訂型態貼文之後立即可被列入管理

　　很厲害的地方是不用多寫任何的程式碼，這個型態的貼文馬上就可以像是一般的貼文一樣被新增、做分類以及編輯等等。例如在此時按下「新增歷史事件」按鈕，WordPress 控制台即會出現如圖 14-22 所示的新增介面。

圖 14-22：新增歷史事件的介面

　　如圖 14-22 所示，就像是管理 Post 貼文一般，所有的介面都一模一樣，在我們框線起來的地方即是之前設定的一些參數，例如 Historical event 這個名稱，以及 howpcp_randhist 這個 slug 網址。在新增了一個項目之後（也就是按下此介面右上角之「發佈」按鈕），再回到列表的地方，也就是控制台中的「所有歷史事件」選項，如圖 14-23 所示的樣子。

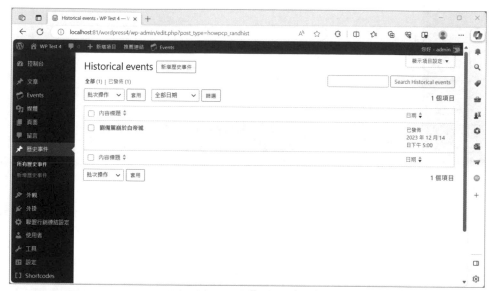

圖 14-23：所有歷史事件列表

　　如圖 14-23 所示，針對所有此類型的貼文可以進行編輯管理，就像是一般的貼文一樣。那麼要如何把這個歷史事件內容顯示出來呢？請前往 WordPress 控制台「外觀」功能選項中找到「選單」的設定，就可以看到 Histories 這個新的分類，所有剛剛新增的歷史事件都會被放在這裡面，如圖 14-24 所示。

圖 14-24：自定義貼文型態在選單介面中出現的位置

我們可以選擇任一歷史事件，然後按下「新增至選單」按鈕，即可以在網站的選單中把這個歷史事件列出來了，如圖 14-25 所示。

圖 14-25：透過選單顯示自訂的歷史事件

此外掛的相關設定，請讀者自行深入研究。在下一節我們將開始說明，如何在自己的外掛中使用自定義的貼文類型，並在小工具中加以運用。

14.2 在外掛中建立 Custom Post Type

在前一節中學習到了 2 個使用自定義型態貼文的外掛，透過自定義的貼文種類來儲存資料不僅非常方便，而且可以省下非常多的程式碼，因為只要是註冊好了自定義貼文種類之後，所有可以在貼文 Post 和頁面 Page 上使用的介面，在自定義貼文中也可以直接套用。另外我們還學習了如何安裝 Custom Post Type UI 外掛，讓網站管理員可以透過網頁介面的方式直接建立自定義貼文種類，這也是非常直覺好用的作法。而在這一節中，我們將學會如何在自己設計的外掛中建立自訂貼文種類並加以活用。

14.2.1 什麼是 Custom Post Type

其實 WordPress 的主要儲存項目（也是被管理、顯示的項目），除了我們熟悉的貼文 Post 和頁面 Page 之外，預設的分別是：

- Post（post）
- Page（page）
- Attachment（attachment）
- Revision（revision）
- Navigation Menu（nav_menu_item）
- Block templates（wp_template）
- Template parts（wp_template_part）

其實我們在之前檢視資料表的時候（如圖 14-17），讀者大概就有看到這些名詞的其中幾個，為了方便管理，除了儲存貼文的修訂版 Revision 之外，連 Attachment 附件（只是連結，真正的檔案還是儲存在硬碟中）、Navigation Menu 選單等等都被廣義地視為是 Post 的一種，除了這些內容會被儲存在同一張資料表中外，也可以透過相同的程式介面和 API 加以操作管理。

意思是說，在 WordPress 網頁中想要顯示貼文的內容，我們使用的是一個 Loop 的概念，在上一堂課建立顯示最受歡迎文章排行榜時，是以自訂查詢的方式，以下即是以該程式稍加修改（移除排序的部份）之後的片段：

```
$query_string = array(
    'post_type' => 'post',
```

```
        'posts_per_page' => 5,
);
$ranks = new WP_Query( $query_string );
if ( $ranks->have_posts() ) {
    echo '<ol>';
    while ( $ranks->have_posts() ) {
        $ranks->the_post();
        echo '<li>';
        echo '<a href=';
        echo '"' . get_the_permalink() . '">';
        echo get_the_title();
        echo "</a>";
        echo '</li>';
    }
    echo '</ol>';
}
wp_reset_postdata();
```

上面的程式片段的第 2 行就是指定貼文型態的設定，可以想像，如果把 'post' 換成是 'page'，則查詢的對象就變成是頁面了，如果把 'post' 換成是本堂課在第 14.1.3 節定義的歷史事件呢？結果會是如何呢？有興趣的讀者可以先利用第 14.1.3 小節中的方式多輸入幾個歷史事件，然後試著利用上一堂課教的內容建立一個顯示歷史事件的外掛，此為本堂課的習題內容。

14.2.2　建立 Custom Post Type 的幾種方法

由於 Custom Post Type 只要建立之後就會被列入 WordPress 的 API 加以管理，在操作上就像是操作原有的貼文一樣方便，因此重點就是在於如何建立一個符合自己需求的 Custom Post Type。

要建立一個 Custom Post Type 有以下的幾個方法：

- 使用在第 14.1.3 小節所介紹的 Custom Post Type UI 這一類的外掛。
- 在佈景主題的 functions.php 中註冊自訂的貼文型態。
- 自行設計外掛程式，在外掛程式中註冊自訂的貼文型態。

使用 Custom Post Type UI 外掛是最方便的方法，因為所有要註冊一個新的 Custom Post Type 的所有設定值都可以直接利用它所提供的網頁介面加以設定以及修改。不怕編寫程式碼的朋友，其實在 WordPress 支援網頁上的這個網址：https://codex.wordpress.org/Post_Types 就提供有範例程式如下：

```
add_action( 'init', 'create_post_type' );
function create_post_type() {
  register_post_type( 'acme_product',
    array(
      'labels' => array(
        'name' => __( 'Products' ),
        'singular_name' => __( 'Product' )
      ),
      'public' => true,
      'has_archive' => true,
    )
  );
}
```

　　只要把這一段程式碼做一些小修改，然後放在佈景主題的 functions.php 或是自己建立一個子佈景主題，然後在子佈景主題中加上包含這段程式碼的 functions.php 檔案也可以。因為在預設的情況下，WordPress 會把父佈景主題和子佈景主題的兩個 functions.php 合併使用，只要兩個檔案中不要有衝突的內容（例如定義到同一個名字的函式）就可以了。

　　然而如果是要編寫程式碼的話，把程式碼放在 functions.php 中會有一個風險，就是當切換了另外一個佈景主題的時候，這個自訂的型態就會不見了，要重新再設定才行，因此，如果是使用一個自訂的外掛程式來註冊上一段程式碼的話，會是比較理想的做法，因為只要啟用了外掛，這個自定義的型態就可以使用，所以在下一小節中就來示範，如何在自訂的外掛中建立 Custom Post Type，並建立一個小工具顯示在網站的側邊欄位置。

14.2.3　在外掛中建立 Custom Post Type

　　首先也是在 wp-content/plugins 底下建立一個目錄，並在該目錄下放置一個同名的 PHP 檔案，在此以 howpcp-custom-post 為例，最簡易的版本 howpcp-custom-post.php 內容如下所示：

```php
<?php
/*
Plugin Name: HOWPCP 最新消息
Plugin URI: https://104.es
Description: 非常簡單的自定義型態貼文範例
Version: 0.1a
Author: Min-Huang Ho
Author URI: https://104.es
*/

function howpcp_register_custom_post() {
```

```php
register_post_type( 'howpcp_sitenews',
  array(
    'labels' => array(
      'name' => '最新消息',
      'singular_name' => '消息'
    ),
    'public' => true,
    'has_archive' => true,
  )
);
}

add_action( 'init', 'howpcp_register_custom_post' );

?>
```

　　就這麼簡單的幾行指令，就建立好一個可以馬上使用的「最新消息」自訂貼文型態。如上述的程式碼所列，我們要透過 'init' 事件來註冊自訂貼文型態，註冊的函式為 register_post_type，在這個函式中的第一個參數是此型態存在資料表中的名稱，也就是此自訂貼文型態的名稱（最長 20 個字元），後面的那個參數則是以陣列的型態設定所有可以使用的設定值。此函式的定義如下：

```php
register_post_type( $post_type, $args );
```

　　第 2 個參數的陣列變數中常用的設定值說明如表 14-1。

▼ 表 14-1：註冊 Custom Post Type 常用的設定值說明

設定值	說明
labels	用來設定所有預設的對於此型態的操作過程中在網頁介面中會出現的標籤名稱，可以設定的內容如下所示： name, singular_name, add_new, add_new_item, edit_item, new_item, view_item, view_items, search_items, not_found, not_found_in_trash, parent_item_colon, all_items, archives, attributes, insert_into_item, uploaded_to_this_item, featured_image, set_featured_image, remove_featured_image, use_featured_image, menu_name, filter_items_list, items_list_navigation, items_list, name_admin_bar 可以選擇需要的設定即可，如果沒有設定的地方就會以系統的預設值來顯示（例如 Post）。因為英文的單複數在許多字是不一樣的兩個字，所以有一些標籤需要分別指定（例如 name, singular_name 以及 view_item 和 view_items）。
description	對於此型態貼文種類的簡短說明。
public	布林型態，用來控制對於作者和讀者的可見度。
exclude_from_search	布林型態，用來控制是否顯示在搜尋結果中。
publicly_queryable	布林型態，用來控制是否可被搜尋。

設定值	說明
show_ui	布林型態，用來設定是否要產生一個管理此型態的 UI。
show_in_nav_menus	布林型態，用來控制是否要顯示在選單中。
show_in_menu	布林型態，用來控制是否要顯示在控制台的 UI 介面中。
show_in_admin_bar	布林型態，用來控制是否要在控制台上方的「新增」按鈕中增加此型態。
menu_position	以數字的方式決定此型態要顯示在選單中的位置處。
menu_icon	設定此型態的圖示符號。
hierarchical	設定此型態是否提供階層式結構。
supports	此型態支援的編輯內容，預設是 title 及 editor（內容），其他還有 author, thumbnail, excerpt, trackbacks, custom-fields, comments, revisions, page-attributes, post-formats 等等。
register_meta_box_cb	用來設定設定 meta boxes 時的回呼函式。
can_export	布林型態，用來控制是否能被匯出。
delete_with_user	當建立此貼文的使用者被刪除時，是否要一併刪除該使用者所建立的貼文。
show_in_rest	是否讓使用 REST API 時也可以存取到此類型的貼文。

雖然表 14-1 的內容非常多，但在大部份的情形下只要是使用預設的值就可以了。把我們編輯好的外掛程式存檔之後回到 WordPress 的控制台，在外掛介面啟用此「HOWPCP 最新消息」，結果會如圖 14-26 所示。

圖 14-26：在自定的外掛中建立新的 Custom Post Type

　　如圖 14-26 所示，新的貼文型態一旦建立，控制台左側馬上會出現該貼文型態的管理
選項，當然也會具有新增和編輯的功能，在預設的情況下，新增的「消息」也都可以在選
單介面中找到，透過選單可以把新增的項目加到網站的主選單中，點選該選項就可以顯示
出剛剛建立的內容了（如果不能顯示的話，請在控制台選擇「設定」的「固定網址設定」，
把其選項改為「文章名稱」就可以了），新增「消息」的畫面如圖 14-27 所示。

圖 14-27：自訂「消息」貼文型態的管理介面

　　雖然有了可以管理「消息」型態的介面，但是所使用的文字內容都還是「文章」，這並
不是我們所想要的，因此可以再把程式碼修改如下，多加一些「label」的設定上去：

```
function howpcp_register_custom_post() {
  register_post_type( 'howpcp_sitenews',
    array(
      'labels' => array(
        'name' => '最新消息',
        'singular_name' => '消息',
        'add_new' => '新增消息',
        'add_new_item' => '新增消息',
        'edit_item' => '編輯消息',
        'all_items' => '所有的消息',
        'view_item' => '消息列表',
        'view_items' => '消息列表',
        'search_items' => '搜尋消息'
      ),
```

```
    'public' => true,
    'has_archive' => true,
    'show_in_admin_bar' => true
  )
);
```

在儲存此程式之後再回到網頁重新整理一下，就可以看到如圖 14-28 所示的樣子。

圖 14-28：修改設定程式碼之後的介面外觀

　　如圖 14-28 所有用圓圈框起來的地方，通通都換成我們設定的文字內容了，這樣子「消息」型態在管理上就不會跟「Post 文章」混淆了。接著，請先透過這個介面輸入至少 5 筆以上的資料以供後續使用，然而在輸入資料的過程中也許你會發現，其實有一些內容在我們的自訂型態中是用不到的，要如何移除呢？另外可能有一些我們想要的內容（例如特色圖片），但是卻沒有顯示出來可以編輯，先來看看在預設的情況下新增（編輯）「消息」的介面，如圖 14-29 所示。

圖 14-29：預設的自訂貼文型態之新增介面

如圖 14-29 所示，在最上方是標題，中間是輸入內容的地方，右邊並沒有出現特色圖片的選項。其實要自訂這些內容，是在註冊自訂貼文型態的時候就要加上 supports 這個參數，在表 14-1 中有說明，因此我們再把程式碼 register_post_type 函式後面加上以下這一行：

```
'supports' => array('title', 'custom-fields', 'thumbnail')
```

現在可以新增（編輯）的內容就只剩下所指定的這 3 樣，中間負責編輯內容的主要編輯器就已經不存在了。修改後的新增（編輯）介面如圖 14-30 所示。

圖 14-30：設定 supports 參數之後的新增介面內容

14.2.4 使用小工具來顯示 Custom Post Type 的內容

那麼如何可以把這些內容呈現出來呢？除了可以在選單中設定連結讓使用者列出個別的最新消息之外，也可以依照在第 13 堂課中的教學，建立一個小工具來呈現這些內容，程式碼如下所示：

```php
class HOWPCP_Latest_News extends WP_Widget {

    public function __construct() {
        $widget_ops = array(
            'classname' => 'HOWPCP_Latest_News',
            'description' => '最新消息小工具',
        );
        parent::__construct( 'HOWPCP_Latest_News', 'HOWPCP 最新消息', $widget_ops );
    }

    public function widget( $args, $instance ) {
        echo $args['before_widget'];
        echo $args['before_title'];
        if ( !empty($instance['title']) ) {
            echo apply_filters( 'widget_title', $instance['title']);
        }
        else {
            echo "最新消息";
        }
        echo $args['after_title'];

        $query_string = array(
            'post_type' => 'howpcp_sitenews',
            'posts_per_page' => 5,
            'orderby' => 'date',
            'order' => 'DESC'
        );
        $ranks = new WP_Query( $query_string );
        if ( $ranks->have_posts() ) {
            echo '<ol>';
            while ( $ranks->have_posts() ) {
                $ranks->the_post();
                echo '<li>';
                echo '<a href=';
                echo '"' . get_the_permalink() . '">';
                echo get_the_title();
                echo "</a>";
                echo '</li>';
            }
            echo '</ol>';
        }
        wp_reset_postdata();

        echo $args['after_widget'];
```

```php
    }

    public function form( $instance ) {
        $title = ! empty( $instance['title'] ) ? $instance['title'] :
                esc_html( '最新消息' );
        ?>
        <p>
        <label for="<?php echo esc_attr( $this->get_field_id( 'title' ) ); ?>">
            <?php echo esc_attr( '標題:' ); ?></label>
        <input
            id="<?php echo esc_attr( $this->get_field_id( 'title' ) ); ?>"
            name="<?php echo esc_attr( $this->get_field_name( 'title' ) ); ?>"
            type="text" value="<?php echo esc_attr( $title ); ?>">
        </p>
        <?php
    }

    public function update( $new_instance, $old_instance ) {
        $instance = array();
        $instance['title'] =
        ( ! empty( $new_instance['title'] ) ) ?
                strip_tags( $new_instance['title'] ) : '';

        return $instance;
    }
}

add_action( 'widgets_init', function(){
    register_widget( 'HOWPCP_Latest_News' );
});
```

在上述的程式碼中也是建立一個 Widget 的專屬類別 HOWPCP_Latest_News，並在 'widgets_init' 時建立這個類別的應用實例。因為目前「最新消息」的資料欄位中並沒有和上一堂課的內容一樣有 'views' 這個自訂欄位，所以相關的閱覽資料等程式敘述都加以移除，此外為了確保顯示的是我們的自訂型態，在自訂搜尋字串時使用的查詢設定如下所示：

```php
        $query_string = array(
            'post_type' => 'howpcp_sitenews',
            'posts_per_page' => 5,
            'orderby' => 'date',
            'order' => 'DESC'
        );
```

在 'post_type' 中一定要設定為 'howpcp_sitenews'，而排列的順序則是依照 'date' 日期來決定，這樣子就可以順利地在側邊欄中顯示最近輸入的 5 筆最新消息了。網頁的內容如圖 14-31 所示。

圖 14-31：最新消息小工具的顯示外觀

本 章 習 題

1. 除了本堂課介紹的外掛之外，請再找出 3 個以上有使用到自定義型態貼文的外掛，說明其用途以及運用自定義型態貼文的方式。

2. 請利用第 14.1.3 小節介紹的自訂歷史事件貼文型態，在建立至少 5 個歷史事件之後，使用第 13 堂課教學的內容，修改外掛程式，建立一小工具可以顯示 5 個歷史事件。

3. 在自訂的小工具中如果想要讓網站管理員可以設定 CSS 格式，該如何處理？

4. 在 14.2 節中的自訂型態的選項中（如圖 14-27 左側），只有「所有消息」和「新增消息」2 個選項，請比較和預設的「文章」和「頁面」型態有何差異？

5. 同上題，如果想要讓「最新消息」可以和「文章」有一樣的功能，該使用哪一個函式以及 Hook 哪一個事件來達成？

Note

第**15**堂

實用商品列表外掛

◀ 前　　言 ▶

儘管已有許多的外掛可以提供我們建立商品的列表,甚至讓網站成為全功能的電子商店,但是透過外掛建立商品展示以及操作仍然是一個非常有趣的練習題目,而透過這樣的練習也可以增加讀者在外掛設計,以及調整 WordPress 網站的功力,因此在這堂課中,我們還是利用一堂課的篇幅讓讀者可以有一個完整的練習材料。

◀ 學習大綱 ▶

➤ 商品列表外掛的規劃及設計
➤ 儲存自訂資料
➤ 顯示商品列表

15.1 商品列表外掛的規劃及設計

為了方便示範起見，在這一堂課中所要設計的商品外掛僅僅只有展示以及查詢的功能，在預設的自訂貼文型態中如果沒有特別指定，可以輸入的資料主要就只有標題、內容以及特色圖片而已，但是一項陳列中的商品除了這些之外，還必須包括價格、庫存數量等等，這些就要利用額外的程式碼為每一個商品加上這些資訊。

15.1.1　欄位及功能規劃

在我們使用前一堂課的技巧建立了自訂的貼文型態之後，就有了一個可以儲存、編輯以及管理的介面，這些並不需要額外多寫些什麼程式碼，他們都是 WordPress 中內定的管理功能。

假設我們要設計的是一個商品陳列和搜尋的外掛 HOWPCP Easy List，可以將自訂貼文當做是商品項目，也就是每一個自訂貼文就是一個商品資料，這樣的話就可以利用 WordPress 對於 post 的管理能力來存取每一項商品資料。至於每一項商品需要有哪些資訊呢？在此整理如表 15-1 所示。

▼ 表 15-1 規劃中的商品項目欄位

欄位名稱	用途	操作方式
title	商品名稱	使用自訂貼文的 title 標題。
content	商品內容說明	使用自訂貼文中的 content 內容。
featured_image	商品圖片	使用自訂貼文中的 featured image 特色圖片。
sku	商品編號	需自訂。
price	商品價格	需自訂。
stock	商品庫存數量	需自訂。
taxonomy	商品分類	需自訂分類，並附加在此自訂貼文中。

如表 15-1 所示，除了在自訂貼文型態 howpcp_prodcut 之外，還需要為這個型態建立分類功能，以及附加上 sku、price、以及 stock 等 3 個專屬的資料內容，這 3 個內容必須額外提供一個 Meta Box 讓網站管理者有可以輸入的介面。

此外，在資料的顯示方面，除了可以利用專屬的小工具顯示出各種型式的商品列表之外，在此外掛中我們也使用 Filter 的方式，讓網頁管理者在建立一般「文章」或是「頁面」的時候也可以使用短代碼的型式顯示在文章的內容中。

15.1.2 建立 Custom Post Type

依照上一小節的設計，以下的程式碼可以用來建立此外掛所需要的 Custom Post Type：

```php
<?php
/*
Plugin Name: HOWPCP Easy List
Plugin URI: https://104.es
Description: 非常簡單的商品管理
Version: 0.1a
Author: Min-Huang Ho
Author URI: https://104.es
*/
function howpcp_register_easylist() {
  register_post_type( 'howpcp_product',
    array(
      'labels' => array(
        'name' => '商品',
        'singular_name' => '商品',
        'add_new' => '新增商品',
        'add_new_item' => '新增商品',
        'edit_item' => '編輯商品',
        'all_items' => '所有的商品',
        'view_item' => '商品列表',
        'view_items' => '商品列表',
        'search_items' => '搜尋商品',
        'featured_image' => '商品圖片',
        'insert_into_item' => '新增商品',
        'set_featured_image' => '設定商品圖片',
        'remove_featured_image' => '移除商品圖片'
      ),
      'public' => true,
      'has_archive' => true,
      'show_in_admin_bar' => true,
      'supports' => array('title', 'editor', 'thumbnail')
    )
  );
}
add_action( 'init', 'howpcp_register_easylist' );
```

在上述的程式中主要的目的就是設定一些在操作介面上會遇到的標籤名稱，以及此型態的權限和支援的內容。在 supports 的地方我們設定了 'title'、'editor'、以及 'thumbnail' 這 3 個。還是請讀者們在 plugins 的資料夾中加上一個 howpcp_easy_list 的資料夾，並在其中新增一個同名的 PHP 檔案。

請在控制台的已安裝外掛中啟用這個外掛，然後就有功能選項可以使用。在選用了「新增商品」功能之後，編輯介面如圖 15-1 所示。

圖 15-1：新建立的商品預設的編輯畫面

如果讀者的畫面還多了許多不相關的 Meta Box（在 WordPress 中，此介面中的每一個編輯方塊都被稱為 Meta Box），則可以在上方的「顯示選項」中把核取方塊取消即可，如圖 15-2 所示。

圖 15-2：顯示選項的設定介面

15.1.3 建立自訂分類法

有了商品內容之後，接下來就是自訂分類的功能，在這裡需要使用到 register_taxonomy 這個函式，此函式的定義如下所示：

```
register_taxonomy( $taxonomy, $object_type, $args );
```

其中 $taxonomy 是一個字串型態，也就是此分類法的名稱，只能使用小寫的字母和底線，不能有任何的特殊符號或是空格。$object_type 則是指定此分類法要套用的對象，在這裡是指我們自訂的貼文型態 howpcp_product，第 3 個參數是選用的，是用來設定此分類法在操作的過程中會使用到的設定以及此分類法的特性，這些可以設定的內容基本上和我們使用在自訂貼文型態時的設定差不多。以下的程式碼不設定任何的參數，僅僅指定了 Taxonomy 的名稱，如下所示：

```
function howpcp_register_taxonomy() {
    register_taxonomy( 'howpcp_easylist_taxonomy', 'howpcp_product' );
}
add_action( 'init', 'howpcp_register_taxonomy' );
```

此時的 Taxonomy 是以標籤的型態現身，當然功能也和標籤是一樣的，如圖 15-3 所示。

圖 15-3：加上標籤功能的新增商品介面

　　如圖 15-3 所示，加了上述的程式碼之後，不僅在功能表的地方多了一個編輯標籤的選項，而且在新增商品的時候，也被自動加上了一個屬於標籤功能專屬的 Meta Box。如果點選標籤選項的話，也會出現如圖 15-4 所示的標籤管理介面。

圖 15-4：可用於自訂貼文型態的標籤管理介面

　　然而在我們的外掛中並不是要使用標籤，而是要為商品做分類，在註冊新的 Taxonomy 時還要再加上一些設定參數，因此需將程式碼改為如下：

```
function howpcp_register_taxonomy() {
    $labels = array(
        'name'            => '商品類別',
        'singular_name'   => '商品類別',
        'search_items'    => '搜尋商品類別',
        'all_items'       => '所有的商品類別',
        'edit_item'       => '編輯商品類別',
        'update_item'     => '更新商品類別',
        'add_new_item'    => '新增商品類別',
        'new_item_name'   => '新商品類別名稱',
        'menu_name'       => '商品分類'
    );
    $args = array(
        'hierarchical'      => true,
        'labels'            => $labels,
        'show_ui'           => true,
        'show_admin_column' => true,
        'query_var'         => true,
        'rewrite'           => array( 'slug' => 'product' )
    );
```

```
    register_taxonomy( 'howpcp_easylist_taxonomy', 'howpcp_product', $args );
}

add_action( 'init', 'howpcp_register_taxonomy' );
```

和前一堂課的內容一樣，$labels 陣列變數主要是用來設定每一個在編輯操作介面中會出現的名詞，$args 中則是這個自訂 Taxonomy 的相關屬性，這些可以設定的參數代表的意義，可以前往網址：https://codex.wordpress.org/Function_Reference/register_taxonomy 查閱。上述的程式在存檔之後回到網頁重新整理，就可以看到在新增商品的介面中的改變，如圖 15-5 所示。

圖 15-5：加上商品類別功能之後的新增商品介面

下一步，是為這個商品編輯介面加上價格、數量以及商品編號的時候了。

15.2 儲存自訂資料

在前一節中我們註冊了一個新的商品型態，並為此商品型態新增了商品分類的功能，依我們的設計，在此透過新增商品功能介面就可以建立每一個商品的名稱、描述以及商品圖片，同時也可以為每個商品設定其類別。接下來在這一節中，我們將學習如何在每一個商品中新增以及操作自訂的編號、價格以及庫存數量欄位。

15.2.1　新增 Meta Box

要為商品項目建立新的自訂欄位，最重要的是要提供一個可以存取的介面，也就是在預設的商品新增／編輯介面中建立一個新的自訂 Meta Box，並在此 Meta Box 中設計需要增加的欄位以及變數內容，還有建立一個表單可以讓使用者輸入以及編輯這幾個欄位變數的內容。要建立 Meta Box 需要使用到 add_meta_box 函式，其定義如下所示：

```
add_meta_box(
string $id,
string $title,
callable $callback,
string|array|WP_Screen $screen = null,
string $context = 'advanced',
string $priority = 'default',
array $callback_args = null
)
```

此函式的參數說明如表 15-2。

▼ 表 15-2：add_meta_box 參數說明

參數名稱	說明
$id	用於識別這個 Meta Box 的 ID。
$title	此 Meta Box 的標題。
$callback	回呼函式，用來提供使用者操作的介面，通常在這裡面都會準備一張表單，讓使用者輸入資料內容。
$screen	指定用來顯示此 Meta Box 的螢幕。
$context	此 Meta Box 在上述的螢幕中顯示的位置。
$priority	此 Meta Box 在顯示時的優先順序。
$callback_args	用來提供給回呼函式的參數。

由上述的說明可以知道，要建立一個 Meta Box 需要額外準備一個回呼函式。以下是新增一個 Meta Box 的最基本程式架構：

```
function howpcp_register_meta_box() {
    add_meta_box( 'howpcp_products_meta', '商品資訊',
        'howpcp_product_meta_box', 'howpcp_product', 'side', 'default' );
}
function howpcp_product_meta_box( $post ) {
    echo "新的 Meta Box，我在這兒！";
}
add_action( 'add_meta_boxes', 'howpcp_register_meta_box' );
```

上述的程式片段執行之後，其編輯畫面如圖 15-6 所示。

圖 15-6：新增加的 Meta Box 框架所在的位置

15.2.2　顯示 Meta Box 中的欄位

　　有了一個全新的 Meta Box 框架，下一步就是在此框架中加上我們在上一節中打算加入的商品編號 sku、商品價格 price 以及庫存數量 stock。由上一小節的框架程式中可以看得出來，我們使用了 echo 輸出的內容會被直接顯示在 Meta Box 中，意思就是說，在 howpcp_product_meta_box 函式中所有編寫的輸出內容都會被原原本本地顯示在其中，而要讓使用者輸入資料的方式就是 HTML 的表單，所以在此函式中就是要使用 HTML 的表單標記 <input> 來顯示可以輸入的欄位。

　　和我們自己使用 HTML 編寫網頁使用 <form></form> 製作完整的表單不一樣的地方在於，表單的顯示與寫入的動作其實是由 WordPress 負責的，觀察如圖 15-6 所示的編輯介面，讀者應該也可以知道，其實我們新增的 Meta Box 只是整個大表單的一部份而已，所以在 Meta Box 雖說是要建立一個自己的表單，其實只是在整個大表單中加上自己的自訂欄位而已，也就是說，在 Meta Box 中千萬不要使用 <form> 和 </from> 標記，而且也不能使用 <input type='submit'> 這個送出資料的按鈕，因為它們是由 WordPress 管理的。

　　所以，我們在 Meta Box 中可以做什麼呢？就是新增我們想要處理的欄位，同時也在新增這些欄位之前先使用 get_post_meta 函式去此文章中取出我們想要和此商品項目中儲存的 meta 資料，如果有找到的話就一併顯示在相對應的表單欄位中當做是預設值，如果沒有的話（第一次呼叫時一定沒有）就以空字串放進去，這是顯示的部份。

當使用者透過我們新增進去的欄位輸入了新的值之後，我們接著要透過 'save_post' 這個把它 Hook 下來，讓我們有機會可以使用 update_post_meta 這個函式，把最新取得的資料更新到對應的商品項目中。以下是真正顯示表單內容的程式碼：

```
function howpcp_product_meta_box( $post ) {
    $el_meta = get_post_meta($post->ID, '_easylist_product_data', true );
    $sku = !empty($el_meta['sku']) ? $el_meta['sku'] : '';
    $price = !empty($el_meta['price']) ? $el_meta['price'] : '';
    $stock = !empty($el_meta['stock']) ? $el_meta['stock'] : '';
    wp_nonce_field( 'meta-box-save', 'howpcp-easylist' );
    ?>
    <div class='product-metabox'>
        <table>
            <tr>
                <td>商品編號：</td>
                <td>
                    <input type='text'
                            name='howpcp_product[sku]'
                            value='<?=$sku?>'size='5'>
                </td>
            </tr>
            <tr>
                <td>價格：</td>
                <td>
                    <input type='text'
                            name='howpcp_product[price]'
                            value='<?=$price?>'
                            size='5'>元
                </td>
            </tr>
            <tr>
                <td>庫存數量：</td>
                <td>
                    <input type='text'
                            name='howpcp_product[stock]'
                            value='<?=$stock?>'
                            size='3'>
                </td>
            </tr>
        </table>
    </div>
    <?php
}
add_action( 'add_meta_boxes', 'howpcp_register_meta_box' );
```

透過 'add_meta_boxes' 這個事件設定的回呼函式 howpcp_register_meta_box，會收到一個目前正在處理中的貼文項目實例，此實例會被放在 $post 這個參數中。有了

$post，我們就可以用來操作這個商品項目，第一件事就是以 get_post_meta 這個函式去找到在這個商品項目中，是否曾經有儲存過 _easylist_product_data 這個資料項目，取得的結果就放在 $el_meta 中。

為了簡化程式的複雜度，此外掛要儲存的欄位包括 sku、price、stock 等都直接一併放在 $el_meta 中變成一個陣列變數，在 PHP 中只要把資料以 $el_meta['sku'] 的方式來操作，其他的細節 WordPress 會自動幫我們處理。所以接下來的 3 行敘述就是以 empty 這個 PHP 函式先判斷 $el_meta['sku'] 的資料是否為空值，如果是空值就以空字串「''」（連續的兩個單引號，中間沒有任何符號）代替，如果不是空值就取出來放在 $sku 變數中，讓後續的程式表達式看起來簡單一些。

接下來的這一行敘述中的函式 wp_nonce_field，是為了呼應在儲存時使用的 wp_verify_nonce 函式用的，wp_nonce_field 負責在表單中產生一個隱藏的識別碼資訊，此資訊透過 wp_verify_nonce 核對，這是 WordPress 用來避免網路攻擊的一個機制，所有需要透過表單輸入資料的程式碼都需要套用這個機制。

本段程式碼剩下的部份就是利用一個 HTML 表格顯示出 3 個欄位的內容，因為 3 個欄位的值已分別被放到 $sku、$price、$stock 中，因此在 <input> 標記中的 value 預設值就可以分別透過 <?=$sku?>、<?=$price?> 以及 <?=$stock?> 把目前的值顯示出來，這是 PHP 在 HTML 標記中快速輸出變數值的方法。另外為了配合儲存的陣列變數型式，我們也以陣列變數的格式來表示每一個欄位的 name，例如：howpcp_product[stock]，而特別留意是在這裡，stock 兩邊沒有任何引號。

還是再強調一次，此函式中只是在 WordPress 的大表單中加上我們的自訂欄位，所以不能在我們的程式碼中放上 <form> 標記，以及 submit 提交按鈕。

15.2.3 儲存商品資料

接下來的程式就是讓我們新增加的欄位可以被儲存在商品項目中的部份：

```
function howpcp_save_meta_box( $post_id ) {

    if ( (get_post_type($post_id) == 'howpcp_product')
        && isset($_POST['howpcp_product'])) {

        if ( defined('DOING_AUTOSAVE') && DOING_AUTOSAVE )
            return;

        wp_verify_nonce( 'meta-box-save', 'howpcp-easylist' );
        $howpcp_product_data = $_POST['howpcp_product'];
```

```
        array_map( 'sanitize_text_field', $howpcp_product_data );
        update_post_meta( $post_id, '_easylist_product_data',
            $howpcp_product_data );
    }
}
add_action( 'save_post', 'howpcp_save_meta_box' );
```

在這裡 Hook 的是 'save_post' 事件，也就是讓 WordPress 在儲存此商品項目時，再來我們所指定的回呼函式 howpcp_save_meta_box 執行一下。一進入此函式第一步要檢查的是，目前的這個貼文型態（以 get_post_type 函式來檢查）是否就是我們自訂的貼文型態 howpcp_product，如果是的話才繼續往下檢查是否在表單中有 'howpcp_product' 這個變數，這是我們在上一小節中的自訂欄位在設定 name 時使用的名稱。接下來檢查是否正在進行自動儲存，如果是的話也直接返回不用做任何的事。

當然，如同上一節所說明的，要儲存資料之前有幾件安全檢查的事要做，其中 wp_verify_nonce 是用來檢查資料來源是否為偽造的，如果不是的話，透過 $_POST['howpcp_product'] 取出在表單中的值，然後以 array_map 去讓所有在欄位中的值逐一對應到 sanitize_text_field 函式，完成資料內容格式的安全檢查。在確定所有的資料內容無誤之後，才使用 update_post_meta 去更新這筆資料。別忘了，_easylist_product_data 是真正和商品項目一起儲存的資料變數，$howpcp_product_data 則是在表單中的資料。

完成了額外商品資訊的設定程式碼之後，編輯商品的介面如圖 15-7 所示。

圖 15-7：具備新增商品額外資訊能力的編輯介面

在新增了幾個商品項目之後，在所有的商品列表中，可以看到如圖 15-8 所示的畫面。

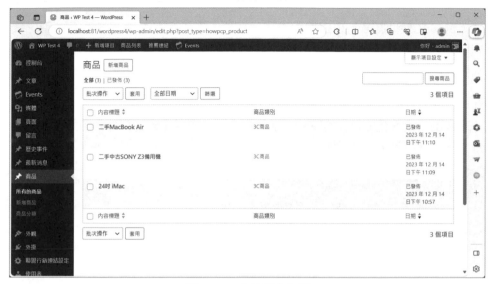

圖 15-8：商品列表畫面

這是很典型的貼文管理列表，在下一小節中我們將示範如何在此列表中加上新增的欄位資訊。

15.2.4　調整控制台中的商品列表

在這一小節中，我們打算把商品價格和庫存放在控制台中的商品列表中，也就是在圖 15-8 所示的畫面，在右邊再加上兩個自訂的欄位，並能夠顯示出正確的值。要完成這個功能的第一步是為控制台的商品列表（其實就是貼文的列表）加上一個顯示的欄位，這個操作需要 Hook 到 manage_posts_columns 事件，而且是透過 add_filter 過濾的方式來完成。程式碼如下：

```
function howpcp_add_column( $defaults ) {
    global $post;
    if ( get_post_type($post) != 'howpcp_product' )
        return $defaults;
    $defaults['price'] = '商品價格';
    $defaults['stock'] = '商品庫存';
    return $defaults;
}
add_filter( 'manage_posts_columns', 'howpcp_add_column');
```

此函式前幾行敍述的目的是在檢查目前操作的文章類型是否為我們自訂的 'howpcp_
product' 類型，如果不是的話就把原有的參數 $defaults 直接傳回，以避免在其他類型
的貼文（例如文章和頁面）也都顯示出這個欄位。在確定是要處理的商品類型之後，使
用陣列函式的操作方法加上了兩個欄位，此欄位的名稱就是它的鍵（分別是 'price' 和
'stock'），它的值就是顯示在欄位上方的標題（分別是 ' 商品價格 ' 和 ' 商品庫存 '）。

有了新增的顯示欄位之後，再來要 Hook 的是 manage_posts_custom_column 這個
事件，讓真正在顯示欄位內容的時候，讓我們可以去取得正確的資料內容並加以顯示。程
式碼如下所示：

```
function howpcp_display_column( $column_name ) {
    global $post;
    if ( get_post_type($post) != 'howpcp_product' )
        return;
    $meta_data = get_post_meta($post->ID, '_easylist_product_data', true);

    if ( $column_name == 'price' ) {
        echo "<em>" . $meta_data['price'] ."</em>元 ";
    } else if ( $column_name == 'stock' ) {
        echo $meta_data['stock'];
    }
}
add_action( 'manage_posts_custom_column', 'howpcp_display_column');
```

同樣的，這個函式一開始也要檢查是否為正確的貼文型態，然後再透過目前的貼文 ID
去取得此貼文中我們存進去的 Meta Data，在此例為 '_easylist_product_data'，取得之後
把它放在 $meta_data 變數中備用。接著以傳進來的參數 $column_name 檢查目前正在
顯示的欄位名稱，如果是找到相對應的名稱，隨即利用 echo 指令把對應的資料輸出，因
為是 echo，所以理論上你也可以加上任何你想要設定的 HTML 以及 CSS 標記。加上這兩
段程式碼之後，回到所有商品列表就可以發現，多出了我們設定的欄位以及相對應的資料
了，如圖 15-9 所示。

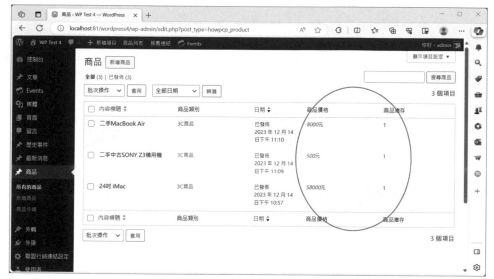

圖 15-9：加上了自訂顯示欄位的商品列表

到此為止請讀者透過設計的介面新增多筆各式各樣的商品項目，以方便下一節開始的顯示商品資料課程的練習。

15.3 顯示商品列表

有前二節建立的介面，現在我們的外掛已經可以輕易地建立商品的項目，這些商品也可以在新增或是編輯的時候設定不同的分類。接下來，如何在網站上把儲存在資料庫中的商品內容顯示出來，是本節的主要教學課題。

15.3.1 建立顯示商品小工具

如同上一堂課的介面，既然有了自訂商品類型 howpcp_product，針對這個類型依照指定的順序建立一個小工具來顯示資料是最直覺的做法了，為了方便示範起見，我們先做一個最簡單的隨機推薦商品的小工具，以下是程式碼：

```
class HOWPCP_Easylist_Lucky extends WP_Widget {

    public function __construct() {
        $widget_ops = array(
            'classname' => 'HOWPCP_Easylist_Lucky',
            'description' => '隨機推薦任一商品',
```

```php
    );
    parent::__construct( 'HOWPCP_Easylist_Lucky',
                          'HOWPCP 隨機商品推薦 ', $widget_ops );
}

public function widget( $args, $instance ) {
    echo $args['before_widget'];
    echo $args['before_title'];
    if ( !empty($instance['title']) ) {
        echo apply_filters( 'widget_title', $instance['title']);
    }
    else {
        echo " 我的幸運商品 ";
    }
    echo $args['after_title'];

    $query_string = array(
        'post_type' => 'howpcp_product',
        'posts_per_page' => 1,
        'orderby' => 'rand',
    );

    $ranks = new WP_Query( $query_string );

    if ( $ranks->have_posts() ) {
        while ( $ranks->have_posts() ) {
            $ranks->the_post();
            $meta_data = get_post_meta( get_the_ID(),
                '_easylist_product_data', true );
            echo '<a href=';
            echo '"' . get_the_permalink() . '">';
            echo get_the_title();
            echo "</a>";
            echo "<br>";
            echo " 價格 :" . $meta_data['price'] . " 元 ";
            echo "<br>";
            echo "<img src='" .
                get_the_post_thumbnail_url() . "' width=100>";
        }
    }
    wp_reset_postdata();

    echo $args['after_widget'];
}

public function form( $instance ) {
    $title = ! empty( $instance['title'] ) ? $instance['title'] :
            esc_html( ' 我的幸運商品 ' );
    ?>
    <p>
    <label for="<?php echo esc_attr( $this->get_field_id( 'title' ) ); ?>">
        <?php esc_attr( ' 標題 :'); ?></label>
    <input
```

```
        id="<?php echo esc_attr( $this->get_field_id( 'title' ) ); ?>"
        name="<?php echo esc_attr( $this->get_field_name( 'title' ) ); ?>"
        type="text" value="<?php echo esc_attr( $title ); ?>">
    </p>
    <?php
    }

    public function update( $new_instance, $old_instance ) {
        $instance = array();
        $instance['title'] =
        (!empty($new_instance['title'])) ? strip_tags( $new_instance['title'] ) : '';
        return $instance;
    }
}

add_action( 'widgets_init', function(){
    register_widget( 'HOWPCP_Easylist_Lucky' );
});
```

其實這段程式碼是基於在上一堂課中的內容所做的修改，除了針對的貼文類型改為 'howpcp_product' 之外，在設定查詢字串的時候也是使用 'orderby' => 'rand' 來做隨機的撿選。此外，在輸出的時候，為了能夠顯示出我們在 Meta Data 中設定的資料，先利用 get_the_ID() 函式取得目前正在處理的商品的 ID，然後以此 ID 為依據找出存在 _easylist_ product_data 中的資料放在 $meta_data，如此就能夠利用 $meta_data['price'] 取得此商品的價格了。至於顯示圖片連結，則是使用預設的 get_the_post_thumbnail_url() 函式取得網址，再搭配 <img> 標記的運用即可。圖 15-10 是此小工具的執行結果。

圖 15-10：「我的幸運商品」小工具的執行畫面

　　以上是只有顯示一個商品的小工具,那如果需要依照不同類別的商品來顯示的話,又該如何製作呢?要能夠具有此功能,首先在新增小工具時必需提供讓使用者可以輸入欲顯示類別的地方,請看下一小節的教學內容。

15.3.2　設定可調整參數的小工具

　　在前一小節所建立的小工具中儘管只是顯示一個隨機選取的商品,但是這個小工具的標題是可以在小工具設定介面中設定的,在這一小節中,我們打算複製這一段程式碼,讓小工具的設定介面除了標題之外,也可以設定分類的名稱,然後再根據網站管理員設定的類別名稱進行顯示內容的篩選工作,我們的目標是建立如圖 15-11 所示的小工具設定介面。

圖 15-11:新進商品小工具的設定介面

　　在這個介面中設定完畢之後按下儲存,回到網頁主畫面之後即可以看到依據設定的「顯示類別」顯示最多 3 筆最新增加的商品資料,如圖 15-12 所示。

圖 15-12：依據設定的類別篩選最新商品

為了達成上述的功能，首先還是依照前一小節的程式碼內容，先複製一份並命名為新的子類別 HOWPCP_Easylist_New，定義此類別的敘述如下：

```
class HOWPCP_Easylist_New extends WP_Widget {
```

在此類別中有幾個函式是需要加以設計的，其中關於此類別的主要設定值，需在建構子函式中指定，如下所示：

```
public function __construct() {
    $widget_ops = array(
        'classname' => 'HOWPCP_Easylist_New',
        'description' => '新進商品',
    );
    parent::__construct( 'HOWPCP_Easylist_New',
                         'HOWPCP新進商品', $widget_ops );
}
```

在這裡面主要就是設定在新增小工具介面可以看到的描述說明，以及設定子類別的名稱。接著建立表單的函式 form，如下所示：

```
public function form( $instance ) {
    $title = ! empty( $instance['title'] ) ? $instance['title'] :
            esc_html( '最新到貨' );
    $category = ! empty( $instance['category'] ) ? $instance['category'] :
            esc_html( '圖書' );
```

```php
?>
<p>
<label for="<?php echo esc_attr( $this->get_field_id( 'title' ) ); ?>">
    <?php echo esc_attr( '標題:' ); ?></label>
<input
    id="<?php echo esc_attr( $this->get_field_id( 'title' ) ); ?>"
    name="<?php echo esc_attr( $this->get_field_name( 'title' ) ); ?>"
    type="text" value="<?php echo esc_attr( $title ); ?>">
<br>
<label for="<?php echo esc_attr( $this->get_field_id( 'category' ) ); ?>">
    <?php echo esc_attr( '顯示類別:'); ?></label>
<input
    id="<?php echo esc_attr( $this->get_field_id( 'category' ) ); ?>"
    name="<?php echo esc_attr( $this->get_field_name( 'category' ) ); ?>"
    type="text" value="<?php echo esc_attr( $category ); ?>">
</p>
<?php
}
```

我們完全仿照之前自訂標題 'title' 的作法,建立一個用來儲存分類的變數 'category',在設定的過程中是以 $instance 這個變數來彼此傳遞訊息,因此也以 $instance['category'] 的方法取得內容放到 $category 變數中,做為之後表單欄位內容的預設值。以下是在此類別中用來更新此表單內容到資料庫的程式碼 update 函式:

```php
public function update( $new_instance, $old_instance ) {
    $instance = array();
    $instance['title'] =
    (!empty($new_instance['title'])) ? strip_tags($new_instance['title']) : '';
    $instance['category'] =
    (!empty($new_instance['category']))?
     strip_tags($new_instance['category']): '';
    return $instance;
}
```

在 update 函式中是以 $instance 變數為操作對象,主要的程式碼是檢查變數的內容,以確保 $instance 陣列變數內容不會是空值。最後是實際顯示查詢所得之資料的 widget 函式:

```php
public function widget( $args, $instance ) {
    $filter = ( !empty($instance['category']) ) ?
                    $instance['category'] : '';
    echo $args['before_widget'];
    echo $args['before_title'];
    if ( !empty($instance['title']) ) {
        echo apply_filters( 'widget_title', $instance['title']);
    }
    else {
        echo "最新到貨";
```

```
    }
    echo $args['after_title'];

    $query_string = array(
        'post_type' => 'howpcp_product',
        'posts_per_page' => 3,
        'orderby' => 'date',
        'tax_query' => array(
            array(
                'taxonomy' => 'howpcp_easylist_taxonomy',
                'field' => 'slug',
                'terms' => $filter
            )
        )
    );
    $ranks = new WP_Query( $query_string );
    if ( $ranks->have_posts() ) {
        echo "<ol>";
        while ( $ranks->have_posts() ) {
            $ranks->the_post();
            $meta_data = get_post_meta( get_the_ID(),
                '_easylist_product_data', true );
            echo '<li><a href=';
            echo '"' . get_the_permalink() . '">';
            echo get_the_title();
            echo "</a>";
            echo ":" . $meta_data['price'] . "元</li>";
        }
        echo "</ol>";
    }
    wp_reset_postdata();

    echo $args['after_widget'];
}
```

　　此函式和前一堂課中所建立的最新消息小工具最不一樣的地方在於對分類「taxonomy」的篩選操作。一開始我們就從 $instance 中找出 'title' 這個鍵，把其值放在 $filter 變數中備用。最重要的設定查詢參數的地方，以下這一段是專門用來設定搜尋自訂分類法的特殊方式：

```
    'tax_query' => array(
        array(
            'taxonomy' => 'howpcp_easylist_taxonomy',
            'field' => 'slug',
            'terms' => $filter
        )
    )
```

首先，要使用的搜尋鍵是 'tax_query'，它是以陣列變數指定的，而且在此陣列變數中還要再用另外一個陣列變數指定 3 個重要的鍵，分別是 'taxonomy' 用來指定要套用的是哪一個自訂的分類法，這個 howpcp_easylist_taxonomy 是我們之前在建立自訂貼文型態的時候建立的自訂分類法之名稱，'field' 則固定要指定為 'slug'，最後 'terms' 的內容才是我們要搜尋的類別名稱，因此之前取得的 $filter 就是要放在這個地方，讓使用者的設定可以生效，做為搜尋的依據。最後在取得自訂迴圈之後，在顯示每一個商品之前，也是要用 get_post_meta 這個函式取得和商品項目一起儲存的商品資訊，再於迴圈中顯示出想要顯示的內容，最後再加上以下這段註冊小工具的程式碼：

```
add_action( 'widgets_init', function(){
    register_widget( 'HOWPCP_Easylist_New' );
});
```

這個實用的小工具就大功告成了。

15.3.3 透過短代碼顯示商品

到目前為止，除了使用小工具來顯示商品資訊之外，也可以直接把每一項商品透過選單操作的方式放在選單中成為其中一個選項以供網頁瀏覽者點選。在這一小節中，還有第 3 種方法，就是在文章或頁面中透過短代碼的方式，隨時顯示出想要的商品資訊，以下是短代碼的格式：

```
[easylist category='圖書']
```

我們的規劃是，只要在文章或是頁面中只要加上以上這行短代碼，WordPress 就會自動地在該文章或頁面中顯示屬於「圖書」這個類別名稱的最多 3 件商品，此種方式即為標準的 WordPress 短代碼應用。我們設計的程式內容如下：

```
function howpcp_easylist_shortcode( $attr ) {
    if ( array_key_exists( 'category', $attr ) ) {
        $html = "找不到指定類別的商品";
        $category = $attr[ 'category' ];

        $query_string = array(
            'post_type' => 'howpcp_product',
            'posts_per_page' => 3,
            'orderby' => 'date',
            'tax_query' => array(
                array(
                    'taxonomy' => 'howpcp_easylist_taxonomy',
                    'field' => 'slug',
```

```
                    'terms' => $category
            )
        )
    );

    $posts = new WP_Query( $query_string );
    if ( $posts->have_posts() ) {
        $html = "<ol>";
        while ( $posts->have_posts() ) {
            $posts->the_post();
            $meta_data = get_post_meta( get_the_ID(),
                '_easylist_product_data', true );
            $html = $html . '<li><a href=';
            $html = $html . '"' . get_the_permalink() . '">';
            $html = $html . get_the_title();
            $html = $html . "</a>";
            $html = $html . ":" . $meta_data['price'] . "元</li>";
        }
        $html = $html . "</ol>";
    }
    wp_reset_postdata();
    return $html;
} else {
    return "<p><em><< 您忘了指定類別了 >></em></p>";
}
}
add_shortcode( 'easylist', 'howpcp_easylist_shortcode' );
```

　　這個短代碼希望可以在索引列或是單篇文章顯示時都可以顯示，因此不像是在之前的例子一開始就使用 is_single() 函式檢查目前顯示狀態，反正是只要有顯示文章或貼文就一律加上轉換。

　　在主程式一開始使用的 if 敘述把程式區分為是否有設定 category 這個屬性，有設定才進入處理，如果沒有的話就傳回「<< 您忘了指定類別了 >>」這個字串。接著在處理類別的程式碼中又分成了兩大部份，第一個部份是取出貼文者設定的類別，然後依照上一小節的方式設定要搜尋的字串，第二個部份就是依照此字串去資料庫搜尋所有此類別的商品，取出前 3 個之後以一個 while 迴圈來輸出。

　　特別要留意的是在短代碼的程式中不能直接使用 echo 敘述輸出，它必需是以字串的型態回傳給 WordPress，讓 WordPress 去輸出，因此不同於上一小節的例子，在這裡所有的輸出字串都先放在 $html 這個變數中，等結束迴圈之後再透過 return $html 這行敘述回傳所有要顯示的資料。當然，在此 $html 中還是可以使用任何我們想要使用的 HTML 標記和 CSS 設定。

最後我們在 add_shortcode 函式中設定要使用的短代碼叫做 'easylist'，在正式的建用中，這個短代碼要設計得特別一些，以免和其他的外掛使用的短代碼相衝突。此程式在儲存之後，回到網頁中新增一篇文章，如圖 15-13 所示。

圖 15-13：新增一篇測試短代碼的文章

在圖 15-13 編輯的文章中，我們分別使用了 [easylist category='3C 商品 '] 和 [easylis sku=1001] 這兩個短代碼來作為測試，圖 15-14 是顯示的結果。

圖 15-14：在文章中新增自訂短代碼之後的顯示成果

　　到此，我們的外掛已經可以透過短代碼的型式在文章以及頁面中的任意地方加上商品的列表了。至於如何指定單一商品，以及透過更多的短代碼屬性調整顯示格式，留給讀者在習題中自行挑戰練習。

本 章 習 題

1. 在本堂課中建立的「我的幸運商品」小工具，請實作之後並套用適當的 HTML 和 CSS 格式，使其顯示出的結果更加地醒目。

2. 在本堂課中建立的「最新商品」小工具如果輸入的是空的字串，請問會造成顯示上的問題嗎？

3. 同上題，如果輸入的分類並不在商品分類中會造成什麼問題？如何解決？

4. 請修改短代碼程式，加入可以指定顯示單一商品的代碼。

5. 請修改短代碼程式，請增加顯示格式的設定，讓網站管理員可以在短代碼中指定是否要顯示出各商品的圖片，同時也可以指定要顯示的最多商品項目。

第 **16** 堂

進階主題與活用 AI

◀ 前　　言 ▶

本書是以 WordPress 網站管理員及開發者的角度檢視 WordPress 網站,深入瞭解網站的架構、組成以及 WordPress 本身提供給設計者的功能,檢視是否還有想要修改或加強的地方,然後帶著讀者找到適當的地方,修改或新增適當的程式碼,讓整個網站能夠更符合我們的需求。但是如果在自己的網站中新增的功能想要更方便套用到別的網站,把它製成佈景主題或是外掛會是最方便的選擇。此外,由於人工智慧的浪潮已深入到各位領域,WordPress 生態系中也受到許多的影響,我們也將利用一些篇幅,探討如何在我們的網站中運用 AI 所帶來的便利。

◀ 學習大綱 ▶

❯ WordPress 的演進趨勢
❯ 網站備份、搬家與開發流程
❯ 活用 ChatGPT

16.1 WordPress 的演進趨勢

儘管可以修改程式碼的地方很多，但是別忘了，我們做的所有工作都是在 WordPress 的整體架構下做的改善，也就是所有的行為都必須配合 WordPress 的規範，才不至於對網站造成不好的影響，使網站變得不穩定或是多出了在安全上的疑慮。所以，在動手修改網站之前，作者建議是先瞭解可以用的資源，以及網站的目的，再決定要使用哪一種方式改善自己的網站。

16.1.1 WordPress 的資源簡介

不用特別多說，WordPress 已經是已經是市面上最受歡迎的入門級 CMS 系統，就其提供的功能來說，也早已徹底地擺脫了所謂的部落格系統，而成為名符其實的內容管理系統 CMS 了，這一點，相信讀者已經從本書前面所學習到的內容得到了充份的驗證。

WordPress 的版本不斷地在演進，讀者們可以從 https://tw.wordpress.org/ 中得到最新的版本訊息，當然如果你的網站開啟了自動更新的功能，每次有版本的更新時，新的功能也會不斷地加入到你的網站中，讓網站的功能更加地強大，由於使用者眾多，使得我們也可以輕易地從 X（@twwordpressorg）以及 Facebook（WordPress Taiwan 正體中文社團）中找到或詢問到相關的技巧與網站管理知識。

從前面的課程中我們學到了如何修改 WordPress 網站，以及如何建立新的佈景主題和外掛，為網站新增更多的自訂功能。在早期，WordPress 的 Codex 網站：https://codex.wordpress.org/ 就有非常多的文件和資訊可以參考，現在更是提供了一個專屬於開發者的網站：https://developer.wordpress.org/，分成幾個部份，分別是區塊編輯器、佈景主題、外掛、通用 API、進階管理、以及 WordPress Palyground 等等，這個網站讓對於 WordPress 的開發有興趣的朋友，有更豐富的資訊可以查詢與運用。

想要開始進行外掛的開發，除了閱讀本書的內容之外，也可以直接前往 Plugin Handbook（https://developer.wordpress.org/plugins/）找到目前 WordPress 關於外掛開發最完整的官方介紹，相信對於想要開發一些外掛提供他人使用，或是以開發的外掛程式販售獲利的朋友會有很大的幫助。

在閱讀本書的過程中，相信讀者對於一大堆的 Hook 事件以及函式可能會非常地困擾，除了不知道什麼情形下要使用哪一個函式，以及想要做的操作需要 Hook 哪一個事件常常拿不定主意，這時候就是 API 參考網頁 https://developer.wordpress.org/reference/ 的用處了。把你想到的一些可能會用到的函式名稱輸入到這個網頁中，根據搜尋出來的結果去看看有哪些函式或事件的功能，往往就會找到你想要的事件或函式，除此之外，去找到一個別人開發的外掛，而這個外掛正好有用到你想要使用到的功能，開啟它的檔案找找看它是用了哪一個事件以及哪些函式，這樣也會省下摸索的時間。

16.1.2 WordPress REST API 的應用

現在最新版本的 WordPress 已經內建支援 REST API 功能了，所謂的 REST API 是指一個網站可以讓使用者透過 HTTP 的方式從自身網站以外的地方，在經過適當的身份驗證之後針對網站的內容進行 GET、POST、PUT 以及 DELETE 等等的操作。大部份的情況下，只是指定適當的網站，透過網址上的編碼就可以取得想要的網站資料，回傳的內容有許多種不同的格式，常見的有 XML、一般文字檔、二進位檔案（如 PDF）、以及 JSON 格式，WordPress 的 API 傳回的就是 JSON 格式。

那麼要如何使用 WordPress API 取得網站資料呢？以 https://104.es 網站為例，平時我們前往此網站的時候只要輸入前述的網址就可以看到網站的內容，但如果我們把網址改為 https://104.es/wp-json/wp/v2/posts，輸出的結果如圖 16-1 所示。

圖 16-1：以 API 查詢 WordPress 網站的內容

　　如圖 16-1 所示，原本是排版漂亮色彩豐富的網頁內容一下子變成了密密麻麻的文字
別擔心，這就是電腦程式語言最喜歡的 JSON（JavaScript Object Notation）格式，圖
16-1 的內容所呈現的即為以 JSON 格式，顯示出目前這個網站的前 10 筆貼文內容以及
相關資訊，只要掌握這些資料格式的使用，透過適當的網址編碼就可以取得任一有提供
WordPress API 功能的網站的所有公開內容。

　　那麼平時我們透過瀏覽器檢視網頁就很好，為什麼還需要透過 WordPress API 來取得
網站資料呢？主要是為了對於網站資料可以有更彈性的運用。例如，我們可以編寫程式來
取得某些指定網站中的資料加以整理，或是編寫手機用的 APP 程式，然後在該 APP 中下
載想要的網站貼文，甚至也可以在自己的網站中臨時需要列示某些網站內容時，可以使用
比較簡單的方法取用需要的資料。

　　以下示範使用 Python 取得網站 https://104.es 的最近 10 筆貼文標題的方法。沒有使
用 Python 經驗的讀者，建議在練習以下的程式之前先到 Anaconda 網站（https://www.
anaconda.com/download/）下載並安裝和你的作業系統相容的開發環境。

　　安裝完畢之後，前往 Anaconda Prompt 命令提示字元（在 Mac 作業系統則是終端機
Terminal），建議是以系統管理員的身份執行 Jupyter 的安裝，安裝方式很簡單，在命令列
中輸入 pip install jupyter 即可，以 Windows 10 為例，安裝的過程在命令提示字元中會出
現如圖 16-2 所示的一大堆安裝訊息。

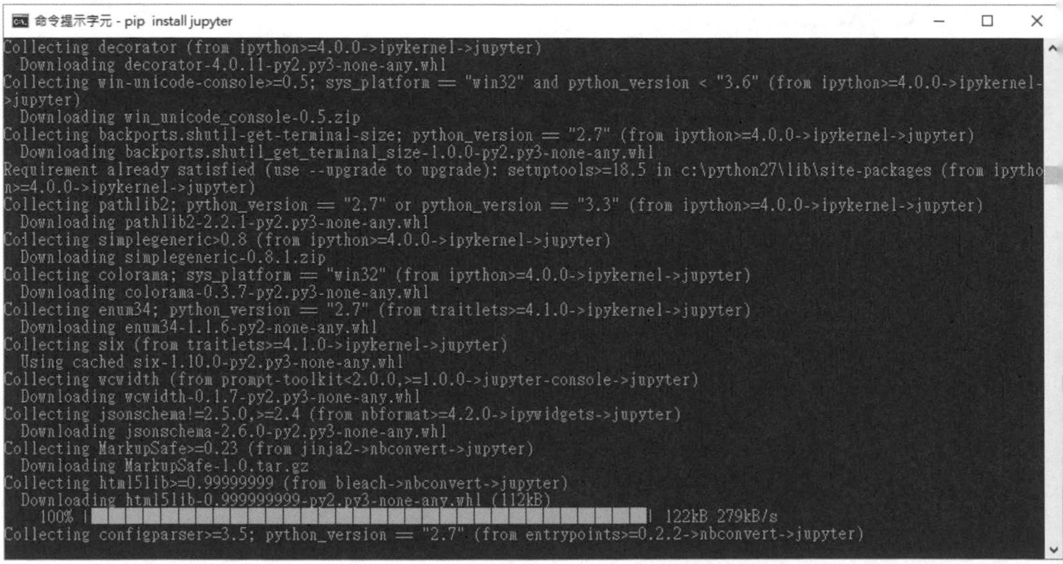

圖 16-2：在命令提示字元安裝 Jupyter 的過程畫面

安裝完畢之後，再輸入「jupyter notebook」這個指令，系統即會自動啟用瀏覽器的一個分頁，出現如圖 16-3 所示的畫面。

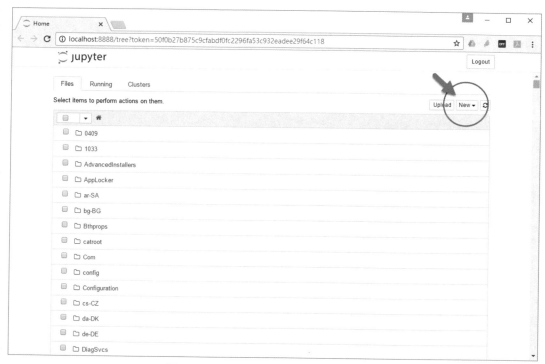

圖 16-3：Jupyter Notebook 的執行畫面

如圖 16-3 箭頭所指的地方，點選「New」下拉式選單，選擇你安裝的 Python 版本，即會出現 Jupyter Notebook 的交談式 Python 開發介面，如圖 16-4 所示。

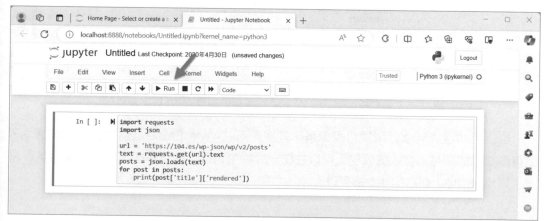

圖 16-4：Jupyter Notebook 的程式編輯執行介面

請在「In[]:」的文字框中輸入以下 Python 程式，這是一個透過簡單的 Python 敘述下載某一個指定網址的 JSON 格式資料，然後分析其內容，並列出每一篇文章標題的程式碼：

```python
import requests
import json

url = 'https://104.es/wp-json/wp/v2/posts'
text = requests.get(url).text
posts = json.loads(text)
for post in posts:
    print(post['title']['rendered'])
```

在按下如圖 16-4 箭頭所指的地方的執行按鈕之後，過一會兒即可看到執行的結果，如圖 16-5 所示。

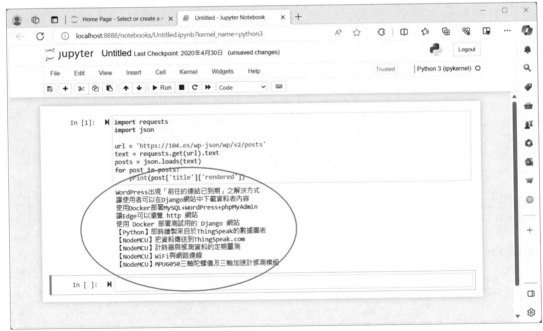

圖 16-5：讀取指定網址的 WordPress 網站的最近 10 篇文章標題

由上述的程式碼執行結果可以瞭解，就算是不在 WordPress 網站中也可以透過 API 取得所需要的網站內容，這個程式可以在任一網站中執行，就算是在本地端電腦或是手機上，只要可以連上網路的地方都可以。

依照此邏輯，我們的 WordPress 網站就可以配合自訂貼文型態，然後成為一個資料庫資源的管理中心。當然，透過 API 除了擷取資料之外，也可以上傳儲存資料，有興趣的讀者請直接參考 WordPress 網站中的說明，例如在此網址：https://developer.wordpress.org/rest-api/reference/posts/ 中就針對了回傳的貼文 JSON 格式做了詳細的說明，每一則貼文中的各欄位分別有 date, date_gmt, guid, id, link, modified, modified_gmt, slug, status, type, password, title, content, author, excerpt, featured_media, comment_status, ping_status, format, meta, sticky, template, categories, tags, liveblog_likes 等等這麼多，在前面的程式中只使用到 title，相信有興趣的讀者應該可以很輕易地把它們改為顯示出內容以及加上貼文連結。

除了前面擷取貼文的網址之外，以下的網址則是用來擷取影像資料：

```
http://hophd.com/wp-json/wp/v2/media
```

讀者看出差別了嗎，其傳回的內容基本上和貼文的欄位差不多，但是當然最主要的差異是多了一個 source_url 來記錄其連結到的媒體檔網址。

16.1.3　WordPress 網站中毒與解毒

沒有任何一個網站系統是絕對安全的，這是身為一個網站管理員一定要放在心中的一件大事，只要把網站開放在網際網路上，其實就是把網站曝露在被病毒程式或是駭客攻擊目標清單中，當然，駭客絕對不會就衝著你來，也不會因為你的網站並沒那麼熱門就被忽略，因為大部份的攻擊或是入侵都是以網址掃描的方式進行，所以只要網站有弱點就有被入侵的機會。

因此，在管理 WordPress 網站一段時間之後，身為站長的你就算是網站沒有被入侵，也會發現每一次 WordPress 在改版的時候都會強調又修補了多少的弱點和加強不少的安全性，但其實，因為新版本的功能增加所帶來的風險，也不無可能。

除了 WordPress 的核心程式之外，大部分的網站也都會增加許多的外掛以及選用了不少的佈景主題，就我們之前開發外掛的經驗也可以瞭解，外掛可以做的事情太多了，而且在撰寫程式碼的時候需要注意的地方也太多了，安裝了一個來自於別人手中的外掛，你可知道撰寫這個外掛的人是否是善意的？外掛開發者對於安全性的維護是否盡了全力？所以外掛佈景主題的配合，才是維護網站安全所有的環節，這些環節其實有一大部份的主動權其實並不在我們的手上。

　　為了網站的安全，以下是幾點作者的建議事項：

1. 定期備份網站的所有資料（包括檔案以及資料庫）。

2. 永遠保持 WordPress 網站以及所有的外掛和佈景主題的最新版本。

3. 只保留一個目前正在使用的佈景主題。

4. 移除所有沒有用到的外掛檔案。

5. 安裝如 Wordfence 這一類的系統安全性外掛。

6. 使用自訂的管理員帳號（不要用 admin），以及強健的密碼。

7. 使用 HTTPS 通訊協定。

8. 使用安全性外掛，增加登入管理員帳號的驗證。

　　如果你的網站是公司或是自己非常重要的網站，則在此網址中還有列出 32 項安全性清單，讀者務必要前往查看：https://wpmudev.com/blog/ultimate-wordpress-security-checklist/。

　　那麼如何知道自己的網站被入侵或中毒了呢？除了無法進入網站或是在網頁中顯示了被駭的資訊之外，也有可能是主機商來信告訴你，最糟的則是被搜尋引擎通知，如圖 16-6 所示。

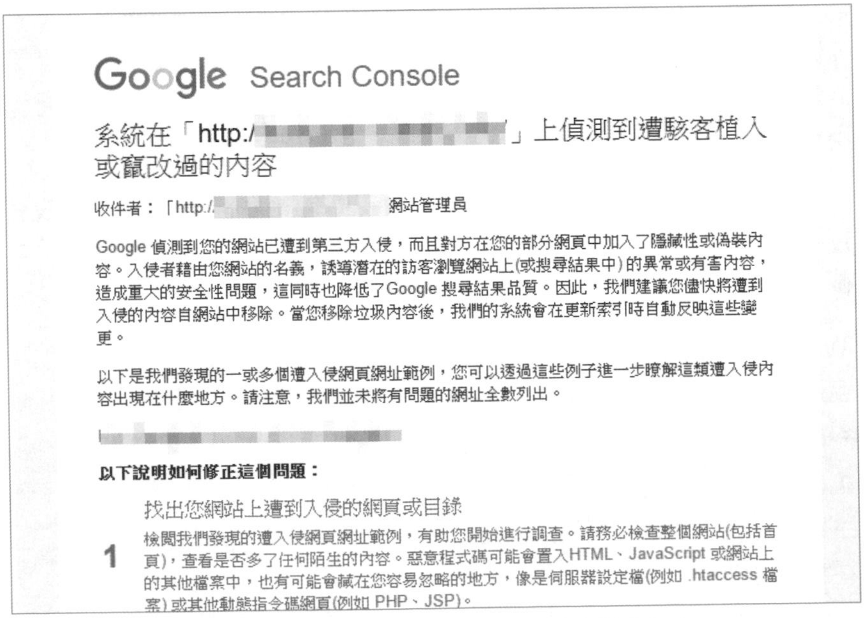

圖 16-6：被搜尋引擎通知網站遭到駭客植入內容

　　如果沒有適當的處理或回覆，你的網站可能因此就會被打入冷宮，讓網友再也找不到你的網站。一個很典型被入侵的例子，當網站被入侵之後，常常會在網站的目錄下（使用虛擬主機控制台的檔案管理員去找，或是像筆者透過命令列提示字元去檢視）先修改 .htaccess 這個檔案，讓每次此網站被瀏覽時會先去執行病毒程式，如圖 16-7 所示。

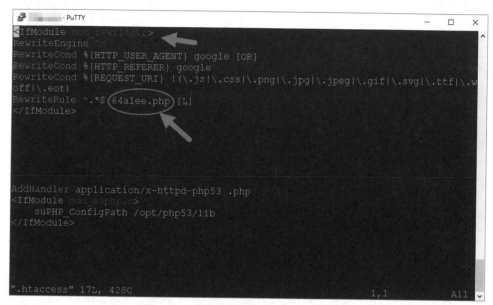

圖 16-7：被感染的 .htaccess 檔案內容

　　如圖 16-7 箭頭所指的地方，進入此網站會先去執行 64a1ee.php 這個病毒檔案進行進一步的感染工作，也因此，位於同一個虛擬主機帳戶中的所有網站也都會一併被感染，無一例外。原本應該是如下所示的 index.php 檔案：

```php
<?php
/**
 * Front to the WordPress application. This file doesn't do anything, but loads
 * wp-blog-header.php which does and tells WordPress to load the theme.
 *
 * @package WordPress
 */                                                              /**
 * Tells WordPress to load the WordPress theme and output it.
 *
 * @var bool
 */
define('WP_USE_THEMES', true);

/** Loads the WordPress Environment and Template */
require( dirname( __FILE__ ) . '/wp-blog-header.php' );
```

檔案的前面也會被植入用來感染瀏覽者的程式碼，如圖 16-8 所示。

圖 16-8：被感染的 WordPress index.php 的檔頭內容

　　被入侵的網站往往在主機的目錄中會伴隨著非常多的奇怪檔案和目錄，此時該如何處理呢？最單純的情況是只有 WordPress 檔案被感染的情況，那麼透過適當的外掛如 Wordfence Security 就可以處理，如圖 16-9 所示。

圖 16-9：Wordfence Security 外掛

　　安裝之後即可啟用「Scan」功能協助找出所有被入侵的檔案或是需要更新的檔案，如圖 16-10 所示，讓網站管理員可以進行處理。

圖 16-10：由 Wordfence Security 列出需要處理的部份

　　如果此檔案是系統檔案（例如佈景主題中的 functions.php），並不能隨意復原或刪除，此時也可以開啟該檔案讓網站管理員進行編輯的動作，同樣編輯的操作也可以在「外觀 / 主題編輯器」的選項中開啟佈景主題中的任一檔案進行。

　　然而如果被感染的內容不只是 WordPress 本身，也包括了所有在主機帳號上的檔案，那就比較麻煩了，首先要檢視主機的 cPanel 主控台中是否提供 Virus Scan 的功能（少數的主機商會提供，例如 https://imaxnow.net），如果有的話，啟用該功能掃描主機帳戶內的所有檔案，並依其建議處理檔案。如果沒有此功能的話，也有部份的主機商提供掃毒服務，但是可能需要額外付費。

　　所幸大部份的入侵或是感染行為是由程式自動化進行，也就是被植入的內容使用肉眼就可以看出來，對於熟悉主機操作的站長來說，其實這些工作也可以由自己動手來做，只不過在自己動手前一定要先對檔案進行好備份的工作，以免一個不小心毀掉自己辛辛苦苦建立的網站。

在備份好網站之後（下一節會有詳細的介紹），最有效率的方法其實是透過 Shell Access 的方式，直接到主機的終端機中以命令列的方式加以處理。例如可以使用以下的指令一口氣刪除所有的惡意檔案 64a1ee.php（到 public_html 或 www 或 htdocs 的資料夾下，這是主機帳戶用來放置網站專用檔案的地方）：

```
find -name 64a1ee.php -delete
```

如果此時使用的是檔案管理員的介面，那就得要一個一個去刪除了，如果一個主機帳號下有很多網站會很沒有效率。而且在終端機中要快速備份所有的檔案，也只要輸入以下的指令即可（假設目前位於 public_html 資料夾之下）：

```
mkdir -p ../my_backup
cp -R * ../my_backup
```

就這樣短短的幾行指令，就可以把目前所有的網站內容全部都複製到另外一個叫做 my_backup 的資料夾中。依照作者的經驗，當網站已經看到一大堆這個 64a1ee.php 檔案的話，你所有的在 public_html 中做的操作很快地又會被復原回去，因為你的網站一直被使用者瀏覽，也因此每瀏覽一次就會不斷地被感染，如果有這種情形的話，則上述的指令要改為如下用搬移的方式：

```
mkdir * ../my_backup
mv * ../my_backup
```

和前一種方式不一樣的地方在於使用了「mv」這個搬移指令，它會一口氣把所有在 public_html 底下的目錄以及檔案通通都搬移到上一層的 my_backup 子目錄下，此時的 public_html 底下就會沒有任何的內容，此時所有來參觀我們的網站的網友都會看到如圖 16-11 所示的內容。

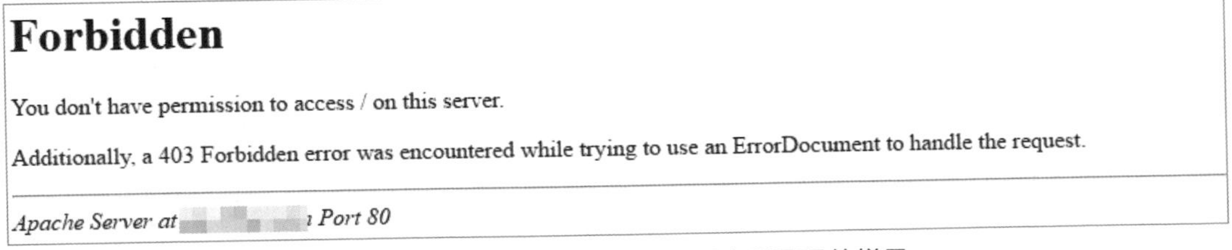

Forbidden

You don't have permission to access / on this server.

Additionally, a 403 Forbidden error was encountered while trying to use an ErrorDocument to handle the request.

Apache Server at ▮▮▮▮▮ Port 80

圖 16-11：網站資料移除之後瀏覽所呈現的樣子

此時我們就要快一點到 my_backup 資料夾中去找出我們要修復的目錄（假設叫做 vicsite），移除 .htaccess 中以及 index.php 和 functions.php 等等可能被植入的內容（如

圖 16-7 以及圖 16-8 中的說明），然後使用相同版本的 WordPress 核心檔案覆蓋回來，在檢查都沒有問題之後，再把這個資料夾移回 public_html 資料夾中，命令如下：

```
cd my_backup
mv vicsite ../public_html
```

等網站順利再度啟用之後，進入網站的 WordPress 控制台使用 Wordfence Security 等安全性外掛再掃描一次，當然為了保險起見，也可以使用 Google 的模擬器工具再對擷取下來的網頁內容再做更詳細的檢查。

16.2 網站備份、搬家與開發流程

「備份」永遠都是網站安全的第一要務！！大部份的網站都是放在遠地的機房，甚至我相信應該很多的站長根本不知道它的網站被放在世界上的哪一個地方，因為主機商實在是太多了，而且在歐美，有些主機商還是租用其他大型的主機商來自營的小主機商，哪一天這個主機忽然無預警地從這個世界上消失也不無可能。瞭解了這個事實之後，站長們，你還不趕快去做好網站備份的工作嗎？

16.2.1　網站的備份

在本書的第一堂課中對於 WordPress 的網站組成結構有了詳細的介紹，它包括：

- WordPress 系統檔案。
- MySQL 資料庫。
- 網站管理員自行新增或修改的檔案以及上傳的媒體檔案（放在 wp-contents 底下）。

在一般的主機系統中，最原始的方法就是把這幾個部份通通複製一份（在 MySQL 資料庫中叫做匯出）到本地端的個人電腦中，找一個安全的地方存放起來就算是完成了。然而，這樣的方法比較繁瑣沒有效率，因此有一些外掛就是幫我們在做這些雜事的，甚至經過適當的設定的話，它們也可以幫我們直接把所有的網站內容備份到雲端，除了外掛之外，如果我們是使用 cPanel 主控台所提供的 Softaculous 自動化安裝程式的話，此程式的介面也提供有備份的功能。以 Softaculous 所提供的自動備份功能來說，進入 WordPress 的安裝功能介面，其首頁即顯示如圖 16-12 所示的 Current Installation 列表。

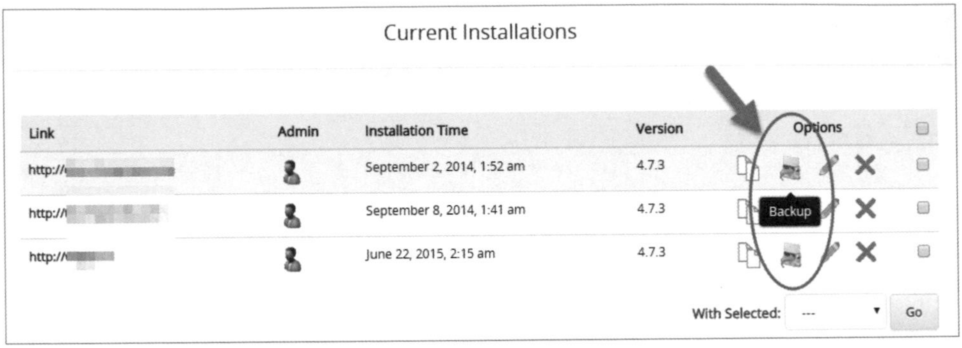

圖 16-12：Softaculout 的 WordPress 現有安裝列表

　　在每一個網站列表的後方就有「Backup」功能，使用滑鼠點擊之後即會出現如圖 16-13 所示的備份介面，讓網站管理員選擇要備份的對象以及填寫説明。

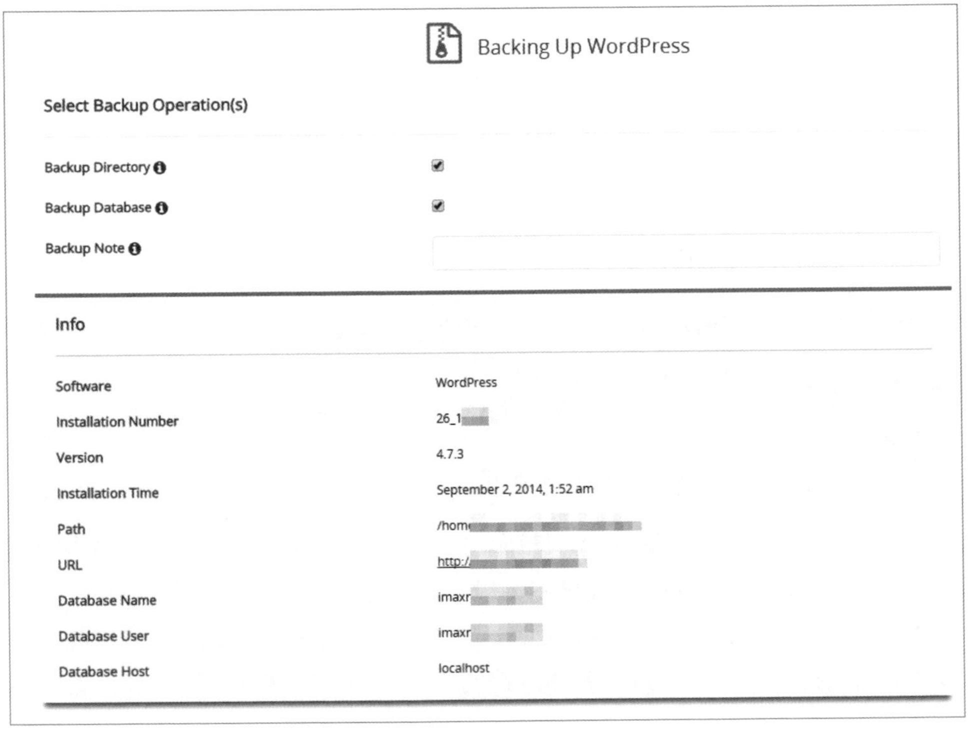

圖 16-13：Softaculous 的備份介面

　　在按下「Backup Installation」之後，經過一段備份的時間之後網站管理員即可收到來自於 Softaculout 的電子郵件，提醒我們已備份完成，並製作為一個 *.tar.gz 的壓縮檔案，此時我們只要前往指示的目錄下載此檔案保存到本地端安全的地方即可。此外，在 Softaculous 的主介面之中也提供了專屬的備份以及回復的操作網頁，如圖 16-14 所示。

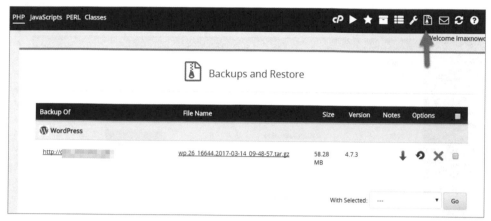

圖 16-14：Softaculour 的備份與回復功能

在此介面中即可輕易地把此網站回復成備份時的狀態，同時也可以把剛剛產生的備份檔案下載到本地端的電腦目錄中。此檔案其實就是網站中所有的檔案再加上從資料庫中匯出的表格，在解壓縮之後不必透過 Softaculous 介面也可以輕易地重建網站。

此外，不需要透過主機控制台，只要在 WordPress 中利用外掛也可以完成備份、還原以及網站遷移的作業。WordPress 外掛中最受歡迎的備份外掛應該就是如圖 16-15 所示的 UpdraftPlus WordPress Backup & Migration Plugin 了。

圖 16-15：WordPress 中最受歡迎的備份外掛

此外掛的使用方法很簡單，直接前往其設定頁面按下「立即備份」按鈕即可馬上執行網站的備份工作，如圖 16-16 所示。

圖 16-16：UpdraftPlus的立即備份按鈕工作情形

在備份完畢之後同樣地我們也可以把備份完畢的檔案下載到本地端保存，它的備份儲存把網站的內容依其型態分開，所以可以選擇單獨下載某一個部份，如圖 16-17 所示。

圖 16-17：UpdraftPlus 的備份存檔資料

在圖 16-27 的介面中，只要按下還原按鈕亦可以直接在此執行從這個檔案還原的動作，而且可以指定要還原的是哪一個部份，如圖 16-18 所示。

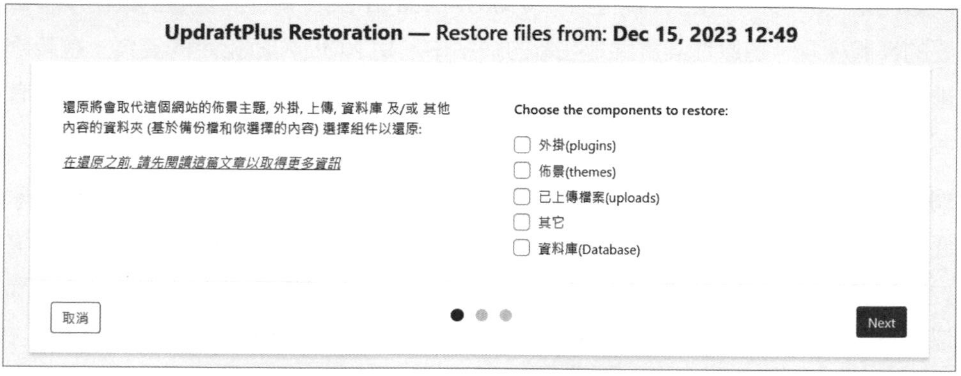

圖 16-18：還原的選項介面

在「設定」的頁籤中則是可以指定自動備份的時間，以及要儲存的雲端空間，如圖 16-19 所示。

圖 16-19：UpdraftPlus 的雲端空間儲存設定

這些進階的功能就留待有興趣的讀者自行測試參考。

16.2.2 網站搬家

其實取得了備份的檔案，如果對於 WordPress 系統熟悉的朋友即可以進行搬家的工作了。至於什麼是搬家呢？主要有以下 2 個種類：

1. **改變網址，變成另外一個網站**：假設在搬家的時候，舊有的網站還是存在的情況下，這是最容易進行網站搬家的情況。所需要的操作只要使用 WordPress 內建的匯入 / 匯出工具（但還是以 WordPress Import 外掛的型式，因此也是要透過外掛的介面先做好安裝），在舊有的網站中執行匯出的工作（僅匯出 XML 檔案），然後此檔案再於新的網站中匯入即可。在匯入的過程中，WordPress Import 會再到舊有的網站中下載所需要的媒體檔案，這原理其實就是在新的網站中利用 XML 內所指定的資料，在新網站內重建貼文資料內容。由於是以匯入重建的方式，因此做完此操作時新的網站原有的內容並不會被覆蓋，兩個網站不會一模一樣。

2. **網址不變，要更換主機商：**同一個網址，但是 WordPress 網站要搬移到另外一家主機商去。由於網址不變，所以沒有辦法使用第一種情形中所說明的操作方式。此種搬家方法需在舊網站停止之前完全匯出所有的檔案以及資料庫，然後在新的主機空間中可以不需要另外安裝 WordPress 網站，而是使用完全覆蓋的方式重建出新的網站，但也可以選擇先安裝好一個空的 WordPress 網站，然後利用適當的外掛程式進行網站的覆蓋的工作。

如同前面 2 點的說明可知，第 2 點的方法看起來比較麻煩一些，但是如果選用適當的外掛，在進行的過程中也比較順利。由於網址不同，所以如果是自己手動搬家的話需要做一些設定上的調整，例如更改資料庫的名稱，以及在設定檔中變更網站的網址等等，有時候需要的是外掛的幫忙。圖 16-20 所示的 All-in-One WP Migration 是使用上非常方便的外掛之一。

圖 16-20：All-in-One WP Migration 外掛

此外掛提供了 Import/Export/Backup 分別是匯入 / 匯出 / 備份功能，在匯出時可以指定要匯出的方式，同時也可以指定資料庫在匯出的同時也要針對某一個字串進行修改（通常都是要修改網址），如圖 16-21 所示。

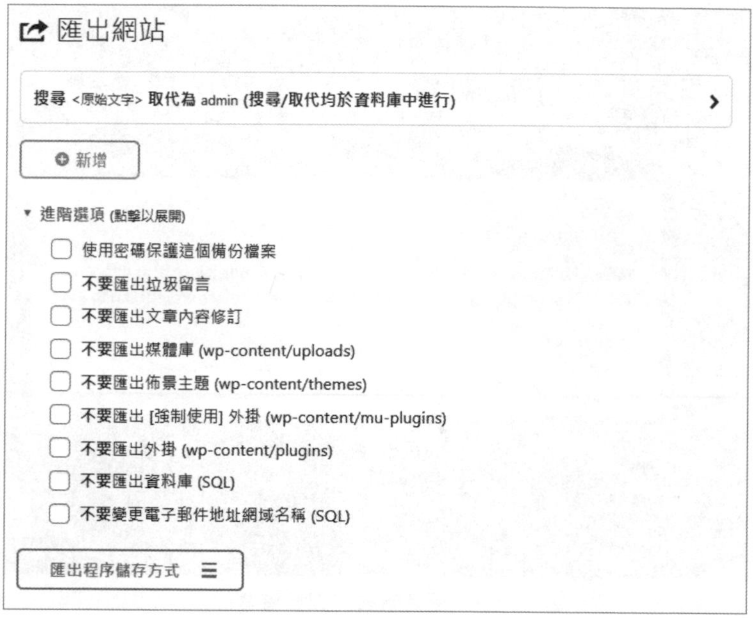

圖 16-21：All-in-One WP Migration 匯出網站介面

假設我們指定的是 FILE，則此外掛會開始匯出資料庫並打包所有的檔案，就像是之前 UpdraftPlus 這個備份外掛做的事一樣，也因此其實此外掛也等於有相同的備份功能。在打包完成之後，立即可以下載到本地端的電腦中，這也等於是在備份網站。

在舊網站下載了檔案之後，接下來就到新網站去，要先安裝好一份新的 WordPress，然後把 All-in-One WP Migration 外掛安裝在新的網站並啟用，接著就可以利用此網站的 Import 把剛剛下載的備份檔案上傳即可。也因為會完全覆蓋，因此在上傳解壓縮之後，還會有如圖 16-22 所示的警告訊息。

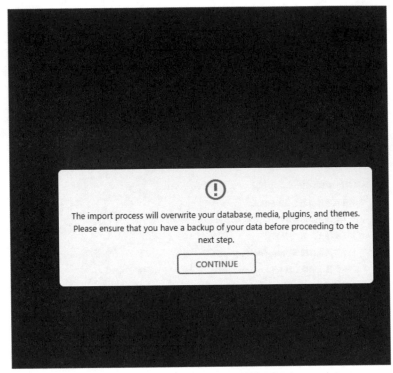

圖 16-22：覆蓋所有資料的警告訊息

　　因為我們是要做網站搬家，這是一個全新的網站，因此就勇敢地按下「CONTINUE」按鈕即可，但因為整個動作的執行需要非常多的時間（因為 WordPress 的檔案非常多），如果不是一個穩定的主機帳戶可能沒有辦法做完整個操作，至於免費的主機帳戶大概就不用試了，因為只要沒有完整地執行完所有的過程，不管是任何原因被中斷都可能造成無法回復的損失，這時候只能回到主機端重新安裝一次新的網站再重來一次。也因為這個原因，作者還是比較建議讀者們有需要搬移網站的時候，還是以手動的方式，一步一步完成為宜。

　　如果使用手動的方式搬移網站，檔案的部份還算簡單，只要全部打包帶走即可，但是資料庫的部份則因為不同主機商之主機帳戶在建立資料庫時通常都有自己命名的原則，不太可能讓我們自由設定資料庫名稱，因此就會造成在 A 主機商使用的 WordPress 資料庫名稱沒有辦法也在 B 主機商中使用，在此種情形之下資料庫在 A 主機匯出之後，要能夠在匯入 B 主機之前先確定在 B 主機使用的資料庫名稱，在針對匯入檔案的資料庫名稱修改之後再執行入的工作。以下是筆者建議的手動搬家步驟：

STEP 1 在 A 主機壓縮所有在 public_html、www 或是 htdocs 之下的 WordPress 網站的檔案（不同的主機商放置網站檔案的地方不完全相同，如果你使用的是子網域，則可能還會放到另外一個子目錄之下）。

STEP 2 到 A 主機的 phpMyAdmin，找到 WordPress 網站所使用的資料庫（可以在 wp-config.php 中找到），執行此資料庫的匯出動作，假設匯出的資料庫檔案叫做 a.sql。

STEP 3 到 B 主機中的 public_html、www 或是 htdocs 要放置 WordPress 網站的目錄下，上傳在第 1 個步驟的壓縮檔，進行解壓縮的動作。

STEP 4 在 B 主機的 phpMyAdmin 中，建立一個和 A 主機同樣資料庫名稱的空白資料庫，如果不能建立相同名稱，則把此名稱確實記下來。並且要確定可以登入此資料庫的使用者名稱和密碼。

STEP 5 編輯 a.sql，確定所使用的語系和資料庫名稱是否和在第 4 步驟中設定的相同，如果不同，則需修改並儲存。

STEP 6 到 B 主機的 phpMyAdmin 中，點擊在第 4 步驟中建立的資料庫，然後執行匯入 a.sql 的工作。

STEP 7 編輯 B 主機中的 wp-config.php，確定登入資料庫的資訊是否正確（帳號、密碼以及資料庫主機的位置，不同的主機商可能會有不一樣的設定，並不全都是 localhost）

STEP 8 進入 WordPress 主控台，修改網站網址的設定。

建立上述的動作可以自己多練習幾次，這樣對於 WordPress 網站的結構，以及網站和主機系統之間的關係也會有更深入的瞭解。此外，在搬家之後有些網路的參數像是網址資訊以及圖形檔案的連結位置可能會有所更動，與其一個一個去調整，如果在匯出資料庫時可以自動化的設定會更加地方便，其中如圖 16-23 所示的 WP Migrate Lite 則是此類外掛中較受歡迎的。

圖 16-23：WP Migrate Lite 外掛資訊

　　這個外掛會協助我們匯出以及匯入 WordPress 網站所使用的資料庫，並可以在匯出的同時設計規則，讓它可以協助我們變更類似像網址或特定字串這一類的內容，如圖 16-24 所示。

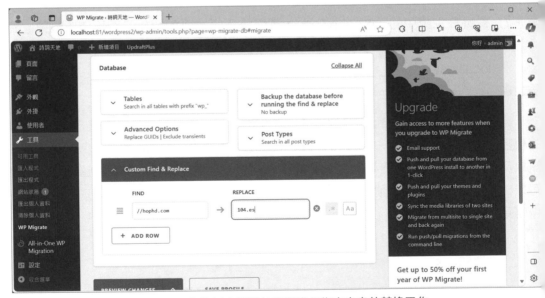

圖 16-24：在資料庫遷移的過程進行指定字串的替換工作

16.2.3　WordPress 網站開發流程

　　如果有一天你的網站已經非常受到大家的歡迎了，經常會有許多的網友上來你的網站看看，或是你要修改的是正式的公司網站，這一類型的網站是不允許你隨時想到就去修改一下正在上線中的網站，因為可能會因為一時的小疏忽，造成安全上的問題（例如公開了不該公開的資訊，還是標錯了價格等等）或是造成網友有不好的使用經驗（例如排版整個亂掉，或是暫時禁止使用者的部份功能），這都是正式網站應該要避免的問題。

　　因為 WordPress 本身是 CMS 系統，因此在新增文章或消息的時候可以直接在上線中的網站進行，但如果是正式的網站，建議使用 WordPress 本身對使用者的權限管理機制，區分出可以貼文的使用者，以及可以管理貼文是否正式發佈的管理者，多一個審核的機制以避免不適當的文章內容被呈現在網站上。

　　至在於網站的外觀排版調整以及功能增減方面，在正式的網站中，上線中的網站都會有一個對應的開發中的網站，開發中的網站主要是用來測試外掛、佈景主題內容以及排版等相關設定之用，只有在確定建立的外掛程式、佈景主題或是排版調整的程式碼在開發中的網站上都沒有問題時，才會同步修改上線中網站的內容，而且在修改的過程中，也會讓上線中的網站先進入維護模式。要讓網站進入維護模式，只允許管理員上線可以使用如圖 16-25 所示的維護模式外掛。

圖 16-25：維護模式切換及頁面準備之外掛

　　此外掛安裝並啟用之後，可以在設定頁面中設定非常多的內容，自訂一個美觀的維護模式畫面。設定頁面如圖 16-26 所示的樣子。

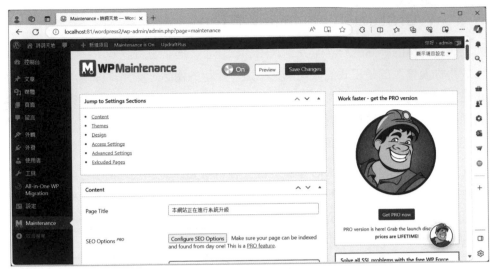

圖 16-26：維護頁面的設定介面

預設的維護頁面其實就已經還不錯看了，如圖 16-27 所示。

圖 16-27：預設的維護頁面

　　圖 16-27 畫面是在管理員未登入的情況下，也就是一般使用者會看到的畫面，如果是管理員的話，仍然能夠正常地操作網站，也可以自由地檢視網站，非常方便用於網站更新時的操作。

最後，在設計外掛以及佈景主題的過程中，程式碼版本的管控也是開發流程中非常重要的一環，作者習慣上是使用 Git 這個分散式版本管理系統來進行版本的管控作業，安裝以及操作方式，可以參考官網：https://git-scm.com/ 上的說明，在大部份的情形下，都要先在你的作業系統上安裝相對應版本的 Git 才可以在電腦中使用，至於 Git 的原理以及使用在網路上已有非常多的教學，有興趣的讀者可以自行前往參考。

16.2.4 綜合考量

到目前為止相信讀者已經可以掌握大致的方向，也相信對你在維護個人或公司網站上有非常大的幫助，你目前手上的網站，要不要重新改為使用 WordPress，相信你也已經有了十足的定見了。

綜合來說，究竟是什麼樣的網站要使用 WordPress 來架設呢？如果是部落格型式，不用多說，WordPress 一定是最佳的選擇，甚至透過 BuddyPress 或是 bbPress 這兩個外掛，WordPress 網站還可以搖身一變而成為社群討論網站。

但如果是一般公司用的網站呢？以作者的觀點來看，在你擁有了對於外掛與佈景主題的十足掌握，而且對於 WordPress 的架構有充份的知識技術，再加上對於 PHP、Javascript 和 CSS 有充份的熟悉度之後，大部份的網站只要「效能」不是主要考量條件的話（因為 WordPress 附加上檔案以及程式碼其實不少，如果是小小的網站但強調效能的話，也許有許多的程式檔案都是多餘的），幾乎都可以使用 WordPress 來建立，因為 PHP以及 Javascript 可以做的事，等於在 WordPress 上也都可以做，找不到適當的外掛，那麼就自己設計或修改就可以了，不是嗎！

也就是說，你要建立的網站除非是需要大量的計算與分析（此非現行大部份主機商提供之 PHP 版本的強項），或是要有即時視訊或和使用者即時互動的功能，否則的話就可以先以 WordPress 進行規劃設計，透過適當的外掛和佈景主題，通常都可以達成需要的目標。

那麼當你決定以 WordPress 為主要開發網站的系統時，在閱讀完本書之後，以下是幾點作者的建議：

- 正式的網站建議使用 HTTPS（SSL）協定，除了增加網站的安全性之外，也可以提高 Google 對於網站的評分權重。

- 本書的範例程式為了方便解釋起見，忽略了 WordPress 中對於安全性以及程式碼規範並沒有特別著墨，在您開始開發以及編輯正式的網站程式之前，請前往網址：

https://make.wordpress.org/core/handbook/best-practices/coding-standards/ 參考 WordPress 對於程式開發者的建議。

- 在設計外掛以及佈景主題時,請特別留意程式碼安全性的議題。

- 請勿直接修改 WordPress 的核心檔案內容。

- 如果你打算販售或公開自己開發的外掛或是佈景主題,請依據國際化原則建立程式碼,網址:https://make.wordpress.org/core/handbook/best-practices/internationalization/。

- PHP 的版本和可以使用的模組,在許多主機的 cPanel 主控台中可以做選擇,但是並不是每一家主機商都提供相同的版本,如果在外掛中使用到了比較特別的程式庫模組,請在外掛或佈景主題的說明中加上註明。

- 提升 PHP 程式設計能力,對於維護 WordPress 網站有非常大的幫助。

- 在主機端也可以配合其他的程式語言(如 Python)在背景端(透過主機的 Cron)定期執行,協助網站進行資料搜尋和計算的作業,讓網站的能力更加地提升。

在動手設計外掛或佈景主題之前,先看看有沒有現成的可以使用,或檢視類似功能的外掛或佈景主題的程式碼,從現有的程式碼中學習更多的技巧。

16.3 ChatGPT 活用術

由 ChatGPT 所帶起來的 AI 風潮方興未艾,幾乎席捲了整個 IT 產業,各式各樣的 AI 應用如雨後春筍般地出現,在 WordPress 的社群裡也不例外。除了之前我們介紹的 Divi 佈景主題已提供了 AI 產生、編寫改寫內容及照片之外,著名的 Elementor 頁面編輯外掛也有推出 AI 輔助的功能,雖然大部份的功能其實我們可以在不同的網站中取得,例如我們可以透過 ChatGPT、Bard、Bing 等服務編寫我們的文案或產生圖片,再把得到結果使用在 WordPress 中,但是透過外掛的方式能讓我們直接在網站中整合這些服務,在使用的過程中會更加地流暢。在這一節中,我們將先探討一些常見的 AI 外掛,並教讀者們如何自行撰寫 AI 的外掛。

16.3.1 AI Engine 外掛介紹

我們要介紹的這個外掛是 AI Engine,它的資訊如圖 16-28 所示。這是一款透過 OpenAI API 的連線,利用 ChatGPT 的功能在 WordPress 中輔助產生文字內容以及製作聊天機器人的工具集合。

圖 16-28：AI Engine 外掛資訊

　　安裝了這個外掛之後，在控制台中即會出現「Meow Apps」的選單，點擊之後會出現許多該團隊所提供的 App，如圖 16-29 所示。

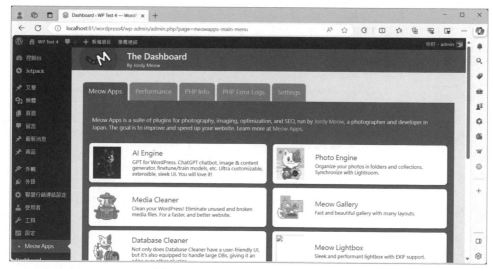

圖 16-29：Meow 團隊提供的 Apps

　　我們在這裡要介紹的是其中的 AI Engine，所以直接點選 AI Engine 的選項就可以了，首先會看到如圖 16-30 所示的畫面。

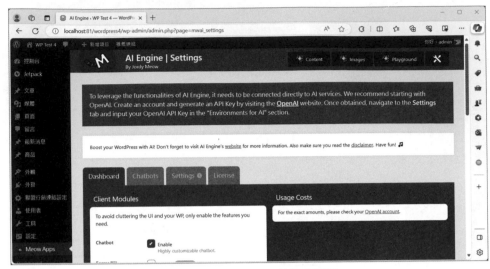

圖 16-30：AI Engine 的設定頁面

一開始紅底字的地方就是提醒我們，要使用這個服務需要自行到 OpenAI 中註冊帳號，取得它們的 API Key，然後到 Settings 的地方輸入取得的 Key，才能夠使用其中的服務。API Key 取得的位置如圖 16-31 所示（需是已註冊並登入的狀態）。

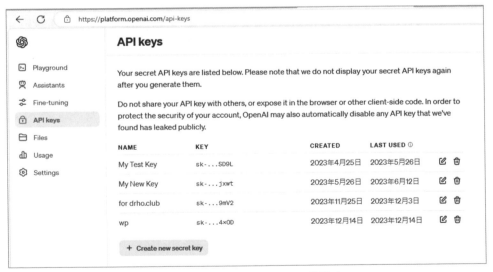

圖 16-31：取得 OpenAI Key 的地方

API Key 輸入完成之後，在圖 16-30 的右上角有 3 個選項，我們會用到 Content 和 Images 這兩個，分別是由 AI 產生內容以及產生圖片。Content 的介面如圖 16-32 所示。

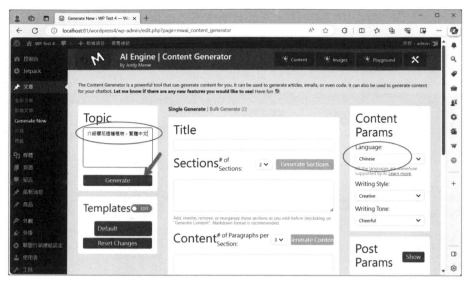

圖 16-32：AI Engine 產生文章內容的介面

通常我們會如圖 16-32 左上角的地方所示的，先在 Topic 中輸入想要產生的內容，並確定右側語言的地方選取了中文，接著再按下 Topic 下方的 Generate 按鈕，然後等個一兩分鐘，文章的內容就完成了。如果還有需要增加或修正的地方，也可以直接在這裡面修改。在最下方有一個「Create Post」按鈕，按下去就會新增成一篇文章的草稿了。

圖 16-33 則是用來線上文字生圖的編輯介面，也是一樣，在中間輸入對於圖形的描述，設定好參數，再按下「Generate」按鈕，就可以完成圖片了。

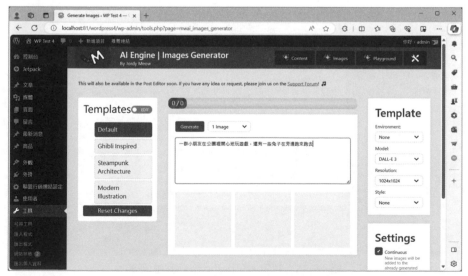

圖 16-33：AI Engine Images 的使用介面

產生出來的圖片如圖 16-34 所示，在畫面的最下方的按鈕可以把這張圖片加入到媒體庫中。

圖 16-34：AI Engine Images 產生出來的結果瀏覽

回到文章編輯介面，在編輯介面的右側還有兩個按鈕，分別可以根據文章的內容產生標題及摘要，圖 16-35 是產生出來的摘要的例子。

圖 16-35：利用 AI Engine 自動產生摘要

此時我們只要選擇其中一個滿意的，再按下 Close，這些文字就會自動被填入摘要的欄位了。其他還有非常多的功能，就留待讀者們自行探索了。不過要提醒一點就是，這些文字處理的部份，它的背後都是利用你自己的 OpenAI 帳號在運作，所以所有的花費都會記在自己的帳上，千萬要留意自己的用量喔。

16.3.2 透過 OpenAI API 製作 AI 外掛取得 ChatGPT 的回應

ChatGPT 開放 API 讓註冊付費的會員使用，提供了許多的程式語言支援，除了最熱門的 Python 之外，也包括了 PHP，所以，對於學了這麼多外掛撰寫技術的讀者來説，自己製作一個 AI 外掛應該不是什麼難事，在這一小節中，我們就來示範一個透過 OpenAI API 功能的簡易文章產生器。

而且既然要使用 ChatGPT 了，所以程式碼當然是先讓 ChatGPT 產生，我們再根據產生出來的程式碼來修改就好了。請登入到 ChatGPT，開啟一個新的對話，然後輸入以下的命令：

請產生一段可以使用在 WordPress 的外掛程式碼，外掛的名稱要叫做 HOWPCP_AI_Post_Gen，註解請使用繁體中文，它要能夠連結 OpenAI API，並在設定頁面中建立一個表單，可以輸入一段文字，讓 ChatGPT 回應訊息並顯示在頁面中。請加入 BootStrap 的 CDN 連結，連線的部份請使用 PHP 的 curl 模組，並把本地端的 SSL 檢查功能取消。

在我的對話中，ChatGPT 幫我產生了以下的這段程式碼：

```php
<?php
/**
 * Plugin Name: HOWPCP_AI_Post_Gen
 * Description: 連結 OpenAI API，允許使用者輸入文字，並顯示 ChatGPT 回應。
 * Version: 1.0
 * Author: Your Name
 */

// 加入 Bootstrap 的 CDN
function howpcp_add_bootstrap_cdn() {
    echo '<link rel="stylesheet"
href="https://maxcdn.bootstrapcdn.com/bootstrap/4.0.0/css/bootstrap.min.css">';
}
add_action('wp_head', 'howpcp_add_bootstrap_cdn');

// 加入外掛設定頁面
function howpcp_plugin_menu() {
    add_menu_page(
        'HOWPCP_AI_Post_Gen Settings',
        'AI Post Generator',
        'manage_options',
        'howpcp-settings',
```

```php
        'howpcp_settings_page'
    );
}
add_action('admin_menu', 'howpcp_plugin_menu');

// 外掛設定頁面的 HTML
function howpcp_settings_page() {
    ?>
    <div class="wrap">
        <h2>HOWPCP_AI_Post_Gen Settings</h2>
        <form method="post" action="">
            <label for="user_input">輸入文字:</label>
            <textarea name="user_input" id="user_input" rows="4"
class="form-control"></textarea>
            <br>
            <input type="submit" class="btn btn-primary" value=" 生成回應 ">
        </form>
        <hr>
        <h3>ChatGPT 回應:</h3>
        <div id="chatgpt_response" class="alert alert-info"><?php echo get_chatgpt_
response(); ?></div>
    </div>

    <?php
}

// 取得 ChatGPT 回應
function get_chatgpt_response() {
    if (isset($_POST['user_input'])) {
        $user_input = sanitize_text_field($_POST['user_input']);

        // 使用 OpenAI API，請替換 YOUR_OPENAI_API_KEY 為實際的 API 金鑰
        $api_key = 'YOUR_OPENAI_API_KEY';
        $api_url = 'https://api.openai.com/v1/engines/davinci-codex/completions';

        $headers = array(
            'Content-Type: application/json',
            'Authorization: Bearer ' . $api_key,
        );

        $data = array(
            'prompt' => $user_input,
            'max_tokens' => 150,
            'model' => 'davinci-codex', // 替換為正確的模型名稱
        );

        $ch = curl_init($api_url);
        curl_setopt($ch, CURLOPT_RETURNTRANSFER, true);
        curl_setopt($ch, CURLOPT_POST, true);
        curl_setopt($ch, CURLOPT_POSTFIELDS, json_encode($data));
        curl_setopt($ch, CURLOPT_HTTPHEADER, $headers);
        curl_setopt($ch, CURLOPT_SSL_VERIFYPEER, false); // 取消 SSL 檢查
```

```
    $response = curl_exec($ch);

    if (curl_errno($ch)) {
        return 'Error connecting to ChatGPT: ' . curl_error($ch);
    }

    curl_close($ch);

    $decoded_response = json_decode($response, true);

    if (isset($decoded_response['choices'][0]['text'])) {
        return esc_html($decoded_response['choices'][0]['text']);
    } else {
        return 'Error retrieving ChatGPT response.';
    }
}

return ''; // 如果沒有用戶輸入，回傳空字串
}
```

此時請到 wp-content\plugins 資料夾底下建立一個叫做 howpcp-ai-post-gen 的資料夾，並建立一個同名的 PHP 檔案 howpcp-ai-post-gen.php，然後再把前面那段程式碼複製到裡面，找到 YOUR_OPENAI_API_KEY 的地方換成你自己正確的 API，存檔之後再到外掛處啟用這個外掛，如圖 16-36 所示。

圖 16-36：啟用新建立的外掛

接著在控制台的左下方就可以看到一個叫做「AI Post Generator」的選項，按下去之後就可以看到一個有模有樣的介面，如下圖所示。

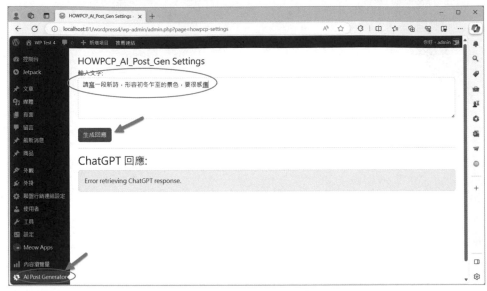

圖 16-37：新建立外掛的介面

不過因為 GPT 3.5 版本的資料比較舊，所以有一些內容並沒有做修正，因此會得不到想要的結果。這時候，我們就可以到 get_chatgpt_response() 函式裡面去找找一些需要修正的地方，修正之後的正確版本如下：

```php
<?php
/**
 * Plugin Name: HOWPCP_AI_Post_Gen
 * Description: 連結 OpenAI API，允許使用者輸入文字，並顯示 ChatGPT 回應。
 * Version: 1.0
 * Author: Your Name
 */

// 加入 Bootstrap 的 CDN
function howpcp_add_bootstrap_cdn() {
    echo '<link rel="stylesheet"
href="https://maxcdn.bootstrapcdn.com/bootstrap/4.0.0/css/bootstrap.min.css">';
}
add_action('wp_head', 'howpcp_add_bootstrap_cdn');

// 加入外掛設定頁面
```

```php
function howpcp_plugin_menu() {
    add_menu_page(
        'HOWPCP_AI_Post_Gen Settings',
        'AI Post Generator',
        'manage_options',
        'howpcp-settings',
        'howpcp_settings_page'
    );
}
add_action('admin_menu', 'howpcp_plugin_menu');

// 外掛設定頁面的 HTML
function howpcp_settings_page() {
    ?>
    <div class="wrap">
        <h2>HOWPCP_AI_Post_Gen Settings</h2>
        <form method="post" action="">
            <label for="user_input">輸入文字:</label>
            <textarea name="user_input" id="user_input" rows="4"
class="form-control"></textarea>
            <br>
            <input type="submit" class="btn btn-primary" value="生成回應">
        </form>
        <hr>
        <h3>ChatGPT 回應:</h3>
        <div id="chatgpt_response" class="alert alert-info">
<?php echo get_chatgpt_response(); ?></div>
    </div>

    <?php
}

// 取得 ChatGPT 回應
function get_chatgpt_response() {
    if (isset($_POST['user_input'])) {
        $user_input = sanitize_text_field($_POST['user_input']);

        // 使用 OpenAI API,請替換 YOUR_OPENAI_API_KEY 為實際的 API 金鑰
        $api_key = '****';
        $api_url = 'https://api.openai.com/v1/chat/completions';

        // Define messages
        $messages = array();
        $message = array();
        $message["role"] = "user";
        $message["content"] = $user_input;
```

```php
    $messages[] = $message;

    $headers = array(
        'Content-Type: application/json',
        'Authorization: Bearer ' . $api_key,
    );

    $data = array(
        // 'prompt' => $user_input,
        'max_tokens' => 500,
        'model' => 'gpt-3.5-turbo',
        'messages' => $messages
    );

    $ch = curl_init($api_url);
    curl_setopt($ch, CURLOPT_SSL_VERIFYHOST, 0);
    curl_setopt($ch, CURLOPT_SSL_VERIFYPEER, 0);
    curl_setopt($ch, CURLOPT_RETURNTRANSFER, true);
    curl_setopt($ch, CURLOPT_POST, true);
    curl_setopt($ch, CURLOPT_POSTFIELDS, json_encode($data));
    curl_setopt($ch, CURLOPT_HTTPHEADER, $headers);

    $response = curl_exec($ch);

    if (curl_errno($ch)) {
        return 'Error connecting to ChatGPT: ' . curl_error($ch);
    }

    curl_close($ch);

    $decoded_response = json_decode($response, true);

    if (isset($decoded_response['choices'][0]['message']['content'])) {
        return
esc_html($decoded_response['choices'][0]['message']['content']);
    } else {
        return 'Error retrieving ChatGPT response.' . $decoded_response ;
    }
}

    return ''; // 如果沒有用戶輸入，回傳空字串
}
```

　　修改的部份除了加上正確的 API Key 之外，主要修改的部份都在 get_chatgpt_response 這個函式裡面，$messages 中的內容做了對應的調整，$api_url 的位置也有所改變，$data 中的模型也指定了 'gpt-3.5.turbo'，這些內容讀者們也可以依照自己的

情況進行設定。此外，使用 curl 連線時預設是需要檢查安全連線，因為我們使用的是 localhost，所以也利用參數設定讓它不要檢查。最後，傳回的 JSON 格式也有不同，所以也做了修改，才能順利地取出回應的文字內容。

修改完畢之後別忘了要存檔，再重新整理頁面，然後再輸入資料之後，就可以順利看到由 ChatGPT 所傳回來的內容了，如圖 16-38 所示。

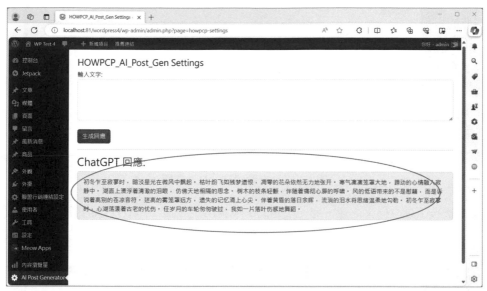

圖 16-38：修改程式之後，可以順利地取出 ChatGPT 的回應放在下方的文字欄

16.3.3 加上自動貼文的功能

上一小節的程式僅能輸出文字到網頁上，我們想要讓這些回應的文字可以變成貼文的內容，那麼就需要使用 WordPress 的 wp_insert_post() 貼文建立函式。在這個例子中，我們希望這個外掛可以讓使用者輸入對文章的描述，然後在按下「建立貼文」按鈕之後，除了會顯示出由 ChatGPT 回應的文字之外，也把這些文字變成貼文的內容存成草稿，並提供連結按鈕，讓使用者可以點擊按鈕之後直接前往編輯該篇貼文。一開始的介面如圖 16-39 所示。

圖 16-39：自動建立貼文的介面

當我們按下建立貼文之後，過一段時間，就會出現如圖 16-40 所示的畫面。

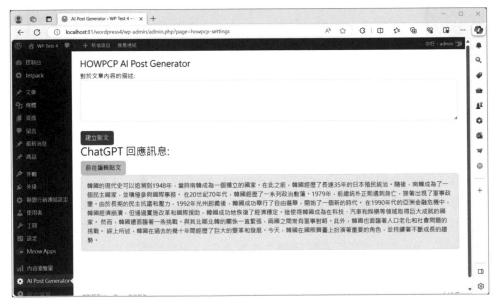

圖 16-40：成功取得來自 ChatGPT 的回應訊息，並建立成貼文草稿

如圖 16-40 中所顯示的，已成功取得來自於 ChatGPT 的回應，此時我們可以選擇按下「前往編輯貼文」的按鈕，開始編輯這篇文章，如圖 16-41 所示。

圖 16-41：編輯由 ChatGPT 回應所建立的貼文

為了達成上述的功能，程式需要修改的部份除了一些介面上的調整之外，主要是表單程式在呼叫 get_chatgpt_response() 函式的部份以取得內容為主，然後根據取得的資料先建立成文章草稿之後再顯示內容，並把文章的網址建立成按鈕提供使用。在 get_chatgpt_response() 函式中，則因為所提供的資料做了相對應的調整。完整的程式如下：

```php
<?php
/**
 * Plugin Name: HOWPCP AI Post Generator
 * Description: 連結 OpenAI API，允許使用者輸入文字，並顯示 ChatGPT 回應。
 * Version: 1.0
 * Author: Richard Ho
 */

// 加入 Bootstrap 的 CDN
function howpcp_add_bootstrap_cdn() {
    echo '<link rel="stylesheet"
href="https://maxcdn.bootstrapcdn.com/bootstrap/4.0.0/css/bootstrap.min.css">';
}
add_action('wp_head', 'howpcp_add_bootstrap_cdn');

// 加入外掛設定頁面
function howpcp_plugin_menu() {
```

```php
    add_menu_page(
        'AI Post Generator',
        'AI Post Generator',
        'manage_options',
        'howpcp-settings',
        'howpcp_settings_page'
    );
}
add_action('admin_menu', 'howpcp_plugin_menu');

// 外掛設定頁面的 HTML
function howpcp_settings_page() {
    ?>
    <div class="wrap">
        <h2>HOWPCP AI Post Generator</h2>
        <form method="post" action="">
            <label for="user_input">對於文章內容的描述：</label>
            <textarea name="user_input" id="user_input" rows="4"
class="form-control"></textarea>
            <br>
            <input type="submit" class="btn btn-primary" value=" 建立貼文 ">
        </form>
        <?php
        $method = $_SERVER['REQUEST_METHOD'];

        if ( $method === 'POST' ) {
            echo "<h3>ChatGPT 回應訊息：</h3>";
            $post_content = get_chatgpt_response();
            if ($post_content!="") {
                // 建立一個貼文草稿
                $post = array(
                    'post_title' => ' 我的貼文 ',
                    'post_content' => $post_content,
                    'post_status' => 'draft',
                );
                $post_id = wp_insert_post( $post );
                $post_url = get_edit_post_link( $post_id );
                echo "<a class='btn btn-warning' href='" .
 $post_url . "'>前往編輯貼文 </a><br>";
                echo "<div id='chatgpt_response' class='alert alert-info'>";
                echo $post_content;
                echo "</div>";
            } else {
                echo "<div class='alert alert-danger'>無法取得資訊 </div>";
            }
        }
        ?>
    </div>
    <?php
}

// 取得 ChatGPT 回應
function get_chatgpt_response() {
```

```php
    if (isset($_POST['user_input'])) {
        $user_input = sanitize_text_field($_POST['user_input']);

        // 使用 OpenAI API，請替換 YOUR_OPENAI_API_KEY 為實際的 API 金鑰
        $api_key = '****';
        $api_url = 'https://api.openai.com/v1/chat/completions';

        // Define messages
        $messages = array();
        $message = array();
        $message["role"] = "user";
        $message["content"] = $user_input;
        $messages[] = $message;

        $headers = array(
            'Content-Type: application/json',
            'Authorization: Bearer ' . $api_key,
        );

        $data = array(
            'max_tokens' => 1000,
            'model' => 'gpt-3.5-turbo',
            'messages' => $messages
        );

        $ch = curl_init($api_url);
        curl_setopt($ch, CURLOPT_SSL_VERIFYHOST, 0);
        curl_setopt($ch, CURLOPT_SSL_VERIFYPEER, 0);
        curl_setopt($ch, CURLOPT_RETURNTRANSFER, true);
        curl_setopt($ch, CURLOPT_POST, true);
        curl_setopt($ch, CURLOPT_POSTFIELDS, json_encode($data));
        curl_setopt($ch, CURLOPT_HTTPHEADER, $headers);

        $response = curl_exec($ch);
        if (curl_errno($ch)) {
            echo 'Error connecting to ChatGPT: ' . curl_error($ch);
        }

        curl_close($ch);

        $decoded_response = json_decode($response, true);
        if (isset($decoded_response['choices'][0]['message']['content'])) {
            return
esc_html($decoded_response['choices'][0]['message']['content']);
        } else {
            echo 'Error retrieving ChatGPT response.' . $decoded_response ;
        }
    }

    return ''; // 如果有任何錯誤均傳回空字串
}
```

掌握了上述的技巧，相信讀者已經有能力開發屬於自己的 AI 外掛了。

本 章 習 題

1. 請檢視你使用的主機控制台是否有掃毒或防毒的機制。

2. 請練習備份一個 WordPress 網站。

3. 請比較 UpdraftPlus 與 WP Migrate Lite 之間的異同。

4. 請利用前面章節學過的外掛技巧，把自動貼文的功能變成小工具。

5. 請利用前面章節學過的外掛技巧，建立一個外掛頁面，讓使用者可以利用介面把 OpenAI API Key 儲存到 wp_options 中，而不是寫在外掛程式裡。

博碩文化

博碩文化